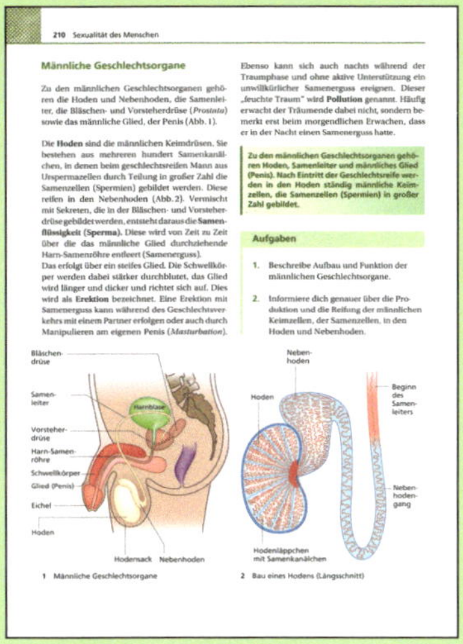

210 Sexualität des Menschen

Männliche Geschlechtsorgane

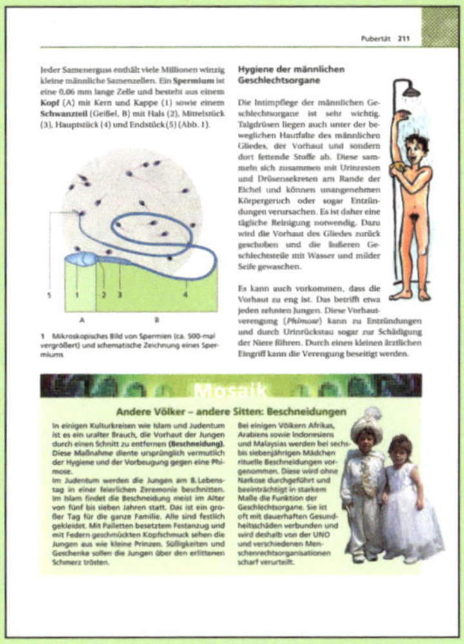

Pubertät 211

Hygiene der männlichen Geschlechtsorgane

Mosaik

Andere Völker – andere Sitten: Beschneidungen

Inhaltsseiten
vermitteln dir – unterstützt durch **Merksätze,** Tabellen und Fotos, Grafiken und Übersichten – biologisches Grundlagenwissen über wichtige Begriffe, Gesetzmäßigkeiten, Erscheinungen und Zusammenhänge.

Aufgaben
Durch die Beantwortung der Aufgaben wird dein Grundwissen gefestigt.

Das Mosaik
enthält zusätzliche Informationen über interessante Sachverhalte.

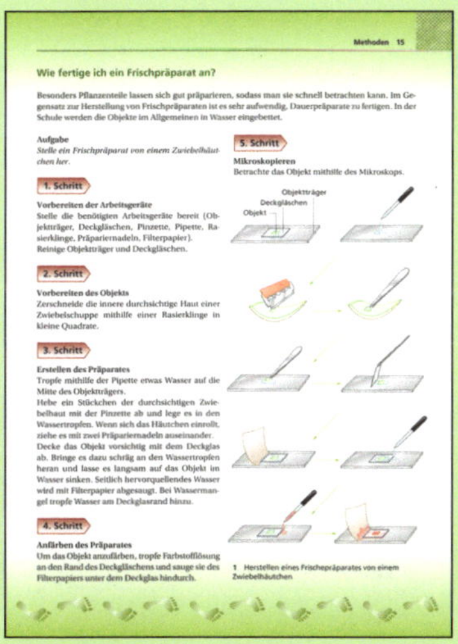

Methoden 15

Wie fertige ich ein Frischpräparat an?

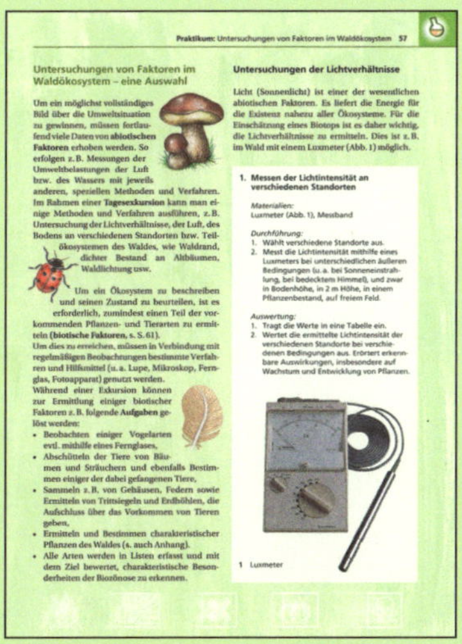

Praktikum: Untersuchungen von Faktoren im Waldökosystem 57

Untersuchungen von Faktoren im Waldökosystem – eine Auswahl

Untersuchungen der Lichtverhältnisse

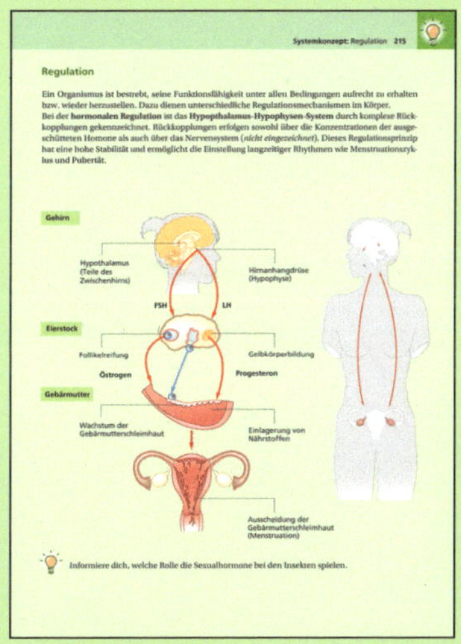

Systemkonzept: Regulation 215

Regulation

Methodenseiten
Für die Biologie charakteristische Denk- und Arbeitsweisen zegen dir, wie du bei bestimmten Tätigkeiten schrittweise vorgehen kannst.

Praktikum
enthält Aufgaben praktischer Art, z. B. Beobachtungen und Experimente, die du auch in der Gruppe durchführen kannst.
Sie ermöglichen dir ein tieferes Eindringen in die biologischen Grundlagen.

Konzeptseiten
Konzeptseiten veranschaulichen für dich wichtige Zusammenhänge, Prinzipien oder biologische Phänomene an einem konkreten Beispiel.

Biologie

Lehrbuch für die Klassen 7/8
Berlin

Gymnasium

Herausgeber
Prof. Dr. Wilfried Probst
Petra Schuchardt

DUDEN PAETEC Schulbuchverlag

Berlin · Mannheim

Herausgeber
Prof. Dr. Wilfried Probst, Petra Schuchardt

Autoren
Dr. Rainer Hartelt
Dr. Dieter Herold
Prof. Dr. habil. Frank Horn
Dr. Heidemarie Kaltenborn
Dr. Edeltraud Kemnitz
Prof. Dr. sc. Manfred Kurze
Hendrik Nitsch
Doz. Dr. habil. Christa Pews-Hocke
Birgit Pietsch
Prof. Dr. Wilfried Probst
Dr. Christiane Quaisser
Dr. Carolin Retzlaff-Fürst
Peter Scholvien
Petra Schuchardt
Holger Seitz
Petra Sommer-Garlitz
Katrin Täger
Dr. Adria Wehser
Birgit Weidemann
PD Dr. habil. Gottfried Wiedenmann
Aenne Wood
Prof. Dr. habil. Erwin Zabel

Landesbegutachter
Aenne Wood, Marion Bernstein

Redaktion Birgit Pietsch, Dr. Adria Wehser
Gestaltungskonzept Britta Scharffenberg
Umschlag Simone Hoschack, Barbara Fischer
Layout Angela Richter, Christel Ruppin
Grafik Renate Diener, Reinhild Gluszak, Wolfgang Gluszak, Christiane Gottschlich, Martha-Luise Gubig, Christiane Mitzkus, Heike Möller, Walther-Maria Scheid, Jule Pfeiffer-Spiekermann, Sybille Storch
Titelbild Frosch und Libelle, David Aubrey/Getty Images; Liebespaar, age fotostock/mauritius images

www.duden-schulbuch.de

Dieses Werk enthält Vorschläge und Anleitungen für Untersuchungen und Experimente.
Vor jedem Experiment sind mögliche Gefahrenquellen zu besprechen. Beim Experimentieren sind die Richtlinien zur Sicherheit im naturwissenschaftlichen Unterricht einzuhalten.

Die Links zu externen Webseiten Dritter, die in diesem Lehrwerk angegeben sind, wurden vor Drucklegung sorgfältig auf ihre Aktualität geprüft. Der Verlag übernimmt keine Gewähr für die Aktualität und den Inhalt dieser Seiten oder solcher, die mit ihnen verlinkt sind.

1. Auflage, 4. Druck

Alle Drucke dieser Auflage sind inhaltlich unverändert und können im Unterricht nebeneinander verwendet werden.

Druck: Stürtz GmbH, Würzburg

ISBN 978-3-8355-4000-2

Inhalt gedruckt auf säurefreiem Papier aus nachhaltiger Forstwirtschaft.

1 Lebewesen bestehen aus Zellen 7

1.1 Kleine Dinge kommen groß raus **8**
Methode: Expertenmethode 9
Aufbau des Lichtmikroskops und seine Handhabung 10
Methode: Wie mikroskopiere ich? ... 11
Mosaik: *Geschichte der Mikroskopie* 12
Mikropräparate und ihre Herstellung 14
Methode: Wie fertige ich ein Frischpräparat an? 15
gewusst · gekonnt 16
summa summarum 17

1.2 Die Zelle – Grundbaustein aller Lebewesen **18**
Formenvielfalt und Größe von Zellen . 19
Der Bau der Zellen 20
Methode: Wie fertige ich eine mikroskopische Zeichnung an? 22
Untersuchungen: Untersuchungen an pflanzlichen Zellen 23
Untersuchungen an tierlichen Zellen. . 24
Systemkonzept: Organisationsebenen 26
Lebensvorgänge in pflanzlichen und tierlichen Zellen 28
gewusst · gekonnt 30
summa summarum 31

1.3 Bakterien – prokaryotische Zellen ... **32**
Vorkommen und Entdeckung 33
Formenvielfalt und Bau 34
Lebensweise der Bakterien 35
gewusst · gekonnt 37
summa summarum 38

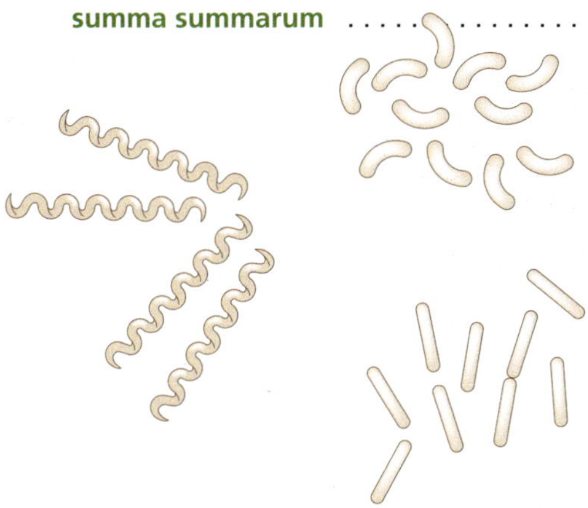

2 Lebensräume und ihre Bewohner – vielfältige Wechselwirkungen 39

2. 1 Der Wald als terrestrisches Ökosystem **40**
Ökosystem als Einheit von Biotop und Biozönose.................... 41
Der Wald als Ökosystem und seine Struktur 42
Entwicklungskonzept: Zeitliche Entwicklung vom Kahlschlag zum Wald . . 44
Beziehungen zwischen abiotischen Faktoren und Organismen im Wald. . . 45
Licht als abiotischer Faktor.......... 46
Wasser als lebenswichtiger Umweltfaktor 49
Mosaik: *Moospflanzen* 51
Temperatur als abiotischer Faktor 52
pH-Wert als abiotischer Faktor für Pflanzen........................ 54
Ökologische Potenz, Toleranzbereich, Zeigerpflanzen 55
Praktikum: Untersuchungen von Faktoren im Waldökosystem – eine Auswahl.................... 57
Beziehungen zwischen biotischen Faktoren und Organismen im Wald. . . 61
Wechselwirkungen zwischen Organismen im Ökosystem.......... 62
Mosaik: *Tierstaat – eine Form der innerartlichen Beziehungen von Lebenwesen* 64
Methode: Wie bestimme ich Lebewesen?..................... 70
Systemkonzept: Ökosystem Wald 71
gewusst · gekonnt 72
Summa summarum............... 74

2.2 Nahrungsbeziehungen und Stoffkreisläufe **75**
Nahrungsbeziehungen im Ökosystem 76
Methode: Wie lese ich biologische Texte,erfasse ihre wesentlichen Inhalte und lerne dabei? 78

Organe der Blütenpflanzen – ein Überblick 79
Stoffwechselprozesse bei Blütenpflanzen 80
Ohne Pflanzen kein Leben 81
Mosaik: *Joseph Priestley und seine Versuche* 81
Stoffkreislauf im Ökosystem 82
Energiefluss im Ökosystem 83
Relative Stabilität des Ökosystems . . . 85
Bio-Klick: *Nahrungsaufnahme von Störchen – Verarbeiten biologischer Daten am Computer* 86
Methode: Wie präsentiere ich Informationen? 89
Eingriffe des Menschen in die Umwelt und deren Folgen 90
Weltweite Auswirkungen menschlicher Tätigkeit 92
Maßnahmen zum Schutz der Umwelt 94
gewusst · gekonnt 96
summa summarum 98

W Wahlbereiche
Tiere in ihren Lebensräumen **99**
W: Weichtiere – harte Schale, weicher Kern 100
W: Wurm ist nicht gleich Wurm 102
Regenwurm – ein Ringelwurm 104
Untersuchungen: Verhalten von Regenwürmern 107
W: Gliederfüßer – kleine Tiere mit großer Bedeutung 108
Struktur und Funktionskonzept: Struktur und Funktion von Mundwerkzeugen und Beinen bei Insekten 112
W: Wirbeltiere – nah verwandt und doch verschieden 106
Untersuchungen: Wärme-Isolation verschiedener Materialien 113
Methode: Wie vergleiche ich Naturgegenstände bzw. Vorgänge? . . 116
W: Verhalten von Tieren – alles angeboren? 118
Praktikum: Beobachten von Amseln im Freiland 122
Praktikum: Beobachtungen von wirbellosenTieren im Terrarium 123
Mosaik: *Wie verhalten sich Tiere – beobachten, notieren und interpretieren* 124

3 Bau und Leistung des menschlichen Körpers **125**

3.1 Ernährung und Verdauung – Basis unserer Energieversorgung **126**
Bestandteile der Nahrung 127
Nährstoffe und ihre Bedeutung 128
Methode: Wie führe ich ein Experiment durch? 130
Untersuchungen: Nährstoffe in Nahrungsmitteln 131
Ergänzungsstoffe und ihre Bedeutung 133
Regeln für eine gesunde Ernährung . . 136
Projekt: *Gesunde Ernährung* 137
Mosaik: *Ess-Störungen* 138
Der Weg der Nahrung im Körper 139
Verdauungsprozesse 140
Untersuchung: Löslichkeit von Stärke und Traubenzucker in Wasser 140
System-Konzept: Enzymwirkung bei der Verdauung 141
Praktikum: Ein Experiment zur Verdauung 142
Nahrung und Energie 144
Mosaik: *Was ist Energie?* 144
Systemkonzept: Energie 145
Projekt: *Bewegung braucht Energie* . . 146
gewusst · gekonnt 147
summa summarum 149

3.2 Atmung – ohne Luft kein Leben **150**
Untersuchungen: Atemvolumen, Körperliche Belastung 151
Atmung und Atmungsorgane 152
Methode: Wie arbeite ich mit Modellen? 154

Untersuchung: Nachweis von Kohlenstoffdioxid in der Ein- und Ausatemluft 155
Gasaustausch 156
Struktur und Funktionskonzept: Struktur und Funktion der Lunge des Menschen 157
Hygiene, Erkrankungen und Schutz der Atmungsorgane 158
Systemkonzept: Wechselwirkung zwischen den Atmungsorganen des Menschen und der Umwelt 159
Biologie im Alltag: *Rauchen – aktiv oder passiv?* 160
Untersuchung: Teer und Kohlenstoffdioxid im Zigarettenrauch 161
gewusst · gekonnt 162
summa summarum 163
W: Haut – nicht nur ein Sinnesorgan 164
Methode: Wie fertige ich ein Poster an? 168

3.3 Blut und Kreislauf – Weg durch den Körper 169
Zusammensetzung und Funktionen des Blutes 170
Blutgruppen und Blutübertragung . . . 172
Biologie im Alltag: *Verletzungen der Blutgefäße – Wundverschluss und Erste Hilfe* 173
Bau und Funktion der Blutgefäße 174
Das Herz und seine Leistungen 176
Blutkreislauf im Überblick 178
Mosaik: *Herz-Kreislauf-Systeme der Wirbeltiere im Vergleich* 179
Herz und Kreislauf – Erkrankungen und vorbeugende Maßnahmen 180
Biologie im Alltag: *Hilfe für das Herz-Kreislaufsystem* 181
gewusst · gekonnt 182
summa summarum 183
W: Niere – ein wichtiges Ausscheidungsorgan 184
Systemkonzept: Zusammenwirken von Zellen,Geweben und Organen im Stoff- und Energiewechsel 186

4 Süchte und legale Drogen – Gefahr oder Genuss? 188

Drogen und ihre Wirkung im Körper 189
Projekt: *Alkohol – nein danke!?* 193
Mosaik: *Illegale Drogen* *194*
Ursachen des Drogenkonsums, Vorbeugung und Hilfe 196
Projekt: *Stärke zeigen* 198
Biologie im Alltag: *Bin ich süchtig?* . . 200
gewusst · gekonnt 201
summa summarum 202

5 Sexualität des Menschen 203

5.1 Pubertät 204
Pubertät – ich verändere mich 205
W: Freundschaften – finden und pflegen 208
Männliche Geschlechtsorgane 210
Mosaik: *Andere Völker – andere Sitten: Beschneidungen* 211
Weibliche Geschlechtsorgane und Menstruationszyklus 212
System-Konzept: Regulation 215
gewusst · gekonnt 216
summa summarum 217

5.2 Sexualität und sexuelle Orientierung 218
Sexualität 219
Mosaik: *Sex in den Medien* 219
Liebe und Partnerschaft 220
Mosaik: *Transsexualität – Transidentität – Transgender* 220
Mosaik: *Homosexuell, na und?* 221
Mosaik: *Glossar zu Formen der menschlichen Sexualität* 222
Geschlechtsverkehr und Befruchtung 223
Biologie im Alltag: *Familienplanung und Empfängnisregelung* 224
Mosaik: *Sexueller Missbrauch und Prostitution* 227

Sexuell übertragbare Krankheiten ... 228
gewusst · gekonnt ... 229
summa summarum ... 230

Anhang ... 231
Kartierungsvorlage ... 232
Bestimmungsschlüssel – eine Auswahl ... 233
Register ... 244
Gefahrstoffsymbole ... 247
Bildquellenverzeichnis ... 248

Methoden, Basiskonzepte und Wahlbereiche

Methoden
Expertenmethode ... 9
Wie mikroskopiere ich? ... 11
Wie fertige ich ein Frischpräparat an? 15
Wie fertige ich eine mikroskopische Zeichnung an? ... 22
Wie bestimmen wir Lebewesen? ... 70
Fachtexte verstehen, aber wie? ... 78
Wie präsentiere ich Informationen? .. 89
Wie vergleiche ich Naturgegenstände bzw. Vorgänge? ... 116
Wie führe ich ein Experiment durch? 130
Wie arbeite ich mit Modellen? ... 154
Wie fertige ich ein Poster an? ... 168

Basiskonzepte

Systemkonzept
Organisationsebenen ... 26
Energie ... 145
Wechselwirkung zwischen den Atmungsorganen des Menschen und der Umwelt ... 159
Zusammenwirken von Zellen, Geweben und Organen im Stoff- und Energiewechsel ... 186
Regulation ... 215

Struktur und Funktionskonzept
Struktur und Funktion von Mundwerkzeugen und Beinen bei Insekten ... 109
Enzyme wirken nach dem Schlüssel-Schloss-Prinzip ... 141
Struktur und Funktion der Lunge des Menschen ... 157

Entwicklungskonzept
Zeitliche Entwicklung vom Kahlschlag zum Wald ... 42

W Wahlbereiche
Weichtiere – harte Schale, weicher Kern ... 100
Wurm ist nicht gleich Wurm ... 102
Gliederfüßer – kleine Tiere mit großer Bedeutung ... 108
Wirbeltiere – nah verwandt und doch verschieden ... 112
Verhalten der Tiere – alles angeboren? ... 118
Niere – ein wichtiges Ausscheidungsorgan ... 184
Haut - nicht nur ein Sinnesorgan ... 164
Freundschaften – finden und pflegen ... 208

1

Lebewesen bestehen aus Zellen

1.1 Kleine Dinge kommen groß raus

Verschiedene Mikroskoparten

Je nach abbildendem Medium unterscheidet man Lichtmikroskope und Elektronenmikroskope. Die Abbildung zeigt das von ERNST RUSKA und MAX KNOLL erfundene Elektronenmikroskop.
Wann wurde das Elektronenmikroskop erfunden?
Wodurch unterscheidet es sich von einem Lichtmikroskop?

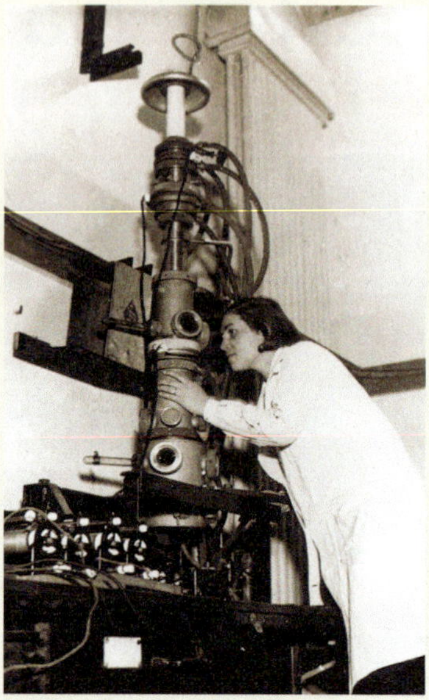

Mikroskop – ein empfindliches Gerät

Mikroskope sind wertvolle und empfindliche Geräte. Auch für die Schüler sind sie unentbehrliche Arbeitsmittel.
Wie handhabt man ein Mikroskop?
Was muss man wissen und können, um richtig und sorgfältig mit dem Mikroskop umzugehen?

Lupe oder Mikroskop?

Lupen und Mikroskope finden heute wie selbstverständlich Verwendung. Sie sind u. a. unentbehrliche Hilfsmittel in der Forschung und bei einigen medizinischen Untersuchungen. Die Abbildung zeigt das Mikroskop von ROBERT HOOKE um 1665.
Wann wurde das Mikroskop erfunden?
Wodurch unterscheiden sich Lupe und Mikroskop?
Wie funktioniert ein Mikroskop?

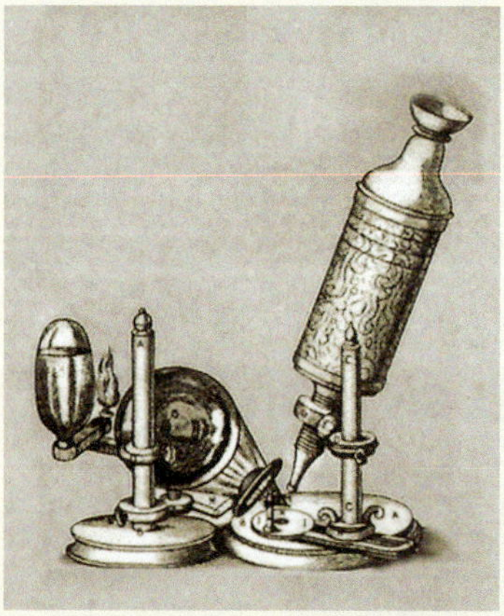

Die Expertenmethode

Biologische Themen kann man sich mit unterschiedlichen Lernmethoden erschließen. Besonders die Expertenmethode ist gut geeignet, um selbstständig Probleme und Aufgabenstellungen zu lösen. Erarbeitet man sich ein Thema selbst, bleiben die Ergebnisse lange im Gedächtnis.

Experten sind immer Spezialisten für ein konkretes Sachgebiet. Mit diesem Thema haben sie sich ausgiebig beschäftigt und können anderen ihre Erfahrungen weitergeben. Bei der Expertenmethode wird dies ausgenutzt und so die Arbeit auf viele Schultern verteilt.
Macht euch also selbst zu Experten und helft den anderen dabei, euer Spezialgebiet zu verstehen. Lasst euch dann von anderen Experten helfen, sodass am Ende alle den gleichen Wissensstand haben. Das ist echte Teamarbeit!

1. Schritt

Vorbereitung
Findet zum vorgegebenen Hauptthema sinnvolle Teilthemen. Zum Hauptthema „Mikroskop“ könnten z. B. die Teilthemen „Bau des Mikroskops“, „ Geschichte des Mikroskops“, „Frischpräparate“ und „Dauerpräparate“ bearbeitet werden.
Teilt nun die Klasse in vier bis fünf Basisgruppen.

2. Schritt

Arbeit in Basisgruppen
Erarbeitet in der Basisgruppe alle Teilthemen. Dabei ist jedes Mitglied der Gruppe für ein anderes Thema verantwortlich und wird zum Experten für dieses Thema.

Basisgruppen

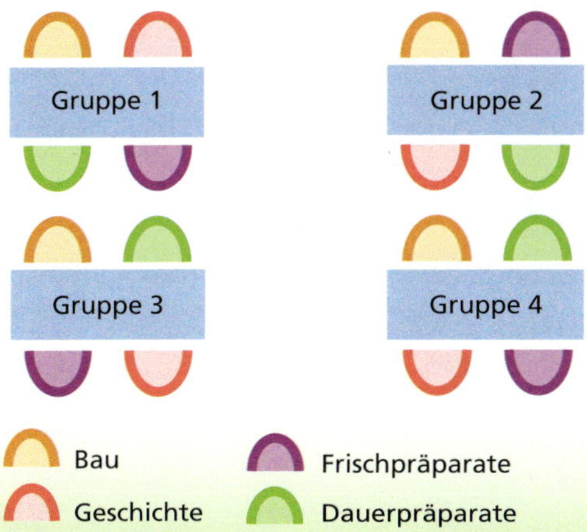

3. Schritt

Arbeit in Expertengruppen
Bildet neue Gruppen, die sich aus den jeweiligen Experten für die gleichen Teilthemen zusammensetzen. Tauscht eure Arbeitsergebnisse aus und klärt offene Fragen. Dabei kommt jeder Experte zu Wort. Erarbeitet eine Zusammenfassung.

Expertengruppen

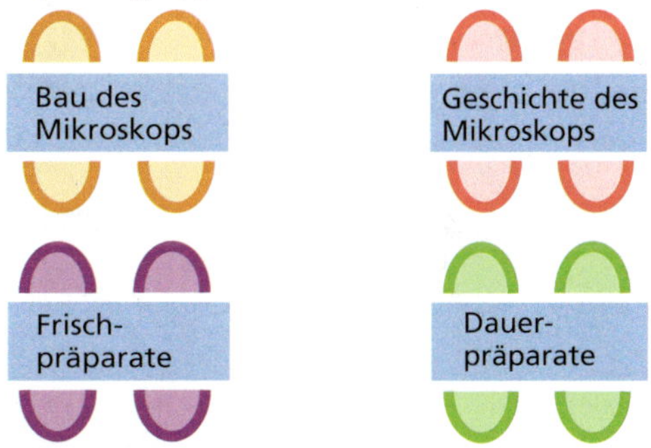

4. Schritt

Präsentation der Lernergebnisse
Findet euch wieder mit den Mitgliedern eurer Basisgruppe zusammen. Jeder Experte stellt seine Arbeitsergebnisse zu dem Teilthema vor, für das er verantwortlich war. Im Ergebnis sind alle Mitglieder der Gruppe über alle Teilthemen informiert.

(Tipp: In einer anderen Variante der Methode bearbeiten in der Basisgruppe alle das gleiche Thema. In den Expertengruppen erfolgt dann der Austausch über die unterschiedlichen Teilthemen.)

Aufbau des Lichtmikroskops und seine Handhabung

Lupen und Mikroskope sind unentbehrliche Hilfsmittel im Biologieunterricht, um kleine Objekte betrachten und untersuchen zu können. In der Schule werden vorwiegend Lichtmikroskope (Abb. 1) genutzt.
Lichtmikroskope heißen deshalb so, weil Licht das abbildende Medium ist. Die meisten Lichtmikroskope arbeiten mit Durchlicht, deshalb müssen die Objekte lichtdurchlässig sein.
Das Objekt liegt auf dem **Objekttisch** und wird von unten beleuchtet. Durch die Linsen im **Objektiv** wird ein bis zu 100-fach vergrößertes Bild des Objektes entworfen. Dieses Bild wird durch die **Okularlinsen** weiter vergrößert. (Gesamtvergrößerung = Objektivvergrößerung • Okularvergrößerung).
Unterschiedliche Vergrößerungen erreicht man, indem man mit dem **Objektivrevolver** unterschiedliche Objektive über das Objekt dreht.
Der **Tubus** verbindet Okular und Objektiv miteinander.
Der **Kondensor** unterhalb des Objekttisches bündelt die das Objekt beleuchtenden Lichtstrahlen mithilfe eines Linsensystems. Damit beeinflusst er das Auflösungsvermögen und dient außerdem der Kontrastregulierung. Mit der **Blende** lässt sich die Tiefenschärfe des Bildes verändern. Im Fuß befindet sich eine eingebaute Leuchte.
Mit dem **Triebrad** wird die Schärfe des Bildes eingestellt. Es gibt einen **Grob**- und einen **Feintrieb.**

Aufgaben

Erarbeitet das Thema „Kleine Dinge kommen ganz groß raus" unter Nutzung der Expertenmethode (s. S. 9). Folgende Teilthemen wären möglich: Bau des Mikroskops, Geschichte des Mikroskops, Frischpräparate, Dauerpräparate.

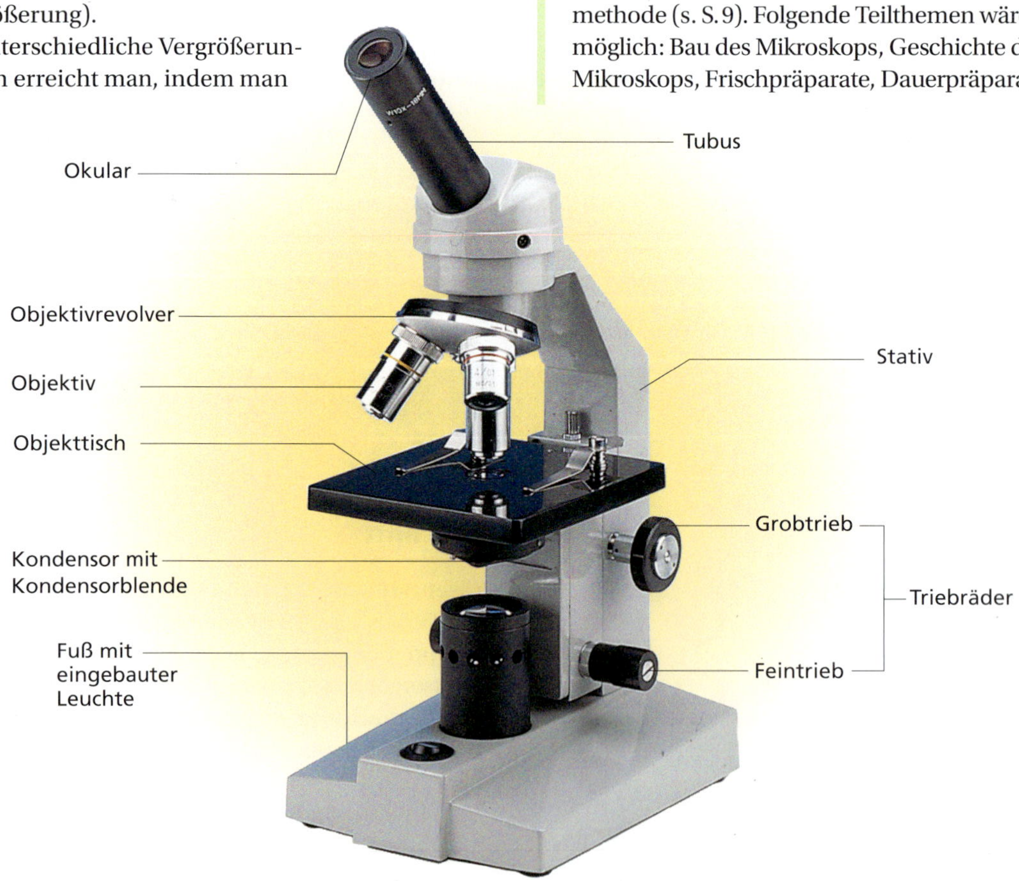

1 Das Lichtmikroskop und seine Bestandteile

Wie mikroskopiere ich?

Durch das Lichtmikroskop wird ein vergrößertes Bild des Objektes auf die Netzhaut abgebildet. Es kommt ein Bild zustande, das das Objekt, z. B. ein Haar, bis über das 1000-Fache vergrößert zeigen kann. Um ein Objekt so vergrößert mit dem Mikroskop betrachten zu können, muss man das Mikroskop sachgerecht handhaben und eine bestimmte Schrittfolge einhalten.

Aufgabe
Betrachte ein Haar mithilfe des Mikroskops.

1. Schritt

Einstellen der Beleuchtung und Auflegen des Präparates
Schalte die Mikroskopbeleuchtung ein, senke den Objekttisch durch Drehen am Triebrad, lege das Objekt (einige ca. 1 cm lange Stücke eines Haars) auf einen Objektträger und diesen so auf den Objekttisch, dass das Objekt zentral über der Öffnung des Objekttisches liegt.

2. Schritt

Scharfstellen des Bildes
Drehe das Objektiv mit der kleinsten Vergrößerung mit dem Objektrevolver über das Objekt und befördere den Objekttisch durch vorsichtiges Drehen des Triebrades nach oben, bis das Objekt nur noch wenige Millimeter vom Objektiv entfernt ist. Beobachte dabei von der Seite (s. Abb.), um zu verhindern, dass das Objektiv das Objekt berührt. Schaue nun durch das Okular und drehe den Objekttisch langsam so lange nach unten, bis ein scharfes Bild erscheint, reguliere mit dem Feintrieb nach.

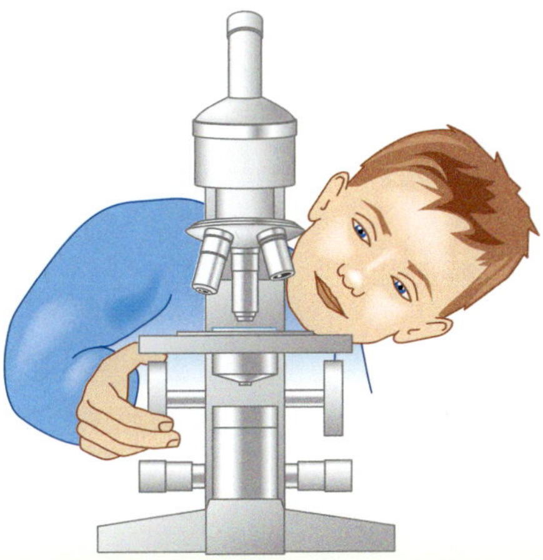

3. Schritt

Einstellen der nächsten Vergrößerung
Mikroskope sind so gebaut, dass das Objektiv mit der nächsthöheren Vergrößerung problemlos über das Objekt gedreht werden kann, wenn das Objekt vorher scharf eingestellt war.
Du musst nur mit dem Feintrieb etwas nachjustieren. Drehe den Objekttisch auf keinen Fall mit dem Grobtrieb nach oben, solange du durch das Okular schaust.
Auf diese Weise könntest du das Präparat und die Objektivlinse beschädigen.

4. Schritt

Einstellung der richtigen Beleuchtung.
Ist das Bild zu hell oder zu dunkel, kannst du zum einen die Helligkeit der Lichtquelle verändern (nicht bei allen Mikroskopen möglich).
Zum andern kannst du die Kondensorblende enger oder weiter stellen. Dadurch wird auch die Tiefenschärfe des Bildes vergrößert oder verringert.

5. Schritt

Fehlersuche
Wenn du nichts sehen kannst, prüfe, ob dein Präparat genau über der Lichtöffnung im Objekttisch liegt. Wiederhole dann die Schritte 1 bis 3.

Mosaik

Geschichte der Mikroskopie

Jahrhundert	Wissenschaftliche Leistung	
13. Jh.	ROGER BACON, englischer Mönch, ihm gelang es, Glaslinsen für Brillen zu schleifen. Die Kunst des Glasschleifens war eine wichtige Voraussetzung für die Erfindung des Mikroskops. Mode war es zur damaligen Zeit, ein „Flohglas" bei sich zu tragen. Dabei handelte es sich um ein Metallrohr, so groß wie ein Daumen, mit einer Linse am Ende.	 ROGER BACON (um 1214–1294)
16. Jh.	ZACHARIAS JANSSEN (1580–1638), holländischer Brillenmacher, entdeckte um 1590 vermutlich unter Mithilfe seines Vaters HANS JANSSEN, dass alles, was er durch zwei Linsen hintereinander betrachtete, vergrößert erschien. Obwohl er somit als Erfinder eines zusammengesetzten Mikroskops – das aus einer Sammellinse als Objektiv und einer Zerstreuungslinse als Okular bestand – galt, verfolgte er seine Entdeckung nicht weiter. GALILEO GALILEI, italienischer Naturforscher, verbesserte 1612 das von JANSSEN erfundene Gerät und untersuchte damit die Augen von Insekten.	 GALILEO GALILEI (1564–1642)
17. Jh.	ROBERT HOOKE, englischer Wissenschaftler, entdeckte 1667 mit seinem selbstgebauten Mikroskop aus dem Jahr 1665, dass Kork aus kleinen voneinander getrennten „Schachteln" oder Zellen besteht. ANTONY VAN LEEUWENHOEK, holländischer Tuchhändler, baute ein „Mikroskop" nach seinen Vorstellungen und untersuchte damit die verschiedensten Dinge. Ihn interessierte der Aufbau von Samen, Früchten, Blüten, aber auch von Läusen und Augen verschiedener Tiere. Er gehörte zu den Ersten, die die mikroskopischen Objekte genau aufzeichneten und beschrieben. Seine Aufzeichnungen veröffentlichte er in wissenschaftlichen Briefen an die ***Royal Society of London.*** 1683 verblüffte er die Leser mit der Feststellung, dass es in seinem Munde mehr Lebewesen als Menschen in den Niederlanden gäbe. Grund für diese Behauptung war die Untersuchung des Zahnbelages eines achtjährigen Jungen. LEEUWENHOEK hatte somit als Erster jene Lebewesen entdeckt, die wir heute als Bakterien bezeichnen. Da er die Kunst des Linsenschleifens als sein Geheimnis hütete, konnten Bakterien erst wieder im 19. Jahrhundert beobachtet werden, als man die Technik des Mikroskopbaus besser beherrschte.	 ROBERT HOOKE (1635–1703)  ANTONY VAN LEEUWENHOEK (1632–1723)
18. Jh.	ANDREAS SIGISMUND MARGGRAF (1709–1782) führte um die Mitte des Jahrhunderts die Mikroskopie in die analytische Chemie ein (Untersuchung verschiedener Zuckerkristalle).	

Mosaik

Geschichte der Mikroskopie

Jahrhundert	Wissenschaftliche Leistung
19. Jh.	**Matthias Jakob Schleiden** (1804–1881) und **Theodor Schwann**, deutsche Wissenschaftler, begründeten zusammen die Zelltheorie: Sie gingen davon aus, dass Zellen die Grundbausteine aller Pflanzen und Tiere sind. Ein Studium der Natur ohne mikroskopische Untersuchungen war für sie undenkbar. Nicht alle Wissenschaftler teilten ihre Ansicht. Einige vertraten die Auffassung, dass es auch ohne Mikroskop noch genügend zu entdecken gäbe. Trotzdem wurden Mikroskope weiter gebaut und verbessert. **Robert Koch**, deutscher Bakteriologe, entdeckte 1882 mithilfe des Mikroskops die stäbchenförmigen Tuberkelbakterien, die Erreger der Tuberkulose, einer damals gefährlichen Infektionskrankheit, gegen die heutzutage geimpft wird. Es entstanden Unternehmen zur Herstellung mechanisch-optischer Geräte. Zu den bekanntesten gehört der 1846 in Jena eingerichtete Betrieb von Carl Zeiss (1816–1888). **Ernst Abbe** (1840–1905), deutscher Physiker, begann dort die wissenschaftlichen Grundlagen für den Bau der Mikroskope zu erarbeiten. Man produzierte Lichtmikroskope, deren Vergrößerung darauf beruht, dass Licht vom Präparat durch zwei Glaslinsen dringt, die Objektivlinse und das Okular.  Theodor Schwann (1810–1882)  Robert Koch (1843–1910)
20. Jh.	**Ernst Ruska** (1906–1988) und **Max Knoll** (1897–1969) entwickelten 1934 zusammen das erste Elektronenmikroskop. Es funktioniert nach einem ähnlichen Prinzip wie das Lichtmikroskop. Allerdings wird der Lichtstrahl durch einen Elektronenstrahl und die optischen Linsen werden durch elektromagnetische Linsen ersetzt. Durch neue, sogenannte **Rastertunnelmikroskope,** können sogar Atome betrachtet werden. Dabei ist es so, dass das Rastertunnelmikroskop die Atome nicht „sieht", sondern „fühlt". Durch die Entwicklung des Rastertunnelelektronenmikroskops und ähnlicher Mikroskope ist es möglich geworden, in Bereichen von einem Millionstel Millimeter Dinge zu betrachten, zu bearbeiten oder herzustellen. Das Rastertunnelmikroskop wurde 1981–1985 entwickelt. Ein Jahr später wurden Gerd Binnig (*1947) und Heinrich Rohrer (*1933) vom IBM Forschungslaboratorium Zürich für ihre Entwicklungsarbeiten für diese Geräte mit dem Nobelpreis für Physik ausgezeichnet.  Transmissionselektronenmikroskop  Rastertunnelmikroskop

Mikropräparate und ihre Herstellung

Um ein Objekt mithilfe des Mikroskops zu betrachten, muss ein **Mikropräparat** hergestellt werden (Abb. 1 und S. 15).
Ein Mikropräparat besteht aus dem Objektträger, dem Objekt, oftmals einem Einschlussmittel (z. B. Wasser) und einem Deckgläschen.

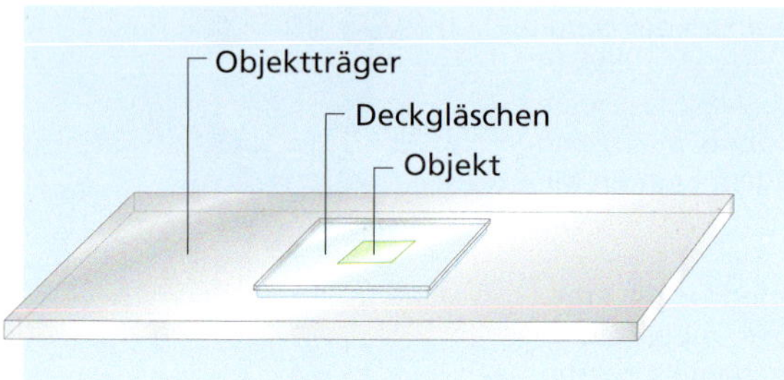

Wenn man Objekte mithilfe eines Mikroskops betrachten will, müssen sie lichtdurchlässig sein. Bei vielen trockenen Objekten (z. B. Blütenstaub, Fischschuppen, Haaren, Flügeln von Insekten) ist das so. Sie können ohne vorherige Bearbeitung auf einen Objektträger gelegt und mikroskopisch untersucht werden. Man stellt dann sogenannte *Trockenpräparate* her.

Andere Objekte muss man erst speziell bearbeiten, man sagt auch *präparieren.* Von den Blättchen der Moose oder Teilen von Früchten z. B. stellt man *Feuchtpräparate* her. Die Objekte werden in einen Wassertropfen auf den Objektträger gelegt und mit einem Deckgläschen abgedeckt.

Bei wieder anderen Objekten, beispielsweise dem Holundermark, dem Kork oder dem Kürbis- und Maisstängel, müssen erst dünne Schnitte angefertigt werden, damit Licht hindurchtreten kann.

Bei den Trocken- und Feuchtpräparaten handelt es sich um **Frischpräparate.** Diese halten sich meist nicht lange.
Durch besondere Behandlung mit Chemikalien können Mikropräparate auch lange haltbar gemacht werden.
Die Objekte werden dazu z. B. in Kunstharz eingeschlossen. Solche Präparate werden dann **Dauerpräparate** genannt.

Will man von den Objekten alle Einzelheiten untersuchen und diese genau betrachten, ist es oft günstig, die Objekte anzufärben. Man benötigt dazu spezielle Färbemittel.

Aufgaben

1. Erläutere, warum von einigen Objekten erst dünne Schnitte angefertigt werden müssen, wenn man sie mit einem Lichtmikroskop betrachten will.

2. Warum müssen beispielsweise zarte Pflanzenteile vor dem Mikroskopieren in Wasser eingebettet werden?
Finde eine Erklärung.
(Tipp: Du kannst ausprobieren, was ohne die Einbettung passiert.)

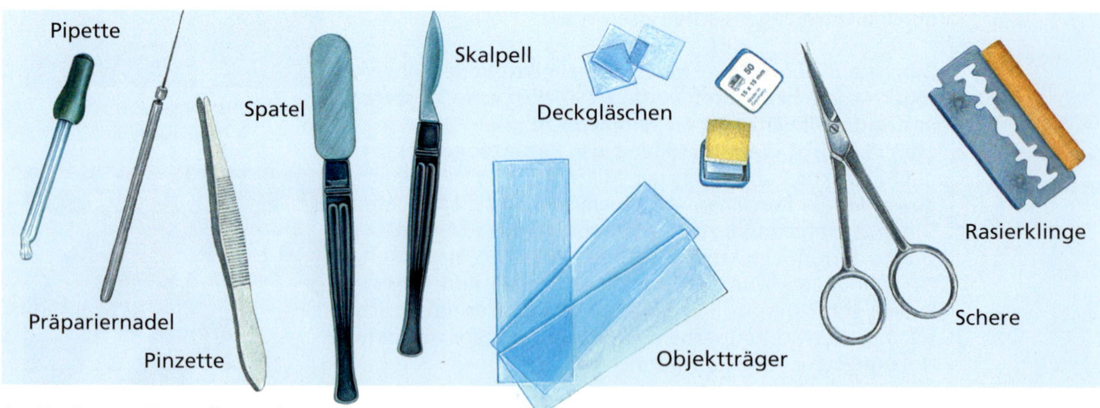

1 Geräte zur Herstellung eines Mikropräparates

Wie fertige ich ein Frischpräparat an?

Besonders Pflanzenteile lassen sich gut präparieren, sodass man sie schnell betrachten kann. Im Gegensatz zur Herstellung von Frischpräparaten ist es sehr aufwendig, Dauerpräparate zu fertigen. In der Schule werden die Objekte im Allgemeinen in Wasser eingebettet.

Aufgabe
Stelle ein Frischpräparat von einem Zwiebelhäutchen her.

1. Schritt

Vorbereiten der Arbeitsgeräte
Stelle die benötigten Arbeitsgeräte bereit (Objektträger, Deckgläschen, Pinzette, Pipette, Rasierklinge, Präpariernadeln, Filterpapier).
Reinige Objektträger und Deckgläschen.

2. Schritt

Vorbereiten des Objekts
Zerschneide die innere durchsichtige Haut einer Zwiebelschuppe mithilfe einer Rasierklinge in kleine Quadrate.

3. Schritt

Erstellen des Präparates
Tropfe mithilfe der Pipette etwas Wasser auf die Mitte des Objektträgers.
Hebe ein Stückchen der durchsichtigen Zwiebelhaut mit der Pinzette ab und lege es in den Wassertropfen. Wenn sich das Häutchen einrollt, ziehe es mit zwei Präpariernadeln auseinander.
Decke das Objekt vorsichtig mit dem Deckglas ab. Bringe es dazu schräg an den Wassertropfen heran und lasse es langsam auf das Objekt im Wasser sinken. Seitlich hervorquellendes Wasser wird mit Filterpapier abgesaugt. Bei Wassermangel tropfe Wasser am Deckglasrand hinzu.

4. Schritt

Anfärben des Präparates
Um das Objekt anzufärben, tropfe Farbstofflösung an den Rand des Deckgläschens und sauge sie mit Filterpapier unter dem Deckglas hindurch.

5. Schritt

Mikroskopieren
Betrachte das Objekt mithilfe des Mikroskops.

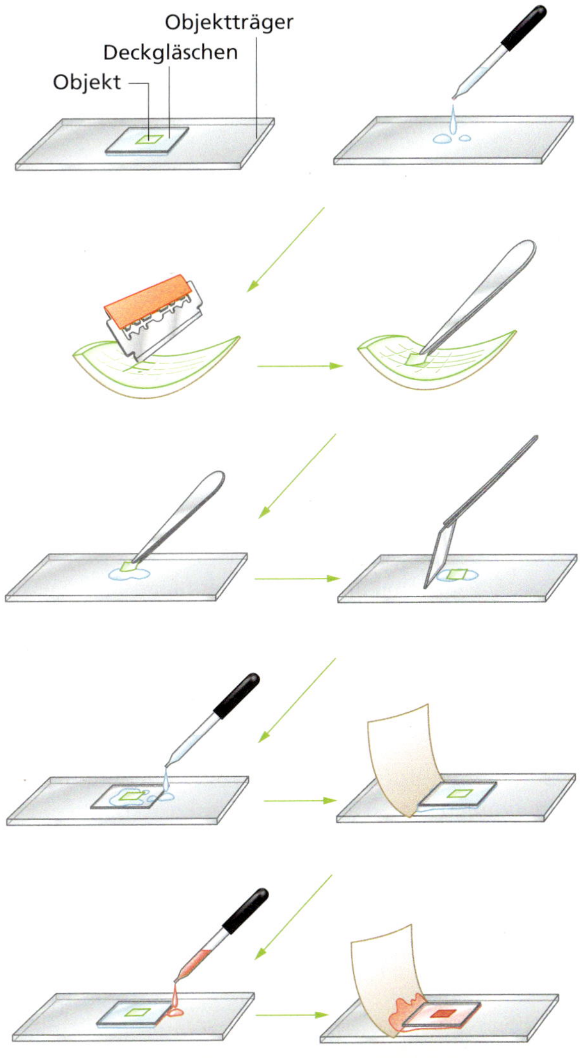

1 Herstellen eines Frischepräparates von einem Zwiebelhäutchen

gewusst · gekonnt

1. Wiederhole wichtige Begriffe: Lichtmikroskop, Elektronenmikroskop, Mikropräparat, Trockenpräparat, Feuchtpräparat, Frischpräparat, Dauerpräparat.
Lege dazu ein Glossar an. Dabei handelt es sich um ein alphabetisch geordnetes Wörterverzeichnis.
Jeder Begriff wird durch eine Definition oder Begriffserläuterung ergänzt. Du kannst dein Glossar entweder auf Karteikarten oder mithilfe des Computers anlegen.

Glossar

Dauerpräparat: Objekte wurden durch besondere Behandlung lange haltbar gemacht. Oft sind diese Objekte in Kunstharz eingeschlossen.

Feuchtpräparat:

2. Übernimm die Tabelle in deinen Hefter und ergänze die Bauteile des Mikroskops und ihre Funktion.

Bau und Funktion der Teile des Mikroskops

Teile	Aufgabe

3. Bereite einen Kurzvortrag über die Bedeutung des Mikroskops (Lichtmikroskops) vor. Informiere dich dazu z. B. unter www.schuelerlexikon.de „Geschichte der Mikroskopie“. Beachte u. a.:
   - Wann wurde das Lichtmikroskop erfunden?
   - Welche Entdeckungen waren erst möglich, nachdem das Lichtmikroskop erfunden war?
   - Welche Forscher hatten an diesen Entdeckungen besonderen Anteil?
   - Wie wird das Mikroskop heute genutzt?

4. Was musst du beachten, um mit einem Lichtmikroskop richtig und sorgsam umzugehen?

5. Für das Mikroskopieren, insbesondere zur Herstellung von Präparaten, wird eine Reihe von Geräten benötigt. Diese Geräte sind im Foto abgebildet. Benenne die Geräte und beschreibe ihre Handhabung.

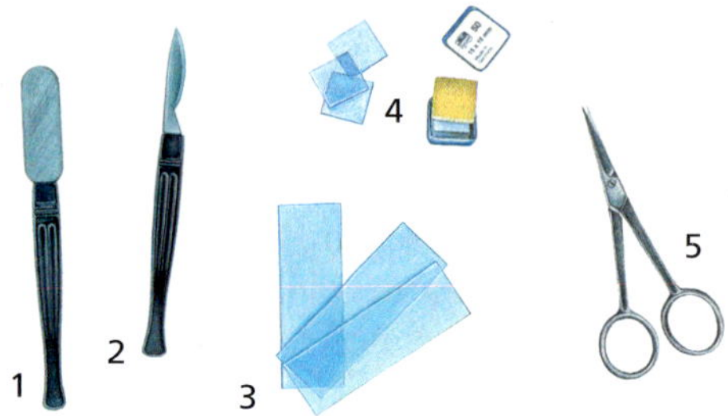

6. Um einen Gegenstand mithilfe des Mikroskops zu betrachten, muss ein Präparat hergestellt werden.
   a) Erläutere, was man unter einem Präparat versteht.
   b) Welche Arten von Präparaten kennst du?

7. Betrachte Trockenpräparate vom Blütenstaub (Pollen) verschiedener Pflanzen.
   a) Fertige die Präparate zunächst an.
   b) Betrachte die Pollenkörner nacheinander mithilfe des Mikroskops.
   c) Zeichne je ein Pollenkorn.
   Zeichne groß genug und zeichne nur das, was du siehst.

8. Betrachte eine kleine Vogelfeder mithilfe des Mikroskops.
   a) Fertige eine Skizze an.
   b) Beschreibe deine Beobachtungen.

9. Überlege, wie es möglich ist, Bilder vom Mikroskop auf einen Computer zu übertragen.

10. Mikroskopiere ein Dauerpräparat von Insektenflügeln. Fertige eine Zeichnung an und beschrifte sie.

Das Lichtmikroskop

Durch die Erfindung des Mikroskops wurde es möglich, sehr kleine, mit bloßem Auge nicht wahrnehmbare Gegenstände zu beobachten. Um das Mikroskop sachgerecht zu nutzen, müssen sein Aufbau und seine Handhabung bekannt sein.

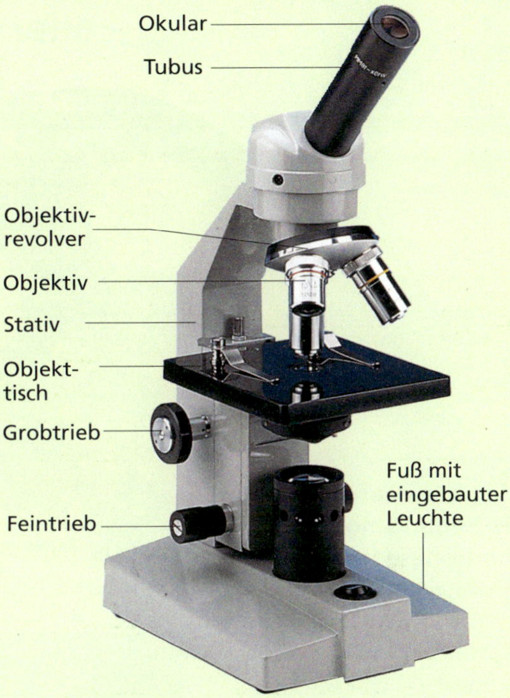

Ein **Mikropräparat** besteht aus Objektträger, Objekt und Deckgläschen, oftmals wird ein Einschlussmittel (z. B. Wasser oder Kunstharz) benötigt.
Man unterscheidet Frischpräparate (nicht lange haltbar) und Dauerpräparate (sehr lange haltbar).

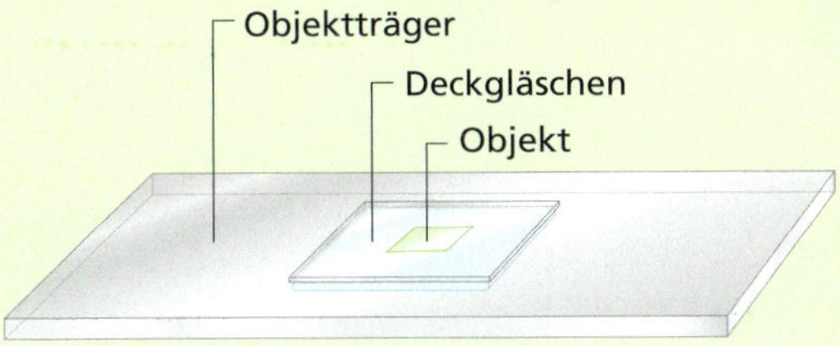

Mithilfe des Mikroskops kann man u. a. verschiedene Zellen betrachten.
Dabei wird nicht das Objekt (z. B. ein Pollenkorn) vergrößert, sondern es entsteht ein vergrößertes Bild vom Objekt. Die mikroskopischen Bilder kann man als mikroskopische Zeichnungen darstellen oder mithilfe einer Foto- oder Videokamera festhalten.

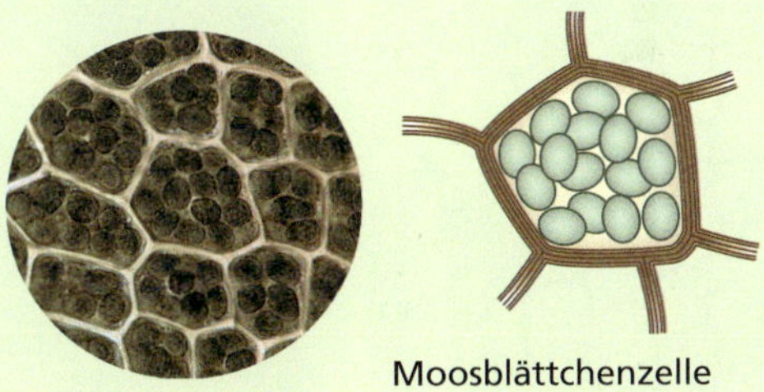
Moosblättchenzelle

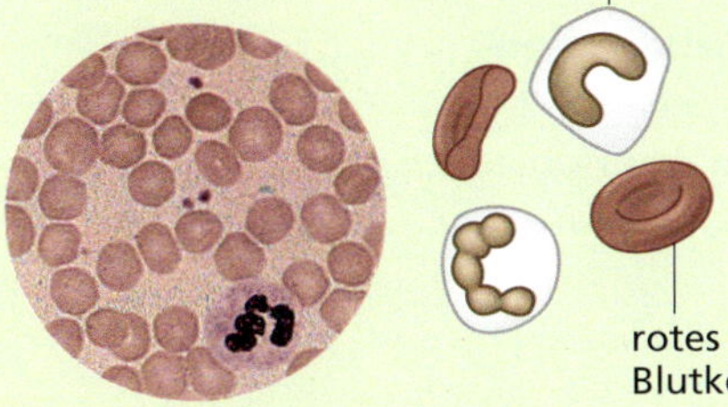

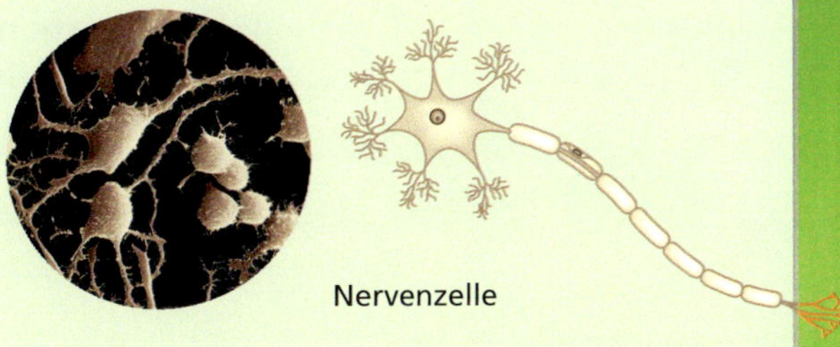
Nervenzelle

1.2 Die Zelle – Grundbaustein aller Lebewesen

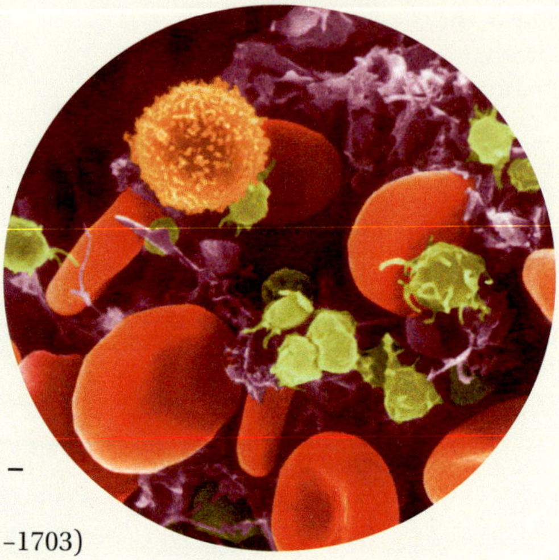

Winzig klein und doch nicht einfach
Zellen können sehr vielfältig sein. So besteht der Mensch aus ca. 250 unterschiedlichen Zelltypen.
Warum ist diese Vielfalt erforderlich?

Kleine „Kammern" – große Bedeutung
ROBERT HOOKE (1635 -1703) war fasziniert, als er mithilfe eines Mikroskops einen dünnen Schnitt von Flaschenkork betrachtete, denn er sah kleine „Kammern".
Welche Bedeutung hatte seine Entdeckung?

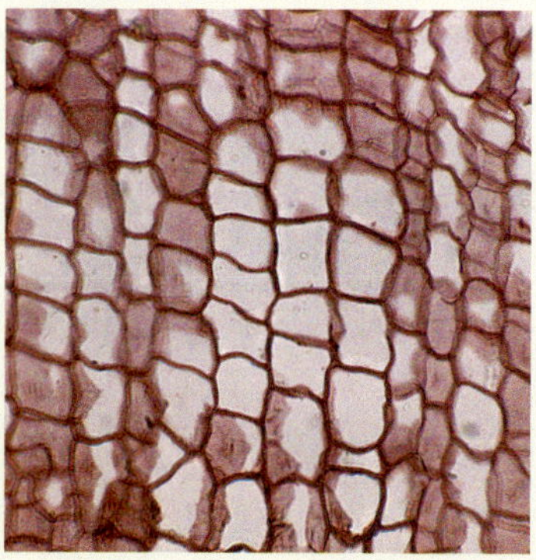

Grundbausteine für alle Lebewesen?
Alle Lebewesen bestehen aus Zellen.
Allerdings sind die Lebewesen unterschiedlich groß.
Sind die Zellen, aus denen beispielsweise ein Elefant besteht, größer als die Zellen einer Maus?

Formenvielfalt und Größe von Zellen

Betrachtet man Zellen verschiedener Lebewesen (Tiere, Mensch, Pflanzen) unter dem Mikroskop, fällt auf, dass sie sich in Form und Größe unterscheiden.
Nach der äußeren Form sind z. B. quaderförmige, kugelige oder zylindrische Zellen zu unterscheiden. Die verschiedenen Zellen erfüllen z. T. unterschiedliche Aufgaben. Zwischen der **Struktur der Zelle** und ihrer Funktion im Organismus besteht ein Zusammenhang.
Im mikroskopischen Bild erscheinen die Zellen flächig. Es handelt sich aber um kleine Körper, die aus vielen Bestandteilen bestehen.
Erhebliche Unterschiede gibt es auch in der **Größe der Zellen** (Tab., Abb. 1). Da viele Zellen sehr, sehr klein sind, wird zum Messen der Zellgröße die Maßeinheit Mikrometer (µm) verwendet. Ein Mikrometer ist der tausendste Teil (1/1000) eines Millimeters. Im Allgemeinen beträgt der Zelldurchmesser der Zellen der Tiere, Menschen und Pflanzen 10 bis 250 µm.
Sehr kleine Zellen findet man u. a. bei Pilzen. Sie sind nur den Bruchteil eines Millimeters lang. Faserzellen der Leinpflanze können dagegen bis zu 15 cm lang werden. Faserzellen von Lianen können sogar eine Länge von 0,5 m erreichen.
Nervenzellen können bis zu einem Meter lang werden. Sehr groß sind auch die Eizellen einiger Tiere, z. B. wird die Eizelle unseres Haushuhnes (das Eidotter) 20 mm (20 000 µm) groß.

Zellarten	Zellgrößen
menschliche Spermienzelle	58 – 67 µm (Länge)
menschliche Eizelle	∅ 100 µm
Hühnerei (Dotter)	∅ 20 000 µm
Straußenei (Dotter)	∅ 75 000 µm
Mundschleimhautzelle	20 µm
Nervenzelle	1 000 000 µm (Länge)
glatte Muskelzelle	300 µm (Länge)
Moosblättchenzelle	25 µm
Zwiebelhautzelle	400 µm (Länge)
Holundermarkzelle	200 µm
Korkzelle	30 µm
Faserzelle vom Lein	70 000 – 150 000 µm

Zellen sind in Größe und Form vielfältig. Diese sind abhängig von ihrer Funktion im Organismus.

Aufgabe

Erarbeite das Thema: „Die Zelle - Grundbaustein aller Lebewesen" nach der Expertenmethode.
Welche Teilthemen wären als Aufgabenstellungen für die Basisgruppen geeignet?

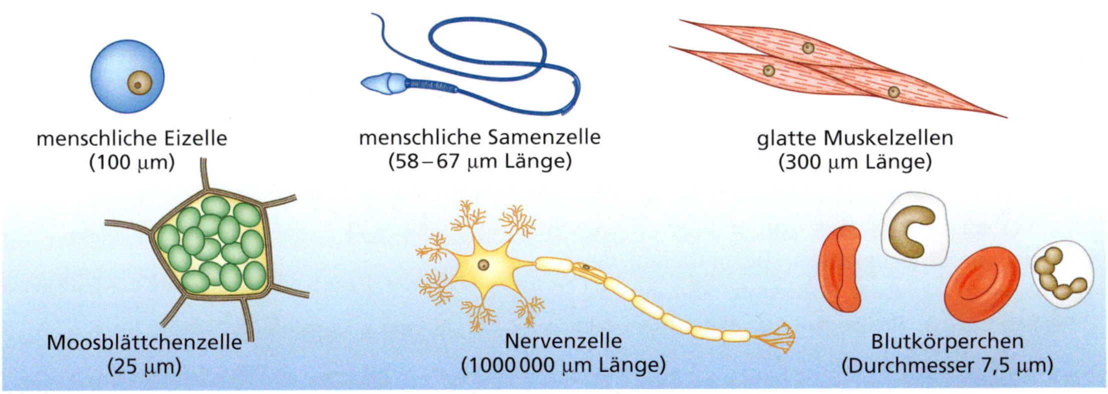

1 Beispiele für die Vielfalt von Zellen

Der Bau der Zellen

So verschieden auch die Zellen der Pflanzen, Tiere, Menschen, Pilze u. a. sind, es lassen sich trotzdem Gemeinsamkeiten finden. Man bezeichnet diese Zellen als eukaryotische Zellen.
Sie sind alle in verschiedene Funktionsräume untergliedert, man sagt, sie sind **kompartimentiert.** Alle Zellbestandteile haben bestimmte Funktionen innerhalb der Zelle. Diese Funktionen können sie wiederum erfüllen, weil auch die Zellbestandteile entsprechend aufgebaut sind.
Nach den Zellbestandteilen unterscheidet man pflanzliche und tierliche Zellen.

Die pflanzliche Zelle

In ausgewachsenen pflanzlichen Zellen fallen die großen **Vakuolen (Zellsafträume)** auf. Im Zellsaft können Salze, Nährstoffe oder Farbstoffe gelöst sein.
Der Zellinnenraum wird vom **Zellplasma** ausgefüllt. Im Zellplasma sind zahlreiche verschiedene Stoffe gelöst. Das Plasma ist in ständiger Bewegung. Die Plasmaströmung dient dem Stofftransport innerhalb der Zelle. Außerdem befinden sich darin die *Zellorganellen* (Funktionsräume der Zelle).
Im Zellplasma liegt der kugelige **Zellkern.** Er enthält Chromosomen, die die Erbsubstanz tragen. In dieser Substanz, der DNA, sind die Erbanlagen einer Pflanze gespeichert, die u. a. für die Steuerung aller Lebensvorgänge von entscheidender Bedeutung sind.

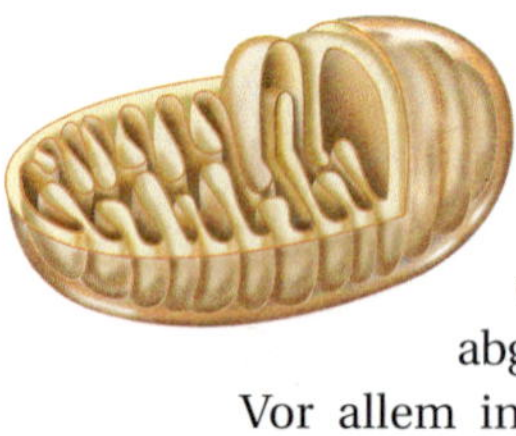

Weiterhin befinden sich im Zellplasma viele **Mitochondrien.** Diese dienen der Zellatmung. Organische Stoffe werden unter Sauerstoffverbrauch abgebaut, um Energie freizusetzen.
Vor allem in Zellen grüner Pflanzenteile erkennt man **Chloroplasten.** Sie enthalten den grünen Farbstoff Chlorophyll. Er ist für die Aufnahme von Lichtenergie verantwortlich, die für die Fotosynthese genutzt wird.

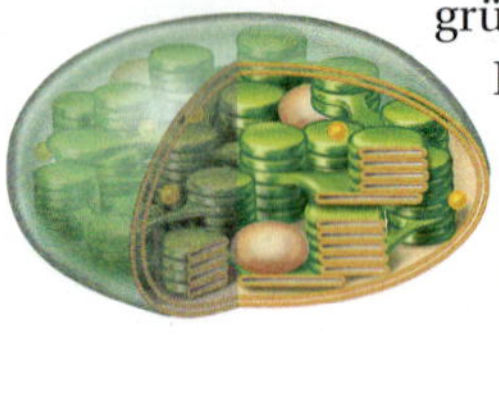

Das Zellplasma wird von einer **Zellmembran** begrenzt. Sie grenzt das Plasma zur Außenwelt ab. Gleichzeitig können aber Nährstoffe in die Zelle hinein und Abbauprodukte nach außen gelangen. Die Membran dient dem Stoffaustausch. Ohne Membranen ist Leben nicht denkbar. Membranen bzw. Doppelmembranen grenzen auch die Vakuolen und die Zellorganellen gegen das Zellplasma ab.
Den Abschluss nach außen bildet die **Zellwand.** Sie verleiht der Zelle Gestalt und Festigkeit. Ein- und Auflagerungen ermöglichen die Schutz- und Stützfunktion. Besonders der Holzstoff in der Zellwand festigt diese. Wachsartige Stoffe verhindern die Verdunstung von Wasser.
In jeder Zelle existieren neben den genannten Teilen weitere Funktionsräume, die z. B. zum Aufbau von Eiweißen dienen.

Spezialisierte pflanzliche Zellen weisen einen abgewandelten Bau auf. So enthalten Wurzelzellen keine Chloroplasten. Sie dienen der Wasseraufnahmen bzw. dem Stofftransport.

Aufgabe

Finde Beispiele für spezialisierte pflanzliche Zellen, benenne ihre Funktion und erläutere die besonderen Eigenschaften.

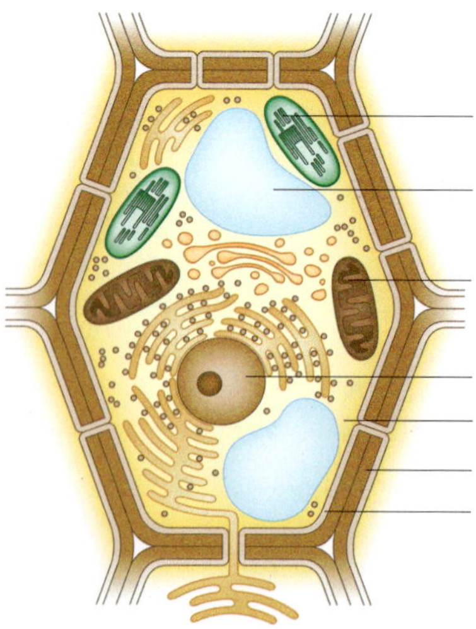

1 Bau einer Pflanzenzelle (schematisch)

1 Spezialisierte Zellen einer Pflanze

Wie fertige ich eine mikroskopische Zeichnung an?

Eine mikroskopische Zeichnung fertigt man nur auf weißem Papier mit einem gut gespitzten, mittelharten Bleistift an. Damit die mikroskopische Zeichnung auch gelingt, sollte man folgende Schritte beachten.

Aufgabe
Zeichne die Zellen einer Zwiebelhaut.

1. Schritt

Auswählen eines geeigneten Ausschnittes
Entscheide, ob du eine Zelle oder mehrere von deinem Objekt zeichnen möchtest.
Suche eine geeignete Stelle aus.

2. Schritt

Betrachten des Objektes
Betrachte das Objekt mithilfe des Mikroskops. Lass beim Betrachten beide Augen geöffnet (mit einem Auge das Objekt betrachten, mit dem anderen das Zeichenpapier).
Lass dich nicht entmutigen, wenn es dir nicht gleich gelingt. Für diese Technik braucht man Übung.

3. Schritt

Zeichnen des gewählten Ausschnittes
Zeichne die Zellen viel größer, als du sie siehst.
Zeichne möglichst mit einer glatten Linie. Die Linien sollen nicht gestrichelt werden.

4. Schritt

Beschriften der Zeichnung
Beschrifte deine Zeichnung mit dem Bleistift.
In die Legende gehören:

- Name des Objektes,
- Bezeichnung des Organs/Gewebes,
- mikroskopische Vergrößerung,
- Hinweis auf Färbung,
- das Datum,
- Name des Zeichners.

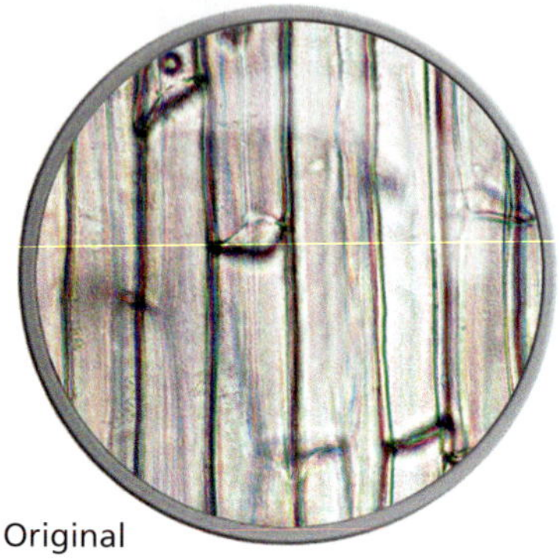

1 Original

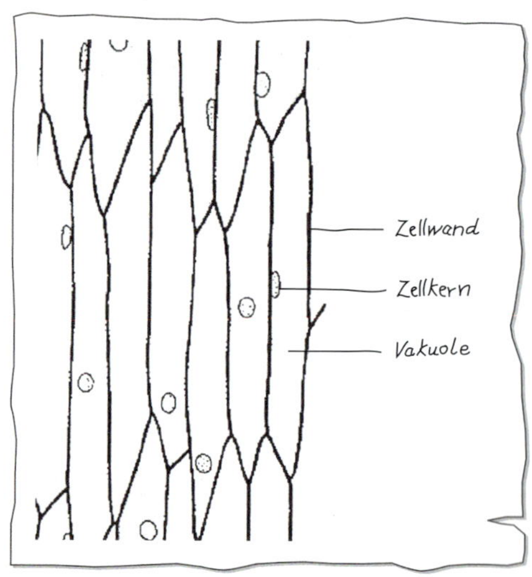

2 Zeichnung: Eine mikroskopische Zeichnung stellt im Allgemeinen einen „optischen Schnitt" dar, das heißt, man zeichnet nur eine Ebene, auch wenn man im mikroskopischen Bild wegen der räumlichen Ausdehnung des Objektes mehrere Ebenen gleichzeitig sehen kann.

Objekt:	Zwiebel
Objektteil:	Haut der Zwiebelschuppe
mikroskopische Vergrößerung:	60-fach
Datum:	11.11.2006
Name:	Max Fröhlich

3 Legende der Zeichnung

Untersuchungen an pflanzlichen Zellen

Untersuche ein Blättchen von der Wasserpest *(Elodea canadensis)*.

Materialien:
Wasserpest, Mikroskop, Objektträger, Deckgläschen, Pipette, Wasser, Pinzette, Becherglas

Durchführung:
1. Stelle einen Trieb der Wasserpest in ein Becherglas und für etwa 30 Minuten an einen sehr hellen Ort (Fensterbank oder Overheadprojektor).
2. Trenne ein Blättchen von der Wasserpestpflanze ab.
3. Fertige ein Frischpräparat vom Blättchen der Wasserpest an (s. S. 15).
4. Betrachte das Objekt mithilfe eines Mikroskops (s. S. 11).

Beobachtung:
1. Beobachte die Lage der Chloroplasten in den Zellen der Wasserpest.
2. Fertige eine Zeichnung von einem Ausschnitt des mikroskopischen Bildes an.

Auswertung:
1. Beschreibe das mikroskopische Bild.
2. Erkläre, was du an den Chloroplasten beobachten konntest.

1 Wasserpest

Untersuche das Fruchfleisch der Ligusterbeere *(Ligustrum vulgare)*.

Materialien:
Ligusterbeeren (Vorsicht! Beeren sind giftig!), Mikroskop, Objektträger, Deckgläschen, Lanzettnadel, Pipette, Wasser

Durchführung:
1. Entnimm einer reifen Ligusterbeere mit der Lanzettnadel etwas Fruchtfleisch.
2. Übertrage das Fruchtfleisch auf einen Objektträger, gib wenig Wasser (einen kleinen Tropfen) dazu und lege ein Deckgläschen auf.
3. Drücke mit der Lanzettnadel das Deckgläschen vorsichtig an, damit das Fruchtfleisch etwas gequetscht wird.

Beobachtung:
1. Betrachte das Objekt mit dem Mikroskop.
2. Zeichne einige Zellen und beschrifte die erkannten Teile.

Auswertung:
1. Beschreibe den Bau der Zellen.
2. Erläutere die Funktion der erkannten Zellbestandteile.
3. Worin besteht das Besondere dieser Zellen?

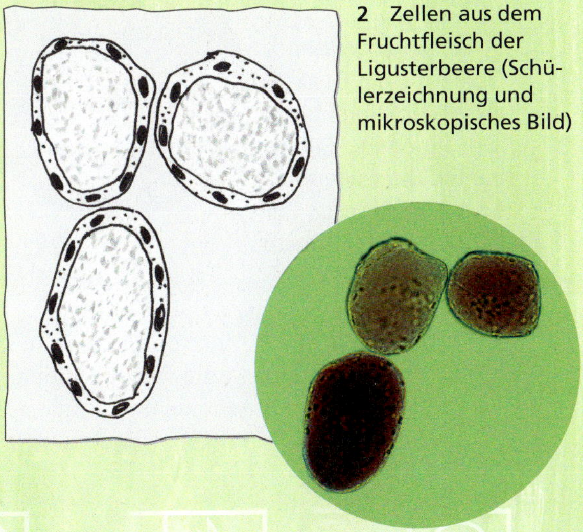

2 Zellen aus dem Fruchtfleisch der Ligusterbeere (Schülerzeichnung und mikroskopisches Bild)

Die tierliche Zelle

Eine Tierzelle ist von einer **Zellmembran** umgeben. Wie bei pflanzlichen Zellen dient sie der Abgrenzung und dem Stoffaustausch. Die Zellmembran ist nur etwa 8 nm (Nanometer) dick, sodass sie mithilfe eines Lichtmikroskops nicht erkennbar ist. Eine Zellwand ist bei tierlichen Zellen nicht vorhanden. Die gesamte Zelle ist mit **Zellplasma** und seinen Bestandteilen gefüllt. So ist ein **Zellkern** zu erkennen. Er enthält die Erbsubstanz (die DNA) und steuert zelluläre Prozesse.
Im Zellplasma sind **Mitochondrien** eingelagert. In ihnen wird durch den Abbau von Nährstoffen Energie für das Leben der Zelle gewonnen. Dabei wird Sauerstoff verbraucht.
Im Zellplasma befinden sich auch noch weitere Bestandteile, wie z. B. winzige, von einer Membran umschlossene Bläschen. Sie können beispielsweise Enzyme beinhalten.
Große Zellsaftvakuolen gibt es bei Tierzellen nicht. Chloroplasten fehlen ebenfalls. Wie bei den pflanzlichen Zellen existieren jedoch auch in tierlichen Zellen neben den genannten weitere Funktionsräume.

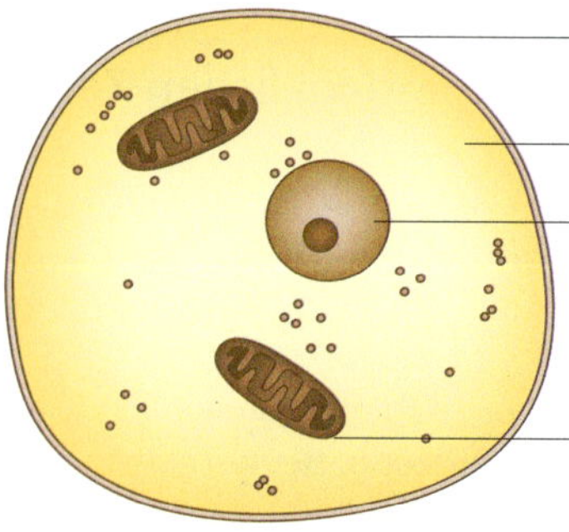

1 Bau einer Tierzelle (schematisch)

Pflanzliche und tierliche Zellen sind eukaryotische Zellen. Sie zeichnen sich jeweils durch einen charakteristischen Grundbau aus.

Aufgaben

1. Interpretiere die Abbildung 1.
2. Finde drei Beispiele für spezialisierte tierliche Zellen und benenne ihre Funktion.
3. Vergleiche den Bau der pflanzlichen und tierlichen Zelle.

Untersuchung zu tierlichen Zellen

Untersuche einige Zellen der Mundschleimhaut.

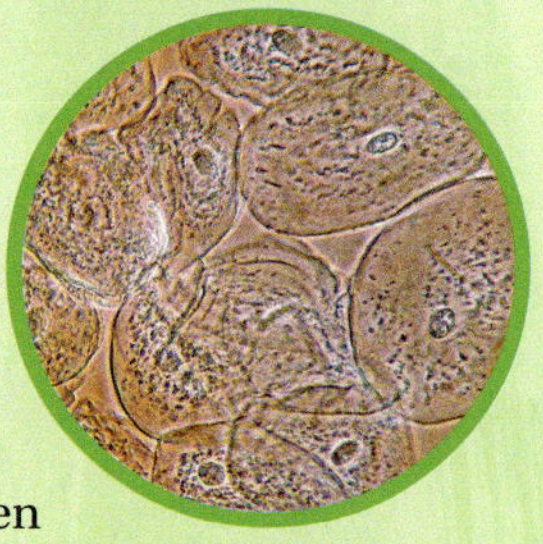

Materialien:
Mikroskop, Wasser, Objektträger, Deckgläschen, Streichholz, zwei Pipetten, Filterpapier, Methylenblau- oder Eosinlösung, Zellen der Mundschleimhaut

Durchführung und Beobachtung:
1. Schabe mit dem hinteren Ende eines Streichholzes ein wenig Mundschleimhaut von der Innenseite deiner Wange ab und übertrage sie auf einen Objektträger. (Beachte den Arbeitsschutz und die Hygiene!).
2. Gib zu dem Mundschleim einige Tropfen Wasser und lege ein Deckgläschen auf.
3. Sauge mithilfe des Filterpapiers einen Tropfen der Farbstofflösung unter dem Deckgläschen hindurch.
4. Betrachte die Zellen mithilfe des Mikroskops. Zeichne eine Zelle und beschrifte die erkannten Teile.

Auswertung:
1. Beschreibe den Bau der Zellen.
2. Erläutere die Funktion der erkannten Zellbestandteile.

1 Spezialisierte Tierzellen

Organisationsebenen

Eine große Anzahl von Lebewesen besteht aus vielen Zellen. Eukaryotische Zellen sind zudem in unterschiedliche Funktionsräume unterteilt. Lebewesen sind lebensfähig, weil ihre einzelnen Bauteile ihre jeweilige Aufgabe gut erfüllen und sie perfekt zusammenwirken. Diese bilden verschiedene Organisationsebenen: Zellbestandteil - Zelle - Gewebe - Organ - Organsystem - Organismus.

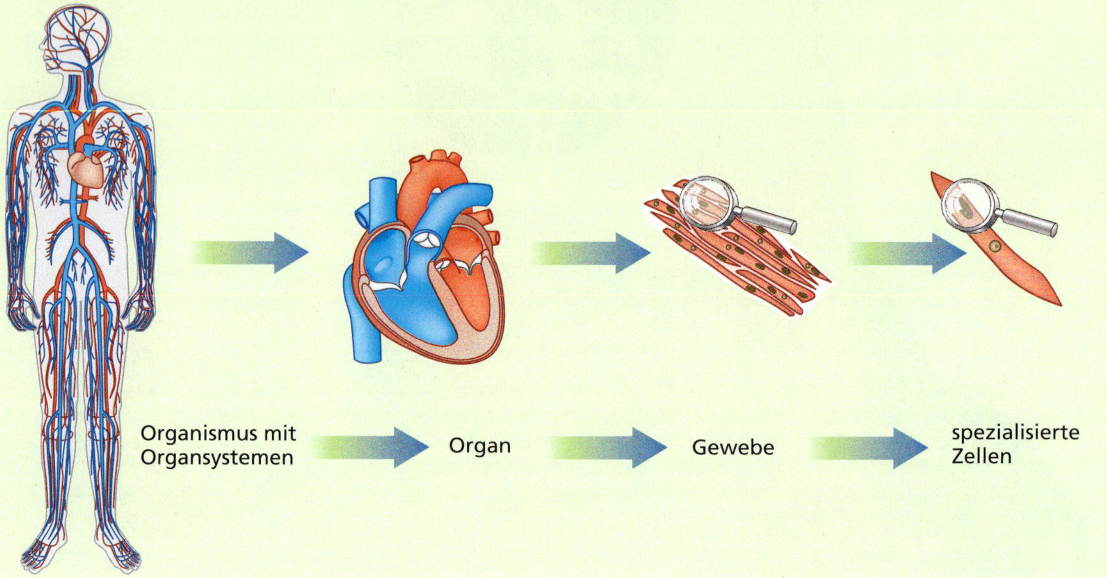

Organisations-ebene	Beispiel Mensch
Organismus (Lebewesen)	Durch das Zusammenwirken von Organsystemen und Organen (z. B. Atmungs-, Ernährungs-, Bewegungs- und Herz-Kreislauf-System) ist der Organismus lebensfähig.
Organsystem mit Organen	Verschiedene Organe (z. B. Herz, Blutgefäße) arbeiten in einem Organsystem (z. B. Herz-Kreislaufsystem) zusammen. Ein Organ (z. B. Herz) ist aus verschiedenen Geweben (z. B. Muskel- und Bindegewebe, Nervengewebe) aufgebaut.
Gewebe	Gleichartig gebaute Zellen mit gleicher Funktion (z. B. Muskelzellen) bilden einen Zellverband, der Gewebe (z. B. Muskelgewebe) genannt wird.
Zelle	Eine eukaryotische Zelle weist eine starke Kompartimentierung auf, d. h. sie besteht aus verschiedenen Zellbestandteilen, die spezielle Aufgaben erfüllen. So läuft in den Mitochondrien die Atmung ab, durch die u. a. die Energie für die Muskelbewegung geliefert wird.
Zellbestandteil	Alle Zellbestandteile, wie Mitochondrien, haben einen besonderen Bau. Dieser ermöglicht die speziellen Funktionen.

Organisationsebenen gibt es auch im Alltag. Stelle ein vergleichbares Strukturschema für folgende Organisationseinheiten auf: Auto, Schule, Bundesrepublik Deutschland, eine Firma.

Ähnlich wie im menschlichen oder tierlichen Organismus lassen sich auch bei Pflanzen, die aus vielen Zellen bestehen, Organisationsebenen nachweisen: Die Grundorgane einer Pflanze sind Wurzel, Sprossachse und Laubblätter.

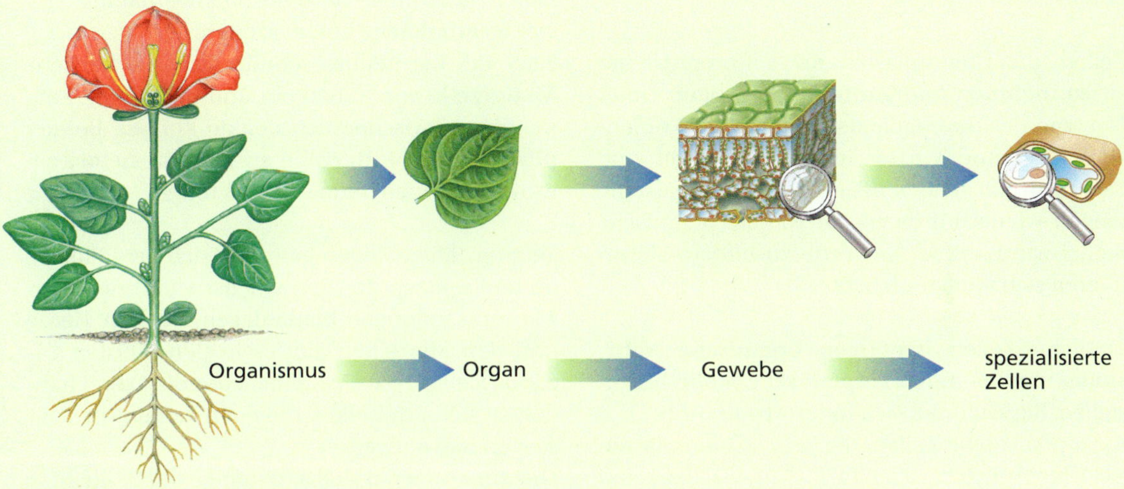

Organisations-ebene	Beispiel Pflanze
Organismus (Lebewesen)	Durch das Zusammenwirken ihrer Organe ist die Pflanze lebensfähig.
Organe	Ein Organ (z. B. Blatt) ist aus verschiedenen Geweben (z. B. Epidermis mit Spaltöffnungen, Palisadengewebe und Schwammgewebe) aufgebaut.
Gewebe	Gleichartig gebaute Zellen mit gleicher Funktion (z. B. Zellen des Schwammgewebes) bilden einen Zellverband, der Gewebe genannt wird.
Zelle	Eine eukaryotische Zelle weist eine starke Kompartimentierung auf, d. h. sie besteht aus verschiedenen Zellbestandteilen, die spezielle Aufgaben erfüllen. So läuft in den Chloroplasten die Fotosynthese ab. Der Zellkern steuert die Prozesse in der Zelle.
Zellbestandteil	Alle Zellbestandteile, wie z. B. die Chloroplasten, haben einen bestimmten Bau. Chloroplasten enthalten Chlorophyll. Ihr Bau ermöglicht ihre Funktion – die Fotosynthese.

Erläutere den Zusammenhang der verschiedenen Organisationsebenen an einem weiteren Beispiel: Wurzel als ein Grundorgan von Pflanzen.

Lebensvorgänge in pflanzlichen und tierlichen Zellen

Zellen ernähren sich

In allen lebenden Zellen laufen Stoffwechselprozesse ab. Sie müssen Stoffe aufnehmen, um körpereigene Stoffe zu bilden (Abb. 1, 2), sich also ernähren.

Zellen, die Chloroplasten mit Chlorophyll besitzen, **nehmen anorganische Stoffe auf.** Unter Nutzung des Sonnenlichts wandeln sie Kohlenstoffdioxid und Wasser in Traubenzucker und Sauerstoff um. Traubenzucker und Mineralstoffe dienen wiederum dazu, um weitere organische Stoffe, wie Eiweiße und Fette zu bilden. Sie ernähren sich **autotroph** (Abb. 1).

Tierliche Zellen **benötigen organische Nährstoffe,** um aus ihnen körpereigene Stoffe herzustellen. Sie ernähren sich **heterotroph** (Abb. 2).
Auch pflanzliche Zellen, die keine Chloroplasten mit Chlorophyll besitzen (z. B. Wurzelzellen) sind heterotroph. Sie müssen mit den in den chlorophyllhaltigen Zellen gebildeten organischen Stoffen versorgt werden.

Alle lebenden Zellen müssen Stoffe aufnehmen, um körpereigene Stoffe zu bilden.

Zellen teilen und vermehren sich

Bei vielen Pflanzen und Tieren gehen die Zellen, aus denen der erwachsene Organismus besteht, aus einer befruchteten Eizelle durch **Zellteilung** hervor.
Die **Zellteilung** beginnt mit der Teilung des Zellkerns. Dazu verdoppelt sich das Erbmaterial. Durch geordnete Chromosomenverteilung entstehen **erbgleiche Tochterzellen.**
Nach der Kernteilung schnürt sich die **tierliche Mutterzelle** von außen ein und bildet eine Zellmembran zwischen den beiden Kernen. Bei der **pflanzlichen Mutterzelle** entsteht die neue Zellwand von innen heraus (Abb. 1, S. 29).

Teilungsfähige Zellen befinden sich bei Pflanzen an den Spitzen der Sprossachsen und der Wurzeln und in jungen Blattanlagen. Bei den Tieren und den Menschen gibt es in den meisten Organen Zellen, die sich teilen können. Dabei handelt es sich um Zellen, die noch keinen spezialisierten Bau aufweisen.
Die Zunahme der Zellzahl infolge der Zellteilung bezeichnet man als **Zellteilungswachstum.** Dadurch erfolgt die Vermehrung und eine ständige Erneuerung der Zellen.

Zellteilung ist die Entstehung von Tochterzellen aus Mutterzellen. Sie ist die Voraussetzung für die Zunahme der Zellzahl.

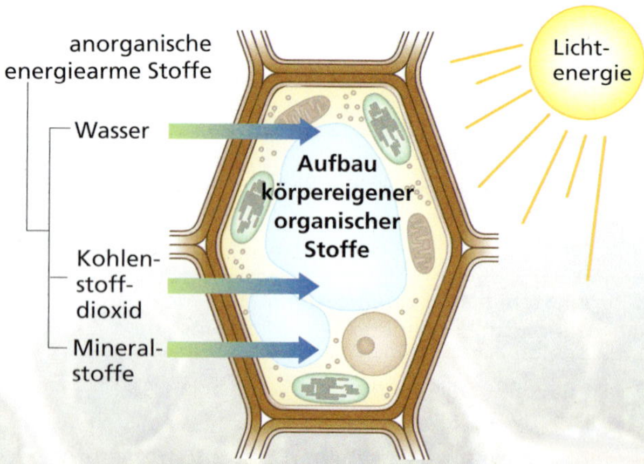

1 Heterotrophe Ernährung einer Tierzelle

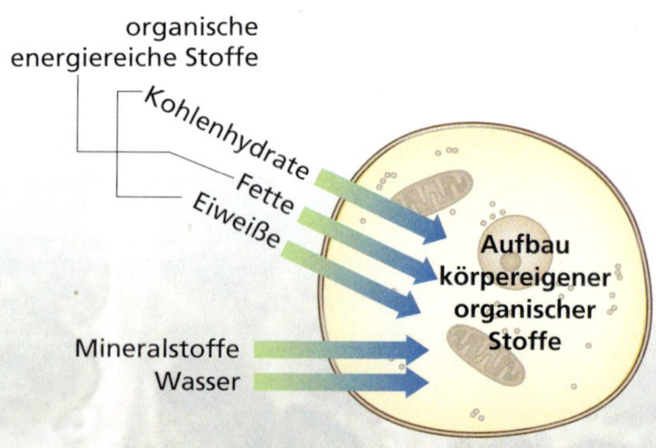

2 Autotrophe Ernährung einer Pflanzenzelle

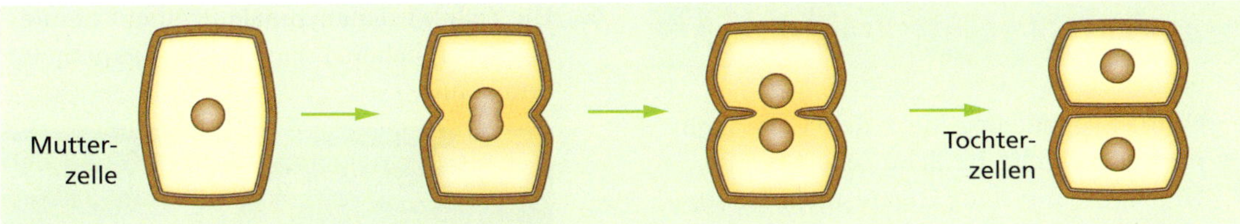

1 Eine Pflanzenzelle teilt sich – Zellteilungswachstum (schematisch)

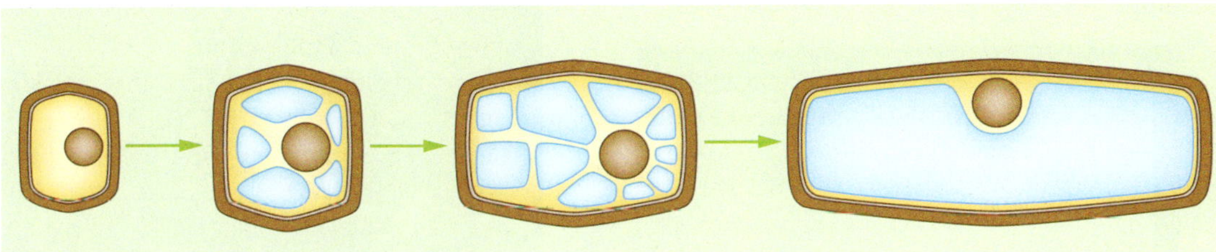

2 Eine Pflanzenzelle wächst (schematisch)

Zellen wachsen

Wenn bei der Zellteilung zwei kleine Tochterzellen entstanden sind, so müssen diese erst zum Normalmaß der Mutterzelle heranwachsen. Es werden in der Zelle neues Zellplasma und neue Zellbestandteile gebildet sowie die Zellmembran vergrößert (Abb. 2).

Diese Vorgänge führen zu einer bleibenden Volumenzunahme der Zelle, die als **Plasmawachstum** bezeichnet wird.

Nach Beendigung des Plasmawachstums sind die neuen Mutterzellen wieder teilungsfähig.

Zellteilungs- und Plasmawachstum kommen bei allen Organismen vor. Später erfolgt eine **Differenzierung der Zellen.**

Das Plasmawachstum erfolgt durch Zunahme von Zellplasma und Zellbestandteilen. Die Tochterzellen bauen dazu Stoffe aus dem Stoffwechsel ein.

Bei Pflanzen gibt es das **Zellstreckungswachstum** (Abb. 2). Durch schnelle Wassereinlagerung bilden sich Vakuolen, die oft zu einer großen Zentralvakuole verschmelzen.

Dadurch werden Zellplasma und Zellkern an den Rand gedrängt. Zellwand und Zellmembran dehnen sich.

Mit diesem Zellstreckungswachstum sind **Differenzierungsvorgänge** verbunden. Dabei erhalten die Zellen entsprechend ihrer späteren Funktion die endgültige Form sowie ihren speziellen Bau, und sie ordnen sich in spezifischer Weise an. Im Laufe dieser Wachstumsprozesse erfolgen Ein- und Auflagerungen von Cellulose in die Zellwand, wodurch die stabile Zellwand einer ausgewachsenen Pflanzenzelle entsteht.

Das Streckungswachstum ist gekennzeichnet durch die Vergrößerung des Zellvolumens vor allem durch Wasseraufnahme (Vakuolenbildung).

Aufgaben

1. Ordne folgende Zelltypen nach ihrer Ernährungsweise: Zelle des Zwiebelhäutchens, Zelle der Mundschleimhaut, Zelle eines Blättchens der Wasserpest, Muskelzelle. Begründe die Zuordnung.

2. Beschreibe die Teilung und das Wachstum von Zellen.
   Vergleiche dabei pflanzliche und tierliche Zellen.

gewusst · gekonnt

1. Ordne folgende Begriffe in dein Glossar ein: pflanzliche Zelle, tierliche Zelle, Gewebe, Organ, Organsystem, Organismus, Chloroplast, Mitochondrium, Zellplasma, Vakuole, Zellmembran, Zellwand, Zellkern, Zellteilung.

Glossar

Chloroplast:
Gewebe:

2. Die folgende Abbildung zeigt eine schematische Darstellung der Zellen von der Wasserpest.
Benenne die abgebildeten Bestandteile und deren Funktionen.

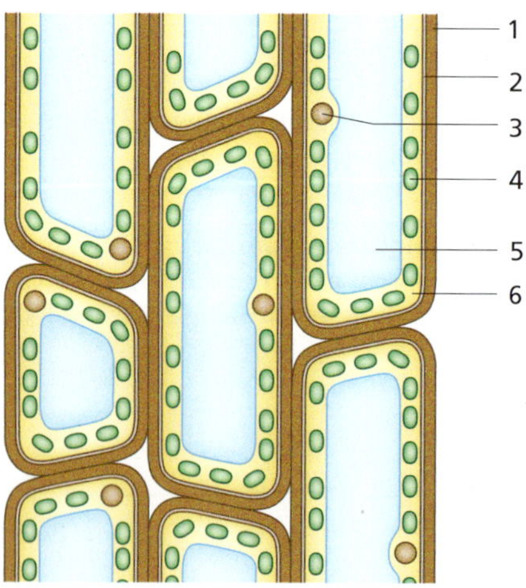

3. Leite aus den Strukturmerkmalen von den Zellen eines Laubblattes ihre Funktionen ab: Palisadenzellen mit sehr vielen Chloroplasten; Epidermiszellen ohne Chloroplasten, jedoch mit dicken Außenwänden, auf deren äußerer Oberfläche sich eine Wachsschicht befindet; unregelmäßig geformte Schwammzellen, zwischen denen große Zwischenräume ausgebildet sind.

4. Die Zelle wird manchmal mit einer Chemiefabrik verglichen. Erläutere, wie das gemeint sein könnte.

5. Die Zellen der Bronchienschleimhaut tragen viele bewegliche Flimmerhärchen. In Muskelzellen befinden sich Eiweißmoleküle, die sich unter Energieumsatz zusammenziehen können. Die feste Knochensubstanz wird von Knochenzellen an die Zellzwischenräume abgegeben.
Leite aus den genannten Strukturmerkmalen der Zellen ihre Funktion ab.

6. Vergleiche Pflanzenzellen mit Zellen von Tieren. Fertige dazu eine Tabelle an.

7. Fertige aus den abgebildeten und weiteren Materialien (Plastikdosen, linsenförmige Körper beispielsweise aus grüner und brauner Knete, Körper aus blauer Knete, Tischtennisball, Aluminiumfolie, Watte) Modelle von einer pflanzlichen und einer tierlichen Zelle an und vergleiche die Modelle mit den Originalen.

Vergleich der Grundbaupläne von eukaryotischen Zellen

	pflanzliche Zellen	**tierliche Zellen**
Bau	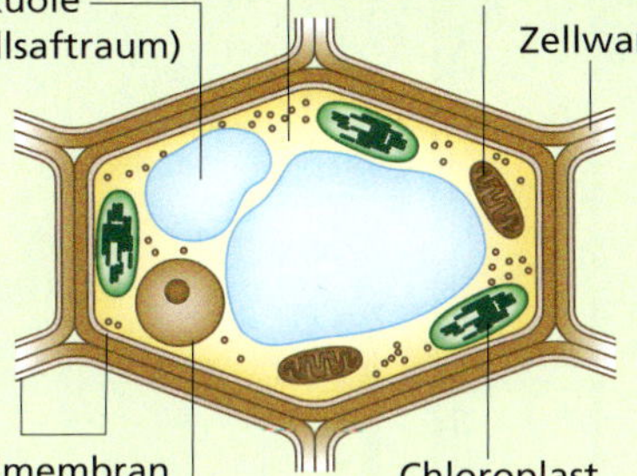	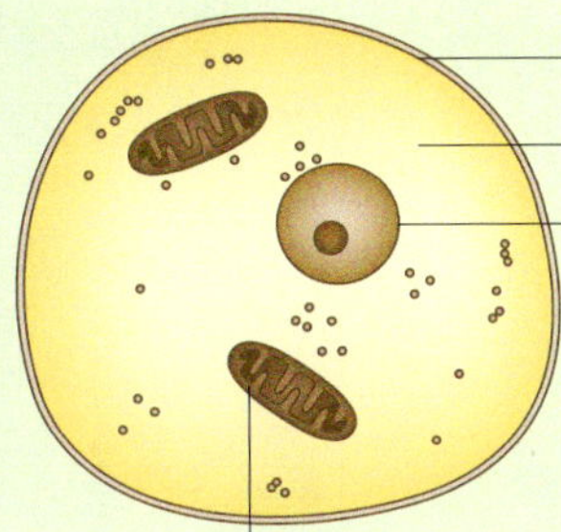
Energiequelle	Energie des Sonnenlichts	Energie der organischen Stoffe
Stoffquelle	anorganische Stoffe	organische Stoffe
Ernährungsweise	autotroph: Bildung von organischen körpereigenen Stoffen aus anorganischen körperfremden Stoffen mithilfe von Sonnenlicht und Chlorophyll	heterotroph: Bildung von organischen körpereigenen Stoffen aus organischen körperfremden Stoffen
Lebensräume	überall, wo Licht vorhanden ist und die anderen Umweltbedingungen Leben ermöglichen	überall, wo organische Stoffe vorhanden sind und Leben möglich ist
Vielfalt	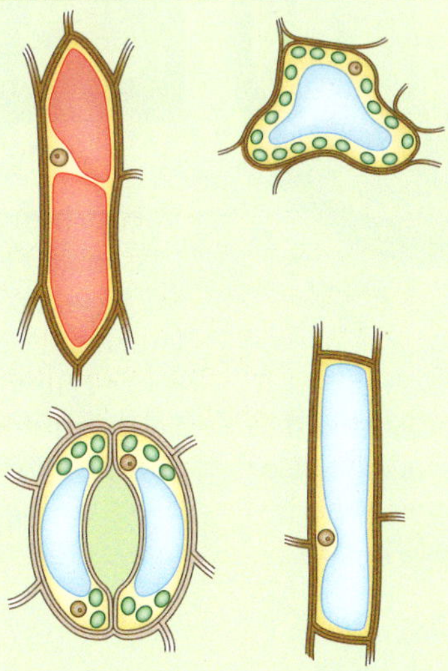	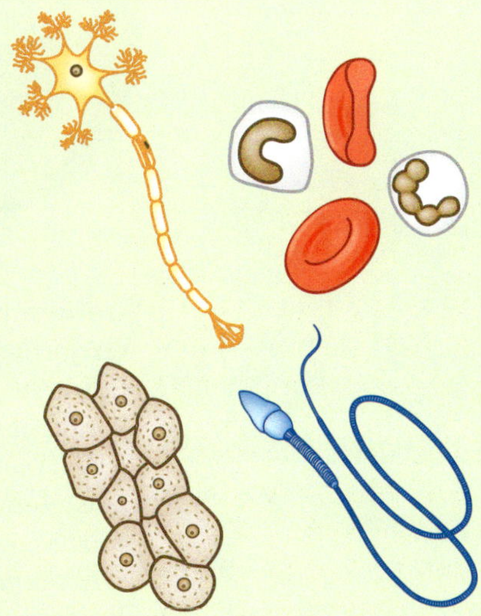

1.3 Bakterien – prokaryotische Zellen

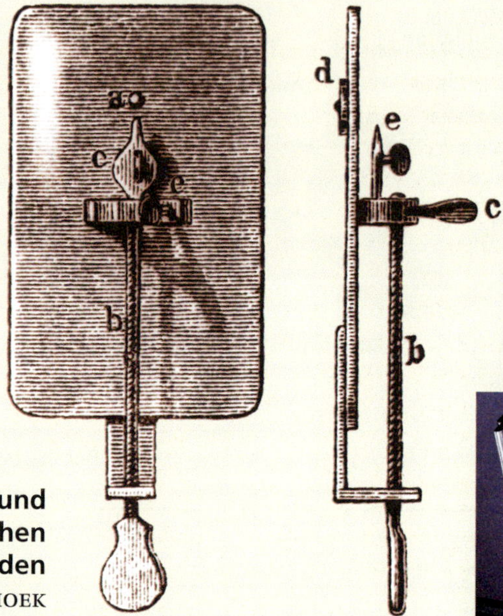

Mehr Lebewesen im Mund als Menschen in den Niederlanden

ANTONY VAN LEEUWENHOEK hatte diese verblüffende Tatsache festgestellt, als er 1683 mit einem Mikroskop (s. Abb. oben) den Zahnbelag eines Jungen betrachtete.
Welche Lebewesen tummeln sich in unserem Mund? Welche Bedeutung haben sie?

Geheimnisvolle Organismen

LOUIS PASTEUR (1822–1910) konnte nachweisen, dass Bakterien nicht aus toter Materie entstehen, es also keine Urzeugung gibt.
Wie können sich dann solche Bakterienkolonien bilden?

Verdorbene Lebensmittel?

Lässt man Fleisch längere Zeit offen stehen, verdirbt es. Obst fault und Frischmilch wird sauer. Daher lagert man viele Lebensmittel im Kühlschrank.
Warum wird der Verderb dadurch verzögert?

Vorkommen und Entdeckung

Bakterien haben sich vermutlich schon vor etwa vier Milliarden Jahren entwickelt. Es sind die ältesten Organismen auf der Erde.
Bakterien kommen fast überall vor: im Wasser, im Boden, in der Luft sowie im Körper von Pflanzen, Tieren und Menschen. In unserem Mund z. B. befinden sich ständig mehr Bakterien, als es Menschen auf der Erde gibt. Nur sehen kann man sie mit bloßem Auge nicht. Erst mithilfe eines Mikroskops werden sie sichtbar.

Viele Bakterien leben dort, wo sie ausreichend Nahrung, genügend Feuchtigkeit und eine günstige Temperatur vorfinden. Es gibt aber auch Bakterien, die an Stellen leben, wo keine anderen Lebewesen mehr existieren können (Abb. 1).
1970 wurden z. B. Bakterien in heißen Quellen von + 60 °C bis + 120 °C entdeckt. Andere kommen in hoch konzentrierten Salzlösungen von 120 g bis 300 g Salz pro Liter vor (Das Meerwasser enthält etwa 30 bis 40 g Salz/l). Sie leben in Salzseen, aber auch auf gesalzenem Fleisch. Auch in ausgesprochenen Kälteregionen, z. B. in der Antarktis und auf den höchsten Berggipfeln, leben Bakterien.
Inzwischen sind 12 000 Bakterienarten bekannt. ANTONY VAN LEEUWENHOEK 1632–1723 (Abb. 2) sah sie als Erster vor etwa 300 Jahren (1683) mithilfe eines selbstgebauten Lichtmikroskops. Als er sie entdeckte, rief er aus:

„Für mich ist diese Form das größte aller Wunder, das ich in der Natur entdeckt habe! Und ich muss sagen, dass ich noch nie ein so eindrucksvolles Schauspiel gesehen habe wie das Leben von tausenden von kleinen Kreaturen, die in einem einzigen Wassertropfen leben, die sich alle zusammen bewegen und von denen jedes Einzelne doch seine Bewegung hat."

LEEUWENHOEK ist der Begründer der Bakteriologie. Inzwischen hat sich daraus ein großer Wissenschaftszweig, die Mikrobiologie, entwickelt, die unser Leben wesentlich beeinflusst (angewendet z. B. in der Biotechnologie).

Aufgaben

1. Informiere dich über die Geschichte der Entdeckung von Bakterien.
2. Kläre die Bedeutung der Bakterien in unserer Mundhöhle auf.

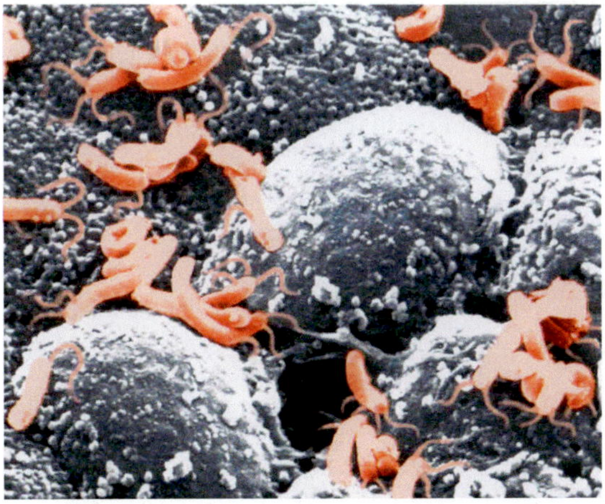

1 *Heliobacter pylori* ruft Magenschleimhautentzündung hervor. Ihm schadet die ätzende Magensäure nicht.

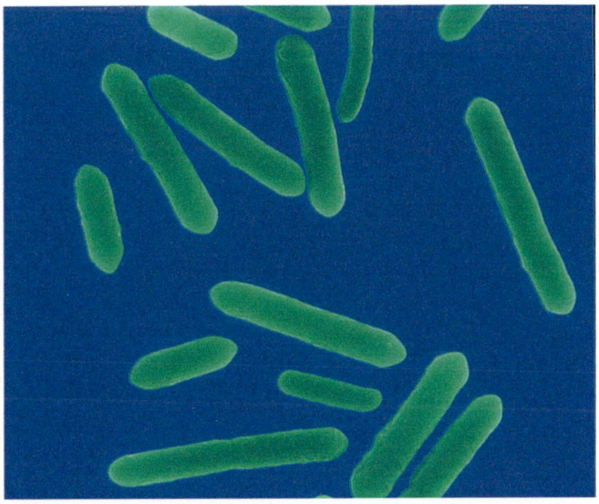

2 Tetanus (Wundstarrkrampf) wird durch Tetanusbakterien *(Clostridium tetani)* hervorgerufen, die u. a. im Staub und in Gartenerde vorkommen.

Formenvielfalt und Bau

Beimpft man einen Nährboden mit Bakterien, bilden sich nach kurzer Zeit Flecken. Es handelt sich um **Bakterienkolonien,** die bei 2 mm Durchmesser etwa drei bis vier Milliarden Bakterien enthalten (Abb. 1).

Bakterien sind also sehr klein. Die großen Bakterien kann man mit einem Lichtmikroskop bei 1 000-facher Vergrößerung erkennen. Für die kleinsten Bakterien (0,2 μm) ist ein Elektronenmikroskop erforderlich.

Die Bakterien sind relativ einfach gebaut. Es hat sich aber eine Vielzahl von Formen entwickelt, die zu den unterschiedlichsten physiologischen und biochemischen Leistungen in der Lage sind. Beobachtet man ein einzelnes Bakterium, stellt man fest, dass es nur aus einer **einzigen Zelle** besteht. Diese bezeichnet man als **Procyt** (prokaryotische Zelle). Sie sind einfacher gebaut als eucaryotische Zellen. Letztere besitzen gemeinsame Merkmale. Dazu gehören die *Zellmembran* mit Organellen wie Mitochondrien, das *Zellplasma* und der *Zellkern.* Pflanzenzellen besitzen zusätzlich eine *Zellwand, Vakuolen* und *Chloroplasten* (s. S. 31). Im Vergleich dazu weist der **Bau der Bakterienzelle** einige Besonderheiten auf (Abb. 1). Bei allen Bakterien ist eine **Zellwand** vorhanden. Sie gibt den Bakterien ihre Gestalt und verleiht ihnen Schutz. Zusätzlichen Schutz bietet bei vielen Bakterien noch eine **Schleimschicht,** die der Zellwand außen aufgelagert ist. Unterhalb der Zellwand befindet sich die **Zellmembran.** Zusammen mit der Zellwand

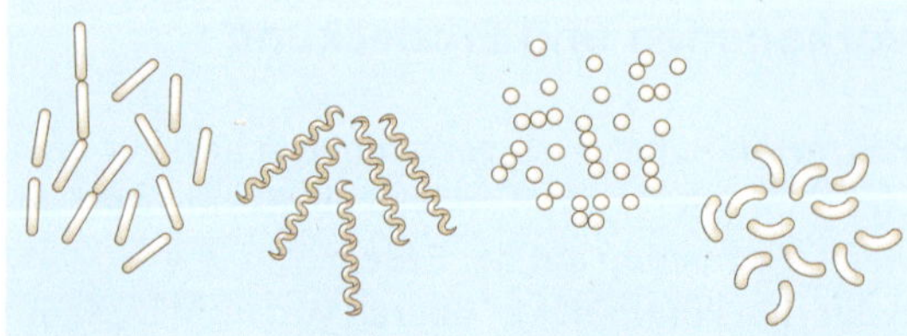

1 Bakterien können unterschiedlich geformt sein.

umschließt sie das in der Zelle befindliche **Zellplasma.** Die Zellmembran ermöglicht den Stoffaustausch mit der Umwelt. Sie liegt der Zellwand dicht an. Bakterienzellen besitzen im Gegensatz zu eukaryotischen Zellen keinen abgegrenzten Zellkern. Die **fadenförmige Erbsubstanz** befindet sich im Zellplasma.

Einige Bakterien besitzen *Chlorophyll* (grüner Farbstoff), das auf eingestülpten Zellmembranen angeordnet ist. Chloroplasten gibt es nicht. Manche Bakterien haben *Geißeln* und sind so aktiv beweglich.

Bakterien bestehen aus einer prokaryotischen Zelle (Procyt). Diese besitzt keinen abgegrenzten Zellkern.

Aufgabe

Stelle Gemeinsamkeiten und Unterschiede zwischen einer Bakterienzelle und einer pflanzlichen Zelle bzw. einer Bakterienzelle und einer tierlichen Zelle zusammen.

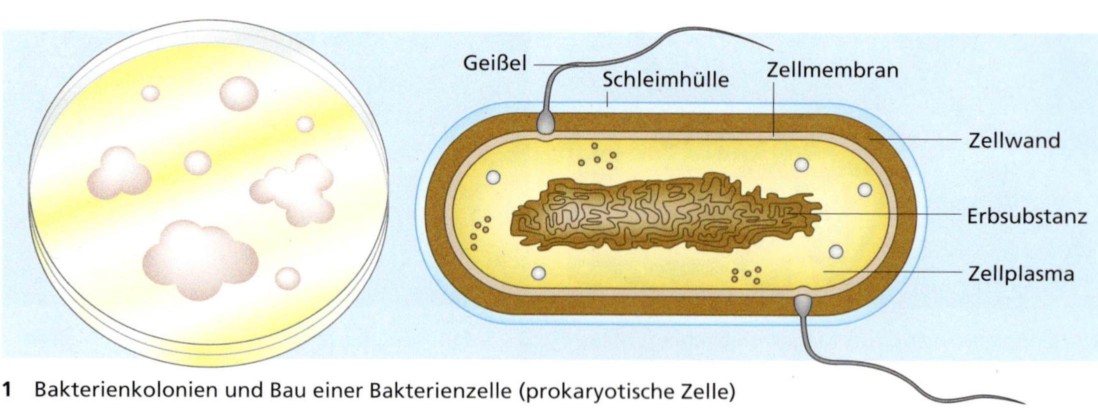

1 Bakterienkolonien und Bau einer Bakterienzelle (prokaryotische Zelle)

Die Lebensweise der Bakterien

Bakterien sind Lebewesen. Wie alle anderen Lebewesen auch reagieren sie auf Reize, müssen Stoffe aufnehmen, umwandeln und Endprodukte des Stoffwechsels abgeben. Sie wachsen und entwickeln sich, vermehren und bewegen sich. Sind sie begeißelt, können sie sich gerichtet fortbewegen. Da es sich um einzellige Lebewesen handelt, muss diese eine Zelle alle Lebensfunktionen ausführen.
Dafür sind bestimmte Bedingungen erforderlich. Die verschiedenen Bakterienarten haben sehr unterschiedliche Umweltansprüche. Es gibt viele Arten, die in sauerstofffreier Umgebung leben, einige wenige ertragen sehr hohe oder sehr tiefe Temperaturen oder hohe Salzgehalte. Für viele Bakterien ist jedoch eine Temperatur zwischen 10 °C und 30 °C günstig. Sie vertragen meist auch keine extreme Trockenheit.

Fortpflanzung und Vermehrung von Bakterien

Lässt man Nährböden an der Luft stehen, sieht man nach einigen Tagen, dass sich u. a. Bakterienkolonien gebildet haben. Lange wusste man nicht, woher diese Organismen plötzlich kamen. Noch im 19. Jahrhundert ging man davon aus, dass Bakterien aus unbelebten Stoffen entstehen (Urzeugung). Heute wissen wir, dass für die Entstehung einer Bakterienkolonie mindestens eine lebende Bakterienzelle vorhanden sein muss.

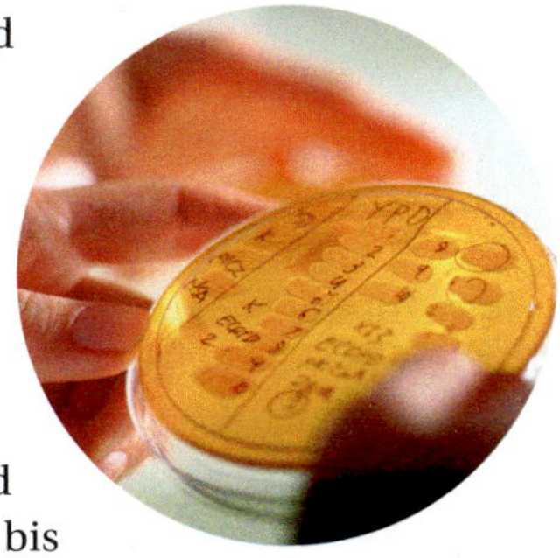

Die Fortpflanzung und **Vermehrung** bei Bakterien erfolgt ausschließlich **ungeschlechtlich,** überwiegend durch **Zweiteilung** (Spaltung). Dazu verdoppelt sich das Erbmaterial, und die Zelle streckt sich, bis sie fast das Doppelte ihrer ursprünglichen Länge erreicht. Dann schnürt sich die Zellmembran ein, und zwischen den beiden Tochterzellen bildet sich eine Zellwand aus (Abb. 1). Die für das Wachstum benötigten Stoffe kann die Bakterienzelle über die gesamte Oberfläche aufnehmen.

Bei günstigen Umweltbedingungen (ausreichend Nährstoffe, optimale Temperatur und Feuchtigkeit) erfolgt die Teilung in sehr kurzen Abständen. Dadurch unterscheiden sie sich von vielen anderen Organismen.
Manche Bakterien können sich alle 20 Minuten teilen. Daher ist die **Vermehrungsrate sehr groß:** alle 20 Minuten verdoppelt sich ihre Anzahl.
Durch diese Massenvermehrung ändern sich allerdings die Lebensbedingungen der Bakterien. Nährstoffe werden verbraucht und giftige Stoffwechselprodukte ausgeschieden. Diese reichern sich in der Umgebung an und beeinflussen wiederum die Vermehrungsrate der Bakterien (Abb. 1, S. 36).

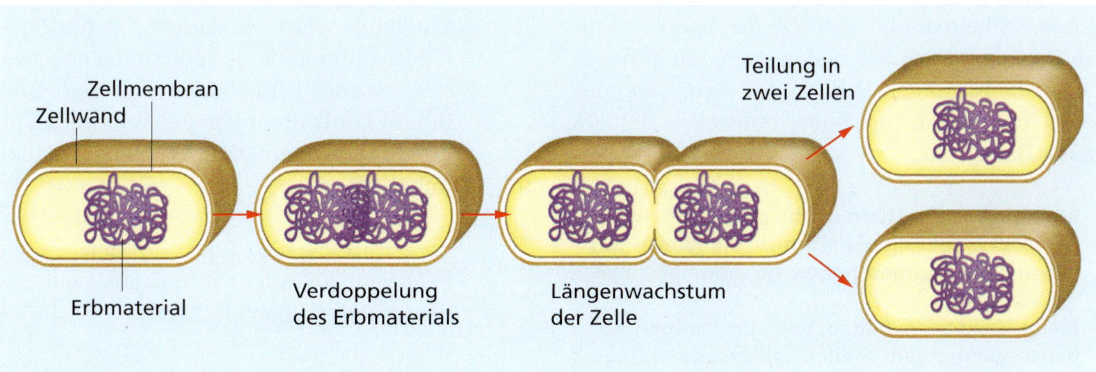

1 Zellteilung einer Bakterienzelle (Spaltung)

Die steil ansteigende Kurve (Abb. 1) zeigt die hohe Vermehrungsrate der Bakterien. Würden sich die Bakterien ungehemmt weiter vermehren können, würde eine Zelle innerhalb von drei Tagen eine Kolonie von der Masse unserer Erde bilden. Weil sich die Lebensbedingungen mit zunehmender Bakterienzahl jedoch verschlechtern, fällt die Kurve infolge der Massenvermehrung wieder ab.
Nach der Zellteilung können die Bakterien miteinander verbunden bleiben und so Zellhaufen, einfache und verzweigte Zellketten bilden.
Diese **Bakterienkolonien** haben je nach Bakterium typische Formen und Farben (Abb. 2).
Die rasche Vermehrung der Bakterien kann man eindämmen oder verhindern, indem die Lebensbedingungen für sie ungünstig gestaltet werden, z. B. durch niedrige Temperaturen oder Wasserentzug. Daher werden Nahrungsmittel kühl und trocken gelagert (Kühlschränke, Trockenobst). Durch Erhitzen, Einsalzen, Räuchern oder Bestrahlen mit UV-Licht kann man viele Bakterien abtöten. Dies wird bei der Konservierung von Lebensmitteln genutzt.
Eine Besonderheit einiger stäbchenförmiger Bakterien ist die Fähigkeit, sehr widerstandsfähige Dauersporen (sogenannte Endosporen) ausbilden zu können. Diese Sporen besitzen eine feste Wand und können Trockenheit, Hitze, Kälte, bestimmte Chemikalien und UV-Strahlen überstehen. Die Endosporen können Jahrzehnte überdauern. Berichte über keimungsfähige Sporen aus 250 Millionen Jahre alten Salzlagern sind allerdings nicht unumstritten.
Durch Luftbewegung, an der Haut haftend oder durch Verkehrsmittel können die Sporen weltweit verbreitet werden. Gelangen sie in günstige Lebensbedingungen, bricht die feste „Sporenhülle“ auf und aus der Spore entwickelt sich ein neues Bakterium.

Bakterien vermehren sich ungeschlechtlich durch Zweiteilung (Spaltung). Bei günstigen Lebensbedingungen haben sie eine hohe Vermehrungsrate.
Einige Bakterien bilden bei ungünstigen Lebensbedingungen sehr widerstandsfähige Dauersporen aus.

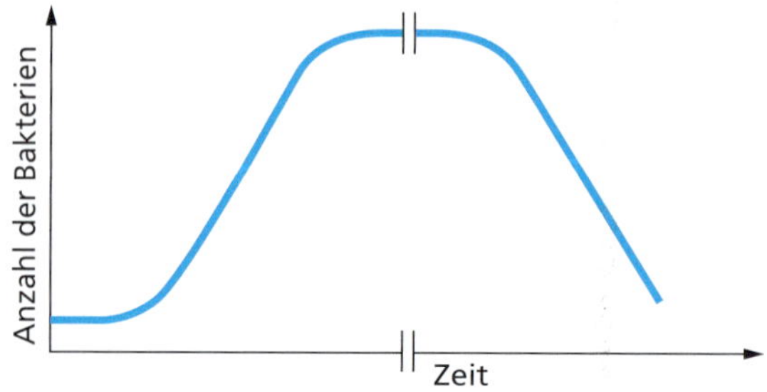

1 Vermehrungskurve von Bakterien

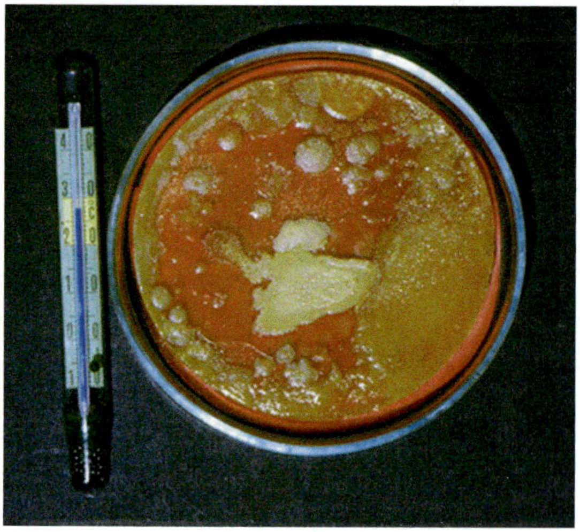

2 Bakterienkolonien

Aufgaben

1. Angenommen, ein Bakterium mit 1/1 000 mm Durchmesser teilt sich alle 30 Minuten.
   Wie lange würde es dauern, bis das Bakterienvolumen dem Erdvolumen entsprechen würde? (Erdvolumen mit rund eine Billion Kubikkilometer angenommen; Volumen von zwei Bakterien ca. ein Kubikmikrometer)

2. Berechne, wie viele Bakterien sich nach zehn Teilungsschritten aus einer Bakterienzelle gebildet haben.

3. Erkläre, wie der Verderb von Lebensmitteln verhindert werden kann.

gewusst · gekonnt

1. Ordne folgende Begriffe in dein Glossar ein: Procyt, Bakterienkolonie, heterotrophe Ernährung, autotrophe Ernährung, Zweiteilung (Spaltung), Vermehrungskurve von Bakterien, Sporen.

Glossar

autotrophe Ernährung:
Bakterienkolonie:

2. *Escherichia coli* ist der am besten untersuchte Organismus auf der Welt. Fasse nach Art eines Steckbriefes Informationen zu seiner Biologie zusammen. Nutze als Hilfestellung dazu möglichst alle dir bekannten Basiskonzepte.

3. Vergleiche den Bau der Bakterienzelle mit dem Bau einer pflanzlichen Zelle. Fertige eine Übersicht dazu an.

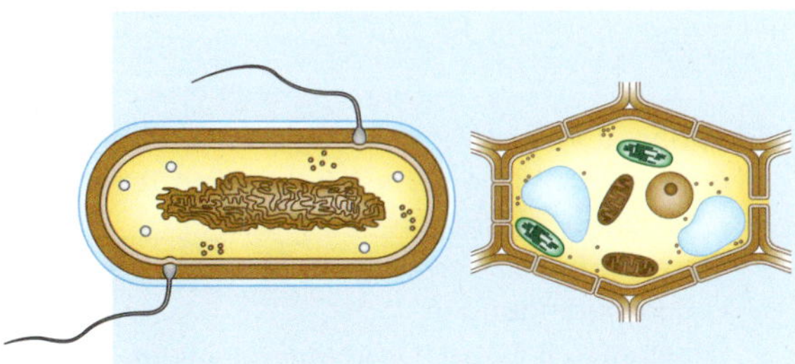

4. Welche Bedeutung haben Bakterien im Naturhaushalt? Fertige eine einfache Skizze an, aus der die Beziehungen der grünen Pflanzen, der Tiere und der Bakterien im Haushalt der Natur hervorgehen. Informiere dich im Kapitel 2.2.

5. Lebensmittel werden haltbar gemacht. Trage Konservierungsmethoden zusammen. Stelle jeweils dar, warum sich derartig behandelte Lebensmittel länger halten als Frischware.

6. Ermittle Krankheiten, die durch Bakterien verursacht werden. Wie äußern sich diese Krankheiten? Was kann man dagegen tun? Fertige eine Übersicht an.

Krankheit	Symptome	Gegenmaßnahmen

7. Auch bei der Abwasserreinigung spielen Bakterien eine wichtige Rolle. Informiere dich in Nachschlagewerken bzw. im Internet oder durch den Besuch einer Kläranlage darüber, welche Bedeutung Bakterien bei der Abwasserreinigung haben.

8. Berechne, welches Volumen Bakterienbiomasse des Darmbakteriums *Escherichia coli* theoretisch nach zwölf Stunden entsteht. Begonnen wird mit einer Zelle. Die Teilungen erfolgen alle 20 Minuten. Eine große *Escherichia-coli*-Zelle besitzt vereinfacht die Abmessungen 6 µm x 1,5 µm x 1,5 µm.

9. Stelle aus keimfreier Milch Jogurt her:
   - Versetze einen halben Liter Milch mit einem oder zwei Teelöffeln Jogurt. (Achte darauf, dass auf dem Etikett der Vermerk steht: „Mit lebenden Jogurtkulturen hergestellt“.)
   - Stelle die Milch abgedeckt an einen warmen Ort (ca. + 30 °C bis + 35 °C).
   - Prüfe nach 15 Stunden, welche Veränderungen erfolgt sind. Erkläre sie.

10. Bereite einen Vortrag über das Leben und die Verdienste von ROBERT KOCH vor. Nutze dafür entsprechende Literatur und das Internet, u. a. www.schuelerlexikon.de.

Bau der Bakterien

Bakterienzelle

Bakterien sind einzellige Lebewesen. Es handelt sich um prokaryotische Zellen. Diese zeichnen sich besonders dadurch aus, dass kein abgegrenzter Zellkern vorhanden ist.
Bakterien sind sehr vielgestaltig und stellen daher eine artenreiche Organismengruppe dar.

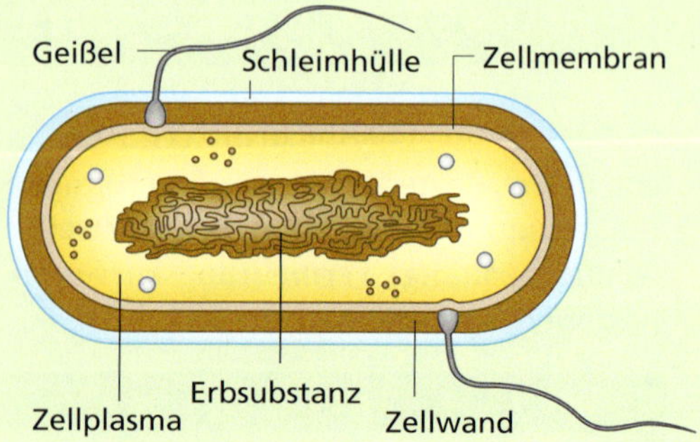

Bakterienformen (Vielfalt der Bakterien)

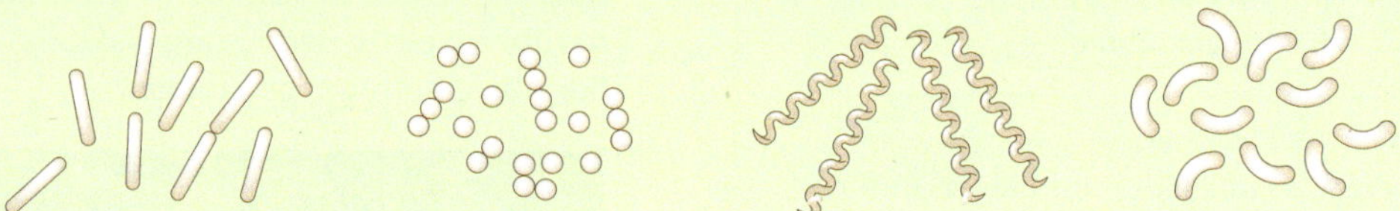

Lebensweise der Bakterien

Ernährungsweise

- heterotroph, einige Bakterien (z. B. Cyanobakterien) autotroph
- Energiequelle: organische und anorganische Stoffe; bei Bakterien mit Chlorophyll Energie des Sonnenlichts
- Stoffquelle: organische Stoffe, bei autotrophen Bakterien anorganische Stoffe

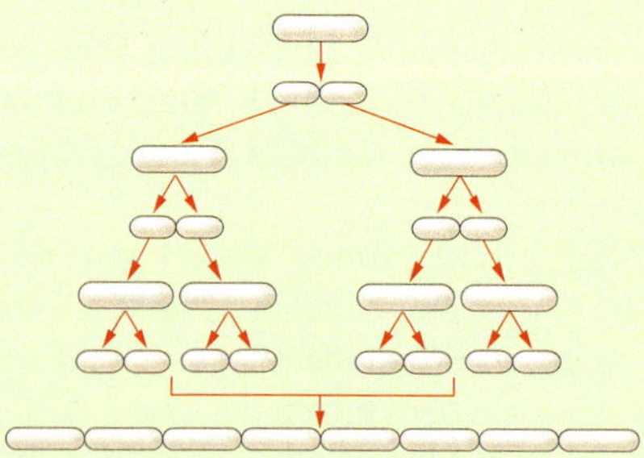

Fortpflanzung und Vermehrung der Bakterien

- ungeschlechtliche Vermehrung durch Teilung (Spaltung)
- extrem schnelle Vermehrung bei günstigen Lebensbedingungen
- bei einigen Bakterien unter ungünstigen Bedingungen Ausbildung von Dauersporen

Lebensräume

- überall, wo Nährstoffe und andere günstige Bedingungen vorhanden sind

2 Lebensräume und ihre Bewohner – vielfältige Wechselwirkungen

2.1 Der Wald als terrestrisches Ökosystem

„Stockwerke" des Waldes

Am Rande von Laubmischwäldern fällt dem Waldbesucher ein vielfältiger „stockwerkartiger" Aufbau des Waldes auf. Auf dem Waldboden wachsen unter Sträuchern viele Kräuter, und darüber erheben sich, die Höhe eines Wohnhauses bisweilen überragend, Eichen, Hainbuchen oder Kiefern.
Welche Stockwerke lassen sich in einem Laubmischwald unterscheiden?
Weshalb wirkt ein Nadelwald viel einförmiger und auch dunkler als ein Laubmischwald?

Einfluss der Umwelt auf Lebewesen

Bestimmte Pflanzen und Tiere findet man nur an bestimmten Orten. Pflanzen wachsen nur dort, wo Licht ist. In Gegenden mit kalten Wintern halten manche Tiere Winterschlaf.
Wie beeinflussen Licht und Temperatur die verschiedenen Lebewesen?
Welche anderen Einflussfaktoren gibt es außerdem?
Welcher Faktor wirkt besonders stark?

Ohne Wasser kein Leben

Es ist bekannt, dass alle Lebewesen Wasser zum Leben brauchen. Ohne Wasser gibt es kein Wachstum, keine Entwicklung und keine Fortpflanzung. Und dennoch gibt es Pflanzen und Tiere, die mit sehr wenig Wasser auskommen.
Wovon ist es abhängig, ob eine Pflanze oder ein Tier wenig oder viel Wasser zum Leben benötigt?
Wie sind sie an die Lebenssituation angepasst?
Könnten Wasserpflanzen auch an Land leben?

Ökosystem als Einheit von Biotop und Biozönose

Bestimmte Organismen sind immer in einer für sie typischen Umgebung anzutreffen. Sie leben in einem Lebensraum, dem *Biotop.* Mit anderen Organismen stehen sie in ständigen Wechselbeziehungen. Sie leben in einer Lebensgemeinschaft, der *Biozönose.*

Ein **Ökosystem** besteht aus einer Lebensgemeinschaft in ihrem Lebensraum und den vielfältigen **Wechselbeziehungen,** die zwischen ihnen bestehen.

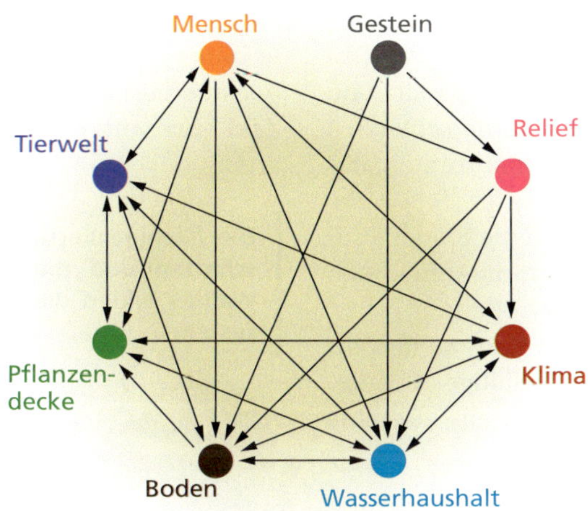

Biotope sind durch die enthaltenen Lebewesen gekennzeichnet. Die Einheit aus Biotop und Biozönose wird **Ökosystem** genannt. Alle Bestandteile eines Ökosystems stehen in vielfältigen **Wechselbeziehungen** miteinander. Nach außen bestehen deutlich weniger Beziehungen.

Ein solches Ökosystem kann ein kleines Moor, ein Teich oder ein begrenzter Waldbestand sein, aber auch viel größere Einheiten wie Meeresteile (z. B. die Ostsee) oder riesige Waldgebiete wie das Amazonasbecken können als Ökosysteme angesehen werden, die aus vielen **Teil-Ökosystemen** bestehen.

Ökosysteme sind offene Systeme. Sie stehen in Wechselbeziehung zu ihrer Umwelt und sind zeitlichen Veränderungen unterworfen.

Um die Strukturen, Wechselbeziehungen und Veränderungen in einem Ökosystem zu verstehen und damit die Auswirkungen äußerer Einflüsse zu erkennen und beurteilen zu können, sind intensive Untersuchungen notwendig. Dazu gehören:

- die Bestimmung von Besonderheiten der Landschaft (z. B. Bodenverhältnisse, Relief),
- die Ermittlung der Klimafaktoren (wie Temperatur- und Lichtverhältnisse sowie die Niederschlagsmenge) und der chemischen Faktoren (z. B. pH-Wert, verschiedene Stoffe), von denen die Existenz der Organismen abhängig ist,
- die Erfassung der vorkommenden Arten und des Anteils an der Gesamtartenzahl, ihre Veränderung im Verlaufe der Zeit (z. B. im Verlauf eines Jahres),
- die Ermittlung von Wechselwirkungen zwischen den Faktoren (Abb.).

Um die **vorkommenden Arten zu ermitteln,** müssen bestimmte Verfahren und Hilfsmittel genutzt werden. Dazu zählen:

- die **direkte Beobachtung,** gegebenenfalls mithilfe einer Lupe oder eines Fernglases,
- das **Sammeln** von Resten abgestorbener Organismen (z. B. von Gehäusen, Schalen, Federn, Knochen),
- das **Fangen** von Insekten und anderen Tieren, z. B. mit Insektenfangnetzen sowie Fallen (Achtung: Tierschutz!),
- die **Befragung** sachkundiger Personen (z. B. Fischer, Angler, Förster, Naturschutzbeauftragter), um vor allem Tiere zu ermitteln, die im Verborgenen leben und nur selten zu sehen sind.

Aufgabe

Ein Ökosystem ist eine Modellvorstellung der Biologen.

a) Woraus setzt sich dieses Modell zusammen?

b) Welche Lebensbereiche in deiner Umgebung lassen sich als Ökosysteme auffassen?

Der Wald als Ökosystem und seine Struktur

Schichtung und Raumstruktur des Waldes

Wird ein naturnaher Wald aufgesucht, so fallen am Waldrand nicht nur die hoch aufragenden Laub- und Nadelbäume, sondern auch das Unterholz auf. Es lassen sich Stufungen oder auch **„Stockwerke“** erkennen. Sie sind ein wesentliches Strukturmerkmal des Waldes.

In Laubmischwäldern, z. B. in *Eichen-Hainbuchen-Wäldern,* ist die Schichtung besonders vielfältig ausgeprägt. Diese vertikale Ordnung im Wald ist als günstige ökologische Nutzung des Luft- und Bodenraumes aufzufassen. Die unterschiedlich hohen Pflanzen „fangen“ als Produzenten das Sonnenlicht für die Fotosynthese (s. S. 80) ein. Durch Verzweigungen und durch die Blätter können Pflanzen ihre Oberfläche zum Aufnehmen des Sonnenlichts bedeutend vergrößern.

Die einzelnen Schichten des Waldes stellen für Tiere, Pilze und Bakterien vielfältige **Teil-Lebensräume** dar (Abb. 1). Die jeweils für eine Waldgesellschaft charakteristische Schichtung bildet sich in Übereinstimmung von Lebensbedingungen und ökologischen Ansprüchen waldbildender Pflanzenarten heraus. Ein naturnaher Wald hat bis zu fünf Schichten.

Außer dieser vertikalen Schichtung kann man auch eine horizontale Gliederung in Teil-Lebensgemeinschaften feststellen. In einer feuchten Senke wachsen z. B. *Sumpfdotter-Blumen,* dicht daneben kommen *Busch-Windröschen* und *Frühlings-Scharbockskraut* vor. Auf einer Lichtung stehen abgestorbene Bäume, auf denen sich Pilze angesiedelt haben.

Je höher die Anzahl der Schichten und Teil-Lebensräume ist, desto größer ist meist auch die Zahl der vorkommenden Tier- und Pflanzenarten.

Die flächige Verteilung von Pflanzengemeinschaften und die vertikale Schichtung des Waldes bilden die Raumstruktur dieses Ökosystems.

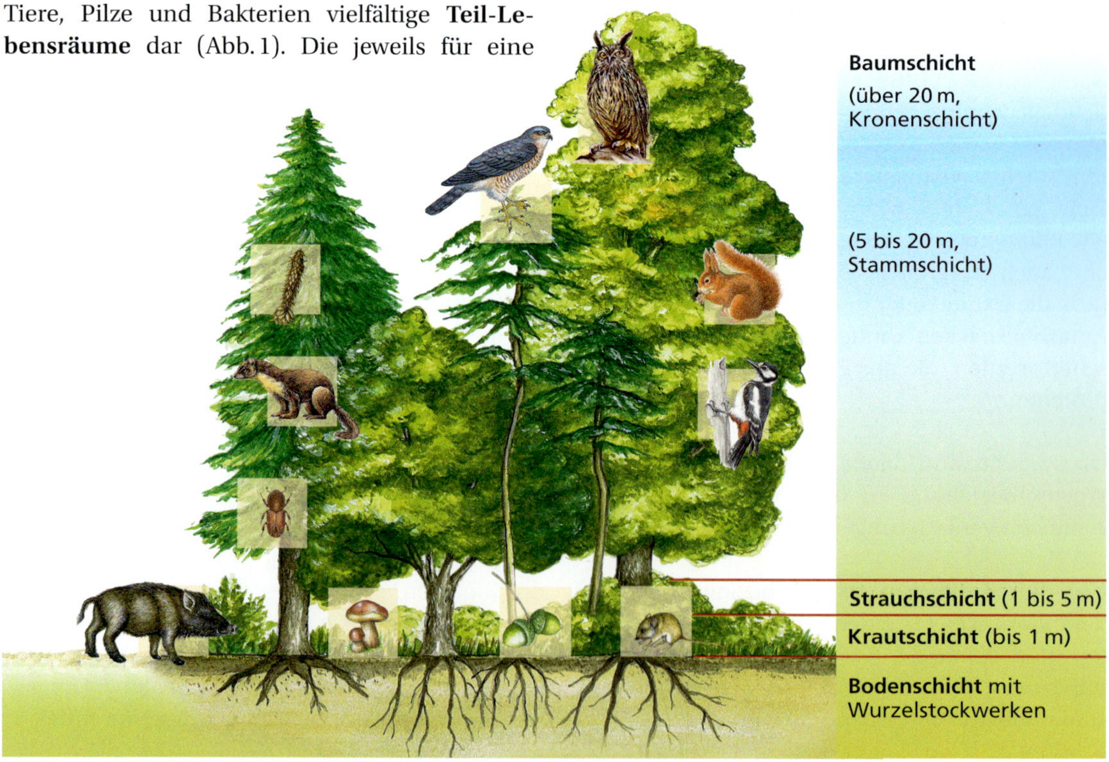

1 Schichten in einem Mischwald

Altersstruktur und jahreszeitliche Struktur

Im Wald lässt sich auch eine **zeitliche Ordnung** erfassen. Neben Altbäumen befinden sich Bäume mittleren Alters und Jungwuchs. Die ständig ablaufende Verjüngung des Waldes durch die Produktion von Samen, deren Verbreitung und das Entstehen von Jungwuchs bewirkt das Ausbilden einer **Altersstruktur** innerhalb des Waldes. Das ungleiche Alter von Waldbäumen in naturnahen Wäldern ist eine Voraussetzung für die Dauerhaftigkeit des Waldes und für dessen Gleichgewicht.
Waldbesuche in den verschiedenen Jahreszeiten lassen in unseren Breiten im Laubwald eine weitere zeitliche Ordnung erkennen. Das Aussehen des Laubwaldes wandelt sich periodisch. Laubwälder weisen einen **Frühjahrs-, Sommer-, Herbst-** und **Winteraspekt** auf. Im März/April ist es vor der Belaubung im Buchenwald hell. Die Krautschicht wird von *Busch-Windröschen* dominiert, die einen weißen Blütenteppich bilden **(Frühjahrsaspekt,** Abb. 1a). Diese Pflanzenart zählt zu den ersten Frühblühern im Laubwald. Zum Blühen benötigen *Busch-Windröschen* viel Licht, das im Frühjahr im Buchenwald reichlich vorhanden ist. Nährstoffe für rasches Wachstum und Blütenbildung sind im Wurzelstock gespeichert. Als weitere Frühblüher treten z. B. *Frühlings-Scharbockskraut* und *Hohler Lerchensporn* auf. Mit der zunehmenden Belaubung gelangt immer weniger Sonnenlicht durch das dichte Kronendach. *Waldmeister, Frühlings-Platterbse* und die *Einbeere* lösen die Frühblüher ab. Die Krautschicht wird auch durch verschiedene Gräser wie *Wald-Flattergras* geprägt.

Sommeraspekt: Im dichten Buchenwald sind meist nur wenige Kräuter zu sehen (Abb. 1b).
Werden die Tage kürzer und fallen die Temperaturen, so zeigt sich bald der **Herbstaspekt** (Abb. 1c). Im Buchenwald dominieren dann prächtig rot bis gelb gefärbte Laubblätter. Nach den ersten Frösten genügen leichte Windstöße, um das Laub von den Bäumen zu fegen. Es zeigt sich der **Winteraspekt** (Abb. 1d).
Diese **jahreszeitliche Struktur des Laubwaldes** wird durch das unterschiedliche Wirken von Umweltbedingungen (z. B. Licht, Temperatur, Wasser) ausgelöst.

Die vielfältigen waldaufbauenden Pflanzenarten bilden in ihrer Gesamtheit die Artenstruktur des Waldes. Diese weist in unseren Breiten einen jahreszeitlichen Aspekt auf.
Die Altersstruktur drückt das Verhältnis zwischen Altbäumen, Bäumen mittleren Alters und Jungwuchs aus.

Aufgabe

Entwickle eine Tabelle mit drei Spalten für Schichten des Waldes, Pflanzen und Tiere.

a) Trage die Schichten eines Laubmischwaldes ein.
b) Ordne die folgenden Organismen entsprechend den Schichten zu: Sternmoos, Waldohreule, Wald-Kiefer, Waldmeister, Regenwurm, Hasel, Assel, Buntspecht, Birkenpilz, Stiel-Eiche, Flechten, Heidelbeere, Buchdrucker, Wurmfarn.

1 Jahreszeitliche Aspekte im Buchenwald: a) Frühjahrs-, b) Sommer-, c) Herbst-, d) Winteraspekt

Ökosysteme entwickeln und verändern sich

Natürliche Umweltveränderungen (z. B. Klimawandel), die Besiedlung von sich neu bildenden Ökosystemen (z. B. Vulkaninseln) oder Eingriffe des Menschen (z. B. Feuer, Kahlschlag) führen zu Veränderungen in Ökosystemen. Eine zeitliche Aufeinanderfolge von verschiedenen Pflanzen- und Tierbiozönosen in diesem Biotop ist die Folge. Man spricht von einer Sukzession. Eine Sukzession endet immer in einem relativ stabilen Endstadium (Klimax).

Zeitliche Entwicklung vom Kahlschlag zum Wald

Diskutiere die Auswirkungen eines starken Sturms auf die Entwicklung eines Waldökosystems.

Beziehungen zwischen abiotischen Faktoren und Organismen im Wald

Für die Besiedlung eines Landschaftsbereiches mit Lebewesen sind die dort herrschenden abiotischen Faktoren (nicht lebenden Faktoren) bestimmend. Im Ökosystem Wald wirken **abiotische Faktoren** wie *Klimafaktoren* (z.B. Licht, Temperatur, Feuchtigkeit) und *Bodenfaktoren* (z.B. pH-Wert).

Ein Waldökosystem, in dem die Bäume eine bestimmte Höhe erreicht haben und hinreichend dicht nebeneinanderstehen, beeinflusst jedoch selbst das Wirken abiotischer Faktoren. Der Wald bringt z.B. ein spezifisches Waldinnenklima hervor. Dieses Kleinklima im Wald unterscheidet sich beträchtlich vom Klima außerhalb des Waldökosystems.

Weitere abiotische Faktoren physikalisch-chemischer Natur sind z.B.Wind- und Schneebruch, Blitzschlag, das Wasser im Boden und in Gewässern mit darin befindlichen Stoffen wie Mineralstoffen, Sauerstoff, aber auch Schadstoffen. Dazu gehören auch die Bodenverhältnisse wie Sand-, Lehm-, Humusböden, das Bodenrelief wie Hänge, Täler, Bergkuppen, weiterhin Wassererosion und Lawinen.

Die Gesamtheit der abiotischen Faktoren in einem bestimmten Bereich der Landschaft wird **Biotop** (Lebensraum) genannt (Abb. 1).

Der Biotop (Lebensraum) ist die Lebensstätte der Organismen. Die Eigenschaften des Biotops werden durch abiotische Faktoren (nicht lebende Faktoren) bestimmt. Sie stellen die Lebensbedingungen für die Organismen dar.

Jedes Lebewesen verändert direkt und indirekt die abiotischen Faktoren seines Biotops, weshalb man Biotop und Biozönose zusammen auch als Ökosystem bezeichnet. Ökosysteme sind offene Systeme, die mit Ihrer Umgebung in ständigem Stoff- und Energieaustausch stehen (Abb. S. 41).

Aufgabe

Beobachte deine Wohnumgebung und versuche möglichst viele Biotope zu erkennen. Benenne die Biotope und trage sie in eine Liste ein.

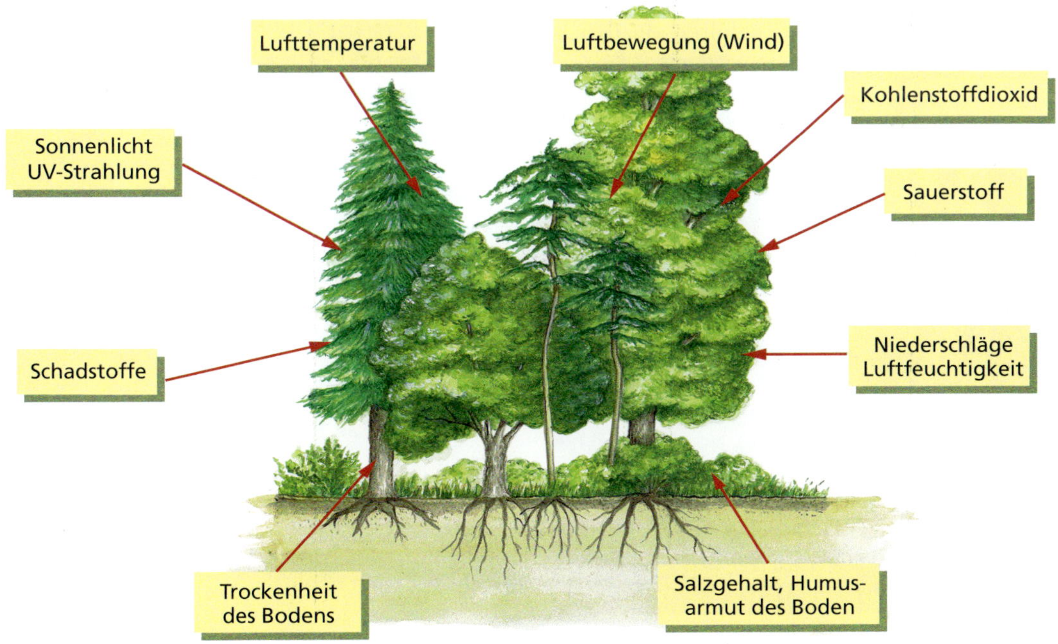

1 Ausgewählte abiotische Umweltfaktoren im Ökosystem Wald

Licht als abiotischer Faktor

Licht, insbesondere Sonnenlicht, ist einer der wesentlichsten abiotischen Faktoren. Es liefert die Energie für die Existenz nahezu aller Lebensgemeinschaften sowie für das Ausführen zahlreicher Lebensprozesse.

Licht als abiotischer Faktor für Pflanzen

Die Pflanzen mit Chlorophyll können aus Wasser und Kohlenstoffdioxid unter Ausnutzung des Sonnenlichtes ein breites Spektrum von organischen Stoffen aufbauen. Der Prozess der Fotosynthese ist ökologisch betrachtet der wichtigste biochemische Prozess (s. S. 80).

Die **Ansprüche der einzelnen Pflanzenarten** an den Lichtfaktor sind verschieden. Am Waldrand, mitten im dichten Baumbestand oder auf einer Lichtung im Wald herrschen unterschiedliche Lichtverhältnisse.
Unter den dichten Kronendächern der **Schattenbaumarten** *Rot-Buche* und *Gemeine Fichte* gedeihen nur solche Pflanzenarten, die den dort herrschenden geringen Lichtverhältnissen angepasst sind. Als **Schattenpflanzen** gehören dazu beispielsweise *Frühlings-Platterbse, Großes Springkraut, Goldnessel,* viele *Farne* und *Moose.*

1 Im Sommer sind im dichten Buchenwald meist nur wenige Kräuter zu sehen.

Wälder aus Schattenbaumarten haben meist einen kahlen Stammbereich und weisen eine wenig ausgebildete Strauch- und Krautschicht auf.
Im Vorfrühling vor der Belaubung sind die Lichtverhältnisse in Wäldern mit der Schattenbaumart *Rot-Buche* ganz anders. Die **Frühblüher** des Waldes, wie *Busch-Windröschen, Hohler Lerchensporn* und *Bärlauch,* kommen in einen ausreichenden Lichtgenuss (Anteil des Sonnenlichtes, den sie erhalten), den sie zum Blühen und Fruchten und natürlich für die Fotosynthese brauchen (Abb. 2). Sie treiben rasch aus, blühen und bilden Reservestoffe, die sie z. B. in Zwiebeln oder Erdsprossen einlagern. So können sie im nächsten Frühjahr wieder wachsen und sich entwickeln.

2 Abfolge des Blühens von Pflanzen der Krautschicht eines Buchenwaldes in Abhängigkeit vom Lichtfaktor

So haben die Lichtverhältnisse für das **Vorkommen vieler Pflanzenarten** eine große Bedeutung. **Schattenpflanzen** kommen im Waldesinneren vor, **Sonnenpflanzen** an Waldrändern, auf Lichtungen und außerhalb des Waldes.
Die **Individualentwicklung der Pflanzen** ist ebenfalls abhängig vom Licht. Deutliche Auswirkungen sind z. B. auf die Wuchshöhe und die Blütenbildung von Kräutern zu beobachten. Bei optimaler Lichtstrahlung entwickelt sich die Pflanze am besten (Abb. 1).
Angepasstheiten an die Lichtverhältnisse lassen sich auch an den **Blättern ein und derselben Pflanze** feststellen, z. B. der *Rot-Buche*. Auf der besonnten Südseite des Kronenbereiches sind *Sonnenblätter,* auf der Nordseite und im Innern der Krone sind *Schattenblätter* ausgebildet (Abb. 2). Bezogen auf die Blattfläche ist die Fotosynthese der Sonnenblätter höher als die der Schattenblätter.

Laubmischwälder mit den **Lichtbaumarten** *Schwarz-Kiefer, Europäische Lärche, Stiel-Eiche, Hänge-Birke, Zitter-Pappel (Espe)* bilden eine reiche Strauch- und Krautschicht aus. Diese Schichten sind wesentlich mit an der Biomasseproduktion des Waldes beteiligt. Sichtbarer Ausdruck der Biomasseproduktion im Wald ist das Höhen- und Dickenwachstum der Bäume.

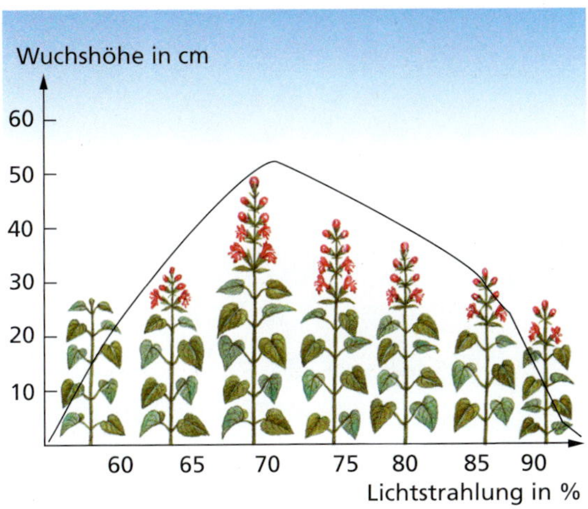

1 Auswirkung der unterschiedlichen Lichtintensität auf Wachstum und Entwicklung von Wald-Ziest

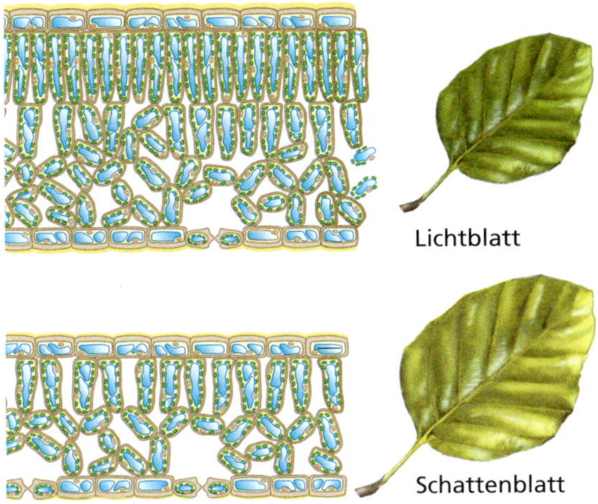

2 Blätter der Rot-Buche bei Licht und Schatten

Merkmale der Laubblätter	Sonnenpflanzen	Schattenpflanzen
Größe	häufig kleiner	meist groß
äußere Beschaffenheit	relativ dick, derb	dünn, zart

Für Pflanzen ist der Lichtfaktor lebensnotwendig. Pflanzen sind als Sonnen- und Schattenpflanzen bzw. mit Sonnen- und Schattenblättern an unterschiedliche Lichtverhältnisse angepasst. Der Lichtfaktor ist wesentlich an der Ausbildung der Strukturen des Waldökosystems beteiligt.

Aufgaben

1. Erkläre das Blühen von *Busch-Windröschen* und *Leberblümchen* vor der Belaubung der waldbildenden Pflanzen.

2. Untersuche Sonnen- und Schattenblätter auf ihre äußeren Merkmale.
   a) Lege je ein Sonnenblatt und ein Schattenblatt auf Millimeterpapier und zeichne den Umriss auf. Vergleiche die Umrisse.
   b) Betrachte und befühle die Blätter. Was stellst du fest?

Licht als abiotischer Faktor für Tiere

Der Wechsel von Licht und Dunkelheit, von Tag und Nacht bewirkt bei im Wald lebenden Tieren gut zu beobachtende Veränderungen ihrer Aktivität bzw. ihres Verhaltens. In der Dämmerung ist das Schwärmen von *Mücken* auffällig. *Fledermäuse* fliegen zwischen den Baumwipfeln.
In der Nacht jagen *Eulen, Igel* und *Dachse* ihre Beute. *Waldmäuse* suchen in den Nachtstunden ihre Nahrung. *Regenwürmer* kriechen auf der Erdoberfläche.
Tagsüber sind die Sing- und Greifvögel aktiv. *Eidechsen* huschen zwischen Gesteinen, und in der Luft schwirren *Käfer, Libellen* und *Fliegen*. Entsprechend ihren Aktivitäten lassen sich **tagaktive, nachtaktive** und **dämmerungsaktive Tiere** unterscheiden (Abb. 1, 2, 3).

Vom Licht beeinflusst wird auch der morgendliche **Sangesbeginn der Vögel.** Jede Art hat eine bestimmte Helligkeitsstufe, bei der sie munter wird und zu singen beginnt.
„Frühaufsteher" bei den Singvögeln sind der *Gartenrotschwanz,* das *Rotkehlchen* und die *Amsel.* „Langschläfer" sind *Haussperling* und *Star.*

Diese sogenannte **„Vogeluhr"** lässt gewisse Regelmäßigkeiten erkennen. Sie ist aber nicht ganz zuverlässig, weil sich, bedingt durch die Jahreszeiten, der Zeitpunkt des Sonnenaufganges verschiebt. Außerdem wird der morgendliche Sangesbeginn durch Bewölkung, Nebel und wechselnde Temperaturen beeinflusst. Die „Frühaufsteher" sind oftmals abends auch die letzten Sänger, z. B. *Amsel, Rotkehlchen.*

Der abiotische Faktor Licht beeinflusst die Tag- und Nachtaktivität sowie das Verhalten von waldbewohnenden Tieren.

Aufgaben

1. Finde heraus, was unter Dämmerung verstanden wird. Nutze dazu Literatur und Internet. Suche weitere Beispiele für dämmerungsaktive Tiere.

2. Gestalte eine „Vogeluhr" für 10 Vögel. Führe darin genau an, wann welche Vögel in der Regel mit ihrem morgendlichen Gesang beginnen.

1 Libelle – tagaktives Tier

2 Eule – nachtaktives Tier

3 Fledermaus – dämmerungsaktives Tier

Wasser als lebenswichtiger Umweltfaktor

Ohne Wasser gäbe es auf der Erde kein Leben. So besteht der Körper der Lebewesen zu 60 % bis über 90 % aus Wasser. Für viele Lebewesen ist das **Wasser Lebensraum.**

Wasser ist nicht nur Hauptbestandteil aller Lebewesen und Lebensraum für viele Lebewesen, sondern gleichzeitig auch ihre **Lebensgrundlage.**

Wasser als abiotischer Faktor für Tiere

Auch die Tiere des Waldes sind mehr oder weniger stark vom abiotischen Umweltfaktor Wasser abhängig.

Lurche haben eine feuchte, schleimige Haut, durch die sie atmen können, sie sind **Feuchtlufttiere.** *Wasserfrösche* leben immer in der Nähe von Gewässern, die sie bei Gefahr aufsuchen. *Feuersalamander* (Abb. 1) leben in feuchten Laubwäldern. Sie verlassen ihre Verstecke in Erdlöchern, zwischen Steinen und unter Moospolstern nachts und tagsüber nur bei Regenwetter.

Alle Lurche laichen im Wasser und ihre Larven (Kaulquappen) entwickeln sich im Wasser.

Demgegenüber sind Kriechtiere, Säugetiere und Vögel **Trockenlufttiere,** die vom Wassergehalt der Umgebung relativ unabhängig sind. *Zauneidechsen* (Abb. 2) z. B. können sich stundenlang sonnen, weil ihre Haut von Hornschuppen bedeckt und so vor dem Austrocknen geschützt ist.

Auch Säugetiere und Vögel haben eine trockene Haut, die außerdem durch das Fell bzw. das Gefieder vor starker Austrocknung geschützt ist. Zudem findet die Fortpflanzung dieser Trockenlufttiere außerhalb des Wassers statt. Kriechtiere und Vögel legen mehr oder weniger dickschalige Eier, und bei den Säugetieren entwickeln sich die Jungen eine Zeit lang im Mutterleib.

Tiere sind vom abiotischen Faktor Wasser abhängig. Sie nutzen Wasser z. B. als Fortpflanzungsort oder als Lebensraum (Feuchtlufttiere, Wassertiere). Sie sind entsprechend angepasst.

Aufgaben

1. Bei Tieren lassen sich Trockenlufttiere und Feuchtlufttiere unterscheiden.
   a) Finde Tierarten heraus, die sich den Trockenlufttieren zuordnen lassen.
   b) Suche jeweils einen Vertreter für Trockenlufttiere und einen für Feuchtlufttiere heraus und erstelle für diese Tierarten einen Steckbrief.

2. Warum sind die Lebensräume von Feuchtlufttieren (z. B. Moore, Auenwälder) oftmals geschützt?

1 Feuersalamander

2 Zauneidechse

Wasser als abiotischer Faktor für Pflanzen

Für alle Pflanzen ist Wasser ein unentbehrlicher Ausgangsstoff für ihre Ernährung (Fotosynthese, s. S. 80), für ihr Wachstum und ihre Entwicklung. Je dichter der Pflanzenbestand im Wald ist, umso mehr Wasser kann gespeichert werden. Außerdem verzögern **Bäume, Sträucher** und **Kräuter** den oberirdischen Abfluss von Wasser. Damit wird die Erosion des Bodens vermindert. Diese Pflanzen haben in der Regel in ihren Zellen zentrale Vakuolen und verfügen über einen „inneren" Wasservorrat, der durch ein gut ausgebildetes Wurzelsystem ergänzt werden kann. Sie können über die in der Epidermis des Blattes liegenden Spaltöffnungen (s. S. 21) ihre Wasserabgabe (Transpiration) regulieren und auch größere Schwankungen im Wasserangebot des Waldes ausgleichen. Sie besiedeln verschiedenartige Teil-Lebensräume in einem Waldökosystem wie Waldtümpel, feuchte Senken, Gebiete mit hohem Grundwasserstand und Staunässe, aber auch trockene Steilhänge und Bergkuppen. An das dort jeweils vorherrschende Wasserangebot sind sie angepasst.

Laubbäume werfen im Herbst ihre Blätter ab. Auch der **Laubfall** ist eine Angepasstheit an den abiotischen Faktor Wasser. Die Verdunstungsoberfläche der Laubbäume wird drastisch verringert. Damit kann dem stark eingeschränkten Wassernachschub aus dem frosttrockenen Boden im Winter begegnet werden.

Aber auch **Moose, Flechten, Luftalgen, Pilze** und **Bakterien** beeinflussen den Wasserhaushalt, insbesondere den oberirdischen Wasserabfluss. Der Wassergehalt dieser Lebewesen schwankt meist stark, da sie wenige Einrichtungen zum Verdunstungsschutz aufweisen. Im Gegensatz zu vielen Pflanzen können jedoch viele dieser Organismen vorübergehende vollständige Austrocknung überdauern.

Pflanzen sind an unterschiedliche Feuchtigkeitsverhältnisse des Waldes angepasst. Der abiotische Faktor Wasser ist wesentlich an der Ausbildung der Strukturen des Waldökosystems beteiligt. Durch die Speicherung von Wasser beeinflussen die waldbildenden Pflanzen selbst entscheidend das Kleinklima im Waldökosystem.

Untersuche ein Blättchen vom Sternmoos.

Material:
1 Blättchen vom Sternmoos, Lupe, Mikroskop, Objektträger, Deckgläschen

Durchführung:
1. Trenne ein Blättchen vom Stämmchen der Moospflanze ab.
2. Fertige ein Frischpräparat vom Moosblättchen an.
3. Betrachte das Objekt mithilfe eines Mikroskops oder einer Lupe.
4. Fertige eine Zeichnung von einem Ausschnitt des mikroskopischen Bildes an.

Auswertung:
Beschreibe das mikroskopische Bild.
Woran kann man erkennen, dass das Sternmoos eine Feuchtpflanze ist?

Mosaik

Moospflanzen

1 Weißmoospolster

3 Brunnenlebermoos

In manchen Wäldern bilden **Moose** dichte Polster, Decken oder Filze auf dem Waldboden, auf umgestürzten Bäumen und auf Baumstümpfen, aber auch an den Stammen und Ästen lebender Bäume und auf Steinen und Felsen.
Dabei kann man unterschiedliche Wuchsformen erkennen. **Laubmoose** können entweder stark verzweigte, niederliegende Sprosssysteme – z. B. das auf sauren, mageren Waldböden häufige *Rotstengelmoos* – oder aufrechte, kaum verzweigte Sprosse entwickeln. Diese können dichte Rasen oder Polster bilden – z. B. das *Weißmoos* (Abb. 1) und das *Gewöhnliche Haarmützenmoos (Abb. 2)*.
Lebermoose sind im Allgemeinen noch feuchtigkeitsbedürftiger als Laubmoose. Sie bilden gabelig verzweigte Lager – wie das *Brunnenlebermoos* (Abb. 3) – oder niederliegende Sprosse mit zarten, seitlich sitzenden Blättchen.
Moose nehmen mit der ganzen Oberfläche Wasser und Mineralstoffe auf (Abb. 4, 5). Der **Wasserspeicherung** dienen jedoch vor allem auch die Zwischenräume zwischen den dicht verfilzten oder zu Polstern geformten Sprossen. Moosbewuchs verzögert auch den oberirdischen Wasserabfluss. Außerdem sind Moospolster der Lebensraum für viele Kleinlebewesen wie *Springschwänzen, Milben, Pseudoskorpione* oder *Asseln.*
Moose vermehren sich durch Sporen, die in besonderen, meist gestielten Sporenkapseln gebildet werden.

2 Polster des Gewöhnlichen Haarmützenmooses

4 Moospflanze feucht

5 Moospflanze trocken

Temperatur als abiotischer Faktor

Die **Temperatur** ist ebenfalls ein wesentlicher abiotischer Faktor, da sie nahezu alle Lebensprozesse beeinflusst. So sind z.B. Atmung, Transpiration, Entwicklung und Wachstum temperaturabhängig. Viele Lebewesen benötigen eine Temperatur zwischen einigen Minusgraden und etwa 45 °C.
Es gibt jedoch besonders hitzestabile Bakterien, die in heißen Quellen und an untermeerischen Vulkanen selbst Temperaturen von über 100 °C aushalten. In Kältestarre können verschiedene niedere Lebewesen auch Temperaturen von weniger als −100 °C überdauern, bestimmte Nadelbaumarten sibirischer Wälder halten Frost bis −70 °C aus.

Einfluss der Temperatur auf Pflanzen

Der abiotische Faktor Temperatur beeinflusst wesentlich die **zeitliche Entwicklung** in unseren Wäldern.
Holzgewächse (Bäume und Sträucher) bilden Erneuerungsknospen und lagern Reservestoffe ein. Das ermöglicht im Frühjahr das Hervorbringen neuer Blätter.
Tanne, Douglasie und *Weymouths-Kiefer* sowie viele Laubbaumarten geben schon im Frühherbst ihre Samen frei. Als Anpassung an die Frostgrade im Winter verhindern Hemmstoffe, dass die Samen vorzeitig keimen.

1 Busch-Windröschen und seine Wurzelstöcke

Fichte, Kiefer und *Lärche* öffnen erst im Frühjahr unter dem Einfluss der warmen Sonneneinstrahlung ihre Zapfen und geben ihre flugfähigen Samen frei.
Anders ist es bei den **Pflanzen der Krautschicht.** Bei **mehrjährigen Kräutern** (z.B. *Busch-Windröschen,* Abb. 1) sterben die oberirdischen Teile nach ihrer Vegetationsperiode ab. Sie überwintern mithilfe der im Erdboden liegenden Erneuerungsknospen wie Knollen, Zwiebeln, Wurzelstöcke.
Auch von den **einjährigen Kräutern** (z.B. *Springkraut*) ist während des Winters im Wald nichts zu sehen. Sie durchlaufen in einer Vegetationsperiode ihre Entwicklung von der Keimung bis zum Tode. Sie sterben vollständig ab und erneuern sich im darauffolgenden Jahr durch ihre frostresistenten Samen.
Untersucht man die Temperaturverhältnisse im Wald im Verlaufe eines Tages oder gar eines Jahres genauer, so lassen sich Schwankungen ermitteln. Die jahreszeitlichen Temperaturschwankungen sind für die zyklische Entwicklung der Waldvegetation besonders wichtig.
Die Temperaturverhältnisse im Wald werden auch von der geografischen Lage und vom Boden beeinflusst. Sandböden und trockene Kalkböden erwärmen sich schneller als feuchte Tonböden. Auch die Dichte der Pflanzen im Wald und die Anzahl der Schichten wirken sich auf die Temperaturverhältnisse im Wald aus.

Der abiotische Faktor Temperatur beeinflusst das Vorkommen der waldbildenden Pflanzen sowie die zeitliche Entwicklung im Waldökosystem.

Aufgaben

1. Erläutere den Zusammenhang, der zwischen der Temperatur und der Bildung von Erneuerungsknospen bei Bäumen und Sträuchern besteht.

2. Beschreibe, wie die Pflanzen der Krautschicht an die kalten, winterlichen Temperaturen angepasst sind.

Einfluss der Temperatur auf Tiere

Im Wald kann man beobachten, wie der **abiotische Faktor Temperatur** das Verhalten vieler Waldbewohner beeinflusst.

Bei **wechselwarmen Tieren** ist die Körpertemperatur weitgehend von der Umgebungstemperatur abhängig. Viele müssen deshalb die kalte Jahreszeit in geschützten Verstecken in **Winterstarre (Kältestarre)** überdauern (Abb. 1; Abb. 2, S. 55).

Dabei ist ihr Stoffwechsel stark herabgesetzt und die Körpertemperatur niedrig. In diesem Zustand sind wechselwarme Tiere bewegungsunfähig. Mit steigender Umgebungstemperatur steigt auch die Körpertemperatur und damit die Aktivität der Tiere wieder.

Im Übrigen kann man auch im Sommer an kühlen Tagen oder in den Morgenstunden eine geringere Aktivität bei wechselwarmen Tieren beobachten.

Bei *Säugetieren* und *Vögeln* wird die Körpertemperatur reguliert und relativ konstant gehalten. Die Körperbedeckung (z. B. Fell, Federn) schützt diese **gleichwarmen Tiere** vor Wärmeabgabe.

Manche einheimische *Säuger* passen sich der kalten Jahreszeit durch das Abhalten einer **Winterruhe** bzw. eines **Winterschlafes** an (Abb. 2; Abb. 2, S. 55). Eine Rolle spielt dabei auch das schlechte Nahrungsangebot im Winter.

Die **Winterruhe** stellt einen Schlaf von besonderer Länge und Tiefe dar. Die Körpertemperatur dieser gleichwarmen Tiere (z. B. *Eichhörnchen, Dachs*) bleibt dabei konstant. Sie wachen zwar häufig auf, ihre Aktivitäten sind aber eingeschränkt.

Der **Winterschlaf** dagegen ist durch eine deutliche Änderung im Stoffwechsel des Körpers und einer damit verbundenen Aktivitätseinschränkung gekennzeichnet.

Während die Körpertemperatur dieser gleichwarmen Tiere (z. B. *Igel, Fledermaus, Siebenschläfer*, Abb. 2) im Aktivzustand je nach Tierart zwischen 36 °C und 40 °C liegt, wird sie im Winterschlaf auf Werte um 5 °C abgesenkt. Gleichzeitig sind Herzschlag und Atmung enorm gedrosselt.

Aktivität und Verhalten von Tieren werden durch den abiotischen Faktor Temperatur beeinflusst.
Winterruhe und Winterschlaf einiger gleichwarmer Tiere sind Anpassungen an die kalte Jahreszeit.

Aufgaben

1. Erläutere die Begriffe wechselwarm und gleichwarm.

2. Die Temperaturverhältnisse im Wald schwanken im Verlaufe eines Tages. Wo ist es im Sommer nachts im Wald am wärmsten? Welche Aussage trifft zu?
   a) direkt am Waldboden
   b) in der Krautschicht
   c) in der Strauchschicht
   d) in der Kronenschicht

1 Die wechselwarme Waldeidechse überwintert eingerollt in Winterstarre.

2 Siebenschläfer im Winterschlaf – der Winterschlaf dauert von Oktober bis Anfang Mai.

pH-Wert als abiotischer Faktor für Pflanzen

Der **pH-Wert** ist ein weiterer wesentlicher abiotischer Umweltfaktor. Er ist ein *Wert für eine neutrale, saure oder basische Reaktion einer wässrigen Lösung*, sei es eine Bodenlösung oder das Wasser eines Gewässers. Der unterschiedliche Säuregrad des Bodens wird als **Bodenazidität** bezeichnet. Die Wasserstoff-Ionen, die zur Bodenazidität führen, entstammen den Abbauprozessen organischer Abfallstoffe im Boden durch Mikroorganismen, den Niederschlägen (z. B. aus der Kohlensäure oder der Schwefeligen Säure im Regen) und teilweise auch Säure bildenden Düngemitteln. In Böden lassen sich mehrere **Reaktionsbereiche** unterscheiden (Tab. rechts).
Die Ansprüche waldbildender Pflanzenarten an den pH-Wert des Bodens sind unterschiedlich (Abb. 1 – 3; Tab. unten).
Änderungen im pH-Wert haben großen Einfluss auf die im Biotop lebenden Pflanzenarten und Bodenorganismen. Manche Arten können solche Änderungen tolerieren, andere sind auf eng begrenzte Reaktionsbereiche angewiesen.

Reaktionsbereiche von Böden

Reaktionsbezeichnung	pH-Wert	Reaktionsbezeichnung	pH-Wert
extrem sauer	< 3,0	schwach basisch	7,1– 8,0
sehr stark sauer	3,0 – 3,9	mäßig basisch	8,1– 9,0
stark sauer	4,0 – 4,9	stark basisch	9,1– 10,0
mäßig sauer	5,0 – 5,9	sehr stark basisch	10,1 – 11,0
schwach sauer	6,0 – 6,9	extrem basisch	> 11,0
neutral	7,0		

Der pH-Wert kennzeichnet u. a. die saure, neutrale und basische Reaktion des Bodens. Er beeinflusst stark das Vorkommen von waldbildenden Pflanzenarten und Bodenorganismen.

Ökologische Ansprüche von Pflanzenarten an den pH-Wert (Beispiele)

stark sauer bis mäßig sauer	*Rauschbeere, Besenheide* (Abb. 1), *Faulbaum*
stark basisch bis schwach basisch	*Schwarz-Kiefer, Berberitze* (Abb. 2), *Nesselblättrige Glockenblume*
sauer – neutral – basisch	*Spitz-Ahorn, Stiel-Eiche, Schwarzer Holunder* (Abb. 3), *Rot-Buche*

1 Besenheide

2 Berberitze

3 Schwarzer Holunder

Ökologische Potenz, Toleranzbereich, Zeigerpflanzen

Manche Pflanzenarten brauchen zu ihrem Gedeihen ganz bestimmte **Bodenverhältnisse.** Die *Besenheide,* aber auch die *Preiselbeere* und die *Heidelbeere* gedeihen nur auf **sauren Böden.** Nur auf **feuchten Böden** kommen *Schwarz-Erle, Sumpf-Dotterblume, Wald-Schachtelhalm, Scharbockskraut* und *Trollblume* vor. Auf **stickstoffreichen Böden** findet man die *Große Brennnessel,* auf **trockenen Böden** die *Wohlriechende Weißwurz* und den *Besenginster,* auf **salzreichen Böden** den *Meersenf, Meerkohl* und den *Strandflieder.* Auf **kalkreichem Boden** wächst das *Leberblümchen* (Abb. 1 – 6, S. 56).

Am besten wachsen und entwickeln sich Pflanzen, wenn für sie wichtige abiotische Faktoren optimal gegeben sind, sich im **Optimum** befinden.

In bestimmten Grenzen ertragen die Arten aber Abweichungen in Richtung **Minimum** bzw. **Maximum** (Abb. 1). Minimum bzw. Maximum sind Grenzpunkte der Ausprägung (der Größe, der Wirkung) eines abiotischen Faktors für die jeweilige Art. Unterhalb und oberhalb dieser Grenzpunkte kann die jeweilige Organismenart nicht mehr überleben, sie stirbt. Auch Tiere haben bestimmte Ansprüche an abiotische Faktoren. Wenn für eine Art lebensnotwendige abiotische Faktoren nur im Bereich des **Minimums** bzw. **Maximums** gegeben sind, kann sie zwar noch existieren, sich aber meist nicht fortpflanzen und stirbt folglich aus.

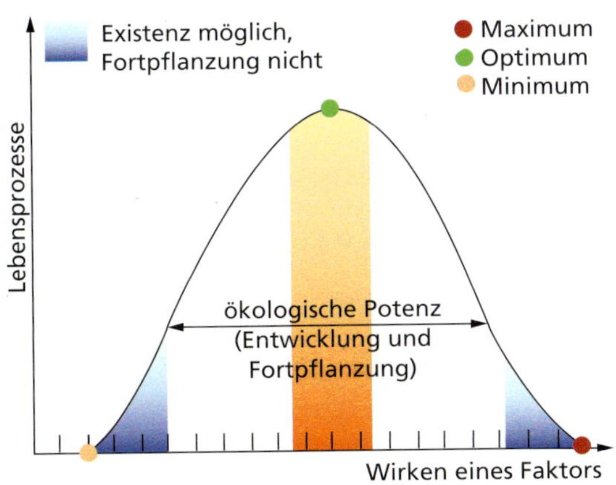

1 Die ökologische Potenz gibt den Bereich eines abiotischen Faktors an, in dem sich eine Art entwickeln und fortpflanzen kann.

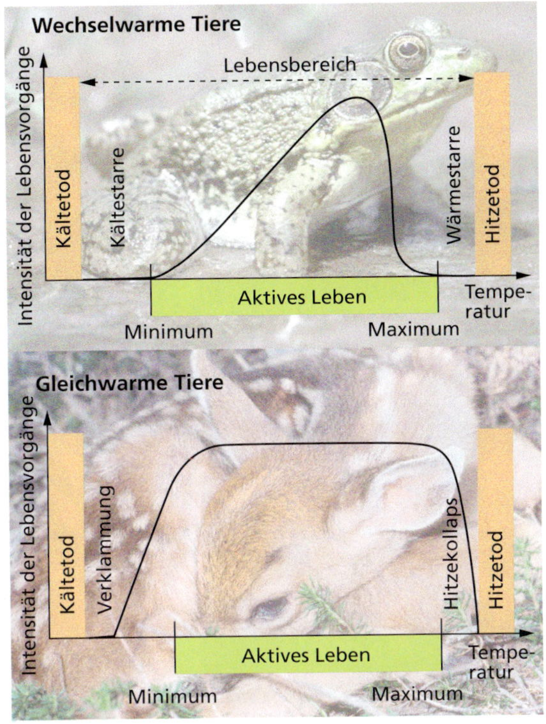

2 Toleranzkurven wechsel- und gleichwarmer Tiere

Die Fähigkeit, Schwankungen der Wirkung von abiotischen Faktoren sowohl in Richtung auf das Minimum als auch auf das Maximum in bestimmten Grenzen zu ertragen, wird **Toleranz** (Abb. 2) genannt.

Der Bereich eines abiotischen Faktors, den eine Art nutzt und in dem sie sich fortpflanzen kann, wird ihre **ökologische Potenz** genannt (Abb. 1, 2).

Man unterscheidet eine weite und enge ökologische Potenz.

Die einzelnen Arten stellen bestimmte Ansprüche an die abiotischen Faktoren eines Biotops (Optimum, Minimum, Maximum).
Der Bereich von abiotischen Faktoren, in dem sie sich auch fortpflanzen können, ist ihre ökologische Potenz.

1 Heidelbeere
(Säureanzeiger)

2 Sumpf-Dotterblume
(Nässeanzeiger)

3 Leberblümchen
(Kalkanzeiger)

4 Besenginster
(Trockenheitsanzeiger)

5 Große Brennnessel
(Stickstoffanzeiger)

6 Meerkohl
(Salzanzeiger)

Die ökologische Potenz, der fortpflanzungsmögliche Bereich einer Art gegenüber einem Umweltfaktor, ist bei den Arten unterschiedlich. Sie ist auch oft nicht für alle Individuen einer Art gleich und kann sich im Verlaufe der Individuenentwicklung ändern.
Manche Arten haben bezüglich mehrerer abiotischer Faktoren eine *weite ökologische Potenz.* Solche Arten kann man in verschiedenen Ökosystemen, teilweise weltweit finden. Typische Beispiele sind der *Sperling* und die *Ratte,* das *Gemeine Knäuelgras* und der *Löwenzahn.*

Andere Arten besitzen eine *enge ökologische Potenz.* Sie sind auf spezifische Biotope (Standorte) angewiesen.
Bezieht sich diese enge ökologische Potenz bei Pflanzen auf einen abiotischen Faktor (z. B. das Licht, die Feuchtigkeit, den Salzgehalt), dann lassen sich solche Pflanzenarten als **Zeigerarten (Indikatorpflanzen)** für diesen abiotischen Faktor nutzen. Zeigerpflanzen gibt es für eine ganze Reihe abiotischer Faktoren (Abb. 1–6).

Zeigerpflanzen sind Pflanzen, die eine enge ökologische Potenz gegenüber einem bestimmten abiotischen Faktor besitzen.
Sie können als Indikatoren für die Beurteilung der Ausprägung abiotischer Faktoren im Biotop herangezogen werden.

Aufgaben

1. Erkläre, was aus ökologischer Sicht unter Maximum, Minimum und Optimum zu verstehen ist.

2. Erläutere den Begriff „ökologische Potenz“.

Untersuchungen von Faktoren im Waldökosystem – eine Auswahl

Um ein möglichst vollständiges Bild über die Umweltsituation zu gewinnen, müssen fortlaufend viele Daten von **abiotischen Faktoren** erhoben werden. So erfolgen z. B. Messungen der Umweltbelastungen der Luft bzw. des Wassers mit jeweils anderen, speziellen Methoden und Verfahren. Im Rahmen einer **Tagesexkursion** kann man einige Methoden und Verfahren ausführen, z. B. Untersuchung der Lichtverhältnisse, der Luft, des Bodens an verschiedenen Standorten bzw. Teilökosystemen des Waldes, wie Waldrand, dichter Bestand an Altbäumen, Waldlichtung usw.

Um ein Ökosystem zu beschreiben und seinen Zustand zu beurteilen, ist es erforderlich, zumindest einen Teil der vorkommenden Pflanzen- und Tierarten zu ermitteln (**biotische Faktoren,** s. S. 61).
Um dies zu erreichen, müssen in Verbindung mit regelmäßigen Beobachtungen bestimmte Verfahren und Hilfsmittel (u. a. Lupe, Mikroskop, Fernglas, Fotoapparat) genutzt werden.
Während einer Exkursion können zur Ermittlung einiger biotischer Faktoren z. B. folgende **Aufgaben** gelöst werden:

- Beobachten einiger Vogelarten evtl. mithilfe eines Fernglases,
- Abschütteln der Tiere von Bäumen und Sträuchern und ebenfalls Bestimmen einiger der dabei gefangenen Tiere,
- Sammeln z. B. von Gehäusen, Federn sowie Ermitteln von Trittsiegeln und Erdhöhlen, die Aufschluss über das Vorkommen von Tieren geben,
- Ermitteln und Bestimmen charakteristischer Pflanzen des Waldes (s. auch Anhang).
- Alle Arten werden in Listen erfasst und mit dem Ziel bewertet, charakteristische Besonderheiten der Biozönose zu erkennen.

Untersuchungen der Lichtverhältnisse

Licht (Sonnenlicht) ist einer der wesentlichen abiotischen Faktoren. Es liefert die Energie für die Existenz nahezu aller Ökosysteme. Für die Einschätzung eines Biotops ist es daher wichtig, die Lichtverhältnisse zu ermitteln. Dies ist z. B. im Wald mit einem Luxmeter (Abb. 1) möglich.

1. Messen der Lichtintensität an verschiedenen Standorten

Materialien:
Luxmeter (Abb. 1), Messband

Durchführung:
1. Wählt verschiedene Standorte aus.
2. Messt die Lichtintensität mithilfe eines Luxmeters bei unterschiedlichen äußeren Bedingungen (u. a. bei Sonneneinstrahlung, bei bedecktem Himmel), und zwar in Bodenhöhe, in 2 m Höhe, in einem Pflanzenbestand, auf freiem Feld.

Auswertung:
1. Tragt die Werte in eine Tabelle ein.
2. Wertet die ermittelte Lichtintensität der verschiedenen Standorte bei verschiedenen Bedingungen aus. Erörtert erkennbare Auswirkungen, insbesondere auf Wachstum und Entwicklung von Pflanzen.

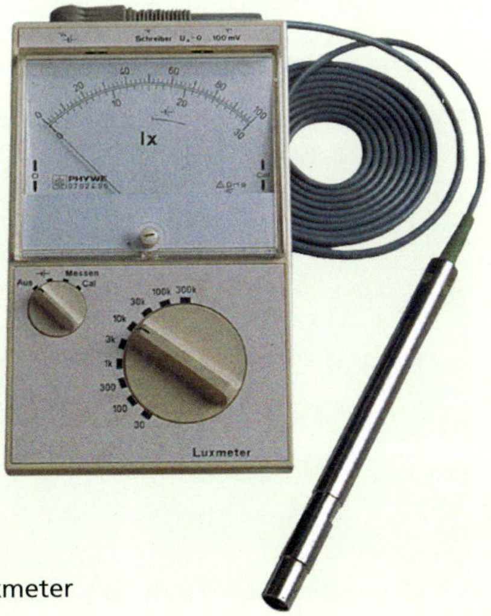

1 Luxmeter

Untersuchung der Luft

Eigenschaften und Qualität der Luft sind für Lebewesen von großer Bedeutung. Einige dieser Eigenschaften wie Temperatur und Luftfeuchtigkeit lassen sich mit einfachen Messgeräten messen. Durch verschiedene menschliche Aktivitäten, insbesondere durch Verbrennung fossiler Kraftstoffe, gelangen Gase wie Schwefeldioxid, Kohlenstoffmonooxid, Stickstoffoxide und Ozon, aber auch Stäube und Rußpartikel in die Luft, die für die meisten Lebewesen mehr oder weniger giftig sind. Die Erfassung dieser Schadstoffbelastung erfordert relativ aufwendige Messverfahren. Eine Hilfe bei der Bestimmung der Luftqualität sind empfindliche Zeigerorganismen, wie die Flechten. Sie reagieren besonders empfindlich auf Schwefeldioxid und andere schwefelhaltige Abgase.

1. Messen der Lufttemperatur an verschiedenen Standorten

Materialien:
mehrere Thermometer, 2 m lange Holzstäbe

Durchführung:
1. Wählt verschiedene Standorte aus (u. a. freies Feld, Waldrand, Waldinneres).
2. Steckt an jedem Standort Holzstäbe in den Boden und befestigt daran Thermometer, z. B. in 10, 50, 100 und 200 cm Höhe über dem Erdboden. Schützt die Thermometer vor direkter Sonneneinstrahlung (z. B. durch Aluminiumfolie).
3. Lest nach einer für alle Standorte gleichen Zeit die Temperatur ab. Notiert die Ergebnisse in einer Tabelle.

Auswertung:
1. Erstellt aus den Messwerten ein Diagramm.
2. Erläutert die Beziehungen z. B. zwischen der ermittelten Temperatur einerseits sowie der Sonneneinstrahlung, der Windstärke und den Feuchtigkeitsverhältnissen in Bodennähe andererseits.

2. Ermitteln der Luftfeuchtigkeit (parallel zur Ermittlung der Lufttemperatur)

Materialien:
4 Hygrometer (Abb.)

Durchführung:
1. Wählt verschiedene Standorte aus (u. a. freies Feld, Waldrand, Waldinneres).
2. Messt an jedem Standort in verschiedenen Höhen, z. B. 10, 50, 100 und 200 cm über der Erdoberfläche, die Luftfeuchtigkeit mithilfe eines Haarhygrometers (Abb. unten).

Auswertung:
1. Stellt die ermittelten Feuchtigkeitsverhältnisse von verschiedenen Standorten grafisch dar.
2. Vergleicht die Werte und setzt die ermittelten Temperaturen dazu in Beziehung.
3. Erörtert die Ursachen für Unterschiede und mögliche Auswirkungen auf Organismen.

3. Ermitteln des Flechtenbesatzes an Stämmen von Bäumen als Indikatoren für Luftverschmutzung

Materialien:
Notizblock, Bleistift

Durchführung:
1. Wählt Bäume unterschiedlicher Standorte aus (z. B. Straßenrand, Waldgebiet, Zentrum eines Stadtgebietes als Vergleich).
2. Schätzt den Flechtenbesatz des Umfanges der Baumstämme in 30 bis 200 cm Höhe (Deckungsgrad ermitteln).
   Nutzt dabei folgende Schätzskala für den Deckungsgrad.

Deckungsgrad 1	0 bis 1 % Deckung
Deckungsgrad 2	1 bis 10 % Deckung
Deckungsgrad 3	10 bis 25 % Deckung
Deckungsgrad 4	25 bis 40 % Deckung
Deckungsgrad 5	über 40 % Deckung

Auswertung:
1. Tragt die Ergebnisse in eine Tabelle ein und vergleicht sie.
2. Schätzt anhand des Flechtenbesatzes die Luftverschmutzung der verschiedenen Standorte ein.

Untersuchungen des Bodens

Die Zusammensetzung des Bodens hat große Bedeutung für das Pflanzenwachstum.
Faktoren, die die Bodenbildung beeinflussen, sind vor allem das Ausgangsgestein, das herrschende Klima, Relief, Wasser, Vegetation, Tierwelt und der Mensch. Durch Verwitterung, Tonbildung und Humusaufbereitung sind im Laufe der Zeit sehr unterschiedliche Böden entstanden.
Entscheidenden Anteil an der Fruchtbarkeit des Bodens hat die Bodenart. Sie lässt sich über die Anteile der Korngrößen in einer Bodenprobe ermitteln. In Abhängigkeit von der Korngröße unterscheidet man Sande (2 – 0,063 mm), Schluffe (0,063 – 0,002 mm) und Tone (> 0,002 mm).

1. Ermittle durch Schlämmung die Bodenart von verschiedenen Bodenproben.

Materialien:
verschiedene Bodenproben, Messzylinder, Waage, Abdampfschale, Wasser

Durchführung:
Lasse die Bodenproben trocknen, wäge 20 g Probe ab und gehe beim Experiment nach der rechts stehenden Abbildung vor.

Beobachtung und Auswertung:
Notiere die experimentell bestimmten Werte und berechne den Anteil der abschlämmbaren Bodenteilchen. Leite die Bodenart ab.

Anteil der abschlämmbaren Bodenteilchen
(Feinschluff und Ton/Korngröße < 0,006 mm)

Bodenart	Anteil Feinschluff und Ton
Sand	unter 10 %
lehmiger Sand	10 %–25 %
Lehm	35 %–65 %
Ton	über 75 %

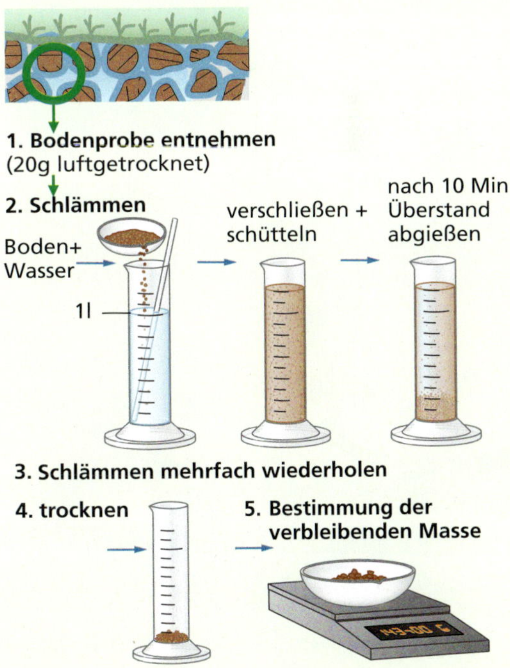

2. Abschätzen des Kalkgehaltes verschiedener Bodenproben

Materialien:
verdünnte Salzsäure (10 %, ☒), Bodenproben verschiedener Standorte, Porzellanschalen (oder Petrischalen), Pipette

Durchführung:
1. Gib die Bodenproben verschiedener Standorte in Schalen und tropfe mit einer Pipette jeweils 10 Tropfen Salzsäure hinzu. Trage dabei eine Schutzbrille und einen Kittel.
2. Beobachte die Proben und schätze den Kalkgehalt unter Berücksichtigung folgender Skala ab:
   - kein Aufbrausen: unter 1 % Calciumcarbonat,
   - schwaches, nicht anhaltendes Aufbrausen: 1 bis 2 % Calciumcarbonat,
   - deutliches, aber nicht anhaltendes Aufbrausen: 3 bis 4 % Calciumcarbonat,
   - starkes, lang anhaltendes Aufbrausen: über 5 % Calciumcarbonat.
3. Protokolliere die Beobachtungsergebnisse.

Auswertung:
Vergleiche die Ergebnisse der Schätzung des Kalkgehaltes verschiedener Standorte und setze sie zu Ansprüchen bekannter Pflanzenarten (z. B. Zeigerpflanzen) in Beziehung.

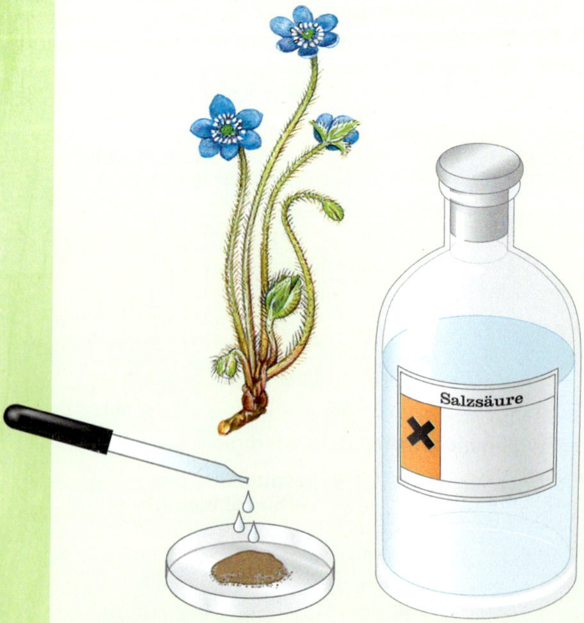

3. Untersuchen des pH-Wertes von Proben des Oberbodens

Materialien:
Bodenproben, Testpapier bzw. Indikatorstäbchen (Abb. 1); pH-Messgerät (Abb. 2); Bechergläser, destilliertes Wasser, Glasstab, Spatel

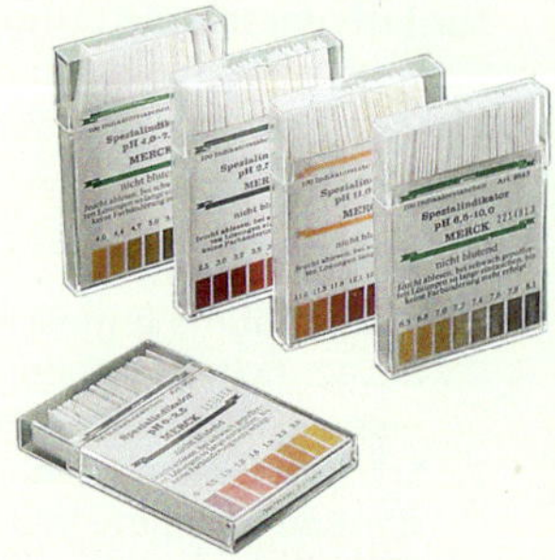

1 pH-Teststäbchen

Durchführung:
1. Entnimm Proben des Oberbodens verschiedener Standorte und trockne sie an der Luft.
2. Versetze jeweils 20 g der Bodenproben mit 50 ml Wasser.
   Verrühre die Gemische gut.
3. Ermittle nach dem Absetzen der Bodenteilchen die Reaktion der Lösung:
   a) mit Testpapier bzw. Indikatorstäbchen (1 Sekunde in die Lösung halten und mit Farbskala vergleichen);
   b) mit pH-Messgerät (Elektrode in die Lösung halten und Messwert ablesen, Messwerte notieren).

Auswertung:
1. Vergleiche die pH-Werte der Proben.
2. Werte die pH-Werte im Hinblick auf die Bedeutung für die Organismen.

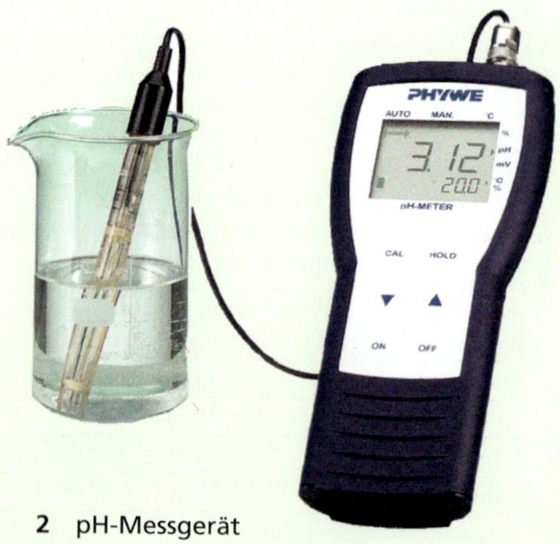

2 pH-Messgerät

Beziehungen zwischen biotischen Faktoren und Organismen im Wald

Die vielfältigen Lebensräume (Biotope) auf der Erde werden von verschiedenen Organismenarten mit unterschiedlicher Individuenanzahl besiedelt. Die Organismen mit ihren Beziehungen untereinander stellen die **biotischen Faktoren (lebende Faktoren)** dar.

Zu den biotischen Faktoren zählen somit alle Lebewesen, die direkt oder indirekt auf ein anderes Lebewesen einwirken können.

Dazu gehören beispielsweise die Bestäubung von Blüten durch Insekten, die Verbreitung von Samen, z. B. durch Vögel, der Verzehr von Nahrungspflanzen durch Pflanzenfresser und von Beutetieren durch Fleischfresser.

Es gehören weiterhin dazu die Konkurrenz unter den Organismen um Nahrung, um Wohn-, Brut- und Lagerstätten, um Fortpflanzungspartner; die Besiedlung eines Lebewesens mit Parasiten, die auf oder in seinem Körper leben und diesen schädigen, sowie der Befall eines Organismus mit Krankheitserregern.

Die Organismen mit ihren Beziehungen untereinander leben in einem Lebensraum (Biotop) vergesellschaftet und bilden eine **Lebensgemeinschaft (Biozönose).** So bieten alle waldbildenden Pflanzen mit ihrem Laub und ihren Ästen zahlreichen Tierarten Aufenthaltsmöglichkeiten in Form von Nist- und Brutplätzen sowie Wohnstätten. Alle Organismenarten, die im Bereich eines Biotops (z. B. im Lebensraum Wald) vorkommen und gemeinschaftlich zusammenleben, bilden eine Lebensgemeinschaft, eine Biozönose.

Die Lebensgemeinschaft (Biozönose) ist eine Gemeinschaft von Organismenarten (Pflanzen, Tiere, Pilze, Bakterien), die sich aufgrund ähnlicher Lebensbedingungen in einem Biotop befinden. Zwischen den Organismen gibt es Wechselbeziehungen. Die Organismen sind die biotischen Faktoren (lebende Faktoren).

1 Ausgewählte biotische Umweltfaktoren im Lebensraum Wald

Wechselwirkungen zwischen Organismen im Ökosystem

Wohin man in der Natur auch schaut, kein lebender Organismus kann völlig eigenständig und unabhängig existieren. Er wird stets von seiner nicht lebenden Umwelt *(abiotische Faktoren)* und seiner lebenden Umwelt *(biotische Faktoren)* beeinflusst.
Zur lebenden Umwelt gehören die Angehörigen der gleichen Art sowie die Angehörigen anderer Organismenarten mit ihren vielfältigen Lebensaktivitäten.
Die von den biotischen Faktoren ausgehenden Wechselbeziehungen zwischen den Lebewesen im Ökosystem lassen sich somit einteilen in **innerartliche Wechselbeziehungen** und **zwischenartliche Wechselbeziehungen.**

Innerartliche Beziehungen sind Beziehungen zwischen Lebewesen der gleichen Art, z. B. zwischen mehreren Amseln. Zwischenartliche Beziehungen sind Beziehungen zwischen Lebewesen verschiedener Arten, z. B. zwischen Fuchs und Kaninchen.

Balz, Brutpflege und Brutfürsorge

Innerartliche Beziehungen werden ganz entscheidend durch das Fortpflanzungsverhalten geprägt. Dabei geht es um Partnersuche, Kontaktaufnahme und Auswahl geeigneter Fortpflanzungspartner. Im Zusammenhang damit steht ein bestimmtes Revierverhalten. Das Auffinden und Anlocken des Partners sowie das räumliche Zusammentreffen der Geschlechter kann durch verschiedene Reize ausgelöst werden. **Optische Reize** als Auslöser sind beispielsweise beim *Pfau*, bei verschiedenen Leuchtkäfern (z. B. „Glühwürmchen") und farbenprächtigen Fischmännchen zu beobachten (Abb. 1). **Akustische Reize** als Auslöser findet man u. a. bei Heuschrecken, Zikaden, Fröschen, Vögeln (Abb. 2), Brüllaffen, **chemische Stoffe** als auslösenden Reiz z. B. beim *Schwammspinner* (Lockentfernung bis 3 800 m).
Ein häufiger Waldvogel ist die *Amsel.* Amselmännchen grenzen ihr Revier durch Gesang ab. Der Gesang dient gleichzeitig dazu, ein Weibchen anzulocken, ist also Teil der **Balz** (s. S. 122). Als Balz bezeichnet man das Werbeverhalten im Zusammenhang mit der Fortpflanzung (Abb. 1).

1 Optische Reize: Gefieder beim Pfau, Stichling in „Hochzeitstracht"

2 Akustische Reize: quakender Teichfrosch, singende Nachtigall

Während der Balz verringert sich die Distanz der Sexualpartner, die Vögel gewöhnen sich aneinander, der Unnahbarkeitsbereich wird überwunden und die sexuelle Bereitschaft gefördert.
Durch den Gesang angelockt, erscheinen im Revier oftmals mehrere Weibchen. Das Männchen wirbt durch bestimmte Körperbewegungen um ein Weibchen.

Als Balz werden die „Paarungsspiele" der Tiere bezeichnet, die der Begattung vorausgehen.

Nach der **Paarung** und **Begattung** verteidigen beide gemeinsam ihr Revier. Nun beginnt der Bau des napfförmigen Nestes aus Zweigen, Moos und feuchter Erde in einer Astgabel oder Hecke durch das Weibchen. Das Männchen hilft beim Sammeln des Nestmaterials. In das Nest legt das Weibchen drei bis fünf grünliche, mit dunklen Flecken versehene Eier. Sie **brütet** ca. 14 Tage. Dann schlüpfen aus den Eiern hilflose nackte und blinde Jungvögel. Es sind **Nesthocker** (Abb. 1). Sie müssen von beiden Eltern gewärmt und mit Regenwürmern und Insekten gefüttert werden.
Diese Brutpflege im Nest dauert ca. 14 Tage. Dann verlassen die Jungvögel das Nest, werden aber noch ca. 10 Tage von den Eltern gefüttert.
Wie die jungen Amseln sind u. a. auch die jungen *Tauben, Eisvögel* und *Rotkehlchen* hilflose **Nesthocker** und auf die Hilfe der Elterntiere angewiesen.
Auch bei den *Mäusen,* den *Kaninchen* und *Eichhörnchen* kannst du Brutpflege beobachten. Die

Jungen sind nach der Geburt blind, nackt und hilflos. Eine Behaarung ist kaum vorhanden. Sie sind also auf die Pflege durch die Elterntiere angewiesen. Weibchen und auch Männchen vieler weiterer Tierarten betreiben eine intensive **Brutpflege.** Das Erleben der Pflege und Betreuung der Tierkinder durch die Elterntiere, besonders durch die Tiermütter (Abb.), gehört zu den schönsten Beobachtungen in Tiergärten, der freien Natur oder auch im Haus.
Bei einigen Arten betreiben die männlichen Elterntiere Brutpflege. So schützen die Männchen der *Geburtshelferkröten* z. B. die Gelege der Weibchen. Dazu wickeln sie sich die durch einen Gallertfaden verbundenen Eier um die Hintergliedmaßen und tragen diese mit sich umher (Abb. 2). Nach zwei bis sieben Wochen - je nach Temperatur - tritt die Schlüpfbereitschaft der Larven ein. Die männlichen Geburtshelferkröten begeben sich dann zum Wasser, und die Larven schlüpfen.

Brutpflege beinhaltet alle angeborenen Verhaltensweisen der weiblichen und männlichen Elterntiere, die der Aufzucht, der Pflege und dem Schutz der Nachkommen dienen (wie Bewachung und Versorgung der Eier bzw. der Brut, Herbeischaffen von Nahrung, Füttern, Sauberhalten, Vermitteln typischer Verhaltensweisen wie des Nahrungserwerbs, der Verteidigung).

1 Junge Amseln werden gefüttert (Nesthocker)

2 Geburtshelferkrötenmännchen mit Laich

Ein weiterer fördernder Faktor zum Schutz der Nachkommenschaft ist die **Brutfürsorge.** Zur *Brutfürsorge* verstecken *Weinbergschnecken* ihre Eier sicher im Boden, *Bitterlinge* legen ihre Eier in die Mantelhöhle der Teichmuschel, bei *Borkenkäfern* (Abb. unten) erfolgt die Eiablage unter der Borke von Nadelbäumen, und die *Pillendreher* verstecken die Eier zusammen mit einem Nahrungs- und Wasservorrat aus Mist.

Bei den *Erlenblattkäfern* erfolgt die Eiablage auf der speziellen Futterpflanze, der *Schwarz-Erle.*

Die *Fliegen* legen ihre Eier in tote Tierkörper.

Maßnahmen der Brutfürsorge haben eines gemeinsam. Es sind Leistungen, die von den Elterntieren für die Nachkommen im Voraus erbracht werden, z. B. Schutz, Ernährung oder beides.

Brutfürsorge beinhaltet Vorsorgemaßnahmen der Elterntiere für ihre Nachkommenschaft. Sie sind mit dem Zeitpunkt der Eiablage oder dem Absetzen der Jungen beendet.

Aufgaben

1. Erkläre, welche biologische Bedeutung die Balz hat.

2. Brutfürsorge und Brutpflege sind im Tierreich weit verbreitet.
   a) Nenne die Unterschiede zwischen Brutfürsorge und Brutpflege.
   b) Suche Beispiele für Brutfürsorge und Brutpflege. Nutze dazu auch Literatur und Internet. Analysiere diese Beispiele und suche nach einer Gemeinsamkeit.

3. Halte einen Vortrag über Termiten als Staaten bildende Insekten.

Mosaik

Tierstaat – eine Form der innerartlichen Beziehungen von Lebewesen

In einem Tierstaat leben Tiere der gleichen Art, z. B. *Honigbienen* (s. S. 117), *Rote Waldameisen, Riesentermiten,* in einem geschlossenen Verband zusammen.

Die **Rote Waldameise** gehört zu den Staaten bildenden Insekten. Sie steht unter Naturschutz. Ihre Nesthügel im Wald können bis zu 1,5 m hoch werden (Abb.). Die Ameisen bauen sie aus Nadeln, Rindenteilen, Holzstückchen und anderen Materialien. Der unterirdische Teil des Ameisenstaates kann bis zu 2 m in die Tiefe hinabreichen.

Ein **Ameisenstaat** hat oft mehrere Königinnen, eine große Anzahl von Arbeiterinnen und viele Männchen. Die ungeflügelten und fortpflanzungsunfähigen Arbeiterinnen bauen die Nester, tragen die Nahrung heran und pflegen die Larven und Puppen. Die Königinnen und die Männchen besitzen vier häutige Flügel. Im Mai starten sie zum „Hochzeitsflug".

Danach werfen die Königinnen ihre Flügel ab, die Männchen sterben.

Ameisen ernähren sich von Insekten und anderen Kleintieren, aber auch von Aas und Pflanzensamen. Dabei tragen sie zur Verbreitung dieser Pflanzen bei. Im Wald gelten sie als „Nützlinge". Deshalb werden ihre Nester geschützt. Teilweise werden die Ameisen auch künstlich verbreitet.

Nahrungsvorräte werden nicht angelegt. Die Wintermonate überdauern Ameisen in Winterstarre.

Ein Tierstaat ist eine Form des Zusammenlebens von Tieren einer Art mit Arbeitsteilung aufgrund des unterschiedlichen Körperbaus und verschiedener Aufgaben der Mitglieder.

Konkurrenz

Lebewesen stehen im Wettbewerb – der Biologe sagt, sie *konkurrieren* um die begrenzten Ressourcen eines Lebensraumes. Diese Konkurrenz findet zwischen Individuen verschiedener Arten und zwischen den Angehörigen einer Art statt. Man spricht von **zwischenartlicher** und **innerartlicher Konkurrenz.**

Im Ökosystem Wald beispielsweise konkurrieren Waldbäume um die Nährstoffe im Waldboden, um Wasser, Licht und Raum. *Eichen, Buchen* und *Ahorn* beschatten mit ihren dichten Kronen die unteren Stockwerke. Lichtliebende *Birken* und *Kiefern* weichen der Konkurrenz aus. Dabei handelt es sich um zwischenartliche Konkurrenz. Aber in einem dicht stehenden Buchenjungwald setzen sich aufgrund der innerartlichen Konkurrenz auch nur die kräftigsten und am schnellsten wachsenden Stämme durch.

Tiere sind im Wettstreit um pflanzliche Nahrung, Beutetiere, Brutplätze und Raum. Der Wettbewerb ist umso größer, je ähnlicher die Ansprüche der Arten an die Umweltfaktoren sind.

An *Rötelmäusen* (Abb. 1) z. B. kann man innerartliche *Konkurrenzerscheinungen* gut beobachten. Sie leben bevorzugt in lichten und feuchten Wäldern mit einer reichen Strauchschicht. Sie sind gute Kletterer. Die Nahrung besteht aus Kräutern, Samen und Insekten.

Bei langfristigen Beobachtungen stellte man fest, dass die Anzahl der *Rötelmäuse* bereits im Frühjahr sehr angewachsen war. Im Januar des folgenden Jahres wurden nur noch wenige Tiere in ihrem Lebensraum vorgefunden. Im Lebensraum fiel ein starker Rindenfraß auf, der als Zeichen von großem *Nahrungsmangel* und starker *Nahrungskonkurrenz* gedeutet wurde.

Die Wipfel der Sträucher bis nahezu vier Meter Höhe waren erklettert und benagt worden, obwohl in den unteren Teilen die Rinde noch wenig angegangen war. Dies wurde als ein Zeichen dafür gedeutet, *dass die Tiere sich offensichtlich nicht mehr in Ruhe ließen,* sich ständig vertrieben und ins hohe Astwerk flüchteten, um einigermaßen ungestört fressen zu können.

Fraßspuren im Lebensraum zeigten: Die *Rötelmäuse* waren sogar bis zu zehn Metern über freies, keinen Schutz bietendes Gelände zu Büschen in einen Kiefernhochwald gelaufen, der sonst von ihnen gemieden wird.

Bei Revier bildenden Arten werden Konkurrenten durch Revierkämpfe vertrieben (z. B. viele Singvögel, Grillen). Eine Überbesiedelung kann auch zur Abwanderung von Teilpopulationen (Population = alle Individuen einer Art in einem bestimmten Lebensraum) in neue Lebenräume führen.

Konkurrenz ist ein Wettbewerb zwischen Organismen um die Nutzung von begrenzt verfügbaren Faktoren im Lebensraum, z. B. um Raum, Nahrung, Fortpflanzungspartner.

Aufgaben

1. Erkläre, warum Hunde häufig Harn abgeben.

2. Ein Baum wird häufig von mehreren Vogelarten bewohnt (Trauerfliegenschnäpper, Buchfink, Eichelhäher).
Erkläre diese Erscheinung.

1 Rötelmäuse gehören zu den Wühlmäusen.

Symbiosen

Eine enge Wechselbeziehung zwischen Organismen von zwei **verschiedenen Arten,** die beiden Partnerarten **Vorteile** bringt, wird **Symbiose** genannt.

Der größte Teil des auf dem Festland existierenden Lebens hängt von einer symbiotischen Wechselbeziehung, der **Mykorrhiza** *(Pilzwurzel;* griech. mykos = Pilz, rhiza = Wurzel), ab. Bei dieser Symbiose handelt es sich um eine enge Wechselbeziehung zwischen Pflanzen und Pilzen. Im typischen Fall bildet der Pilz ein dichtes „Pilzfadengeflecht" um die Wurzelendverzweigungen des pflanzlichen Organismus. Die Pilzfäden können sich nur eng an die Pflanzenzellen anlegen (äußere Mykorrhiza) oder sogar mehr oder weniger weit in die Wurzelrindenzellen eindringen (innere Mykorrhiza).

Die Mykorrhiza-Pilze sind darauf spezialisiert, Mineralstoffe sowie Wasser aus dem Boden aufzunehmen. Ein Teil dieser Stoffe gelangt in die Wirtspflanzen und dient ihrem Stoffaufbau. Die Pilze erhalten von den Pflanzen Kohlenhydrate (z. B. Traubenzucker). Diese dienen ihnen zur Ernährung.

Es wird angenommen, dass die Partnerschaft von Pflanzen und Pilzen die Besiedlung des damals kargen Festlandes durch die ersten Landpflanzen und -tiere vor 450 bis 400 Millionen Jahren erst ermöglicht hat.

Untersucht man z. B. bei der *Wald-Kiefer* die Enden der feinen Wurzeln, so stellt man fest, dass sie von einem dichten Pilzgeflecht vollständig umsponnen sind (Abb. 1, 2). Die von den Pilzfäden umsponnenen Baumwurzelenden erscheinen etwas verdickt und abgerundet und sind sehr stark verzweigt.

Die Symbiose ist eine wichtige Wechselbeziehung zwischen artverschiedenen Organismen. Beide Partner ziehen Nutzen aus der Gemeinschaft.

Ein Beispiel für eine enge Symbiose sind die auf der ganzen Erde verbreiteten **Flechten** (Abb. 1, 3, S. 67). Flechten bestehen aus einem Pilzgeflecht und aus einzelligen *Grünalgen* oder *Cyanobakterien („Blaualgen";* Abb. 2, S. 67). Diese Organismen sind in der Lage, aus anorganischen Stoffen organische Stoffe aufzubauen. Ein Teil dieser gebildeten Stoffe wird an die Pilze abgegeben. Die Pilze bilden ein dichtes Geflecht und können große Wassermengen aufnehmen. Sie schützen ihre Symbiosepartner vor dem Austrocknen und leiten ihnen Wasser und Mineralstoffe zu.

Flechten besiedeln auch solche Lebensräume, die anderen Organismen keine Lebensgrundlagen bieten. Sie kommen u. a. in der Antarktis, im Hochgebirge (bis knapp unter 5 000 m Höhe), in Wüsten, aber auch auf Hausdächern, Pflastersteinen und Betonmauern vor. Flechten können dort nur deshalb überleben, weil die an der Flechtenbildung beteiligten Pilze und Partner (z. B. einzellige Algen) symbiotisch zusammenleben und sich gegenseitig förderlich sind.

1 Ein weißliches feines Pilzgeflecht der Ziegenlippe hat die Wurzelenden der Wald-Kiefer umsponnen.

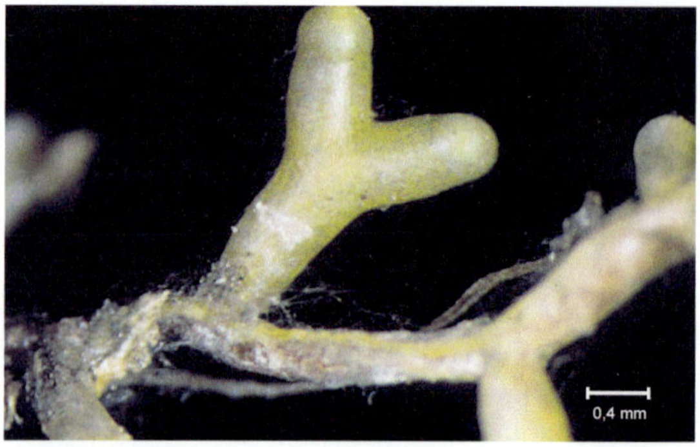

2 Die Mykorrhiza von Edelreizker und Wald-Kiefer ist Voraussetzung für das Gedeihen der Symbiose.

1 Diese gesteinsbewohnende Krustenflechte liegt wie eine Kruste dicht der Unterlage auf.

3 Die Gelbe Wandflechte ist eine häufig an Mauern und Gestein vorkommende Laubflechte.

Sie stellen eine Einheit dar, die organismusähnlich ist (Abb. 2). Deshalb wurden Flechten auch noch als eigene Pflanzenabteilung gewertet, nachdem man ihre Doppelnatur Ende des 19. Jh. schon erkannt hatte. Heute werden sie im Allgemeinen zu den Pilzen gezählt.
Flechten sind gegenüber Luftverunreinigungen, insbesondere gegenüber Schwefeldioxid, sehr empfindlich. Selbst geringe Mengen an Schwefeldioxid hemmen das Wachstum.
Daher werden Flechten als Bioindikatoren („lebende Anzeiger“) zur Kontrolle der Schwefeldioxidbelastung der Luft eingesetzt.
Auch im Tierreich gibt es Symbiosen. Der Einsiedlerkrebs verbirgt seinen weichen Hinterleib in einem Schneckengehäuse (Abb. 4), das er immer mit sich führt. Er wechselt es, wenn er wächst. Auf dem Gehäuse siedeln sich Seerosen (Hohltiere) an. Durch ihre Nesselkapseln in den Fangarmen ist der Krebs geschützt. Dieser wiederum trägt die Seerosen bei seinen Wanderungen in neue Nahrungsräume.

Aufgaben

1. Definiere den Begriff Symbiose und nenne zwei Beispiele.
2. Erläutere, was unter Bioindikatoren zu verstehen ist.

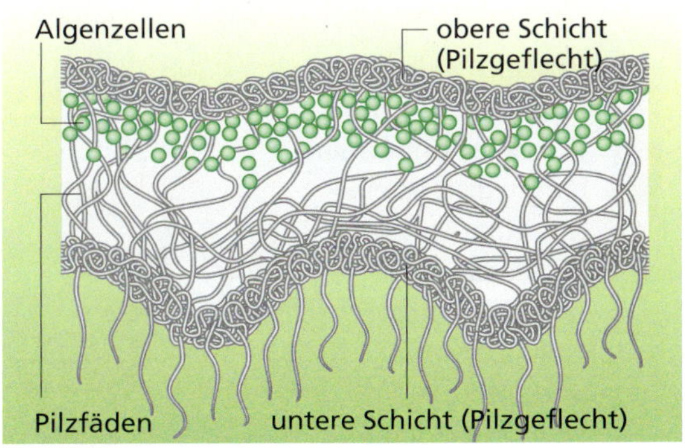

2 Im Querschnitt ist der Aufbau einer Flechte aus einzelligen Algen und Pilzfäden zu erkennen.

4 Der Einsiedlerkrebs im Schneckengehäuse bildet mit den Seerosen eine Symbiose.

Parasitismus

Eine andere verbreitete Form von Wechselbeziehungen zwischen *Organismen verschiedener Arten* ist der **Parasitismus.** In dieser Beziehung lebt ein Organismus, der Parasit, auf Kosten eines anderen Organismus, des Wirtes. Diese Form der Beziehungen ist im Pflanzenreich wie im Tierreich weit verbreitet (s. S. 103).
Parasiten sind Organismen, die sowohl als *Außenparasiten* (Ektoparasiten, Abb. 1) außen an anderen Lebewesen als auch als *Innenparasiten* (Endoparasiten) in anderen Organismen leben, sich dort fortpflanzen und sich von diesen anderen Lebewesen direkt oder indirekt ernähren.

Ein Lebewesen, dass einen Parasiten beherbergt, wird als **Wirt** bezeichnet. Viele Parasiten schmarotzen im Verlaufe ihres Lebens an verschiedenen, aber immer ganz bestimmten Wirten, sie vollziehen einen **Wirtswechsel.**
Den Wirt des erwachsenen Parasiten nennt man *Endwirt,* den des Parasiten im Jugendstadium *Zwischenwirt.* Der Endwirt beherbergt den geschlechtsreifen Parasiten, der Zwischenwirt die Larve. Oft wird der Wirt in seinen Lebensfunktionen kaum gestört. Manche Parasiten sind aber sehr gefährlich und können ihrem Wirt gesundheitliche Schäden zufügen oder ihn auch töten. Viele Parasiten ernähren sich vom Blut, andere von Körperteilen ihres Opfers, z. B. Muskeln, Haaren oder Haut, sowie von dem nährstoffreichen Darminhalt des Wirtes.

1 Die Panzer-Sommerwurz – ein Außenparasit – schmarotzt auf den Wurzeln des Feld-Beifußes.

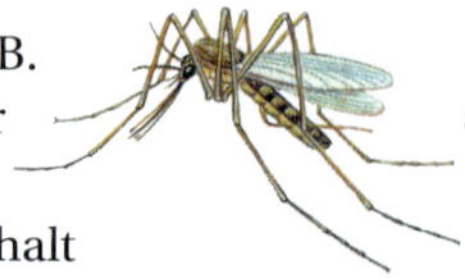
a)

b)

c)

d)

Die Übertragung auf die Wirte erfolgt beispielsweise durch unsaubere Nahrung, durch mit Parasiteneiern verschmutzte Luft, infolge mangelnder Körperpflege oder durch die aktive Fortbewegung der Schmarotzer selber. Zu den Parasiten, die auf der Oberfläche ihrer Wirte leben, gehören z. B. *Stechmücke (a), Zecken, Läuse (b), Flöhe (c) und Blutegel (d).* Sie ernähren sich vom Blut ihres Wirtes, das sie mithilfe stechend-saugender oder beißender Mundwerkzeuge aufnehmen.

Andere Parasiten schmarotzen im Körperinneren der Wirte. Sie leben in Geweben, Körperhöhlen und im Darm. An diese parasitische Lebensweise sind Schmarotzer wie Bandwürmer (s. S. 103) durch gesteigerte Vermehrungsfähigkeit, Zwittertum, Rückbildung von Bewegungs- und Sinnesorganen, Vereinfachung des Verdauungssystems, Ausbildung von Haftorganen sehr gut angepasst.

Parasitismus ist ein Zusammenleben von Organismen verschiedener Arten, das dem Parasit nützt und den Wirt schädigt.

Aufgabe

Der Schweinefinnenbandwurm ist ein Innenparasit. Begründe diese Aussage. Nutze dazu Literatur und Internet (z. B.: www.schuelerlexikon.de)

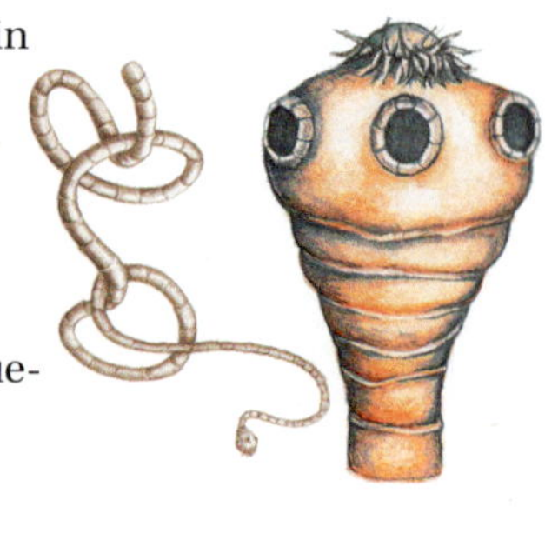

Räuber-Beute-Beziehungen

Zu den vielfältigen Nahrungsbeziehungen, die Organismen verschiedener Arten in einer Lebensgemeinschaft eingehen, gehört die Räuber-Beute-Beziehung. Dabei werden Fleischfresser als **Räuber** bezeichnet, die andere Tiere **erbeuten.**

Am Beispiel von *Buntspecht* **(Räuber)** und *Borkenkäfer* **(Beutetier)** kann man die Wechselbeziehungen in der *Lebensgemeinschaft Wald* verdeutlichen (Abb. 1). Man erkennt, dass sich Räuber- und Beuteorganismen im Bestand gegenseitig und mit zeitlicher Verzögerung regulieren. Die Anzahl der Beuteorganismen und der von ihnen abhängigen Räuber steht dabei in einem bestimmten Verhältnis. Ein Übermaß an Pflanzenfressern beeinflusst direkt das Wachstum, die Überlebens- und Fortpflanzungschancen der Fleischfresser. Das gleiche Prinzip existiert für Pflanzen und Pflanzenfresser.

Durch diese gegenseitige Regulation kommt es innerhalb von Lebensgemeinschaften zu relativ ausgeglichenen Zahlenverhältnissen der Räuber und Beutetiere innerhalb eines Lebensraums. Schwankungen treten zwar auf, führen aber normalerweise nicht zur vollständigen Vernichtung einer Art. Man spricht in diesem Zusammenhang auch von einem **biologischen Gleichgewicht.**

Durch äußere Einflüsse, etwa durch die von außen bewirkte Ausrottung einer Art, kann dieses Gleichgewicht aber aufgehoben werden. Langfristig bewirken auch Veränderungen der Arten im Zusammenhang mit der Evolution eine Verschiebung des Gleichgewichtes. Allerdings kommt es auch hier immer wieder zu einem Ausgleich: Räuber werden in einem langen Entwicklungsprozess durch bestimmte Strategien immer besser an den Beuteerwerb angepasst. Andererseits bewirkt dies umgekehrt bei den Beutetieren ebenfalls eine entsprechende Anpassung. Sie führt zu Strategien, sich dem Zugriff der Räuber zu entziehen. Solche Entzugsstrategien sind z. B. Flucht *(Wasserfrosch),* Wehrhaftigkeit *(Igel, Wespe)* oder Verstecken *(Zauneidechse, Kaninchen).*

Zwischen Nahrungsangebot und Konsument besteht eine Wechselwirkung. Beide pendeln sich in einem stabilen biologischen Zahlenverhältnis (Gleichgewicht) ein.

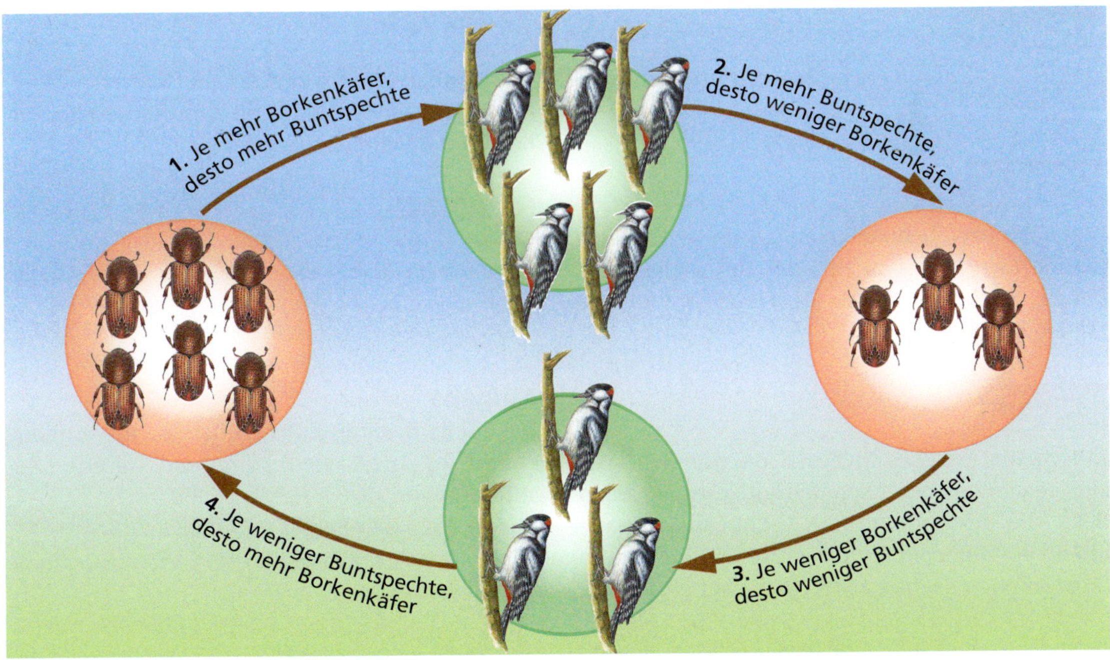

1 Wechselbeziehungen zwischen Borkenkäfer (Beutetier) und Buntspecht (Räuber)

Wie bestimme ich Lebewesen?

Auf Wanderungen oder Exkursionen siehst du viele Lebewesen (z. B. Pflanzen, Tiere, Pilze), die dir unbekannt sind. Wenn du wissen möchtest, um welches Lebewesen es sich handelt und zu welcher Organismengruppe es gehört, kannst du es durch das Bestimmen herausfinden.
Das **Bestimmen** ist ein Verfahren, mit dem du den Namen von dir unbekannten Lebewesen *mithilfe von Abbildungen* oder *Bestimmungsschlüsseln* feststellen kannst. Dazu musst du die typischen Merkmale der dir unbekannten Lebewesen mit dem bloßen Auge, einem Fernglas oder einer Lupe erfassen und benennen.
In der Regel ist ein **Bestimmungsschlüssel** so aufgebaut, dass zwei unterschiedliche Ausbildungsformen eines Merkmals (z. B. Schwanz lang, Schwanz kurz; Blüte rot, Blüte weiß) verglichen und gegenübergestellt werden. Die zwei Ausbildungsformen bilden ein Merkmalspaar und werden mit 1 und 1*, 2 und 2* usw. bezeichnet.
Am Ende der Zeilen mit den Merkmalen steht jeweils eine Ziffer (z. B. 2, 3). Sie führt zu dem Merkmalspaar, bei dem die Bestimmung fortgesetzt werden muss. So gelangt man schrittweise zum Namen des unbekannten Lebewesens.

Beim Bestimmen kannst du in folgender **Schrittfolge** vorgehen:

1. Schritt

Lies im Bestimmungsschlüssel das erste angegebene Merkmalspaar (1 und 1*).

2. Schritt

Betrachte bzw. beobachte genau das zu bestimmende Lebewesen im Hinblick auf die angegebenen Merkmale. Nutze auch Hilfsmittel wie Lupe oder Fernglas.

3. Schritt

Entscheide, welches Merkmal du von den zwei sich gegenüberstehenden Merkmalen auswählst. Setze die Bestimmung fort, indem du entsprechend der Ziffer am Ende der Merkmalszeile zum angegebenen nächsten Merkmalspaar gelangst.

4. Schritt

Wiederhole diese Schritte mit weiteren Merkmalspaaren so lange, bis du zum Namen des unbekannten Lebewesens gelangst.

5. Schritt

Benenne das Lebewesen. Präge dir die typischen Merkmale ein.

Aufgabe

Mit den Bestimmungsschlüsseln im Anhang kannst du einige Waldbäume und Tierarten bestimmen.

Suche dir einen Baum aus und versuche, ihn zu bestimmen.

Wechselwirkungen zwischen Lebewesen und Lebensraum

In einem Lebensbereich, z. B. Wald, beeinflussen die Organismen (biotische Faktoren) auch die abiotischen Faktoren. Die waldbildenden Pflanzen bringen beispielsweise ein spezifisches Klima innerhalb des Waldes hervor. Dieses Kleinklima im Wald unterscheidet sich beträchtlich vom Klima außerhalb des Waldes. Im Waldesinneren herrschen z. B. andere Licht-, Feuchtigkeits-, Temperatur- und Windverhältnisse als außerhalb des Waldes vor.
Ein Gebilde, dessen wesentliche Teile so aufeinander bezogen sind, dass sie eine größere Einheit bilden, wird System genannt.
Für die enge Verbindung von der Lebensgemeinschaft der Organismen (Biozönose) und ihrem Lebensraum (Biotop) hat man deshalb den Begriff „Ökosystem“ geprägt.

Ökosystem Wald

Welche weiteren Ökosysteme sind dir neben dem Wald bekannt? Beschreibe und erläutere die dort vorhandenen Wechselwirkungen zwischen Lebewesen und Lebensraum.

gewusst · gekonnt

1. Ergänze dein Glossar mit folgenden Begriffen: Ökosystem, Biotop, Biozönose, abiotische Faktoren, biotische Faktoren, Schichtung, Toleranzbereich, Zeigerpflanzen, Brutpflege, Brutfürsorge, Konkurrenz, Symbiose, Parasitismus, Räuber-Beute-Beziehung, Sukzession.

Glossar

abiotische Faktoren:
biotische Faktoren:
Biotop:

2. Fertige in einem ausgewählten Waldstück eine Bestandsaufnahme an. Trage deine Ergebnisse in eine Pflanzenkarte ein (siehe Anhang S. 232).

a) Arbeitet in Gruppen zusammen.
b) Messt mit einem Maßband ein Quadrat von zehn Metern Seitenlänge aus und markiert die Eckpunkte mit Stäben. Unterteilt die Untersuchungsfläche nochmals in Teil-Quadrate (z. B. 5 x 5 m) und bearbeitet diese einzeln.
c) Übertragt den Grundriss und die Unterteilung der Untersuchungsfläche auf Millimeterpapier.
d) Tragt jeweils in eure Teil-Untersuchungsfläche den Wuchsort von Laub- und Nadelbäumen sowie die Ausdehnung der von Büschen, Gräsern und Moosen bewachsenen Fläche ein. Verwendet dazu Symbole.
e) Bestimmt die Arten der Waldbäume (siehe Anhang S. 233 bis 237).

3. Laubmischwälder und Nadelwälder unterscheiden sich in ihrem stockwerkartigen Aufbau.
In welchen von diesen Wäldern sind eine reiche Strauch- und Krautschicht ausgebildet? Begründe die Unterschiede.

4. Begründe den ökologischen Nutzen der Stockwerke eines naturnahen Waldes für die waldbildenden Pflanzen und die im Wald lebenden Tiere.

5. Laubwälder weisen eine jahreszeitliche Struktur auf.

a) Beschreibe den Frühjahrsaspekt.
b) Begründe das Auftreten von Frühblühern wie Busch-Windröschen und Scharbockskraut vor der Belaubung der waldbildenden Pflanzen.
c) Erkläre, warum bei uns heimische Laubbaumarten wie Rot-Buche und Berg-Ahorn im Herbst ihre Blätter abwerfen.

6. Abgebildet sind die Blätter von folgenden Bäumen: Rot-Buche, Rosskastanie, Eiche, Esche, Spitz-Ahorn, Linde.

a) Finde heraus, zu welchem Baum welches Blatt gehört.
b) In welchen Biozönosen deiner Wohnumgebung lassen sich diese Laubbaumarten finden?

7. Erläutere die Begriffe „Biotop" und „Biozönose". Ermittle die Merkmale eines Biotops in der Nähe deines Wohnortes und erkunde die Zusammensetzung der Biozönose anhand typischer Pflanzen- und Tierarten.

8. Schattenpflanzen sind Pflanzen, die
a) Schatten spenden,
b) im Schatten wachsen,
c) im Schatten als auch in der Sonne wachsen,
d) nur bei trübem Wetter blühen.
Finde heraus, welche Aussage zutrifft.

9. Ermittle mithilfe der Grafik auf S. 47, bei welchen Lichtverhältnissen der Wald-Ziest am besten gedeiht.

10. Nach ihrer Körpertemperatur in Zusammenhang mit der Umgebungstemperatur lassen sich wechselwarme und gleichwarme Tiere unterscheiden.
a) Erläutere die Begriffe wechselwarm und gleichwarm.
b) Vergleiche die Überwinterung von Grasfrosch, Zauneidechse und Eichhörnchen. Nutze dazu auch das Internet (www.schuelerlexikon.de).

11. Moospolster haben im Haushalt der Natur eine wichtige Bedeutung. Du findest diese heraus, wenn du dir die Fotos ansiehst. Beschreibe.

12. Waldbildende Pflanzen sind dem jeweils vorherrschenden Wasserangebot angepasst.
a) Nenne Pflanzenarten, die den Feucht- und Trockenpflanzen zuzuordnen sind.
b) Wie unterscheiden sie sich?

13. Begründe die erosionsmindernde Wirkung des Waldes.

14. Tritt man an einem Sommertag aus einem Laubwald heraus auf eine Wiese, kann man sofort den Unterschied zwischen dem Waldesinneren und der Wiese spüren. Vergleiche beide Ökosysteme in Bezug auf Merkmale und Umweltfaktoren. Fertige eine Tabelle an.

15. Was sagt ein gemessener pH-Wert des Bodens von 4,8 aus? Welche waldbildenden Pflanzen tolerieren diese Bodenreaktion? Nimm Literatur zu Hilfe bzw. suche Informationen über Zeigerpflanzen im Internet.

16. Ein Gärtner sät im März Rettich- und Blumenkohlsamen aus. Die Rettichsamen keimen, die Blumenkohlsamen nicht. Welche Ursache vermutest du?

17. Erkläre den Begriff Toleranz am Beispiel.

18. Suche Beispiele für Zeigerpflanzen für folgende Standortfaktoren: saurer Boden, kalkhaltiger Boden, Trockenheit, Nässe, Licht.

19. Finde heraus, ob es auch Tiere gibt, die als Zeigerarten bezeichnet werden können.

20. Seit dem Dreißigjährigen Krieg (1618–1648) wurde der Wald zunehmend für die Gewinnung von Waldstreu genutzt. Die Dorfbevölkerung fegte frische Herbststreu aus dem Wald und setzte sie für die Stallhaltung der Tiere ein.
Begründe mithilfe deiner Kenntnisse über Stoffkreislauf und Energiefluss im Waldökosystem, warum die Waldstreunutzung dem Wald mehr geschadet hat als die Waldweide.

21. Erkläre die biologische Bedeutung von Revierkämpfen z. B. bei Rothirschen.

22. Beschreibe an einem Beispiel die innerartliche Konkurrenz.

Der Wald – ein Ökosystem

Zwischen den Organismen des Waldes bestehen vielseitige Wechselbeziehungen. Die Tiere nutzen die verschiedenen Stockwerke des Waldes zur Nahrung, als Wohn- und Brutstätten und sie helfen bei der Verbreitung von Samen. Kleintiere der Laubstreu, Pilze und Bakterien zersetzen die organischen Abfälle. Sie bilden zusammen die Lebensgemeinschaft (Biozönose).

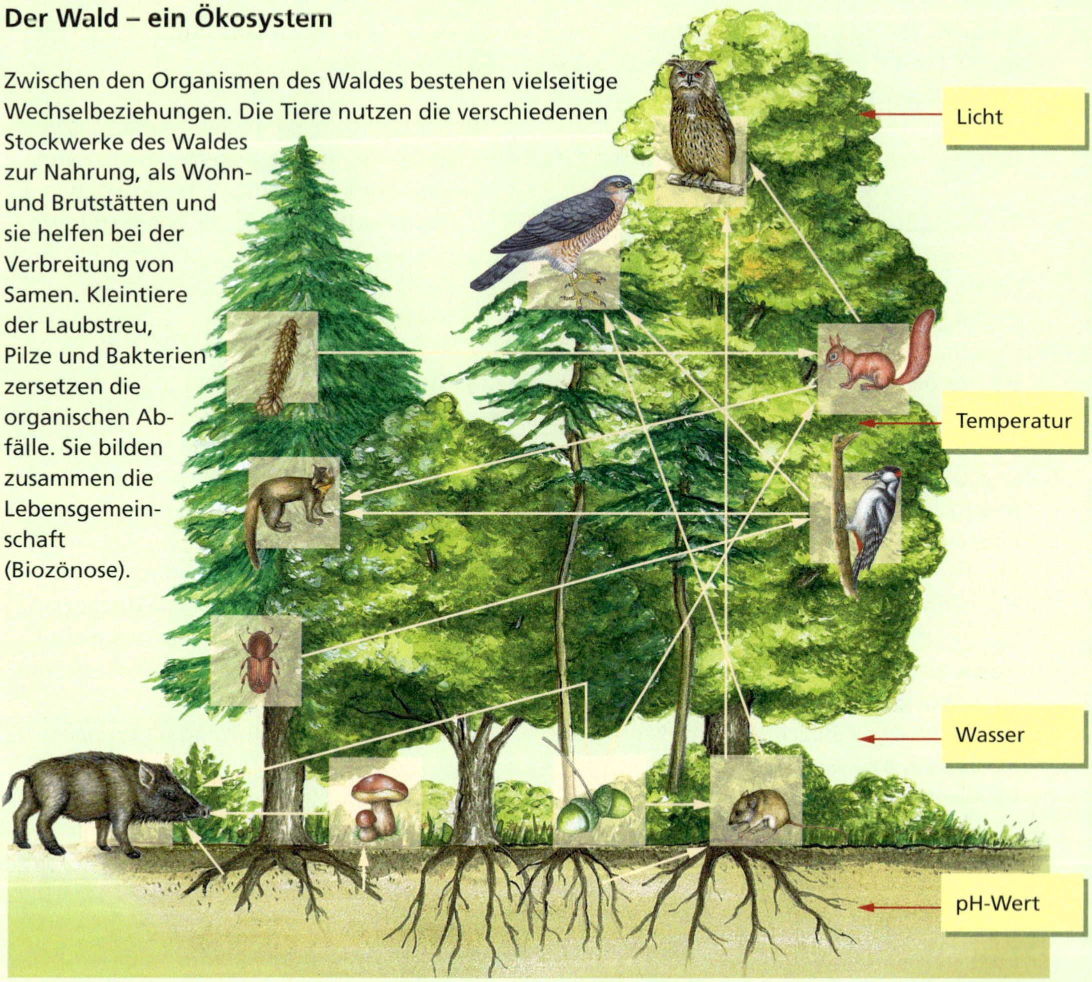

Beziehungen zwischen biotischen und abiotischen Faktoren im Ökosystem Wald

Die Zusammensetzung dieser Lebensgemeinschaft ist abhängig von den abiotischen Faktoren des Lebensraumes oder Biotops (wie Licht, Temperatur, Wasser, pH-Wert des Bodens). Andererseits werden die abiotischen Faktoren auch durch die Lebewesen des Waldes beeinflusst. Biozönose und Biotop zusammen bilden das Ökosystem Wald.

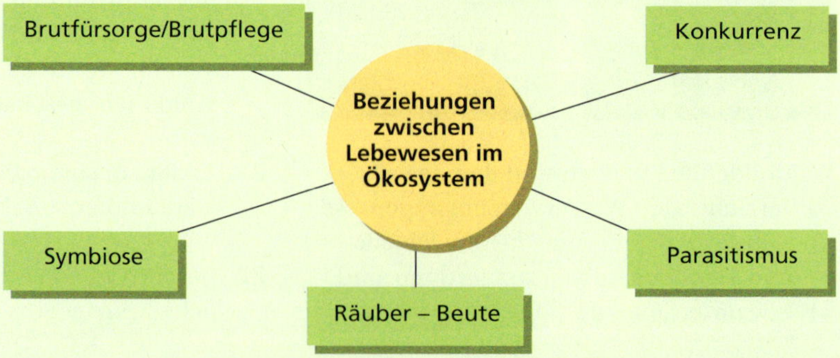

2.2 Nahrungsbeziehungen und Stoffkreisläufe

Produzenten und Konsumenten

In jeder Lebensgemeinschaft haben sich Nahrungsketten und Nahrungsnetze herausgebildet. Durch den Verlust einer einzigen Pflanzenart wird durchschnittlich 10 bis 20 Tierarten die Lebensgrundlage entzogen. Dazu zählen auch Tiere, die gar keine Pflanzenfresser sind, wie der Wanderfalke. Dieser Greifvogel ist in Deutschland mit nur noch etwa 500 Brutpaaren vertreten.
Warum gefährdet der Verlust von Pflanzenarten sowohl Pflanzen fressende als auch Fleisch fressende Tierarten?
Welcher Zusammenhang besteht zwischen Pflanzen und Tieren?

Die Erde – ein einmaliger Planet

Von Astronauten wird unsere Erde als blauer Planet beschrieben. Bisher ist kein anderer Planet bekannt, der Eigenschaften wie die Erde besitzt und auf dem es Leben gibt.
Welche Eigenschaften sind für unsere Erde charakteristisch?
Wodurch ist die Erde gefährdet?

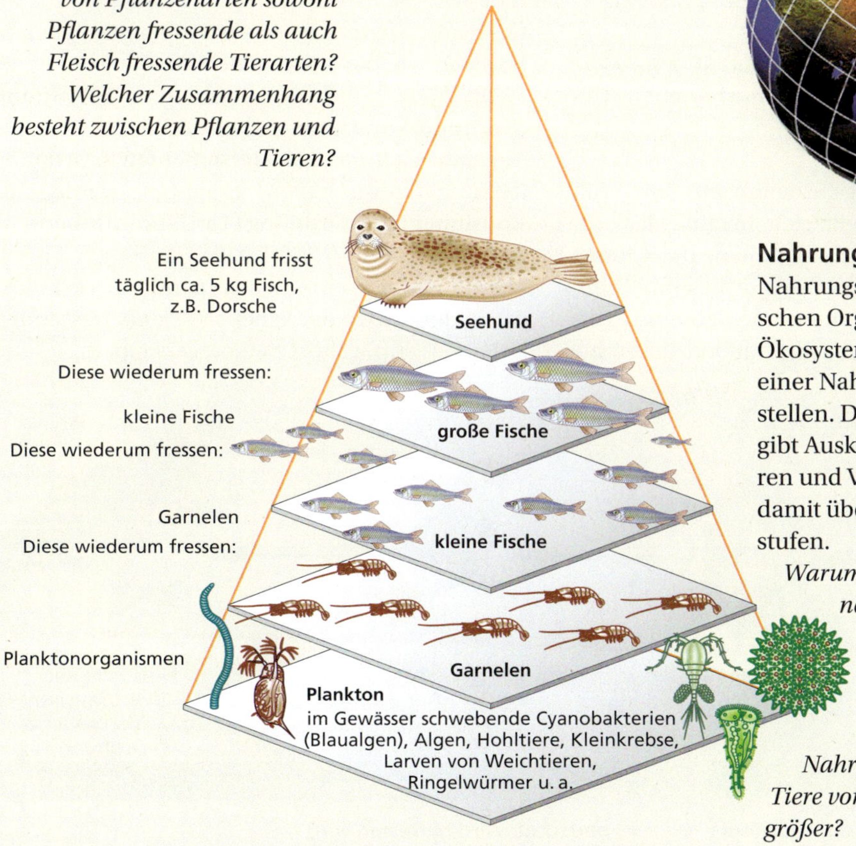

Nahrungspyramide

Nahrungsbeziehungen zwischen Organismen in einem Ökosystem lassen sich auch in einer Nahrungspyramide darstellen. Die Nahrungspyramide gibt Auskunft über das Verzehren und Verzehrtwerden und damit über die Ernährungsstufen.
Warum treten auf den einzelnen Ernährungsstufen immer weniger Tiere auf?
Warum werden in der abgebildeten Nahrungspyramide die Tiere von Stufe zu Stufe immer größer?

Nahrungsbeziehungen im Ökosystem

An den Blättern von Laubbäumen entdeckt man mitunter Fraßspuren. Von den Laubblättern ernähren sich viele Insektenlarven. Ein *Buntspecht* frisst u. a. Borkenkäfer, die er mit seinem meißelähnlichen Schnabel unter der Baumrinde hervorholt.
Die Organismenarten in einer Lebensgemeinschaft sind durch *Nahrungsbeziehungen* miteinander verbunden. Nahrungsbeziehungen lassen sich in **Nahrungsketten** (Abb. 1) darstellen. Dabei wird die Frage beachtet: Wer frisst wen?
Die meisten der an Nahrungsketten beteiligten Organismen können unterschiedliche Nahrung aufnehmen. Beispielsweise verzehrt eine Amsel nicht nur Würmer und Insekten, sondern auch Pflanzensamen. Sie kann ein Glied in mehreren Nahrungsketten sein. So verzweigen sich in einer Lebensgemeinschaft immer mehrere Nahrungsketten zu einem **Nahrungsnetz** (Abb. 1, S. 77).

In einer Lebensgemeinschaft sind die Organismen über vielfältige Nahrungsbeziehungen miteinander verbunden.

Werden die Nahrungsbeziehungen im Wald genauer analysiert, stellt sich heraus, dass am Anfang häufig Organismen stehen, die Chlorophyll besitzen und daher meist grün sind (Algen, Moos-, Farn- und Samenpflanzen). Sie sind in der Lage, organische Stoffe, z. B. Traubenzucker, aus anorganischen Stoffen, wie Kohlenstoffdioxid und Wasser, aufzubauen. Sie geben in diesem Prozess, der mithilfe des Chlorophylls und unter Nutzung des Sonnenlichtes abläuft, Sauerstoff ab. Sie werden daher **Produzenten (Erzeuger)** genannt.
Lebewesen, die kein Chlorophyll besitzen, sind auf die von den Produzenten gebildeten organischen Stoffe als Nahrung angewiesen.
Sie (u. a. der Mensch, viele Tiere) konsumieren diese Stoffe und werden deshalb **Konsumenten (Verbraucher)** genannt.
Zur Gruppe der Konsumenten gehören die Pflanzenfresser **(Konsumenten 1. Ordnung, Primärkonsumenten).** Sie ernähren sich direkt von den Produzenten, den Pflanzen. Zu den Pflanzenfressern zählen z. B. verschiedene *Mäusearten,* Körner fressende *Vogelarten, Hasen, Eichhörnchen* sowie *Heuschrecken* und *Schmetterlinge.*
Zur Gruppe der Konsumenten gehören auch Tiere, die sich von den Pflanzenfressern ernähren, wie *Füchse, Eulenvögel, Frösche,* Insekten fressende *Vogelarten* sowie räuberisch lebende Insekten wie die *Gottesanbeterin.* Sie werden als *Fleischfresser* oder **Konsumenten 2. Ordnung (Sekundärkonsumenten)** bezeichnet.
Tiere, die sich von den Konsumenten 2. Ordnung (Sekundärkonsumenten) ernähren, werden als Konsumenten **3. Ordnung (Tertiärkonsumenten)** bezeichnet. Eine *Ringelnatter,* die einen Frosch verschlingt, ist eine Konsumentin 3. Ordnung. Auch der *Falke,* der einen Insekten fressenden Vogel verzehrt, gehört zu dieser Gruppe.

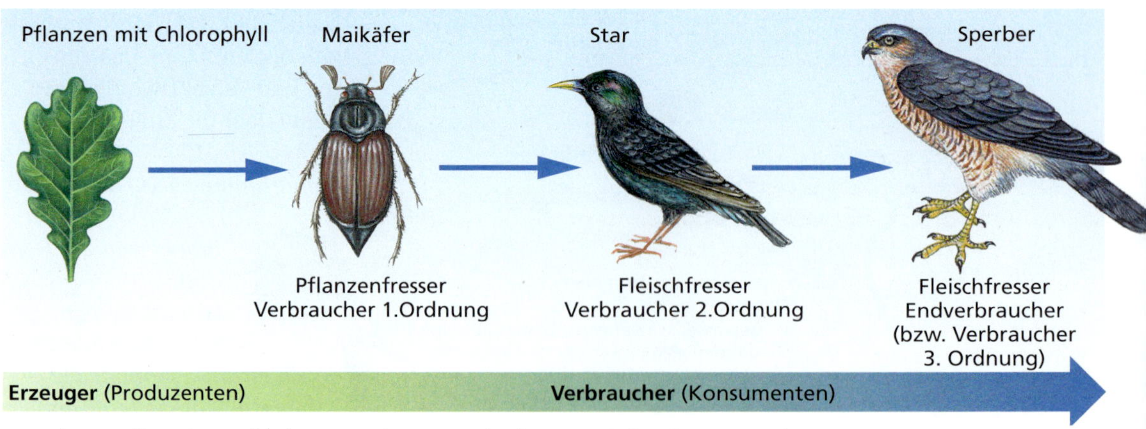

1 Nahrungskette im Waldökosystem (⟶ bedeutet: wird gefressen von)

1 Ausschnitt aus einem Nahrungsnetz im Mischwald

Andere Organismen, darunter einige bodenbewohnende Tiere, Pilze und Bakterien zersetzen im Wald organische Stoffe wieder zu anorganischen Stoffen. Sie werden deshalb **Destruenten (Zersetzer)** genannt.

Zu diesen Destruenten (Zersetzern) gehören zum einen Tiere wie *Regenwürmer* oder *Asseln,* die sich vor allem von Pflanzenresten ernähren oder *Aaskäfer,* die vor allem Tierleichen fressen **(Saprovoren).**
Zum anderen zählt man viele Pilze und Bakterien zu den Destruenten. Sie bauen die organischen Abfallstoffe teilweise bis zu den anorganischen Stoffen, wie Kohlenstoffdioxid, Wasser, Mineralstoffe, ab **(Reduzenten).** Die Mineralstoffe werden im Biotop (Boden, Wasser) freigesetzt und können von den Produzenten wiederverwendet werden. Durch die vielfältige Lebenstätigkeit der Destruenten wird der Stoffkreislauf im Ökosystem Wald geschlossen.

Die Organismen im Ökosystem Wald lassen sich bestimmten Ernährungsstufen zuordnen: zu den Produzenten, Konsumenten und Destruenten.

Aufgaben

1. Entwickle unter Nutzung nachfolgender Namen von Organismen Modelle für Nahrungsketten im Wald: Eichhörnchen, Mäusebussard, Sperber, Eichenwicklerraupe, Eichel, Fichten, Buntspecht, Kohlmeise, Eichenblätter, Borkenkäfer, Baummarder.

2. Was ist aus ökologischer Sicht unter Produzenten zu verstehen?

3. Erläutere die Begriffe Primärkonsument, Sekundärkonsument, Tertiärkonsument, Destruent.

Wie lese ich biologische Texte, erfasse ihre wesentlichen Inhalte und lerne dabei?

Oftmals kommt es vor, dass du aus Texten Informationen entnehmen musst, z. B. wenn du ein interessantes Buch liest, im Deutschunterricht Lesetexte oder im Geschichtsunterricht Texte über wichtige Ereignisse aus längst vergangenen Zeiten durcharbeitest. Auch im Biologieunterricht wird das Lesen und Auswerten biologischer Fachtexte verlangt.
Damit du den Inhalt der Texte besser verstehst und auch längere Zeit im Gedächtnis behältst, solltest du **beim Lesen und Auswerten eines Textes schrittweise vorgehen.**

1. Schritt

Erfassen der Leseaufgabe
Erarbeite mithilfe des Textes die wesentlichen Merkmale im Bau einer Blütenpflanze.
Lies die Aufgabe genau durch. Hast du die Aufgabe richtig verstanden? Wenn du nicht sicher bist, frage noch einmal nach.

2. Schritt

Erfassen des Hauptinhalts des Lesetextes
Lies den Text zunächst im Ganzen.
Kennzeichne alle Wörter, die du nicht kennst, mit einem Fragezeichen. (?)
Hinweis: Gehört das Lehrbuch nicht dir, arbeite mit einer Kopie oder nutze einen Notizzettel.

3. Schritt

Gründliches Durcharbeiten des Textes
Lies den Text jetzt gründlich durch.
Wörter, die dir wichtig erscheinen, kennzeichne mit einem Marker.
Kläre die unbekannten Wörter mithilfe des Registers im Lehrbuch oder eines Lexikons.

4. Schritt

Erkennen einer inhaltlichen Gliederung
Versuche für jeden Abschnitt des Textes eine inhaltliche **Überschrift** zu formulieren.
Schreibe diese Überschrift an den Rand des Abschnittes oder auf einen Zettel.
Schau dir die Abbildung zum Text an.
Gibt es Beziehungen zwischen Text und Abbildung?

5. Schritt

Zusammenfassen des Wesentlichen
Versuche wichtige Inhalte des Textes in einer Zusammenfassung zu formulieren.
Vergleiche deine Zusammenfassung mit der Leseaufgabe. Hast du alles berücksichtigt? Präge dir die wichtigsten Inhalte ein.

Dieses schrittweise und planvolle Vorgehen beim Lesen und Auswerten von Texten erscheint anfangs schwierig und zeitaufwendig. Wenn du diese Schrittfolge bei weiteren Leseaufgaben anwendest, wirst du feststellen, dass du die wesentlichen Inhalte eines Lesetextes besser verstehst und länger im Gedächtnis behältst.

Organe der Blütenpflanzen – ein Überblick

Blütenpflanzen weisen eine große Vielgestaltigkeit auf, z. B. in der Größe, in Form, Farbe und Größe der Blüten, in Form und Größe der Laubblätter sowie in der Wuchsform der Wurzelsysteme ? .
Vergleicht man nun die Blütenpflanzen, große und kleine, solche, die an feuchten und solche, die an trockenen Standorten leben, stellt man fest:
Sie stimmen im Grundaufbau überein.

Ihre Hauptorgane sind *Wurzel* und *Spross* mit *Sprossachse, Laubblättern* und *Blüten* (Abb.).

Wurzeln sind in der Regel unterirdische Organe. Sie dienen der Verankerung der Pflanzen im Boden, der Aufnahme von Wasser und Mineralstoffen, deren Weiterleitung zu anderen Pflanzenorganen und gelegentlich auch als Speicherorgane für körpereigene organische Stoffe (z. B. Möhre, Zuckerrübe).

Die **Sprossachse (Stängel)** verbindet Blätter und Wurzeln miteinander und sorgt für den Stofftransport zwischen ihnen. Wasser und gelöste Mineralstoffe werden von den Wurzeln zu den Laubblättern transportiert, und die in den Blättern gebildeten Stoffe können über die Sprossachse in alle anderen Pflanzenteile gelangen.
Als Träger der Blätter und Blüten hat die Sprossachse die Aufgabe, diese möglichst günstig, z. B. zum Licht, zu positionieren. Nach der Beschaffenheit der Sprossachse werden die Blütenpflanzen in Kräuter (grüne, weiche und biegsame Sprossachse) sowie in Holzgewächse (harte, feste, holzige Sprossachse - Stamm, Äste, Zweige) eingeteilt.

Wenn man die **Laubblätter** gegen das Licht hält, sind Blattadern zu erkennen. Sie sorgen für den Stofftransport bis zu jeder einzelnen Zelle. Bei den meisten Pflanzenarten durchziehen sie *netzartig* die gesamte Blattfläche, z. B. bei der *Haselnuss,* der *Eiche* und der *Linde.* Bei einigen Pflanzenarten verlaufen sie *parallel* zueinander, z. B. bei dem *Gemeinen Knäuelgras* und beim *Rohrkolben.*
Grüne Laubblätter bilden mithilfe des Blattfarbstoffes Chlorophyll ? und des Sonnenlichts in einer biochemischen Reaktion Traubenzucker. Dazu nehmen sie verschiedene Stoffe auf und geben Reaktionsprodukte ab bzw. leiten sie zu anderen Pflanzenteilen weiter.

Die **Blüte** der Blütenpflanzen besteht meistens aus folgenden Teilen: aus *Kelchblättern, Kronblättern, Staubblättern* und *Fruchtblättern.* Die Blüte dient der geschlechtlichen Fortpflanzung der Blütenpflanzen. In ihr werden die Samen gebildet. Die Bildung von Samen ist ein wesentliches Merkmal aller Blütenpflanzen.

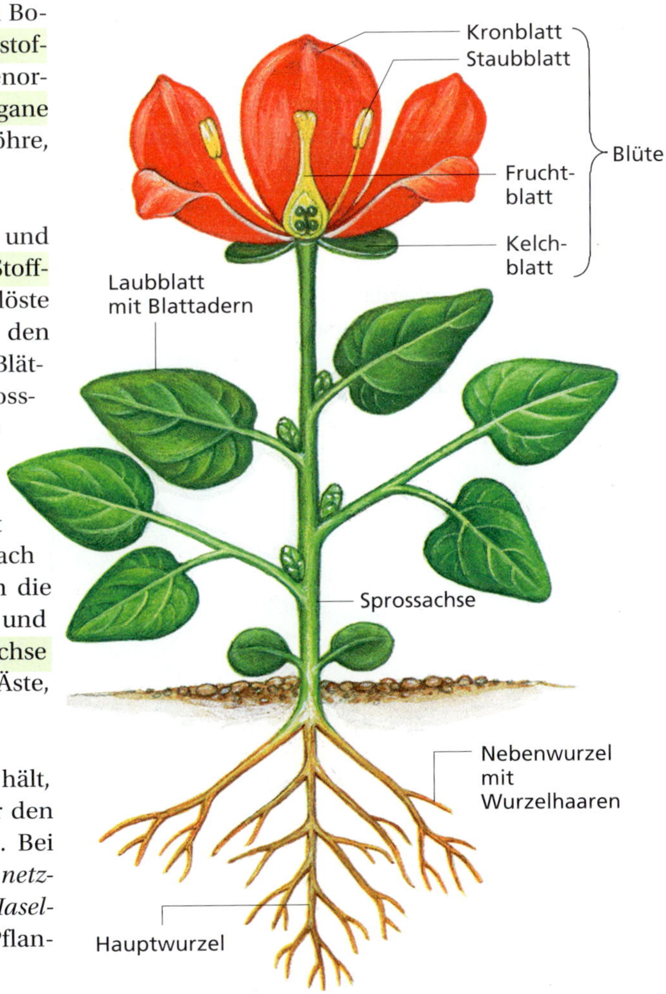

Stoffwechselprozesse bei Blütenpflanzen

Fotosynthese

Pflanzen sind Lebewesen. Somit müssen sie sich ernähren, also Nährstoffe aus ihrer Umgebung aufnehmen. Zu den Nährstoffen der grünen Pflanzen gehören *Wasser, Kohlenstoffdioxid* und *Mineralstoffe.* Diese Stoffe werden im Organismus der Pflanzen in körpereigene Stoffe umgewandelt. Dazu benötigen sie **Energie.** Anders als bei Tieren und beim Menschen, die energiereiche Nährstoffe aufnehmen, nutzen die Pflanzen die Energie des Sonnenlichts.

Aus *Wasser* und *Kohlenstoffdioxid* werden so *Traubenzucker* und *Sauerstoff* gebildet. *Traubenzucker* ist ein energiereicher Stoff.

Diesen Stoffwechselprozess bezeichnet man als Fotosynthese.

Er findet in den **Chloroplasten** der Zellen statt. In den Chloroplasten ist der grüne Blattfarbstoff (Chlorophyll) enthalten. Ohne diesen Farbstoff kann die Fotosynthese nicht ablaufen.

Zur Speicherung wird der Traubenzucker in Stärke umgewandelt. Außerdem dient Traubenzucker als Grundlage für die Herstellung aller anderen körpereigenen Stoffe der Pflanze. Mit den in Mineralstoffen aufgenommenen Elementen sind die Pflanzen in der Lage, diese Stoffe zu bilden.

Der Sauerstoff, der bei der Fotosynthese entsteht, wird über die Spaltöffnungen an die Umwelt abgegeben.

Bei der Fotosynthese werden aus Kohlenstoffdioxid und Wasser unter Mitwirkung von Chlorophyll und der Nutzung von Lichtenergie Traubenzucker und Sauerstoff gebildet.

Zellatmung

Ebenso wie andere Organismen benötigen auch Pflanzen für alle ihre Lebensprozesse Energie. Dazu bauen sie energiereiche Stoffe ab. Als Energieträger dient meistens Traubenzucker. Er wird unter Sauerstoffverbrauch zu Kohlenstoffdioxid und Wasser umgesetzt. Dabei wird Energie frei.

Die Fotosynthese läuft nur in Zellen ab, die Chloroplasten mit Chlorophyll enthalten (z. B. in den Zellen der Laubblätter), die Atmung dagegen in allen lebenden Zellen der Pflanze (z. B. in den Zellen der Laubblätter und in den Zellen der Wurzel).

Die Orte der Atmung in den Zellen sind die Mitochondrien (Abb. 2).

Während die Fotosynthese nur am Tage oder bei Belichtung mit einer künstlichen Lichtquelle abläuft, atmen Pflanzen am Tage und in der Nacht. Die Fotosynthese und die Atmung laufen bei Helligkeit gleichzeitig in den Pflanzen ab.

Bei der Zellatmung werden Traubenzucker und Sauerstoff in Kohlenstoffdioxid und Wasser umgewandelt. Dabei wird Energie frei.

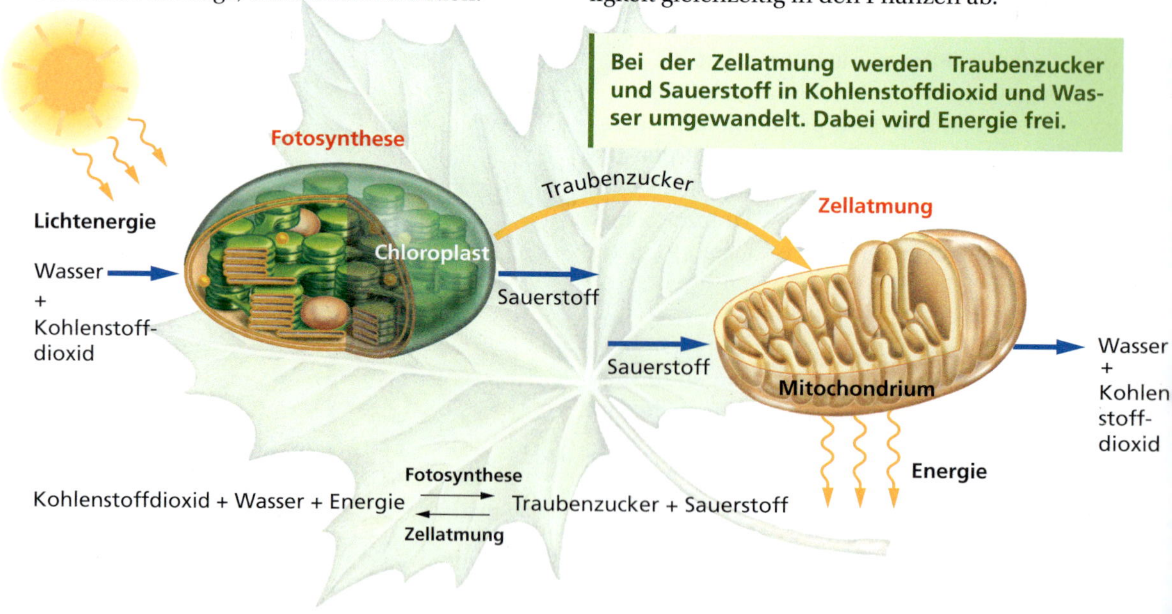

Ohne Pflanzen kein Leben

Pflanzen verbrauchen bei der Atmung Sauerstoff. Andererseits produzieren sie während der Fotosynthese auch Sauerstoff, und zwar mehr, als sie verbrauchen. Sie geben daher Sauerstoff an die Umgebungsluft ab.
Die meisten Lebewesen atmen. Dafür benötigen sie Sauerstoff. Viele entnehmen den Sauerstoff der Luft. Pflanzen sind aber die einzigen Lebewesen, die auch Sauerstoff produzieren. Der Sauerstoffgehalt der Luft würde immer geringer, wenn er nicht durch die Pflanzen ergänzt würde.
Während der Fotosynthese produzieren die Pflanzen in ihren Laubblättern auch Traubenzucker. Dieser verbleibt in der Pflanze. Traubenzucker ist die Grundlage zur Bildung von anderen Stoffen, wie z. B. von Stärke, Fetten und Eiweißen. Dazu benötigen Pflanzen auch noch Mineralstoffe z. B. Nitrate und Sulfate, für den Aufbau der Eiweiße.

Lebewesen, die Pflanzen fressen, nutzen die Kohlenhydrate, Fette und Eiweiße der Pflanze für ihren eigenen Organismus. Sie benötigen die Nährstoffe z. B. für das Wachstum. Durch die Umwandlung der energiereichen Nährstoffe in Kohlenstoffdioxid und Wasser wird Energie frei. Diese brauchen alle Lebewesen für verschiedene Lebensprozesse, wie z. B. für die Körperbewegung und Erhaltung der gleichbleibenden Körpertemperatur.
Fleischfresser wiederum ernähren sich von Pflanzenfressern. Sie hätten ohne Pflanzen also keine Nahrung. Pflanzen stehen somit am Beginn der Nahrungsketten (S. 63) und nehmen daher eine Schlüsselstellung ein.

Das Leben aller Organismen auf der Erde ist von den Pflanzen mit Chlorophyll abhängig.

Aufgabe

Diskutiert in der Klasse über die Notwendigkeit von Tierversuchen in der Wissenschaft. Informiert euch in Fachbüchern und im Internet und stellt Pro- und Kontra-Argumente in einer Tabelle dar.

Mosaik

Der englische Philosoph und Naturforscher JOSEPH PRIESTLEY (1733–1804) wollte mithilfe von Experimenten, die er mit Tieren und Pflanzen durchführte, die Zusammensetzung der Luft erforschen.
1. Versuch: PRIESTLEY setzte eine lebende Maus in einen luftdicht abgeschlossenen Glasbehälter und beobachtete. Die Maus wurde nach kurzer Zeit ohnmächtig.
2. Versuch: PRIESTLEY stellte eine Pfefferminzpflanze in diesen Glasbehälter. Sie konnte unter diesen Bedingungen weiterleben und sogar wachsen.
3. Versuch: PRIESTLEY setzte eines Tages die Maus und die Pfefferminzpflanze zusammen unter die Glasglocke. Was passierte? Die Maus lebte auch nach acht Tagen noch, und die Pfefferminzpflanze war sogar weiter gewachsen.
Aus seinen Beobachtungen zog PRIESTLEY die logische Schlussfolgerung, dass Pflanzen die Luft „verbessern" und Tiere die Luft „verschlechtern".

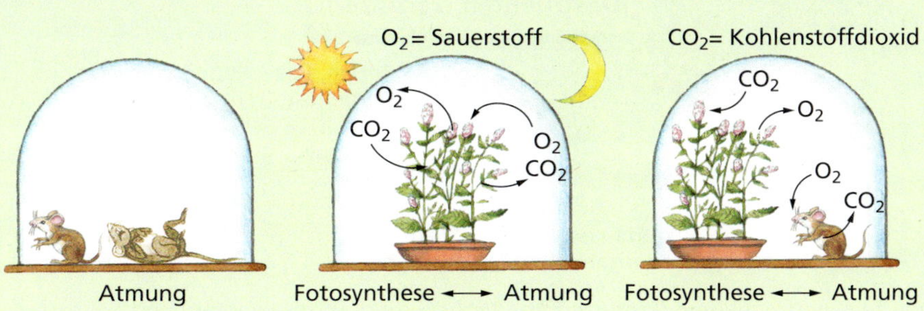

Stoffkreislauf im Ökosystem

Die auf der Ernährungsart der Organismen basierenden Beziehungen zwischen Produzenten, Konsumenten und Destruenten bewirken einen **Stoffkreislauf im Ökosystem** (Abb. 1).

Am Stoffkreislauf sind alle Organismen eines Ökosystems beteiligt.
Am Anfang dieses Kreislaufs stehen immer Organismen, die Chlorophyll besitzen (Produzenten).
Die *heterotroph lebenden Organismen* (Konsumenten) nehmen die von den Produzenten gebildeten organischen Stoffe auf. So werden die von den Erzeugern gebildeten organischen Stoffe über die Konsumenten bis zu den Destruenten weitergegeben.

Die Destruenten bauen die Stoffe ab, wobei die Ausgangsstoffe, u. a. Wasser, Kohlenstoffdioxid und andere anorganische Stoffe, wieder freigesetzt werden und erneut von den Produzenten genutzt werden können.
Der Stoffkreislauf beginnt von Neuem (Abb. 1).

Durch die Beziehungen zwischen Produzenten, Konsumenten und Destruenten kommt ein Stoffkreislauf im Ökosystem zustande.

Aufgabe

Erläutere den Stoffkreislauf in einem Ökosystem. Gehe dabei auf Produzenten, Konsumenten und Destruenten ein.

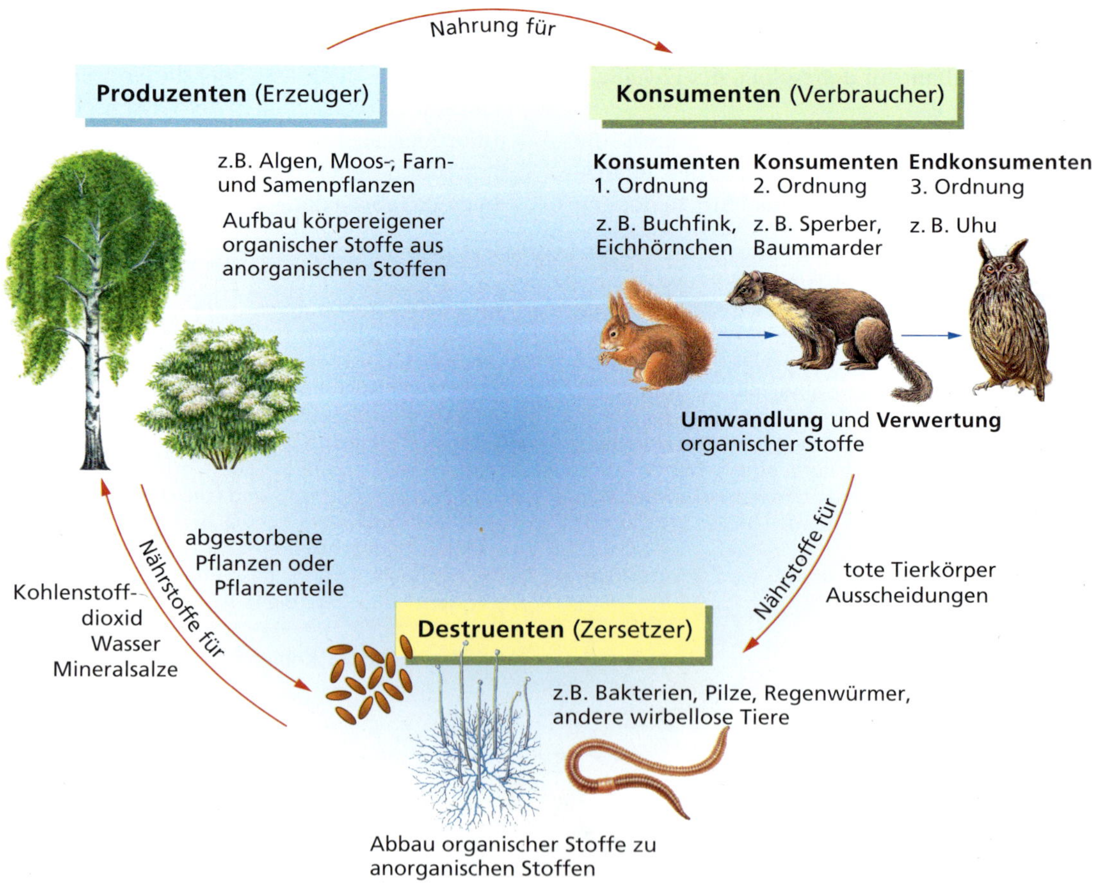

1 Beziehungen zwischen Erzeugern (Produzenten), Verbrauchern (Konsumenten) und Zersetzern (Destruenten) in einem Ökosystem (Stoffkreislauf)

Energiefluss im Ökosystem

Mit der Energie in einem Ökosystem verhält es sich anders als mit den Stoffen. Es gibt keinen Kreislauf, sondern einen **Energiefluss.** Das wird deutlich, wenn man die Nahrungsmengen der Ernährungsstufen einer Nahrungskette bzw. eines Nahrungsnetzes berechnet und grafisch darstellt. Die grafischen Darstellungen weisen bei Lebensgemeinschaften in der Regel eine Pyramidenform auf. Wegen dieser Pyramidenform wird die Darstellung der Stoffmassen als **Nahrungspyramide** (oder Biomassepyramide) bezeichnet (Abb. 1). Jede Ernährungsstufe dieser Pyramide stellt dabei die Nahrung für die nächsthöhere Stufe dar.

Unter **Biomasse** verstehen die Ökologen die momentane Masse (Gewicht) der lebenden Organismen in jeder Ernährungsstufe. Diese wird in Masseeinheiten, bezogen auf bestimmte Flächen (z. B. $kg \cdot m^2$) oder bei Gewässern auf bestimmte Rauminhalte (z. B. $kg \cdot m^{-3}$), angegeben.

Die breite Basis der Nahrungspyramide stellt die Biomasse der Pflanzen dar. Diese Biomasse ist die Nahrungsgrundlage für eine geringere Masse von Konsumenten 1. Ordnung (Pflanzenfresser). Die in der pflanzlichen Biomasse enthaltenen Nährstoffe und deren chemische Energie werden für Wachstum, Entwicklung und Atmungsprozesse benötigt. Ein Teil dieser **chemischen Energie** wird dabei in **Wärme** umgewandelt und an die Umwelt abgegeben.

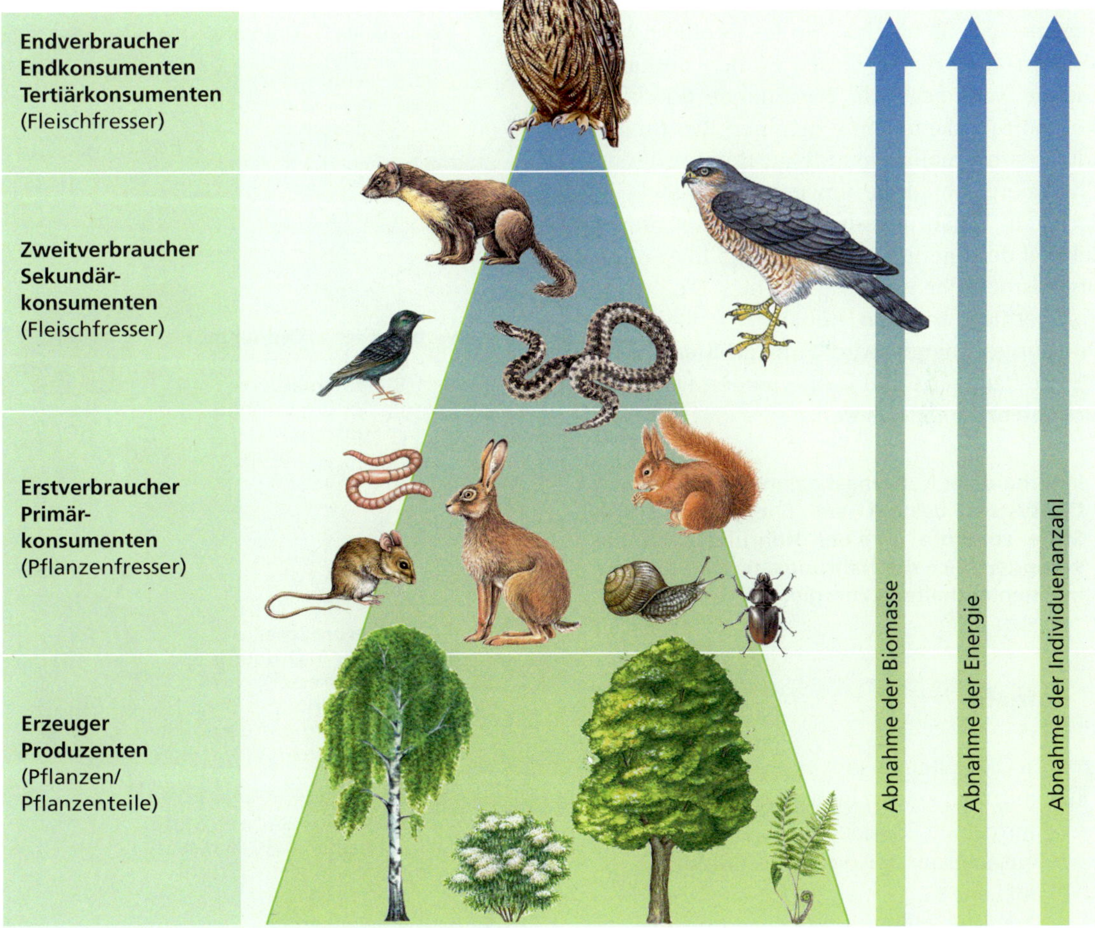

1 Quantitative Darstellung der Nahrungsmengen in einer Nahrungspyramide.

Der durch die Lebensprozesse der Konsumenten 1. Ordnung verbrauchte Anteil an Biomasse und Energie steht der nachfolgenden Ernährungsstufe, den Konsumenten 2. Ordnung (Fleischfresser), nicht mehr zur Verfügung. Von Ernährungsstufe zu Ernährungsstufe der Pyramide nimmt so die jeweils verfügbare Biomasse und damit die darin enthaltene Energie rapide ab (Abb. 1; Abb. 1, S. 83).
Die Nahrungspyramide verdeutlicht die stetige Abnahme sowohl der Biomasse und damit der in ihr enthaltenen Energie als auch der Individuenanzahl von den Primärproduzenten bis hin zu den Endkonsumenten (Abb. 1, S. 83).

Im Ökosystem werden von Ernährungsstufe zu Ernährungsstufe in Nahrungsketten bzw. Nahrungsnetzen nicht nur Stoffe (Stoffkreislauf), sondern auch die in diesen Stoffen enthaltene Energie weitergegeben. Die Energie durchfließt die Nahrungsketten nur in einer Richtung. Es erfolgt von Ernährungsstufe zu Ernährungsstufe eine Energieabnahme um jeweils ca. 90 %. Der nächsten Ernährungsstufe steht also nur ein Zehntel der Energie zur Verfügung, über die die Organismen der vorangegangenen Ernährungsstufe verfügen konnten (Abb. 1).
Die übrige Energie wird zum größten Teil als Wärme freigesetzt und kann von den Lebewesen nicht mehr genutzt werden.

Innerhalb der Nahrungsbeziehungen in einem Ökosystem besteht ein Energiefluss. Von Stufe zu Stufe in einer Nahrungspyramide verringern sich die Nahrungsmengen und die in ihnen enthaltene Energie.

Aufgabe

In Ökosystemen gibt es einen Stoffkreislauf, aber keinen Energiekreislauf, sondern einen Energiefluss. Erläutere diese Tatsache am Beispiel der Abbildung 1 auf Seite 83.
Suche auch im Internet nach Informationen.

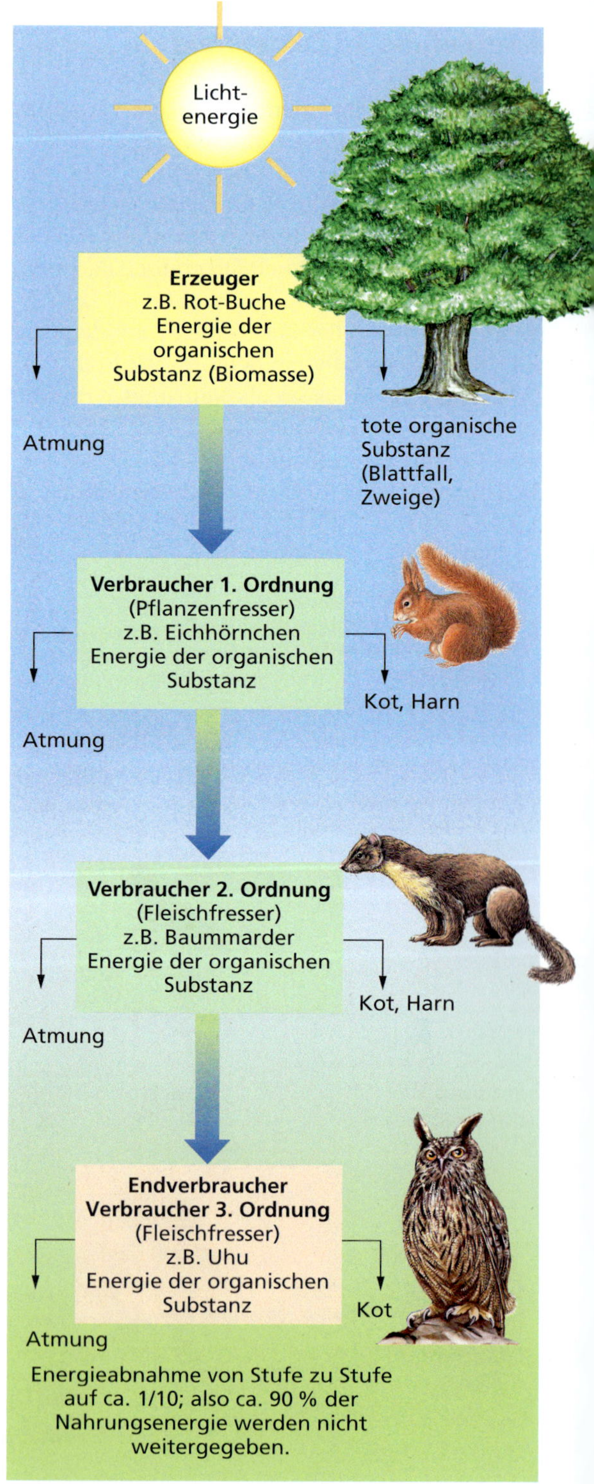

1 Energiefluss im Waldökosystem

Relative Stabilität des Ökosystems

Die Mitglieder von Lebensgemeinschaften bedingen sich insoweit, als die höheren Glieder der Nahrungskette wie Konsumenten 1., 2. und 3. Ordnung (Pflanzenfresser, Fleischfresser) immer nur existieren können, wenn andere Mitglieder ihre artspezifische Nahrung herstellen bzw. bilden. *Kartoffelkäfer* treten in einer Lebensgemeinschaft beispielsweise nur auf, wenn ihre Nahrungspflanze, die *Kartoffel*, vorhanden ist (Abb. oben).
Ein Waldökosystem beispielsweise setzt sich mosaikartig aus vielen **Teil-Lebensräumen** zusammen, wie hochgewachsene Altbäume, Waldlichtungen, feuchte Senken mit einem Erlenbruch, abgestorbene Baumstämme als Totholz, Baumstubben. In diesen Teil-Lebensräumen existieren Nahrungsketten, die wiederum mit anderen Teil-Lebensräumen des Waldes über Nahrungsnetze verknüpft sind. Parallel nebeneinander laufen vielfältige Beziehungen zwischen Produzenten, Konsumenten und Destruenten ab.
Das **Gleichgewicht** des gesamten Waldökosystems erweist sich bei näherer Betrachtung als Ergebnis von vielen ablaufenden Vorgängen in diesen Teil-Lebensräumen.
Ständig gibt es **Störungen** in ihnen. Alte und morsche Bäume werden durch starken Wind umgeworfen. Pflanzen und Tiere der Auwälder erleben jährlich Überschwemmungen.
Eine starke Zunahme von Schadinsekten stellt ein Signal für die Vermehrung ihrer Räuber dar, z. B. der Insekten fressenden Vögel. Störungen lösen also stets Kettenreaktionen aus.
Die Gesamtheit der ständig schwankenden abiotischen und biotischen Faktoren in den vielen Teil-Lebensräumen des Waldes (Instabilität) bewirkt eine relative Stabilität des gesamten Waldökosystems über einen bestimmten Zeitraum. Das wird auch als **ökologisches Gleichgewicht** bezeichnet. Es beruht auf Selbstregulation (s. S. 69).

Ökosysteme sind in der Lage durch Störungen verursachte Veränderungen selbst auszugleichen. Dadurch erhalten sie eine relative Stabilität.

Die **Stabilität von Ökosystemen** kann nicht nur durch natürliche Prozesse (z. B. Naturkatastrophen wie Windbruch, Erdbeben, Schlammlawinen, Waldbrände) gestört werden, sondern wird gegenwärtig vor allem durch Auswirkungen der menschlichen Tätigkeit beeinträchtigt. Diese können so weit gehen, dass ein Ökosystem zusammenbricht. Deshalb sind die Erhaltung und der Schutz von Ökosystemen eine wichtige nationale und internationale Aufgabe (s. S. 94).

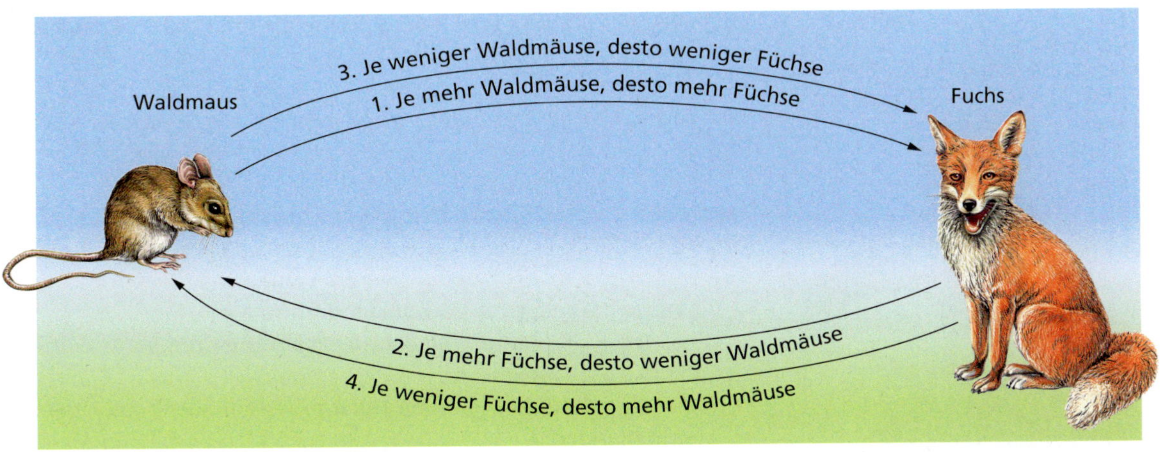

1 Die Einhaltung des ökologischen Gleichgewichts beruht auf „negativer Rückkopplung", z. B. zwischen der Anzahl von Füchsen (Räuber) und Waldmäusen (Beutetiere) in einem Lebensraum.

Nahrungsaufnahme von Störchen – Verarbeiten biologischer Daten am Computer

Beachte!
Mithilfe von Tabellenkalkulationsprogrammen kann man Zahlenmaterial und Daten in Tabellen ordnen und in Diagrammen veranschaulichen. Für die dargestellten Beispiele eignet sich jedes gängige Tabellenkalkulationsprogramm. Hier wurde das Programm Star Office (OpenOffice Calc) verwendet.

Die Flusslandschaft Elbtalaue liegt entlang der ehemaligen deutsch-deutschen Grenze. Dieser Grenze ist es zu verdanken, dass die Auen der Elbe unzerstört blieben und seltene Tier- und Pflanzenarten überlebten.
1998 gab die UNESCO das Länder übergreifende **Biosphärenreservat Flusslandschaft Elbe** bekannt. Die Bundesländer Sachsen-Anhalt, Niedersachsen, Mecklenburg-Vorpommern, Schleswig-Holstein und Brandenburg sind daran beteiligt.

Das **Biosphärenreservat Flusslandschaft Elbe-Brandenburg** (Abb.) ist durch den Ort **Rühstädt** über Brandenburgs Grenzen hinaus bekannt geworden. Rühstädt ist das **Storchendorf Nr. 1 in Deutschland.** Es liegt zwischen Wittenberge und Havelberg im Biosphärenreservat Flusslandschaft Elbe-Brandenburg. 1996 erhielt es den Titel „Europäisches Storchendorf“.

Der Weißstorch

Aussehen:
weißes Gefieder mit schwarzen Schwungfedern, rote Beine und roter Schnabel
Größe: ca. 80 cm
Gewicht: 2,5 bis 4,5 kg
Flügelspannweite: ca. 2 m
Ernährung: Frösche, Mäuse, Insekten, Spinnen, Regenwürmer
Vermehrung: Brutzeit April bis Mai, Gelege aus 3 bis 4 (selten 4 bis 7) Eiern, Schlupf der Jungen nach ca. 32 Tagen, Jungvögel sind mit weißgrauem Flaum bedeckt
Besonderheit: Zugvogel

Biologen ermittelten hier die **Nahrungsaufnahme von Störchen pro Tag.** Dazu mussten sie die Störche genau beobachten und die Beobachtungsergebnisse protokollieren. Aus den Protokollen wurden folgende Mittelwerte für die Nahrung eines Storches pro Tag errechnet:
130 Mäuse, 18 Frösche, 658 Regenwürmer, 682 Wiesenschnaken und deren Larven, 230 Heuschrecken, 332 Spinnen, 665 Käfer (Quelle: NABU Informationszentrum Rühstädt).
In dieser Form sind die Beobachtungsergebnisse der Biologen wenig übersichtlich. Damit man die Ergebnisse besser interpretieren kann, kann man am Computer aus dem Zahlenmaterial (den Daten) zuerst eine Tabelle erstellen und anschließend aus den Zahlen ein Diagramm entwickeln.

Dazu muss man die folgenden **Arbeitsschritte am Computer** ausführen.

Darstellung von Beobachtungsergebnissen in einer Tabelle

1. Öffne das Tabellenkalkulationsprogramm.
2. Trage in Zeile 1 die Überschrift „Nahrungsaufnahme eines Storches pro Tag“ ein.
   Hebe die Überschrift hervor. Dazu musst du zuerst die Überschrift markieren.
   Anschließend kannst du in der Symbolleiste z. B. FETT anklicken oder die Schriftgröße verändern.

3. Speichere dein Tabellenkalkulationsblatt unter dem Namen „Tabelle Storch“. Gehe dazu mit dem Cursor in das Pull-down-Menü Datei: Speichern unter.
4. Gib in Zeile 3, Spalte A die Spaltenüberschrift „Tier“ und in Zeile 3, Spalte B die Spaltenüberschrift „Anzahl“ ein.
5. Ergänze in der Spalte „Tier“ die genannten Tiere, gib in die Spalte „Anzahl“ die jeweiligen Zahlen ein.
6. Passe die Spaltenbreiten an den Inhalt an.
Dazu gehe mit dem Cursor in den Spaltenkopf zwischen die Buchstaben A und B. Aus dem Cursorkreuz wird eine Linie mit Pfeilen. Drücke die linke Maustaste und bewege die Maus nach rechts bzw. links.
7. Gestalte die Tabelle (s. Hinweise rechts oben).

In der Tabelle erscheint das Zahlenmaterial geordnet und übersichtlich. Es ist z. B. gut zu erkennen, welche Arten von Tieren der Storch am meisten frist, welche weniger. Eine noch bessere Übersicht bieten Diagramme. Mit einem Kalkulationsprogramm lassen sich leicht aus Tabellen Diagramme erstellen.

Darstellung von Beobachtungsergebnissen in einem Diagramm

1. Markiere deine Tabelle samt Überschrift (im Beispiel die Zellen A 3 bis B 10).
2. Rufe den Diagramm-Assistenten zum Erstellen und Formatieren des Diagramms auf: Menü EINFÜGEN: DIAGRAMM. (Die Schritte im Diagramm-Assistenten sind in anderen Tabellenkalkulationsprogrammen prinzipiell ähnlich – sie unterscheiden sich möglicherweise in der Reihenfolge.)
3. Im ersten Schritt muss nichts verändert werden, wenn die Markierung der Tabelle in Ordnung ist. Mit WEITER geht es zum nächsten Schritt.
Wähle in den nächsten zwei Schritten die Diagrammart aus (z. B. Kreis).
4. Im letzten Schritt werden Diagrammtitel und Legende festgelegt.
Die beiden Kontrollkästchen müssen einen Haken haben und der Diagrammtitel: „Nahrungsbedarf eines Storches pro Tag“ wird in das entsprechende Feld eingetragen.

Beachte!
Eine Tabelle besteht aus Zeilen und Spalten. Der Schnitt einer Zeile und einer Spalte bildet die Zelle. Die obere Zeile heißt Spaltenkopf, die linke Spalte Zeilenkopf. Der Teil der Tabelle, der gestaltet werden soll, muss markiert werden. Dann können z. B. Rahmenlinien eingefügt (in der Symbolleiste: UMRANDUNG anklicken) und Zellinhalte zentriert, links- oder rechtsbündig angeordnet werden. Weitere Formatierungsmöglichkeiten findest du im Menü: ZELLE …

Beispiel für eine Tabelle

Nahrungsaufnahme eines Storches pro Tag

Tier	Anzahl
Mäuse	130
Frösche	18
Regenwürmer	685
Wiesenschnaken	682
Heuschrecken	230
Spinnen	332
Käfer	665

Beispiel für das erstellte Diagramm

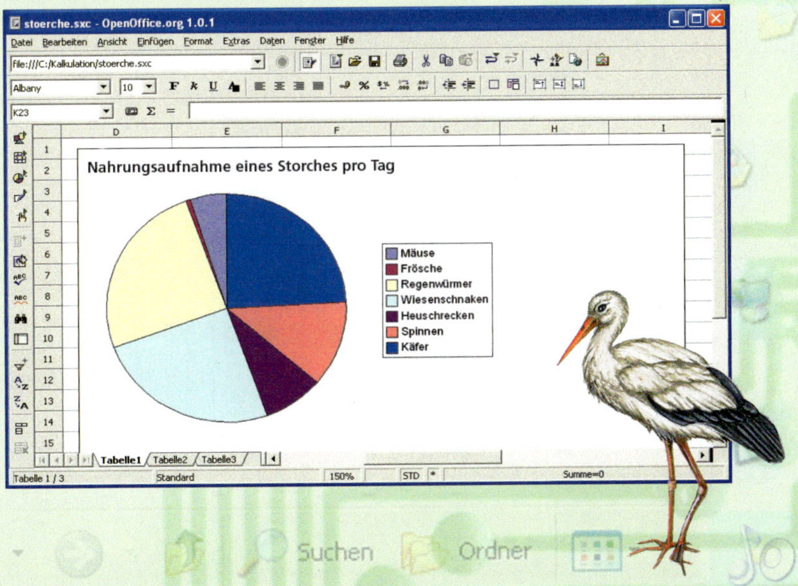

Tipps zum Diagramm-Assistenten:
- Achte darauf, dass die erste Spalte als Beschriftung dient.
- Wähle Liniendiagramme mit der Variante „Symbole".
- Denke an den Diagrammtitel.

5. Du kannst dein Diagramm in deinem Kalkulationsprogramm individuell verändern. Durch einen Doppelklick aktivierst du das Diagramm.
   Zum Formatieren einzelner Diagrammobjekte werden diese mit der Maus markiert.
   Durch einen Klick mit der rechten Maustaste kannst du über OBJEKTEIGENSCHAFTEN ein Menü mit vielfältigen Formatierungsmöglichkeiten auswählen.

Betrachte dein erstelltes Diagramm. Was kannst du daraus ablesen über:
- die Anzahl der vom Weißstorch gefressenen Wirbellosen und Wirbeltiere,
- das Verhältnis Wirbeltiere – Wirbellose?

Zur **Auswertung und Interpretation** deiner aufgestellten Tabellen und Diagramme kannst du folgende **Aufgaben** lösen:
1. Stelle Vermutungen auf, was passiert, wenn Feuchtgebiete der Elbtalaue trockengelegt und Fluss- und Bachläufe begradigt werden, eine Intensivierung der Landwirtschaft zu großen Monokulturen erfolgt und Schädlinge mit chemischen Mitteln bekämpft werden.
2. Fertige mit deinem Tabellenkalkulationsprogramm ein Diagramm zur Darstellung der Entwicklung der Weißstorchpopulation in Rühstädt seit 1970 an (Quelle: www.storchenclub.de). Benutze dazu die Daten der Tabelle „Die Population der Störche in Rühstädt". TIP: Wähle als Diagrammtyp den Standardtyp Punkt (XY).
   So könnte dein erstelltes Diagramm aussehen.
   Interpretiere das Diagramm.

Die Population der Störche in Rühstädt

Tier	Paare/ besetzte Horste	Jungvögel
1970	7	9
1971	9	20
1972	10	13
1973	10	14
1974	11	21
1975	12	23
1976	13	12
1977	14	25
1978	15	35
1979	16	34
1980	16	24
1981	17	39
1982	21	16
1983	20	26
1984	18	15
1985	15	34
1986	16	18
1987	17	43
1988	20	49
1989	23	49
1990	26	56
1991	22	22
1992	24	39
1993	34	82
1994	38	87
1995	41	84
1996	44	73
1997	32	38
1998	32	78
1999	37	85
2000	39	71
2001	37	68
2002	37	72
2003	34	43
2004	34	68
2005	34	33

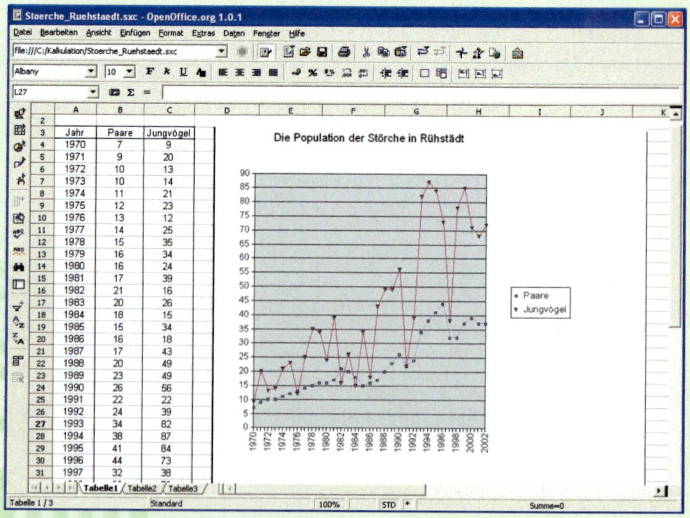

Wie präsentiere ich Informationen?

Ergebnisse deiner Arbeit zu einem Thema oder Ergebnisse, die ihr in einer Gruppe erarbeitet habt, sollen allen Mitschülern vorgestellt werden. Das kann z. B. durch einen Vortrag, eine Wandzeitung oder eine Internetseite geschehen.

Vorbereiten und Halten eines Vortrags

Wenn du einen Vortrag halten oder als Teamsprecher die Ergebnisse der Gruppenarbeit vortragen sollst, sind folgende Tipps hilfreich.

1. Schritt

Vorbereiten eines Vortrags

- Überlege dir, was alles zum Thema gehört. Nutze dazu verschiedene Informationsquellen (s. unten).
- Gliedere den Vortrag in Abschnitte.
- Schreibe dir Schwerpunkte in Kurzform (in Stichwörtern) auf.
- Überlege dir, was du an die Tafel oder auf Folien schreibst.
- Bereite Versuchsaufbauten vor und stelle Geräte bereit.

2. Schritt

Halten eines Vortrags

- Nenne und zeige die Gliederung (Tafel, Folie).
- Wecke am Anfang des Vortrags Interesse und Neugier und nenne das Thema.
  (Beginne beispielsweise mit „Wusstet ihr überhaupt, dass …?“ oder „Hättet ihr gedacht, dass …?“)
- Leite neue Absätze deutlich ein, z. B. mit „Ein weiterer Punkt ist …“ oder „Als nächstes …“.
- Sprich in kurzen Sätzen.
- Verwende nur Fachbegriffe, die du auch selbst erklären kannst.
- Bemühe dich, laut, langsam und deutlich zu sprechen. Schaue deine Zuhörer an.
- Achte auf die Zeit. Schließe den Vortrag mit einer kurzen Zusammenfassung ab.

Nahrungsaufnahme von Störchen

1. Vorstellung des Lebensraums von Störchen
   1.1. Landschaftliche Gliederung
   1.2. Untersuchungsgebiet/Ort
   1.3. Eigenschaften des Untersuchungsgebietes
2. Nahrungsaufname von Störchen im Untersuchungsgebiet
   2.1. Futtertiere
   2.2. Anzahl pro Tag
3. Population der Störche im Untersuchungsgebiet
   3.1. Entwicklung der erfassten Daten zu Storchenpaaren
   3.2. Entwicklung der erfassten Daten zu Jungvögeln
4. Interpretation der Ergebnisse

Informationsquellen

- elektronische Medien: Film, Fernsehen, CD-ROMs
- Literatur: Lexika, Sachbücher, Zeitschriften
- Schulbücher: Lehrbücher, Tabellenwerke, Schülerlexika
- Internet: Suchmaschinen, Direktsuche, z. B. www.schuelerlexikon.de

Eingriffe des Menschen in die Umwelt und deren Folgen

Die Eingriffe in die Umwelt durch den Menschen kann man an wenigen Beispielen ermessen. Es werden weite Eisenbahn- und Autobahntrassen angelegt. Weltweit werden riesige Flächen bebaut.
So unterschiedlich die Eingriffe sind, sie berühren nicht nur die nicht lebende Natur, sondern immer auch Lebewesen – die Pilze, Pflanzen und Tiere. Viele Eingriffe, die derzeit erfolgen, haben besonders weit reichende Auswirkungen.

Erstens werden durch die **Zerstörung oder Umwandlung natürlicher Lebensräume** vielen Arten Lebensmöglichkeiten genommen. Dies erfolgt u. a. durch

- **Rodung von Wäldern.** In Deutschland hat sich dadurch der Waldanteil seit dem Mittelalter um etwa 70 % verringert. Wo heute z. B. Äcker die Landschaft prägen, war ursprünglich Wald. Das Aussterben bzw. die Gefährdung von etwa zwei Dritteln der in Deutschland und Nordamerika beheimateten Arten ist auf die Waldrodung zurückzuführen. Gegenwärtig ist die Rodung tropischer Regenwälder die größte Bedrohung für die Artenvielfalt. Denn 90 % der heute bekannten Arten leben in den tropischen Regenwäldern.
- **Bebauung** bzw. **Versiegelung** von Flächen (Abb. 1). Dadurch werden den Organismen ebenfalls Lebensstätten genommen, das Wasser kann nicht vom Boden aufgenommen werden und fließt sehr schnell ab.
- **Entwässerung** ganzer Landstriche. Feuchtigkeitsliebende Arten sind durch diese Maßnahmen ernsthaft bedroht. Dies ist der Grund dafür, dass bei uns z. B. die Lurche gefährdet sind.
- **Übernutzung** von Landschaften z. B. durch Überweidung, wodurch ebenfalls viele Arten ihrer Existenzgrundlagen beraubt werden.
- **Rohstoffgewinnung.** Durch den Abbau von Kies und von Braunkohle werden Landschaften stark verändert.

1 Breite Autobahnen durchziehen die Landschaften und vergrößern die Versiegelungsflächen.

Zweitens können Lebewesen nur unter relativ eng begrenzten Lebensbedingungen existieren. **Derzeit werden die natürlichen Bedingungen durch menschliche Tätigkeit gravierend verändert.**
So werden Tausende chemische Verbindungen produziert, z. B. für die Bekämpfung von Schädlingen, zur Herstellung von Waschmitteln und Kosmetika, die bisher in der Natur nicht vorkamen. Viele Stoffe davon gelangen in die Umwelt und belasten bzw. schädigen als Giftstoffe direkt bzw. indirekt Organismen (siehe Modellversuch).
Manche Stoffe werden nur schwer abgebaut und gelangen über die Nahrungskette bis in den Körper des Menschen.

Belastungen der Biotope von Ökosystemen gehen auch von der Landwirtschaft und dem Gartenbau infolge der zusätzlichen Düngung aus, z. B. mit Stickstoff- und Phosphatverbindungen. Dieses hohe Angebot an Mineralstoffen begünstigt wenige, üppig wachsende Arten, durch die viele andere verdrängt werden. In Gewässern kommt es zu Algenblüten und Faulschlammbildung.

Drittens kann auch das Einschleppen oder Eindringen von Arten, die ursprünglich hier nicht vorkamen, schwerwiegende Folgen für Arten eines Ökosystems haben. Solche Arten vermehren sich manchmal geradezu explosionsartig unter den neuen Lebensbedingungen und verdrängen ursprünglich vorhandene Arten.
1862 wurden in Australien z. B. zwölf europäische Wildkaninchen ausgesetzt. Sie brachten es bis zur Jahrhundertwende auf einen Bestand von etwa 1 Milliarde Tiere, zerstörten die Pflanzendecke und lösten eine heftige Bodenerosion aus. Auch bei uns breiten sich eine Reihe eingewanderter Arten aus, z. B. der Japanische Staudenknöterich und der Waschbär.

Viertens hat auch die **Züchtung von Pflanzen- und Tierarten** für den Anbau bzw. die Haltung zur Veränderung der Artenvielfalt geführt. So werden z. B. auf riesigen Flächen nur wenige Kulturarten angebaut, oft dominiert nur eine Art (Monokultur). Die ursprünglichen Arten wurden verdrängt.

Weise die Wirkung von Waschmitteln auf die Oberflächenspannung des Wassers nach.

Materialien:
pneumatische Wanne oder Glasschüssel, Wasser, Spülmittel (nicht konzentriert), Aluminiumfolie, evtl. Schere

Durchführung:
1. Fertige ein Modell des Wasserläufers aus Aluminiumfolie nach nebenstehender Abbildung. Setze dein Modell auf die Wasseroberfläche auf.
2. Gib Spülmittel in das Wasser.

Beobachtung und Auswertung:
1. Notiere deine Beobachtungen vor und nach der Zugabe von Spülmittel.
2. Informiere dich über die Oberflächenspannung von Wasser. Welchen Einfluss hat Spülmittel?
3. Informiere dich über die Lebensweise des Wasserläufers. Leite ab, welche Wirkung ungeklärte Abwässer für Organismen haben, die die Wasseroberfläche nutzen.

Weltweite Auswirkungen menschlicher Tätigkeit

Menschliche Tätigkeit und ihre Wirkung auf natürliche Bedingungen erfolgen **lokal**. Sie wirken sich aber zunehmend regional und **global** (weltweit) mit verheerenden Folgen für viele Arten und auch den Menschen aus.

Saurer Regen

Er kommt durch die Reaktion von Schadstoffen mit Wasser in der Atmosphäre zustande, vor allem von *Schwefeldioxid* und *Stickstoffoxiden* (z. B. in Auspuffgasen enthalten). Dabei werden Säuren gebildet. Diese gelangen mit den Niederschlägen in den Boden, bewirken z. B. eine Veränderung des pH-Wertes und schädigen die Pflanzen.

Treibhauseffekt

Er wird durch Treibhausgase ausgelöst. Dazu gehören *Kohlenstoffdioxid, Distickstoffoxid, Methan, Ozon, Wasserdampf* und *Fluorchlorkohlenwasserstoffe* (FCKW). Bis auf FCKW sind alle anderen Stoffe auch natürliche Bestandteile der Atmosphäre. Sie lassen die Sonnenstrahlen ungehindert durch, behindern aber die Wärmeabstrahlung von der Erde. Durch diesen natürlichen Treibhauseffekt herrscht auf der Erde eine durchschnittliche Temperatur von 15 °C. Ohne ihn würde die Durchschnittstemperatur bei –18 °C liegen.

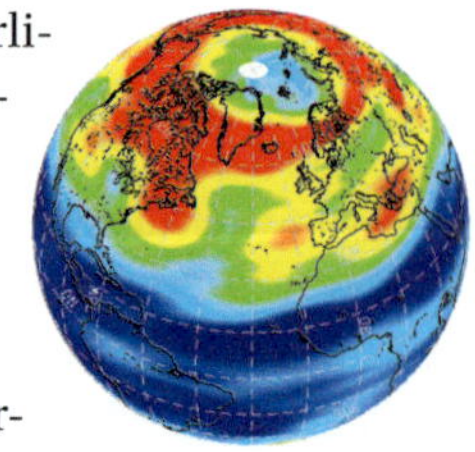

Der Anteil der Treibhausgase wird ständig erhöht, vor allem durch die Verbrennung **fossiler Energieträger** (z. B. in Kraftwerken, Hausheizungsanlagen). Dadurch wird der Treibhauseffekt künstlich verstärkt. Die Durchschnittstemperatur auf der Erde steigt an. Man rechnet damit, dass sie sich an der Erdoberfläche bis zum Jahr 2050 gegenüber 2000 um etwa 2,5 °C erhöht. Tritt diese Erwärmung ein, würde eine weltweite Klimaänderung die Folge sein. Niederschlagsverteilung und nachfolgend Vegetationszonen würden sich verschieben. Durch Abschmelzen des Eises der Pole und Gletscher käme ein Anstieg des Meeresspiegels zustande. Dies alles würde zur **Vernichtung zahlreicher Arten führen.**

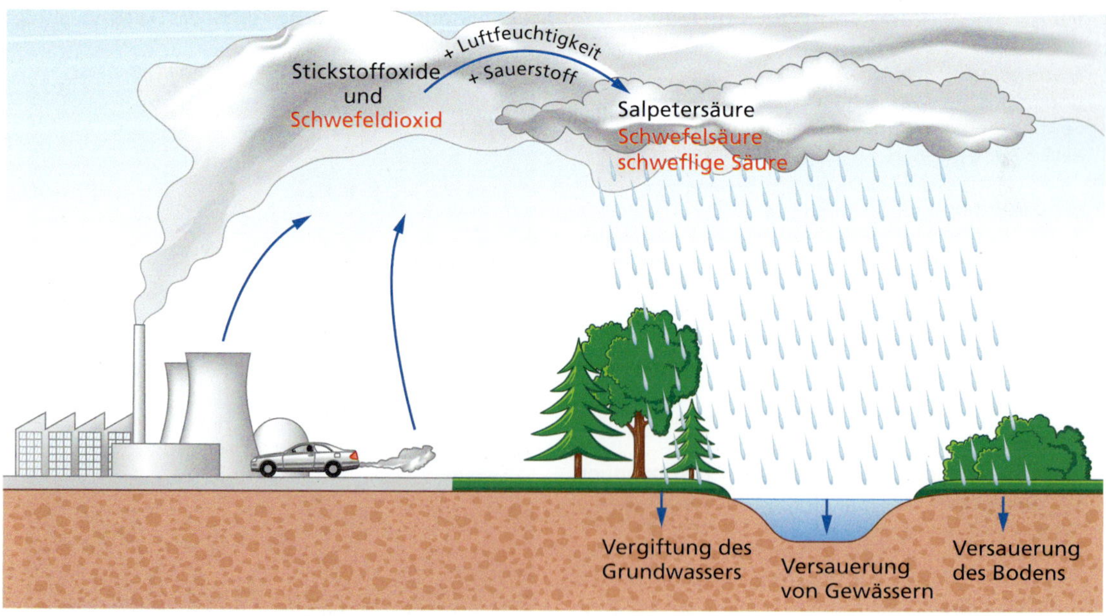

1 Entstehung und Wirkung des sauren Regens

Ausdünnung der Ozonschicht

Als natürlicher Bestandteil der Luft ist Ozon sowohl in den unteren als auch in den oberen Luftschichten der Atmosphäre anzutreffen.
In **Bodennähe** sind höhere Anteile unerwünscht, da Ozon bei stärkerer Konzentration z. B. die Schleimhäute angreift (Hustenreiz) und Pflanzen schädigt.
In den **oberen Luftschichten** ist Ozon dagegen lebensnotwendig. Es absorbiert UV-Strahlen. Dadurch schützt es den Menschen, die Tiere und die Pflanzen vor den schädigenden Wirkungen der UV-Strahlung.
Der Ozongehalt in etwa 20 km Höhe verringert sich von Jahr zu Jahr. An dieser Ausdünnung sind u. a. Fluorchlorkohlenwasserstoffe (FCKWs) beteiligt, die z. B. aus Treibgasen und Kühlmitteln stammen und in die oberen Luftschichten gelangt sind. Die Chloratome aus diesen Verbindungen bewirken in einem komplizierten Prozess die Zerstörung der Ozonschicht.
Sie werden in diesem Prozess wieder frei und können erneut wirksam werden. Die Folge ist eine Zunahme der UV-Strahlung (teilweise bereits um 30 %) mit schädigenden Auswirkungen auf Pflanzen, Tiere und den Menschen (u. a. Zunahme von Hautkrebs).

1 Besenheide und Kleines Nachtpfauenauge

Zerstörung von Lebensräumen

2 Drossel

Werden z. B. in einem Feuchtgebiet durch Entwässerung die Bedingungen gravierend verändert, wird damit Algen und feuchtigkeitsliebenden Pflanzenarten die Lebensgrundlage entzogen. Sie bilden aber wiederum die Lebensgrundlage für Verbraucher (Konsumenten), was letztlich zum Rückgang z. B. der Lurche und des Storches führt. Das Ökosystem bricht zusammen.

Vernichtung einzelner Arten

Schon das Fehlen einer Art kann die Kreisläufe in einem Ökosystem erheblich stören. Von der *Besenheide (Calluna vulgaris)* ernähren sich z. B. rund 30 verschiedene Schmetterlingsraupen, wie das *Kleine Nachtpfauenauge.* Heideflächen mit *Besenheide* sind in den letzten 100 Jahren in Deutschland sowohl in Anzahl als auch in Ausdehnung reduziert worden. Dadurch sind heute auch viele früher häufige Tierarten gefährdet und dies hat Auswirkungen auf viele Ökosysteme.

Der Mensch beeinflusst derzeit die natürlichen Kreisläufe in einer solchen Weise, dass dadurch für die Natur und ihn selbst große Gefahren erwachsen.

Es ist ein gründliches Umdenken unerlässlich, wenn der Mensch nicht selbst seine Existenzgrundlage unumkehrbar zerstören will.
Die Aufgabe besteht deshalb heute mehr denn je darin, Rohstoffe und Energieträger zu sparen und wirkungsvoll zu nutzen. Und zwar so, dass die grundlegenden Bedürfnisse der gegenwärtig lebenden Menschen befriedigt werden und gleichzeitig die Lebensgrundlagen für künftige Generationen erhalten bleiben (nachhaltige Entwicklung).

Aufgabe

Nenne Tätigkeiten des Menschen und ihre Auswirkungen auf die Umwelt.

Maßnahmen zum Schutz der Umwelt

Viele Daten deuten darauf hin, dass sich die Umweltsituation, insbesondere die Lebensbedingungen für Organismen im Ergebnis menschlicher Tätigkeit sowohl lokal als auch global verschlechtert haben. Um den daraus resultierenden Gefahren für die Existenz vieler Organismen entgegenzuwirken, werden eine Reihe von Maßnahmen durchgeführt.

Verringerung der weiteren Zerstörung von Lebensräumen und damit von Ökosystemen. So ist geplant, die Bodenfläche in Deutschland, die in Siedlungs- und Verkehrsfläche umgewandelt wird, von derzeit 120 ha bis zum Jahr 2020 auf 30 ha pro Tag zu reduzieren. Das soll durch ein „Bodengesetz“ gefördert werden.

Ein Problem ist die Vielzahl der durch den Bergbau beeinflussten Flächen.
Durch den Abbau z. B. von Braunkohle, Steinkohle sowie von Erzen sind z. B. in Brandenburg etwa 60 000 ha Fläche in Anspruch genommen und direkt beeinträchtigt worden. Maßnahmen zur **Rekultivierung** sind abhängig von der geologischen Grundsituation. Vielfach werden diese Flächen für Freizeit und Erholung, Naturschutz, Land- und Forstwirtschaft genutzt. Aus 20 % der Flächen sollen Gewässer werden, die dann vielen Wasservögeln neue Lebensräume bieten.

Die **Verringerung bzw. Vermeidung der Abgabe von Schadstoffen** an die Umwelt zielt darauf ab, die natürlichen Lebensbedingungen zu erhalten bzw. nicht weiter zu verschlechtern. Regelungen dazu sind u. a. im Bundes-Immissionsgesetz (Fassung von 1997) sowie in der Smog-Verordnung und den verschiedenen „Wassergesetzen“ enthalten. Bedeutsam sind u. a.

- das Verbot der Verwendung von FCKW,
- der sorgsame Umgang mit Chemikalien, u. a. mit Pflanzenschutzmitteln und Insektiziden,

- die Vermeidung von Überdüngung in der Landwirtschaft und im Gartenbau,
- die Reinigung aller Abwässer.

Für den Schutz der Umwelt ist die **Einsicht durch jeden Einzelnen** Voraussetzung, z. B. wenn es darum geht, den persönlichen Konsum oder auch die Benutzung des eigenen Autos einzuschränken bzw. das Verbrennen von Stoffen zu kontrollieren.

Maßnahmen zur Erhaltung der Artenvielfalt sind eine unerlässliche Voraussetzung für die Stabilität von Ökosystemen und damit für die Existenz von Leben auf der Erde. Untersuchungen (Kartierung) über das Vorkommen von Arten haben ergeben, dass eine Reihe von Arten gefährdet, vom Aussterben bedroht oder sogar schon ausgestorben sind.
Solche Arten werden in einer **Roten Liste** erfasst. Eine Reihe von Arten wurde durch die **Bundesartenschutzverordnung** unter besonderen Schutz gestellt. Für diese gesetzlich geschützten Arten gelten strenge Vorschriften.

Der Schutz der einzelnen Arten ist eng verbunden mit dem Erhalt ihrer Lebensräume. So tragen auch kleine Randstrukturen (z. B. Hecken und Feldgehölze) oder besonders schützenswerte Biotope wie Trockenrasen und Feuchtgebiete zum Erhalt einer höheren Artenvielfalt bei.
Als besonders wirksam hat sich die Einrichtung von **Großschutzgebieten** erwiesen. Dazu gehören verschiedene Naturschutzkategorien, z. B. *Nationalparks, Biosphärenreservate, Naturparks, Naturschutzgebiete* (NSG) und *Landschaftsschutzgebiete* (LSG).

Aufgabe

Finde heraus, wie sich die Naturschutzkategorien (Nationalpark, Biosphärenreservat, Naturschutzgebiet usw.) jeweils kennzeichnen lassen.
Fertige eine tabellarische Übersicht an.

Mosaik

Naturschutz in Berlin

Der Naturschutz im Land Berlin wird u. a. durch das **Gesetz über Naturschutz und Landschaftspflege von Berlin (Berliner Naturschutzgesetz – NatSchGBln)** vom Oktober 2003 (letzte Änderung im März 2005) geregelt.

Große Waldgebiete, Feldfluren am Stadtrand, Parkanlagen, Seen, Flüsse, Stadtbrachen und Kleingärten bilden zusammen ein abwechslungsreiches Stadtbild. Hierzu gehören natürlich auch die **Naturschutzgebiete (NSG), Landschaftsschutzgebiete (LSG)** und der **Naturpark** Barnim.

So ist beispielsweise der südliche Teil des Grunewaldsees mit seinen Uferbereichen seit 1988 auf einer Fläche von 9,6 Hektar als Naturschutzgebiet ausgewiesen. Das Gebiet gehört zum Landschaftsschutzgebiet Grunewald. Weitere Naturschutzgebiete in Berlin sind u. a. der Schlosspark Lichterfelde, die Niedermoorwiesen am Tegeler Fließ, das Lange Luch, die Pfaueninsel, das ehemalige Flugfeld Johannisthal, die Krumme Lanke und die Unkenpfuhle Marzahn.

Seit 1992 wurde in der Europäischen Union eine neue Schutzkategorie für bestimmte Landschaftsräume eingeführt: die sogenannten **Fauna-Flora-Habitate** (FFH-Gebiete). Durch die Meldung der FFH-Gebiete soll sichergestellt werden, dass natürliche Lebensräume für wildlebende Tier- und Pflanzenarten bewahrt oder wiederhergestellt werden. So sind beispielsweise die Pfaueninsel und der Grunewald als FFH-Gebiete gemeldet. Insgesamt umfasst die Meldung des Landes Berlin an die EU 17 FFH-Gebiete und 5 Vogelschutzgebiete. Die Gesamtfläche dieser Gebiete beträgt 6210,98 ha. Das entspricht 6,97 % der Landesfläche.

Der Naturpark **Barnim** ist ein Länder übergreifendes Gebiet in Berlin und Brandenburg. Die Gesamtfläche des Naturparks beträgt 748 km^2. Davon befinden sich 40 km^2 in den Berliner Bezirken Reinickendorf und Pankow.

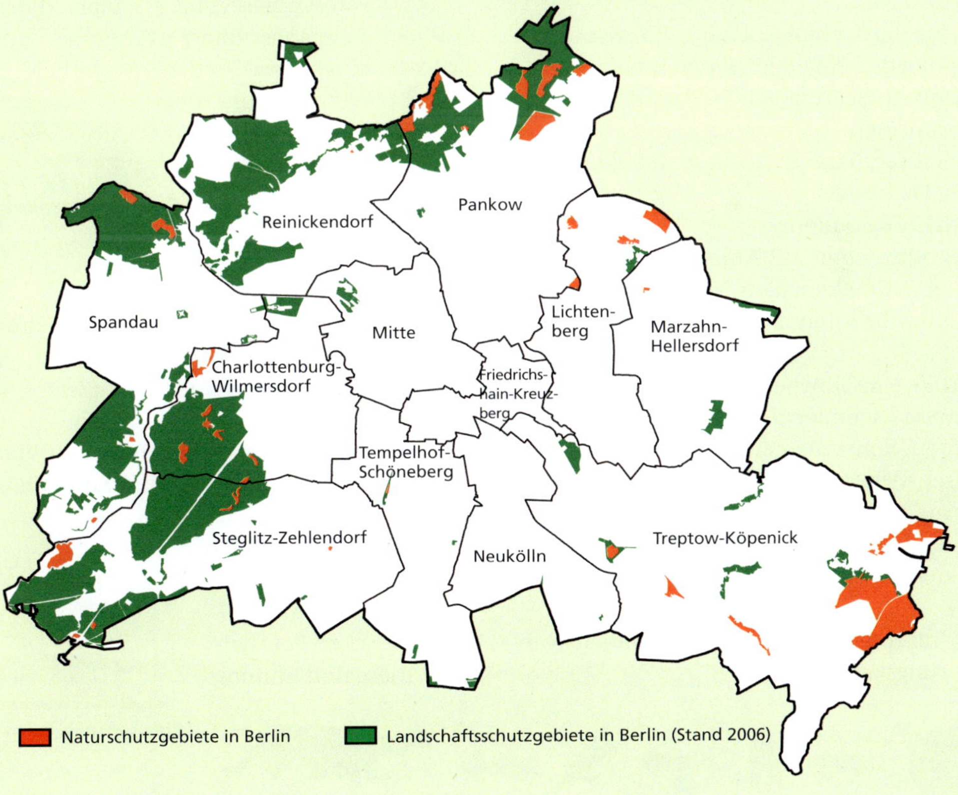

gewusst · gekonnt

1. Nimm in dein Glossar folgende Begriffe auf: Nahrungskette, Nahrungsnetz, Produzent, Reduzent, Saprovoren, Konsument, Destruent, Chlorophyll, Fotosynthese, Zellatmung, Stoffkreislauf, Energiefluss, Nahrungspyramide, Biomasse, ökologisches Gleichgewicht, Versiegelung von Flächen, Treibhauseffekt, Ozonschicht, Naturschutzkategorien, Artenvielfalt.

2. Nenne Tiere, die für den Waldkauz und den Buntspecht Beutetiere darstellen.

3. Ordne die nachfolgend aufgeführten Organismen den entsprechenden Ernährungsstufen zu. Begründe deine Zuordnung.
Organismen:
A: Schwebfliege; B: Hecht; C: Plankton-Algen; D: Frosch
Ernährungsstufen:
1. Produzenten; 2. Konsumenten 1. Ordnung; 3. Konsumenten 2. Ordnung; 4. Konsumenten 3. Ordnung

4. Fertige eine Tabelle an und ordne die Namen folgender Organismen den Produzenten, Konsumenten und Destruenten zu: Busch-Windröschen, Eichhörnchen, Regenwurm, Kellerassel, Reh, Rot-Buche, Wald-Sauerklee, Schimmelpilze, Mäusebussard, Bakterien. Begründe deine Zuordnung.

5. (✱) a) Interpretiere die unten abgebildete Nahrungskette.

b) Formuliere andere Nahrungsketten, in denen die Katze Endkonsument ist.

6. Grüne Pflanzen nehmen unter den Lebewesen und in Ökosystemen eine zentrale Stellung ein, sie stehen beispielsweise oft am Anfang von Nahrungsketten. Welche Eigenschaft der Pflanzen bedingt diese Tatsache? Erläutere.

7. (✱) Welche Bedeutung hat der Prozess der Fotosynthese für das Leben auf der Erde? Erläutere anhand von Beispielen.

8. Die entscheidende Besonderheit der Pflanzen mit Chlorophyll ist die Fotosynthese. Nur sie und einige Bakterien mit Chlorophyll sind in der Lage, diesen Prozess durchzuführen.
a) In welchen Zellorganen erfolgt die Fotosynthese? Erläutere deren Bau.
b) Formuliere die Summengleichung der Fotosynthese und erläutere die Begriffe „Ausgangsstoffe“, „Produkte“ und „Bedingungen“ für die Fotosynthese.
c) Wie verläuft der Prozess der Fotosynthese? Welches ist seine wichtigste Funktion?

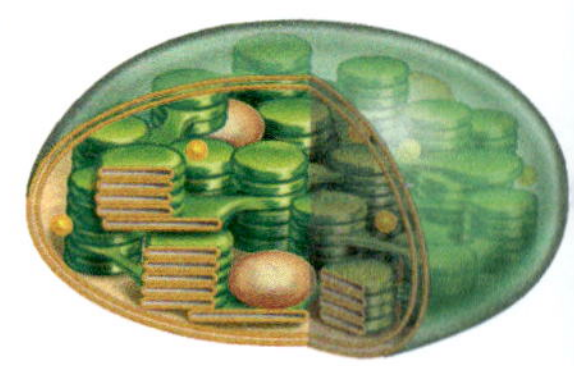

9. Für den Prozess der Nutzbarmachung von Energie, die in organischen Stoffen gespeichert ist, sind die Mitochondrien der Zellen von zentraler Bedeutung.
Beschreibe ein Mitochondrium. Erläutere die Funktion dieser Zellbestandteile.

10. Erläutere anhand der Abbildung den engen Zusammenhang zwischen Fotosynthese und Atmung.

Fotosynthese ⟷ Atmung

11. Übernimm nachstehende Zeichnung der Pyramide in dein Arbeitsheft. Trage in die abgebildete leere Nahrungspyramide folgende Begriffe in der richtigen Reihenfolge ein:

A) Konsumenten 3. Ordnung
B) Produzenten
C) Konsumenten 1. Ordnung
D) Konsumenten 2. Ordnung

a) 100 kg Planktontiere im Gewässer
b) 1 kg Bachforelle
c) 1 000 kg Plankton-Algen im Gewässer
d) 10 kg Blaufelchen (Friedfisch)

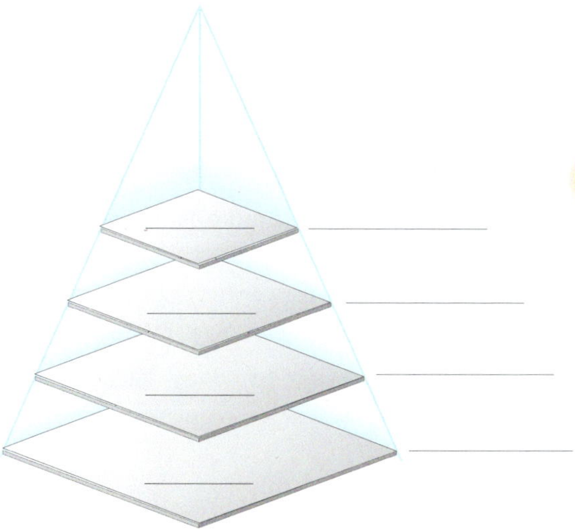

12. Stelle die Räuber-Beute-Beziehung zwischen Fuchs und Waldmaus dar. Inwiefern trägt diese Beziehung zum ökologischen Gleichgewicht im Ökosystem Wald bei?

13. Erläutere an selbstgewählten Beispielen, wie durch menschliche Tätigkeit Störungen in Stoffkreisläufen zustande kommen. Nenne und begründe Maßnahmen, um diese Belastungen zu verhindern bzw. zu verringern.

14. Vergleiche die Eingriffe des Menschen in seine Umwelt früher und heute. Recherchiere dazu auch im Internet.

15. Ermittle im Umfeld deines Wohnortes Maßnahmen (Vorgänge), die Umweltbelastungen mit verursachen könnten.
Gehe auf Konflikte ein, die in diesem Zusammenhang auftreten können.

16. Erläutere an Beispielen aus deiner Umgebung, wo Lebensräume für Pflanzen und Tiere nachhaltig zerstört wurden. Versuche die Auswirkungen auf ein Biotop darzustellen. Nutze dazu auch grafische Mittel.

17. Ermittle im Umfeld deines Heimatortes stark gefährdete und gesetzlich geschützte Arten.

18. Die Artenvielfalt ist für das Leben auf der Erde und damit für den Menschen unerlässlich. Erläutere diese Aussage.

19. Eine ernste Bedrohung für die Ökosysteme der Erde ist der künstlich verstärkte Treibhauseffekt.

a) Beschreibe die Entstehung des Treibhauseffektes.
b) Welche Auswirkungen sind durch die Verstärkung des Treibhauseffektes zu erwarten?
c) Erläutere Möglichkeiten, um Schaden abzuwenden.

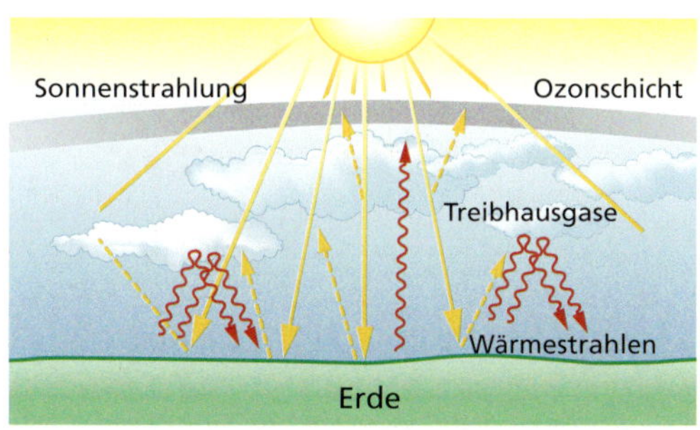

20. Für die Erhaltung und den Schutz von Pflanzen- und Tierarten ist der Schutz natürlicher Lebensräume von großer Bedeutung. Gibt es in der Umgebung deines Heimatortes solche geschützten Lebensräume (z. B. natürliche Hecken, Trockenrasen, Feuchtgebiete)? Was wird zum Schutz dieser Flächen getan?

Stoffkreislauf und Energiefluss im Ökosystem Wald

Kennzeichnend für Ökosysteme sind zu Netzen verbundene Nahrungsketten, die einen ständigen Stoffkreislauf und Energiefluss durch das System bewirken. Dabei zeigen sich die Ökosysteme relativ stabil gegen Einwirkungen von außen, da sie zur Selbstregulation in der Lage sind. Allerdings kann schon die Auslöschung einer einzigen Art das ökologische Gleichgewicht erheblich durcheinander bringen. Auch vom Menschen bedingte Veränderungen können den Bestand von Ökosystemen gefährden.

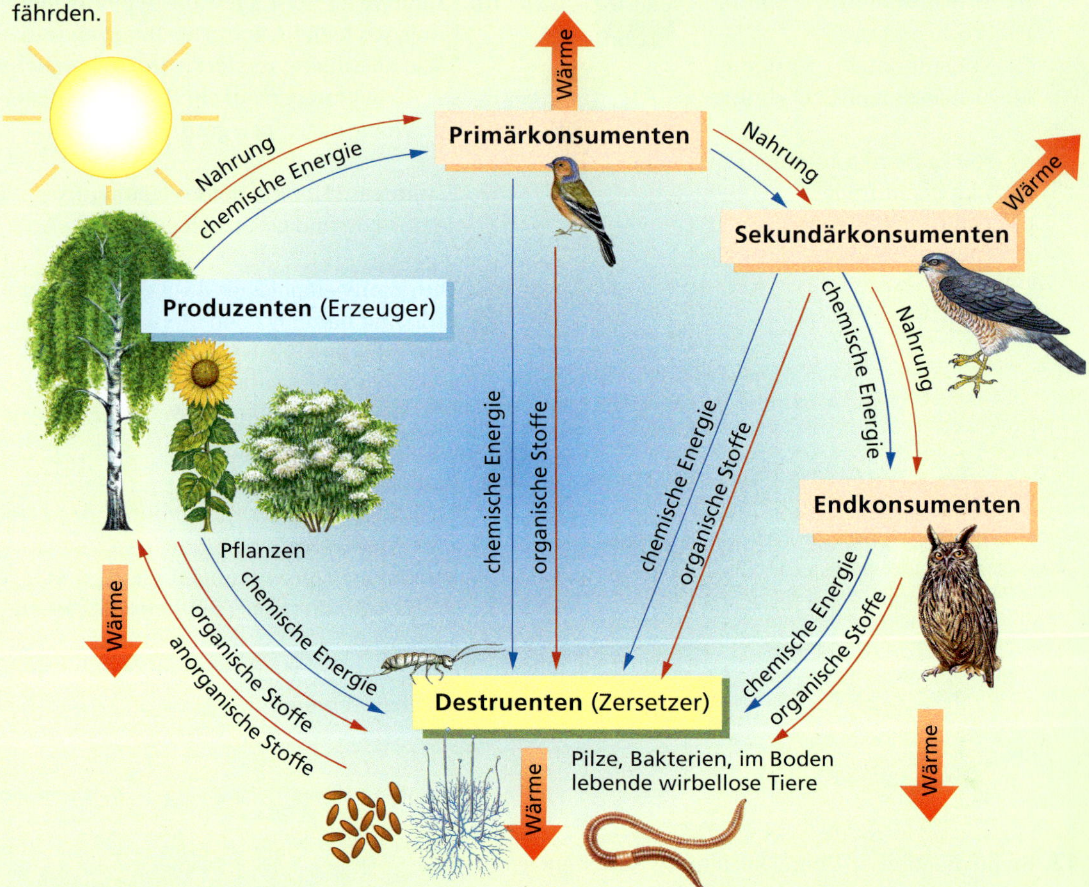

Stoffkreislauf (⟶) und Energiefluss (⇨ ⟶) in einem Ökosystem – ein Überblick

Eingriffe des Menschen und ihre Folgen

- Zerstörung bzw. Umwandlung natürlicher Lebensräume z. B. durch Waldrodung und Bebauung
- Eintrag von Schadstoffen in die Umwelt und damit Veränderung der Lebensbedingungen
- Eindringen von Arten aus anderen Gebieten, die heimische Arten verdrängen
- Anbau von Kulturpflanzen, die so dicht stehen, dass nur für wenige Wildpflanzen Platz bleibt

Maßnahmen zum Schutz der Umwelt

- Sicherung von Flächenschutzgebieten (Naturparks, Biosphärenreservate, Nationalparks, Naturschutzgebiete, Landschaftsschutzgebiete)
- Schutz besonderer Objekte wie Alleen und Moore
- Verringerung der Abgabe von Schadstoffen (u. a. Autoabgase, CO_2-Ausstoß der Industriebetriebe und Haushalte), Reinigung von Abwässern
- Ermittlung und Schutz gefährdeter Arten
- Erhaltung natürlicher Lebensräume (z. B. Hecken, Trockenrasen, Feuchtgebiete)

W

Tiere in ihren Lebensräumen

Wahlbereich: Weichtiere – harte Schale, weicher Kern

Weichtiere sind weltweit verbreitet. Sie sind mit ca. 120 000 Arten nach den Insekten die zweitgrößte Tiergruppe.
Sie besiedeln alle Lebensräume, z. B. Meere, Süßgewässer, Festland. In Gestalt und Lebensweise sind die Weichtiere ebenfalls sehr vielfältig. Zu den Weichtieren gehören die **Schnecken** (Lungen- und Kiemenschnecken; Nackt- und Gehäuseschnecken, Abb. 2), **Muscheln** (Abb. 3) und **Tintenfische** (Kopffüßer, Abb. 4).
Sie besitzen gemeinsame Merkmale: ungegliederter Körper mit drüsenreicher Haut, muskulöser Fuß als Fortbewegungsorgan, oftmals eine schützende Kalkschale bzw. ein Gehäuse (Abb. 1).

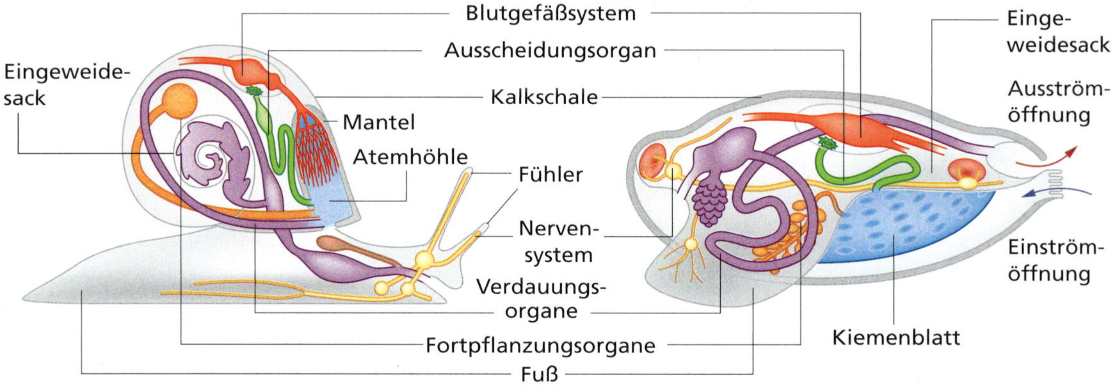

1 Äußerer und innerer Bau von Weinbergschnecke und Miesmuschel (schematisch)

2 Weinbergschnecke
(Helix pomatia)
Gehäuse bis 5 cm

Lebensraum:
feuchte Stellen im Laubwald, Hecken und Gebüschen
Merkmale:
Kalkgehäuse,
2 Paar Fühler,
Eingeweidesack umschließt innere Organe,
Zwitter, trotzdem Paarung,
überwintern in Winterstarre
Nahrung:
saftige Pflanzenteile

3 Teichmuschel
(Anodonta cygnea)
Gehäuse bis 20 cm

Lebensraum:
stehende Süßgewässer
Merkmale:
breite, eiförmige,
dunkelbraune Schale,
innen perlmuttglänzend,
sorgt für biologische Selbstreinigung der Gewässer,
stark gefährdet
Nahrung:
Algen und feinste Teilchen abgestorbener Lebewesen

4 Gemeiner Kalmar
(Loligo vulgaris)
ca. 20 cm

Lebensraum:
Atlantik, Mittelmeer,
gelegentlich Nord-, Ostsee
Merkmale:
gestreckter Körper, mit relativ großen Flossen hinten, stützende Innenschale,
8 Kopfarme (Kopffüßer) und 2 lange Fangarme
Nahrung:
Fische, Muscheln

Die Weinbergschnecke

Die Weinbergschnecke ist eine landlebende Schnecke mit einem ca. 5 cm hohen, spiralig gedrehten Gehäuse. Damit ist sie die größte einheimische **Gehäuseschnecke.**
Ihr etwa 10 cm langer Kriechfuß mit breiter Sohle ist deutlich vom Kopf abgesetzt.
Am Kopf befinden sich **zwei Paar Fühler.** Sie sind berührungsempfindlich. Die größeren Fühler tragen am Ende jeweils ein Auge. Über die Fühler kann die Schnecke Gefahren aus der Umwelt wahrnehmen und sich dann zum Schutz in ihr Haus zurückziehen.
Lunge, Verdauungssystem und offenes Blutgefäßsystem liegen im Gehäuse, umgeben von **Mantel** bzw. **Eingeweidesack** (Abb. 1, S. 94).
Weinbergschnecken bilden sowohl weibliche als auch männliche Keimzellen für ihre Fortpflanzung aus. Sie sind **Zwitter,** können sich aber nicht selbst befruchten. Bei der Paarung schießen die Schnecken ca. 5 mm lange Kalkpfeile, sogenannte **Liebespfeile,** in den Fuß des Partners. Das zeigt die Paarungsbereitschaft an. Beide Schnecken begatten sich gegenseitig, indem sie mit den Fußsohlen aneinander hochsteigen (Abb. 2). Sie geben den eigenen Samen in die Geschlechtsöffnung des Partners, die sich in der Nähe des Kopfes befindet. Die Samen werden in einer Befruchtungstasche aufgehoben, bis einen Monat

1 Die Weinbergschnecke wird heute als Delikatesse gezüchtet.

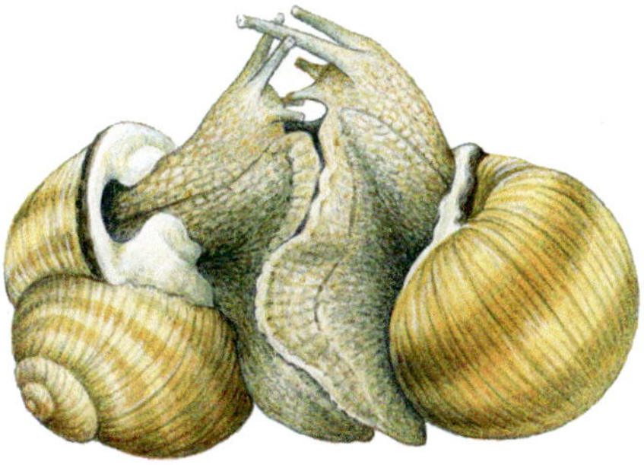

2 Weinbergschnecken bei der Paarung

später die Eizellen reif sind. Die 30 – 60 befruchteten Eier werden in der Erde vergraben, wo nach etwa zwei Wochen die Jungschnecken mit dünnschaligen Häusern schlüpfen.
Bereits die jungen Schnecken weiden mit ihrer **Raspelzunge** (Radula) Algenbewuchs oder weiche Pflanzenteile ab. Da sie auch die Eigelege von Nacktschnecken fressen, sind Weinbergschnecken in Gärten sogar als nützlich zu betrachten.

Aufgaben

1. Wodurch ist es möglich, dass eine Schnecke auch scharfkantige Gegenstände, sogar Messer, Rasierklingen u. a., überwinden kann, ohne sich zu verletzen? Lass eine Schnecke über einen solchen Gegenstand kriechen, beobachte und erläutere deine Beobachtung.

2. Setze eine Schnecke auf eine Glasplatte und beobachte von der Unterseite her deren Fortbewegung. Beschreibe diese.

3. Sammle Gehäuse von Landschnecken. Finde anhand eines Bestimmungsbuches heraus, zu welchen Schnecken die Gehäuse gehören (s. Anhang S. 230).

4. Am Nord- bzw. Ostseestrand findet man Muschelschalen. Bestimme anhand eines Bestimmungsbuches die Muscheln.

Wahlbereich: Wurm ist nicht gleich Wurm

Die Amsel zieht einen Wurm aus dem Rasen, aber den Apfel lässt sie liegen. Da ist der Wurm drin, deshalb ist er so früh vom Baum gefallen. Mehlwürmer waren früher in Bäckereien verbreitet, Holzwürmer bohren sich durch alte Möbel und der *Schiffsbohrwurm* gefährdet nicht nur Holzschiffe, sondern auch Landungsstege aus Holz. Als ganz gefährlich für den Menschen gilt der *Hundebandwurm,* der Lindwurm dagegen ist ein Fabelwesen, vor dem sich heute niemand mehr fürchtet.
Überall kommen Würmer vor, aber ist es vom biologischen Standpunkt aus wirklich korrekt, sie alle als „Würmer“ zu bezeichnen? Welche gemeinsamen Eigenschaften haben sie und welche Unterschiede werden oft übersehen?

„Würmer“ – eine Sammelbezeichnung

„Würmer“ ist eine Sammelbezeichnung. Volkstümlich wird sie ganz allgemein für lang gestreckte Tiere ohne Gliedmaßen verwendet – sogar für *Schlangen* und *Schleichen,* also *Kriechtiere,* die zu den Wirbeltieren gehören. So erklärt sich z. B. die Bezeichnung „Lindwurm“ für ein Fabeltier mit schlangenartigem Körper und Flügeln, auch „Drachen“ genannt.
Aber auch in der Tiersystematik hat man lange sehr unterschiedliche Tiergruppen unter der Sammelbezeichnung *„Vermes“* zusammengefasst. Heute weiß man, dass *Plattwürmer, Rundwürmer, Schnurwürmer, Fadenwürmer* und *Ringelwürmer* nicht näher miteinander verwandt sind, und sie werden im System deshalb als eigene Tierstämme gewertet (Abb. 1).

„Würmer“, die keine sind

Außerdem gibt es aber viele sogenannte „Würmer“, die wirklich keine sind. Der Mehlwurm ist die Larve des *Mehlkäfers,* auch viele Schmetterlinge haben „wurmförmige“ Larven (Raupen), z. B. der *Apfelwickler,* der auch für „wurmige“ Äpfel verantwortlich ist (Abb. oben).

Der *Schiffsbohrwurm* ist eine Muschel, deren Schalen zum Teil zu einem Bohrer umgebildet sind. Diese Bohrmuschel hat wirklich eine wurmförmige Gestalt. Sie lebt im Meer und bohrt Holzteile – z. B. ins Meer gefallene Baumstämme, aber auch Schiffsrümpfe und Hafenanlagen – an. Die Gänge schützen sie nicht nur vor dem Gefressenwerden, sie kann das Holz auch als Nahrung nutzen.
Verschiedene Insekten, vor allem Käfer, haben sich im Holz entwickelnde Larven, die volkstümlich als Holzwürmer bezeichnet werden – vor allem die Larven des *Klopfkäfers (Anobium punctatum).*

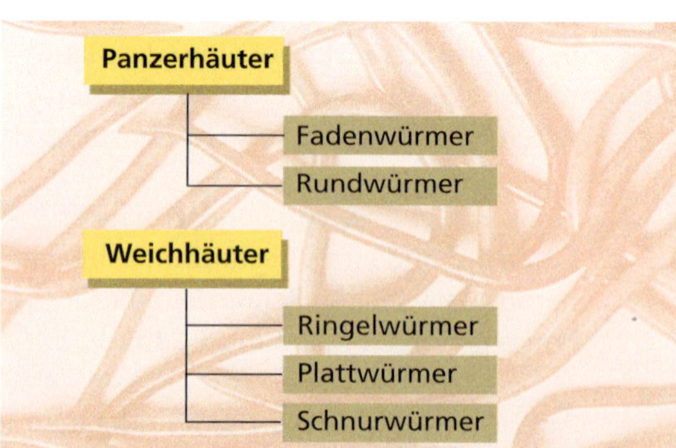

1 Ausschnitt aus der Tiersystematik

2 Regenwürmer und Mehlwürmer

Würmer als Parasiten

Verschiedene wurmförmige Lebewesen - vor allem aus den Tierstämmen der *Plattwürmer* und der *Rundwürmer* - sind **Tierparasiten.** *Spulwürmer* und *Madenwürmer* kommen bei vielen Säugetieren und auch beim Menschen als Darmparasiten vor. Sie gehören zu den Rundwürmern.
Auch die zu den Plattwürmern gehörende Klasse der *Bandwürmer* sind typische **Darmparasiten.** Oft sind sie abgeflacht (wie Bandnudeln) und können teilweise mehrere Meter lang werden. Ihr Körper zeigt bei den meisten Arten äußerlich eine Gliederung. In jedem Abschnitt (Segment) kommen separate Geschlechtsorgane vor, aber das Nervensystem durchzieht alle Segmente. Darm und Kreislaufsystem fehlen. Alle lebenswichtigen Stoffe nimmt der Bandwurm direkt aus seiner Umgebung auf. Gegen die Verdauung durch den Wirt schützt ihn ein Schleimmantel. Die letzten Körperabschnitte sind voll mit Eiern und werden abgeschnürt und mit dem Kot des Wirts ausgeschieden.

Bandwürmer haben Zwischenwirte

Bandwürmer bekommt man z. B., wenn man rohes oder schlecht gekochtes Fleisch von Rindern oder Schweinen isst. Diese können jeweils Zwischenwirt vom **Rinder-** oder vom **Schweinebandwurm** sein (Abb. 1). Wenn diese Tiere mit der Nahrung *Bandwurmeier* aufnehmen, schlüpfen die *Larven* in ihrem Darm. Sie bleiben jedoch nicht dort, sondern wandern durch die Darmwand ins Blutgefäßsystem und werden in die Muskeln transportiert. Dort kapseln sie sich als sogenannte *Finnen* ein. Ein Fleischfresser oder ein Mensch, der rohes Fleisch mit Finnen zu sich nimmt, kann dann zum Wirt eines Bandwurms werden.
Beim *Hundebandwurm* und beim verwandten *Fuchsbandwurm* kann der Mensch auch Zwischenwirt sein. Das ist bedrohlich, denn diese Bandwurmarten bilden besonders große, gefährliche Finnen, vor allem in der Leber und im Gehirn, die sich auch noch ungeschlechtlich vermehren können. Leicht kann eine solche Infektion zum Tode führen.

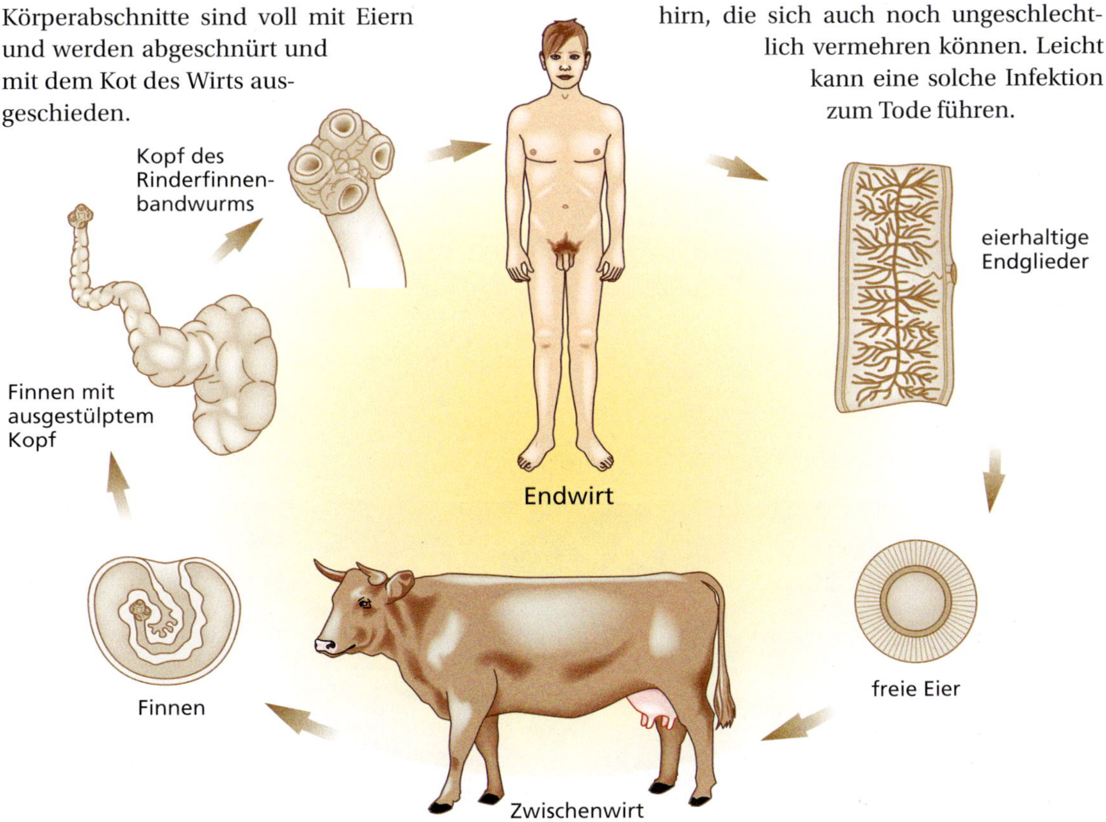

1 Entwicklungszyklus des Rinderbandwurms

Regenwurm – ein Ringelwurm

Körpergliederung und Bau

Der *Gemeine Regenwurm* (Abb. 2) hat einen lang gestreckten, walzenförmigen und weichen Körper, der am Vorder- und Hinterende zugespitzt ist. Er besitzt eine nackte, dünne und schleimige Haut.
Wenn man ihn z. B. mit einer Lupe betrachtet, kann man erkennen, dass der Körper in eine Vielzahl (bis zu 180) fast gleichförmiger Ringe gegliedert ist. Der *Gemeine Regenwurm* gehört in die Gruppe der **Ringelwürmer.**
Mit den nicht näher verwandten Gliederfüßern werden sie zu „Gliedertieren" zusammengefasst.
Jeder Körperring, **Segment** genannt, besitzt vier Paar kurze, steife **Borsten** (Wenigborster.) Die äußere Gliederung (Segmentierung) des Regenwurms setzt sich nach innen fort (Abb. 1). Querwände grenzen die einzelnen Ringe voneinander ab.
Der **Darm** durchzieht den gesamten Körper von der Mundöffnung bis zum After als gestrecktes Rohr. Das **Blut** fließt im Bauchgefäß von vorne nach hinten und in einem Gefäß auf dem Rücken wieder nach vorne. In jedem Segment sind beide durch ein Ringgefäß verbunden.

Bauchseits verlaufen zwei dicht beieinanderliegende Nervenstränge durch den Körper. Ihre Form erinnert an eine Strickleiter. Die Biologen sprechen deshalb von einem **Strickleiternervensystem.** Jeder Ring enthält ein Paar trichterförmige **Ausscheidungsorgane,** die überschüssige Flüssigkeit und Stoffwechselendprodukte aus dem Körper befördern. Unter der äußeren Haut liegt der **Hautmuskelschlauch.** Dieser besteht aus je einer Schicht Ring- und Längsmuskel.

Aufgabe

Halte mithilfe der fett gedruckten Begriffe einen Kurzvortrag über den Bau des Regenwurms.

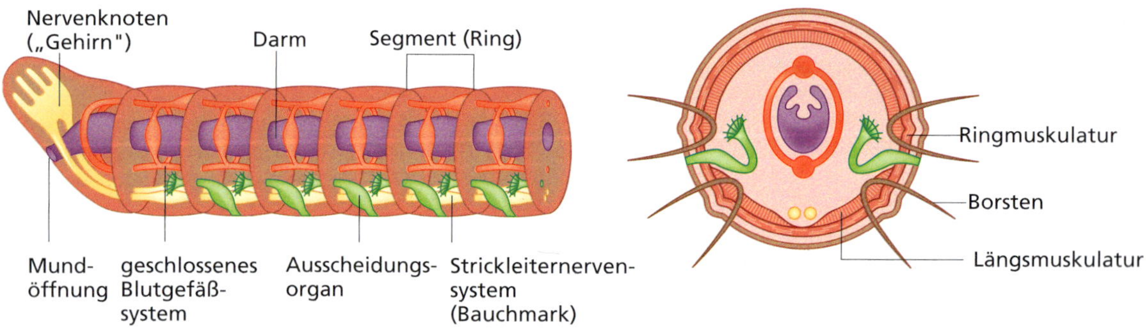

1 Beim Ringelwurm (Längs- und Querschnitt) stimmen äußere und innere Körpergliederung fast überein.

2 Regenwurm im Kompost

Lebensweise des Regenwurms

Fortbewegung: Regenwürmer bewegen sich kriechend fort. Verantwortlich dafür ist der **Hautmuskelschlauch.** Durch Zusammenziehen der Ringmuskeln wird der Körper gestreckt, er wird dünn. Dabei erschlaffen die Längsmuskeln. Anschließend ziehen sich die Längsmuskeln zusammen und die Ringmuskeln erschlaffen. Durch das abwechselnde Zusammenziehen und Erschlaffen der Muskeln entsteht eine wellenförmige Bewegung, dadurch bewegt der Regenwurm sich vorwärts (Abb. 2). Die Borsten unterstützen die Fortbewegung, indem sie sich im Boden festhalten und ein Zurückgleiten verhindern.

Atmung: Tagsüber halten sich die Regenwürmer im kühlen und feuchten Erdboden auf. Sie meiden also Sonne und Trockenheit. Der hohe Feuchtigkeitsbedarf der Regenwürmer hängt mit ihrer Atmung zusammen. Der Regenwurm hat kein spezielles Atmungsorgan. Die Aufnahme von Sauerstoff und die Abgabe von Kohlenstoffdioxid erfolgen durch die dünne, feuchte und schleimige Haut. Er ist ein **Hautatmer.** Starke Sonneneinstrahlung würde seine Haut austrocknen und sie für Atemluft unpassierbar machen. Er müsste ersticken. Deshalb kommt er nachts zur Nahrungssuche aus seinen selbstgegrabenen Erdröhren und lebt tagsüber im feuchten Boden. Er ist ein **Feuchtlufttier** und gut an das Leben im Boden angepasst.

1 Regenwürmer bei der Paarung

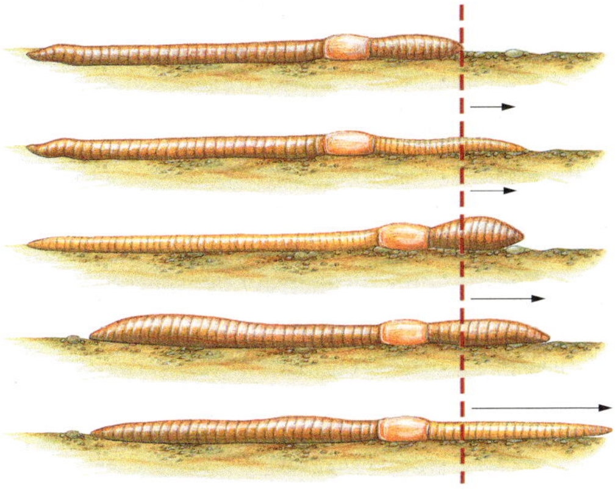

2 Kriechbewegung beim Regenwurm
(⟶ Bewegungsrichtung)

Der Regenwurm bewegt sich kriechend vorwärts. Er ist ein Hautatmer und ein Feuchtlufttier.

Fortpflanzung: Der Regenwurm besitzt sowohl männliche als auch weibliche Geschlechtsorgane. Er ist ein **Zwitter.** Zur Fortpflanzung müssen sich jedoch immer zwei Tiere paaren, denn es erfolgt stets eine wechselseitige Begattung.
Dabei legen sich zwei geschlechtsreife Tiere mit den Vorderenden an einer gelblich gefärbten, ringförmigen Verdickung, dem **Gürtel,** aneinander und tauschen Samenzellen aus (Abb. 1). Danach trennen sie sich wieder.
Die Samenzellen des jeweiligen Partners werden in Samentaschen im Inneren des Körpers aufbewahrt. Sind die Eizellen reif, wird vom Gürtel erneut eine Schleimhülle aufgebaut. Nun windet sich der Regenwurm aus der Schleimhülle heraus, dabei werden Eier und Spermien in die schützende Schleimhülle abgegeben. Es findet die Befruchtung statt. Die Schleimhülle erhärtet an der Luft, sie wird zu einem **Kokon.** Er schützt die befruchteten Eizellen. Aus ihnen entwickeln sich kleine Regenwürmer.
Die Entwicklungsdauer ist u. a. von der Bodentemperatur abhängig. Sie dauert in unseren geografischen Breiten etwa drei bis vier Wochen.

Der Regenwurm ist ein Zwitter. Zur Fortpflanzung findet eine Paarung statt.

Reaktion auf Umwelteinflüsse: Der Regenwurm besitzt zwar keine Augen, trotzdem kann er zwischen hell und dunkel unterscheiden. Verantwortlich dafür sind *lichtempfindliche Zellen,* die über die gesamte Körperoberfläche verteilt sind. Am Kopfende liegen sie besonders dicht beieinander. Diese lichtempfindlichen Zellen stehen mit dem „Gehirn“ und dem Strickleiternervensystem in Verbindung. Gelangt der Regenwurm tagsüber an die Erdoberfläche, nehmen die Lichtsinneszellen die Lichtunterschiede wahr. Er kriecht wieder ins Dunkle zurück.

Der Regenwurm reagiert auch auf Erschütterungen, Berührungsreize und chemische Reize, indem er sich in seine Erdröhre zurückzieht.

Der Regenwurm kann auf Einflüsse der Umwelt, z. B. auf Licht und Berührung reagieren.

Ökologische Bedeutung der Regenwürmer: Der **Lebensraum** der Regenwürmer ist der Boden. Sie leben in einem verzweigten Röhrensystem (Abb. 1), das von der Erdoberfläche bis in zwei Meter Tiefe reicht. Das **Röhrensystem** wird ständig ausgebaut und erweitert, indem sich die Regenwürmer regelrecht durch das Erdreich bohren und fressen. Die neu entstandenen Gänge werden anschließend mit Schleim und Kot ausgekleidet, sodass keine Erde nachrutschen kann.

Das Röhrensystem des Regenwurms stellt ein ideales *Bewässerungs- und Durchlüftungssystem* des Bodens dar. Die Regenwurmröhren erleichtern das Eindringen von Regenwasser und Luft in den Erdboden.

Nachts ziehen Regenwürmer Blätter, Gräser oder abgestorbene Pflanzenteile als Nahrung in ihre Erdröhren. Diese werden jedoch nicht sofort gefressen, sondern erst wenn sie durch die Tätigkeit von Mikroorganismen zersetzt sind. Die vorverdauten Stoffe werden dann zusammen mit den Bodenpartikeln durch den zahnlosen Mund aufgenommen. Unverdaute Nahrungsreste und Mineralien findet man oft als kleine Kothäufchen an der Erdoberfläche unmittelbar neben der Öffnung von Wurmröhren. Auf diese Weise tragen Regenwürmer mit ihrem Kot zur **Humusbildung** sowie **Bodendurchmischung** und damit zur **Verbesserung der Bodenfruchtbarkeit** bei.

1 In einer Bodenschicht von 1 m^2 und 30 cm Tiefe findet man im Durchschnitt 80 Regenwürmer.

Die Regenwürmer rufen in ihrer langsamen, aber ständigen Tätigkeit die Wirkung hervor, die durch Graben, Pflügen und Düngen in kurzer Zeit, aber mit großem Aufwand, durch Landwirte erreicht wird. Außerdem stellt der weiche, fleischige Körper der Regenwürmer ein wichtiges Glied in Nahrungsketten dar, denn sowohl Maulwürfe und Spitzmäuse als auch Igel, Kröten und viele Vogelarten fressen sie mit Vorliebe.

Durch Tiefpflügen mit schweren Maschinen und der damit verbundenen Bodenverdichtung, durch Gülleaufbringung und den Einsatz von chemischen Mitteln wird dem Regenwurmbestand auf landwirtschaftlich genutzten Flächen großer Schaden zugefügt. Dadurch wird auch die Nahrungsgrundlage für andere Tiere gefährdet.

Aufgaben

1. Beschreibe die Angepasstheit des Regenwurms an das Leben im Boden.

2. Beschreibe die Gefahren für den Regenwurm und leite Schutzmaßnahmen ab.

Ermittle Reaktionen des Regenwurms auf Umwelteinflüsse.

Tiere und Materialien:
Regenwürmer, Glasröhre, dunkle Hülle, Taschenlampe, Papier, Filterpapier, Wasser

1. Untersuche die Fortbewegung des Regenwurms.

Durchführung und Beobachtung:
a) Setze einen Regenwurm auf Papier und beobachte seine Fortbewegung.
b) Horche sehr genau auf Bewegungsgeräusche.

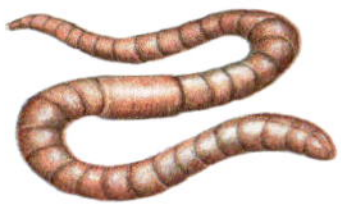

Auswertung:
Beschreibe die Fortbewegung des Regenwurms.
Finde eine Erklärung für die Bewegungsgeräusche.

2. Untersuche die Lichtempfindlichkeit des Regenwurms.

Durchführung und Beobachtung:
a) Schiebe eine dunkle Hülle über die Glasröhre mit dem Regenwurm und beobachte.
b) Setze durch Verschieben der Hülle das Vorder- bzw. Hinterende des Regenwurms (jeweils 2 cm) dem Licht aus und beobachte.
c) Wo befindet sich das Vorderende? Begründe.

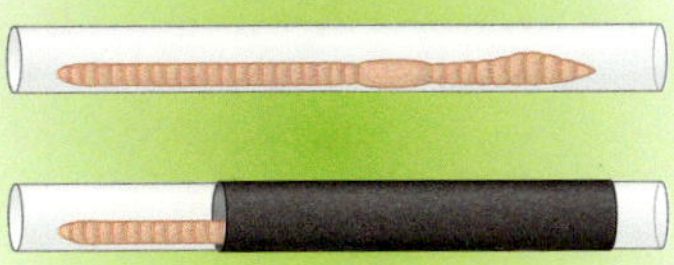

Auswertung:
a) Beschreibe die Reaktion des Regenwurms auf Licht.
b) Begründe das Verhalten des Regenwurms.

Untersuche die Durchmischung des Bodens durch Regenwürmer.

Vorbereitung:
a) Überlege, wie Regenwürmer den Boden durchmischen können und wie das zu beobachten ist.
b) Stelle an Material und Geräten bereit: ein Becherglas oder ein kleines Aquarium, hellen Sand, lockere humushaltige Gartenerde, Wasser, Regenwürmer.
c) Bereite eine Futtermischung für die Regenwürmer vor. Sie soll Kaffeesatz, klein geschnittene Apfelschalen, Wurstschale aus Naturdarm oder ähnliche Küchenabfälle sowie Laub und grüne Blätter enthalten.

Durchführung:
a) Fülle das durchsichtige Gefäß etwa zu einem Drittel mit hellem Sand.
b) Schichte darüber etwa ebenso viel lockere humushaltige Gartenerde.
c) Befeuchte die Gartenerde gut mit Wasser. Achtung, das Wasser darf sich nicht stauen!
d) Setze dann eine Anzahl von Regenwürmern (10 bis 30 Stück) auf die Gartenerde. Gib eine 3 bis 5 cm dicke Schicht des Futtergemisches darauf.
e) Zeichne den Versuchsansatz (s. unten).
f) Beobachte mehrere Wochen lang.

Auswertung:
a) Was hat sich nach einigen Wochen verändert?
b) Stelle die Veränderungen in einer Zeichnung dar.
c) Vergleiche dann beide Zeichnungen und erkläre die Unterschiede.

Wahlbereich: Gliederfüßer – kleine Tiere mit großer Bedeutung

Insekten

Mit etwa 800 000 beschriebenen Arten sind die Insekten die artenreichste Tiergruppe. Man findet sie in fast allen Lebensräumen.

Insekten sind in **Kopf, Brust** und **Hinterleib** unterteilt. Am Kopf befinden sich *ein Paar Antennen, Komplexaugen* (Abb. 1) und *Mundwerkzeuge.* An den Mundwerkzeugen erkennt man die Ernährungsweise der Insekten (s. S. 103).

An der Brust sitzen *drei Paar Laufbeine* und *zwei Paar Flügel,* die je nach Lebensweise unterschiedlich ausgeprägt sein können (s. S. 103).

Insekten gehören zu den **Gliederfüßern** und atmen durch ein verzweigtes Röhrensystem **(Tracheen),** die den gesamten Körper durchziehen. Der meist große Hinterleib enthält die inneren Organe. Das Nervensystem verläuft als Doppelstrang auf der Bauchseite **(Bauchmark)** und ist durch Querstränge in jedem Körpersegment verbunden **(Strickleiternervensystem).**

Die Körperflüssigkeit der Insekten ist eine Mischung aus Blut und Lymphe. Sie wird durch ein **offenes Blutgefäßsystem** durch die Körperhohlräume gepumpt (Abb. 1).

Die *Fortpflanzung* der Insekten erfolgt nach einer inneren Befruchtung über mehrere Larvenstadien und einem Puppenstadium bis zum voll ausgebildeten Insekt. Dann spricht man von einer **vollkommenen Verwandlung** (vollkommene Metamorphose). Fehlt das Puppenstadium, handelt es sich um eine **unvollkommene Verwandlung** (unvollkommene Metamorphose).

2 Käfer gehören zur Klasse der Insekten.

Aufgabe

Informiere dich über die Merkmale der Insektenordnungen der Käfer, Schmetterlinge, Hautflügler und Zweiflügler.

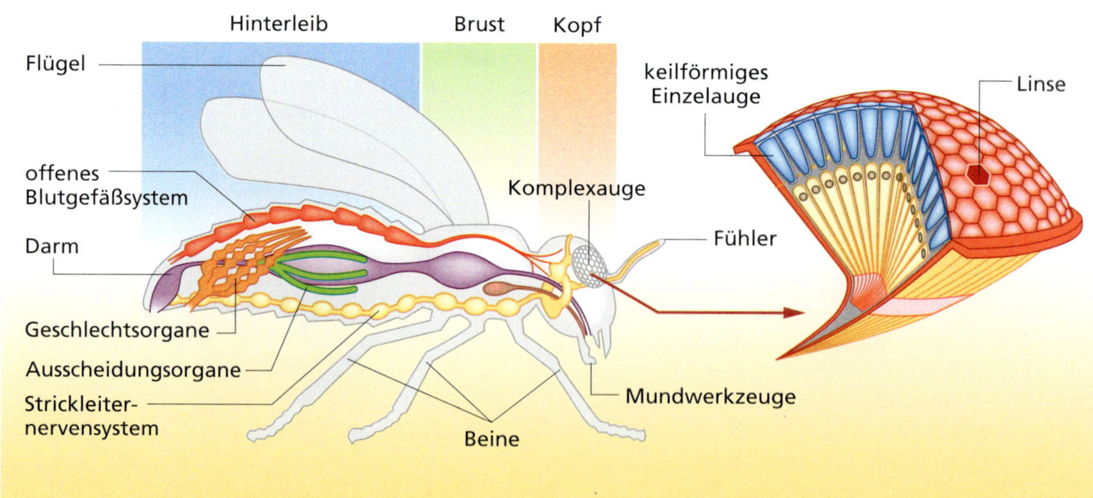

1 Äußerer und innerer Bau eines Insekts (schematisch)

Struktur und Funktion

Insekten sind ein gutes Beispiel dafür, dass sich eine große Vielfalt verschiedener Formen auf einen einheitlichen Grundbauplan zurückführen lässt. Aus einem gemeinsamen Vorfahr haben sich im Laufe der Stammesgeschichte alle diese unterschiedlichen Formen z. B. von Beinen und Mundwerkzeugen der Insekten mit entsprechender Funktion herausgebildet. Es besteht immer ein Zusammenhang zwischen Struktur (Wie?) und Funktion (Wozu?).

Struktur | **Funktion**

Fortbewegung

Das Bein ist schaufelartig, kompakt gebaut.

Grabbein Maulwurfsgrille

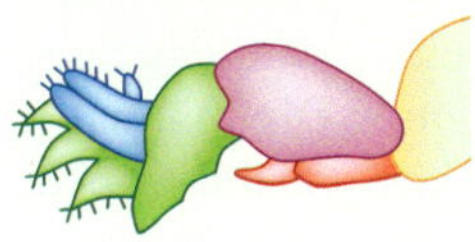

Das Grabbein dient zum Lockern und Wegschaufeln von Erde.

Das Bein ist paddelartig und abgeflacht, mit Borsten besetzt.

Schwimmbein des Gelbrandkäfers

Das Schwimmbein wirkt im Wasser wie ein Ruder.

Nahrungsaufnahme

Die Biene hat kräftige Kauwerkzeuge. Die lange, behaarte Zunge mit löffelartigem Ende ist von zwei Halbröhren umschlossen.

Mundwerkzeug der Biene

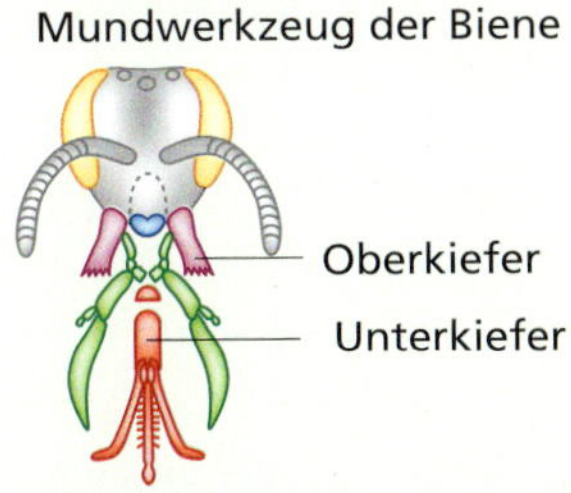

Der kräftige Oberkiefer dient zum Kauen (Pollen). Der Leckrüssel (Unterkiefer) ermöglicht das Auflecken und Aufsaugen des Nektars.

Die Mücke besitzt ein Bündel langer, spitzer Borsten (Stechborstenbündel).

Mundwerkzeug der Mücke

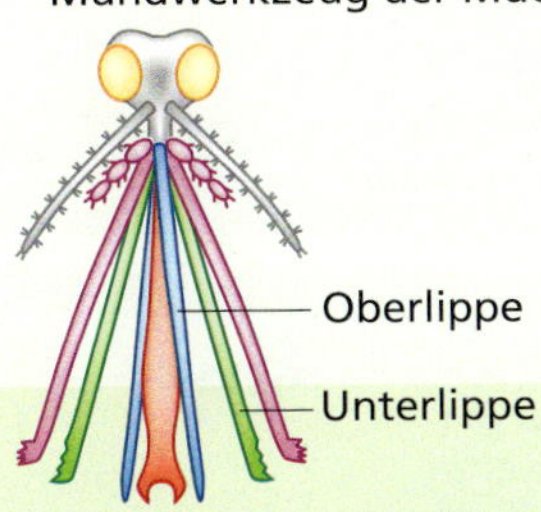

Mit dem Stechrüssel wird die Haut durchstochen und die Nahrung (Blut) aufgesaugt.

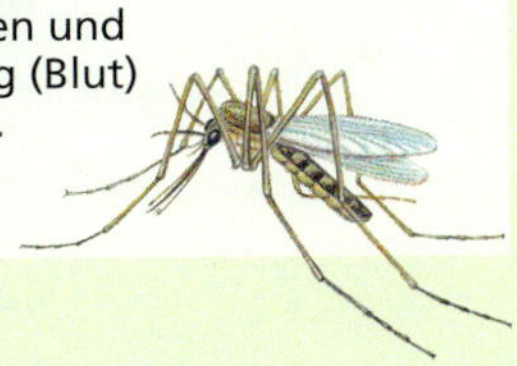

Welchen Vorteil kannst du für das einzelne Tier und für die Erhaltung der Art erkennen, der durch die Vielfalt und Angepasstheit bedingt wird?

Spinnentiere

Spinnentiere besiedeln fast alle Regionen der Erde und zeigen eine große Vielfalt in Körpergröße und Körperbau. Die Gesamtheit der bekannten Spinnentiere umfasst weltweit rund 70 000 Arten. Allen gemeinsam sind ihre Körpergliederung in **Kopfbruststück** und **Hinterleib** (Abb. 1), *vier Paar gegliederte Laufbeine* **(Gliederfüßer)** an der Brust und *zwei Paar Mundwerkzeuge* (Kiefertaster, Kieferklauen) am Kopf.

2 Die Spinne hat ein Beutetier umsponnen.

Betrachtet man die *Mundwerkzeuge* einer **Kreuzspinne** genauer, erkennt man in den Kieferklauen *Giftdrüsen.* Ihr Gift dient zur Lähmung des Beutetieres. Die Kiefertaster enthalten *Tastsinnesorgane.* Dazu dienen auch Haare und Stacheln an den Beinen.
An der Vorderseite des Kopfes befinden sich acht einfache *Punktaugen.* Sie sind in zwei Reihen angeordnet und schaffen ein großes Sichtfeld.
Der *Hinterleib* beinhaltet ein Tracheensystem aus Fächerlungen und Röhrentracheen zur Atmung, ein offenes Blutgefäßsystem, den Verdauungstrakt, die Fortpflanzungsorgane und die Spinndrüsen (Abb. 1).
Kreuzspinnen sind *Räuber.* Hat die Spinne ein Beutetier ausgemacht, wird es mithilfe der Giftdrüsen gelähmt und eingesponnen (Abb. 2).
Dann sondert sie *Verdauungssäfte* in die Beute ab, die diese von innen zersetzen. So vorverdaut kann die Kreuzspinne die Nahrung mithilfe ihres kräftigen Saugmagens aufnehmen.
Die Männchen dieser Spinnen sind in der Regel kleiner als die Weibchen. Bei der *Fortpflanzung* sind deshalb bestimmte Bewegungen und Rituale des Männchens notwendig, um vom Weibchen nicht als Beute angesehen zu werden.
Die abgelegten Eier werden zum Schutz durch das Weibchen in einen Kokon eingesponnen, häufig bewacht oder am Körper befestigt und mitgeführt. Die *Entwicklung* nach dem Schlupf aus dem Ei verläuft direkt, ohne Metamorphosen.

Aufgabe

Im Herbst spricht man oft von „Altweibersommer“. Informiere dich, was es damit auf sich hat.

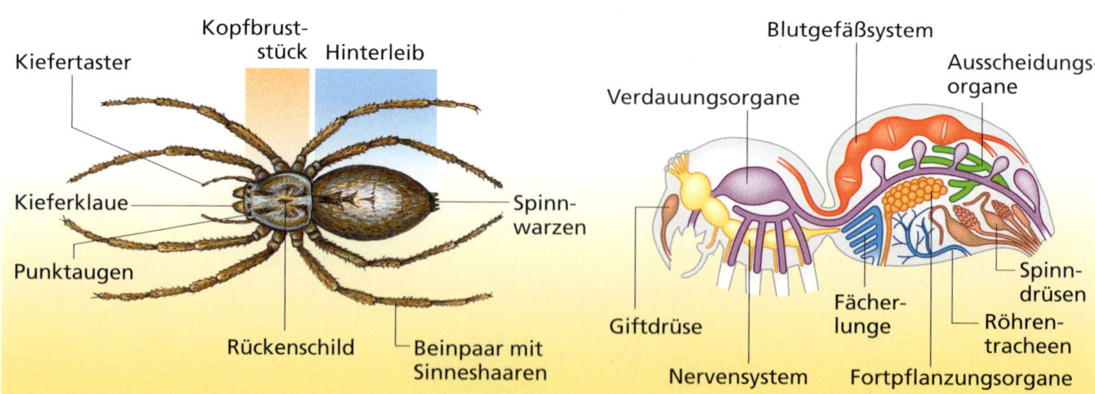

1 Körpergliederung (äußerer Bau) und innerer Bau einer Kreuzspinne (schematisch)

Krebstiere

Weltweit gibt es rund 40 000 Arten von Krebstieren. Der kleinste Krebs ist kleiner als 1 mm. Der größte kann länger als 60 cm werden.
Krebstiere sind vorwiegend **wasserbewohnende Gliederfüßer.**
Ihr Körper gliedert sich häufig in **Kopfbruststück** und **Hinterleib.** Sie haben ein Strickleiternervensystem und einen offenen Blutkreislauf. Typisch für Krebstiere sind *zwei Paar Antennen,* **Kiemen** für die Atmung unter Wasser und die sogenannten **Spaltbeine,** die sich nach einem Stamm in zwei Äste teilen. Der Hinterleib kann unterschiedlich gestaltet sein und Gliedmaßen mit Kiemen oder Schwimmbeine tragen.
Ein Beispiel dafür ist der **Flusskrebs** (Abb. 2). Mit vier *Laufbeinpaaren* an der Brust läuft er langsam vorwärts. Durch die *Schwimmbeine* und den kräftigen *Schwanzfächer* kann er vorwärtsschwimmen und durch ein ruckartiges Schlagen des Fächers gegen den Bauch sogar die Richtung wechseln.
Der Flusskrebs ist ein Allesfresser. Er fixiert seine Nahrung, z. B. Schnecken, Würmer, kleine Fische oder Pflanzen, durch Sinneszellen in den Fühlern oder die zwei *Stielaugen,* ergreift sie mit den großen Scheren und führt sie zu den Mundwerkzeugen.
Viele Krebse betreiben bei ihrer Forpflanzung **Brutfürsorge.** Sie lassen die Eier nicht frei ins Wasser, sondern heften sie an ihre Gliedmaßen oder legen sie in spezielle Bruträume. Nach dem Schlupf aus dem Ei durchlaufen die meisten Krebse verschiedene **Larvenstadien.**
Der Körper fast aller Krebse wird von einem chitinhaltigen, starren Panzer bedeckt. Er dient als **Außenskelett** und gibt dem Körper Schutz und Halt. Da er nicht mitwächst, muss er durch regelmäßige **Häutungen** gewechselt werden. Unter dem alten bildet sich ein neuer, größerer, aber noch weicher Panzer, der langsam aushärtet.

2 Der Flusskrebs lebt nur in sehr sauberen Gewässern.

Aufgabe

Der Flusskrebs ist heute sehr selten in unseren Gewässern. Was sind die Ursachen dafür? Wie kann man ihn schützen?

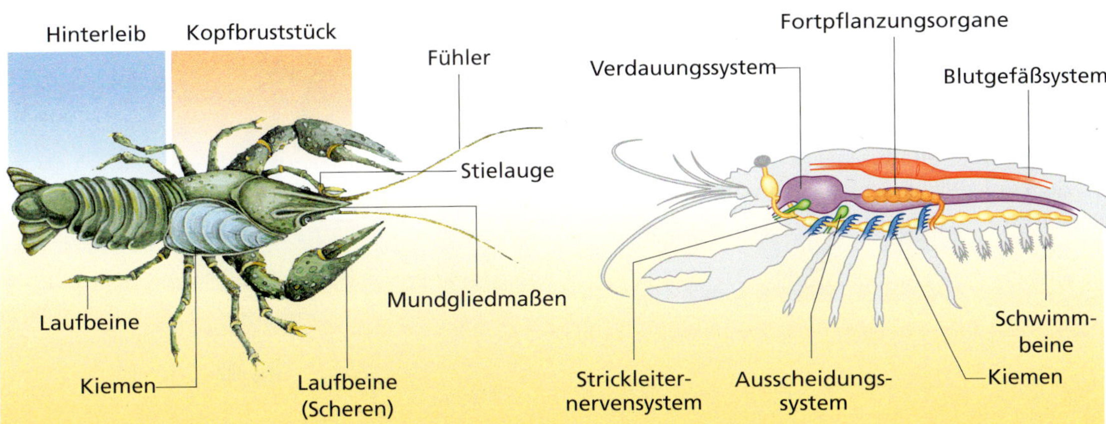

1 Körpergliederung (äußerer Bau) und innerer Bau eines Flusskrebses (schematisch)

Wahlbereich: Wirbeltiere – nah verwandt und doch verschieden

Merkmale der Wirbeltiere

Fische, Amphibien (Lurche), Reptilien (Kriechtiere), Vögel und Säugetiere bilden die Klassen der Wirbeltiere. Sie besitzen gemeinsame Merkmale wie ein Innenskelett mit Wirbelsäule, eine Körpergliederung und die Anlage spezieller innerer Organsysteme (z. B. Herz-Kreislaufsystem, Verdauungssystem).

Darüber hinaus besitzt jede Wirbeltierklasse eigene charakteristische Merkmale.

So bewegen sich die **Fische** im Wasser durch Flossen fort und atmen durch Kiemen. Ihre Haut ist oft von Schuppen bedeckt.

Bei den **Amphibien** leben hauptsächlich die Larven im Wasser. Nach einer Metamorphose (Verwandlung) besitzen die erwachsenen Tiere Lungen und gehen z. T. an Land. Mit ihrer glatten, schleimigen Haut benötigen sie aber feuchte Lebensräume (Feuchtlufttiere).

Anders bei den **Reptilien;** sie sind unabhängig vom Wasser und besitzen eine trockene, hornige Haut als Schutz vor Austrocknung (Trockenlufttiere). Sie atmen zeitlebens durch Lungen.

Die **Vögel** haben zusätzlich die Luft als Lebensraum erobert. Ihr angepasster Körperbau (z. B. Lunge mit Luftsäcken, hohle Knochen) und ihre mit Federn bedeckte Haut ermöglichen das Fliegen.

Die **Säugetiere** sind die einzige Wirbeltierklasse, die Milchdrüsen besitzt und damit ihre Jungen säugt. Ihre Haut ist mit Haaren besetzt.

Aufgabe

Ordne die Abbildungen (a bis e) zur Hautbedeckung den verschiedenen Wirbeltierklassen zu.

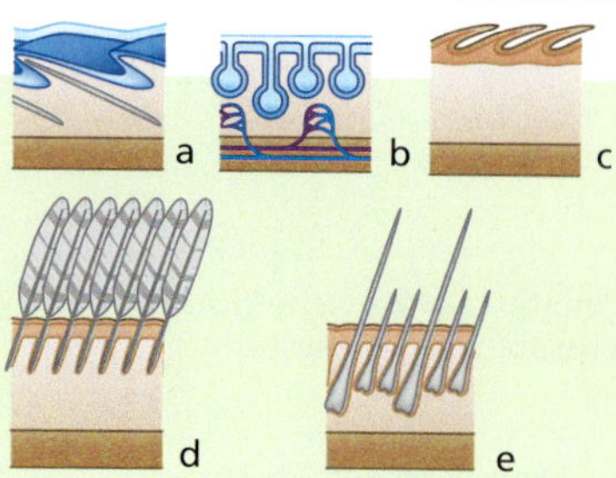

1 Jede Wirbeltierklasse hat charakteristische Merkmale.

1. Ermittle die Wärme-Isolation verschiedener Materialien.

Materialien:
5 gleich große Bechergläser (200 ml), Wasser, 5 Thermometer, Fell, Papier, Stoff, Heizplatte, Messuhr, Wasserkessel

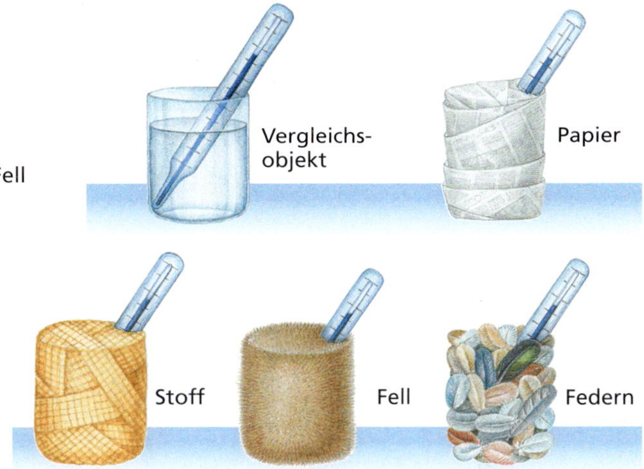

Durchführung und Beobachtung:
1. Je 1 Becherglas wird mit Stoff, Papier, Fell und Federn fest umhüllt. Das 5. Gefäß verbleibt als Vergleichsobjekt (Abb.). In jedes Becherglas wird ein Thermometer gestellt.
2. In einem Wasserkessel wird Wasser auf 45 °C bis 50 °C erhitzt.
3. In jedes Becherglas wird vorsichtig (Arbeitsschutz beachten!) die gleiche Wassermenge eingefüllt.
4. Beobachte nach 5, 10 und 15 min die Höhe der Temperatur in den Thermometern und notiere sie.

Auswertung:
1. Vergleiche die in den 5 Thermometern angezeigte Temperatur.
2. Welche Schlussfolgerungen kannst du in Bezug auf die Qualität der Wärme-Isolation der verwendeten Materialien ziehen?
3. Ziehe Schlussfolgerungen in Bezug auf die Körperbedeckung und die Körpertemperatur der verschiedenen Wirbeltierklassen.

2. Gestalte einen Steckbrief.

Alle Säugetiere in der Arktis sind richtig warm eingepackt.

a) Informiere dich über die Lebensweise von Robben, Eisbären oder Polarfüchsen.
b) Suche im Atlas und Internet nach ihren Lebensräumen im Winter und im Sommer.
c) Wie schützen sie sich vor Kälte?

Merkmale der Wirbeltierklassen		
	Fische	**Amphibien**
Skelett	 Schädel, Wirbelsäule, Rippen, Flossenstrahlen	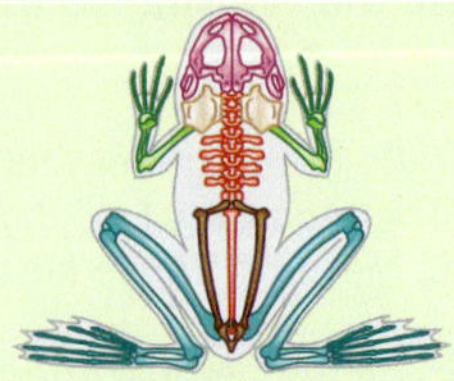 Schädel, Wirbelsäule, Rippen, Schultergürtel, Beckengürtel, Vorder- und Hintergliedmaßenskelett
Herz-Kreislauf-system	einfacher Blutkreislauf 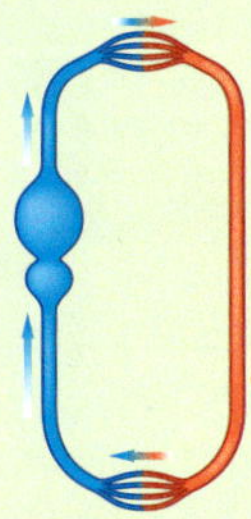 Herz mit 1 Vorhof, 1 Herzkammer	doppelter Blutkreislauf 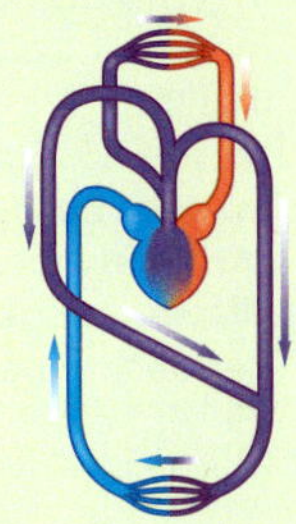 Herz mit 2 Vorhöfen, 1 Herzkammer, Mischblut
Atmung	Kiemen 	Kaulquappen: Kiemen 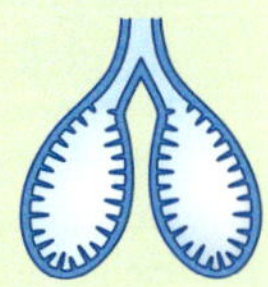 ausgewachsene Amphibien: sackförmige, einfach gekammerte Lunge, Hautatmung, Mundhöhlenatmung
Körper-temperatur	wechselwarm Körpertemperatur ändert sich mit der Außentemperatur	wechselwarm Körpertemperatur ändert sich mit der Außentemperatur
Fortpflanzung geschlechtlich	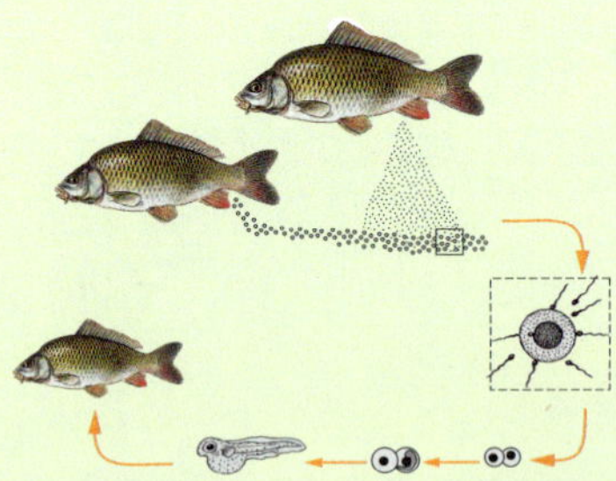 schalenlose Eier; befruchtetes Ei, Fischlarve, Jungfisch, erwachsener Fisch; Entwicklung im Wasser	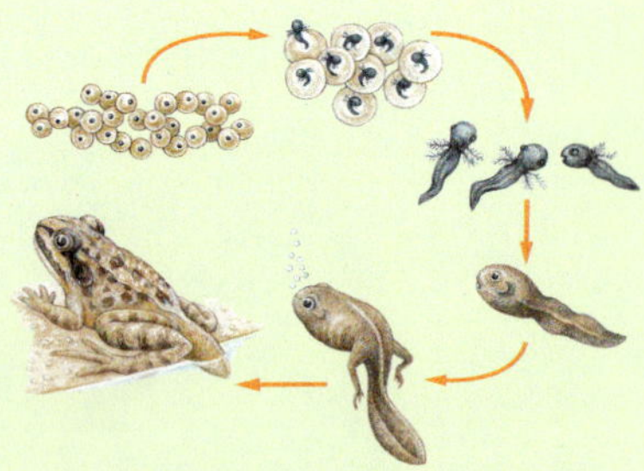 Eier mit Gallerthülle; befruchtetes Ei, Froschlarve (Kaulquappe), Jungfrosch; Metamorphose im Wasser
Befruchtung	äußere Befruchtung	äußere Befruchtung (Froschlurche) innere Befruchtung (Schwanzlurche)
Lebensraum	Wasser	Wasser / Land

Merkmale der Wirbeltierklassen		
Reptilien	**Vögel**	**Säugetiere**
 Schädel, Wirbelsäule, Rippen, Schulter-, Beckengürtel, Vorder- und Hintergliedmaßenskelett	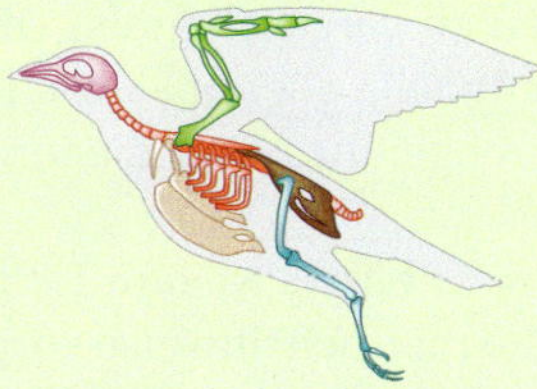 Schädel, Wirbelsäule, Rippen, Brustkorb, Schulter- und Beckengürtel, Vorder- und Hintergliedmaßenskelett	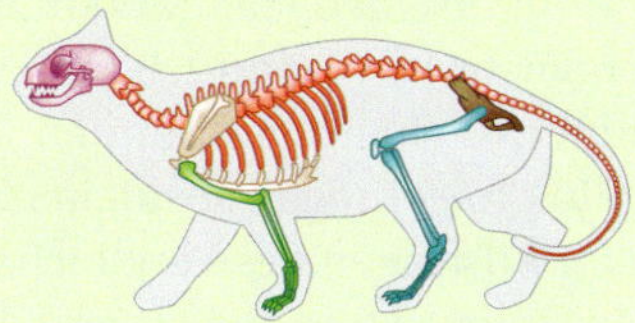 Schädel, Wirbelsäule, Rippen, Brustkorb, Schulter- und Beckengürtel, Vorder- und Hintergliedmaßenskelett
doppelter Blutkreislauf Herz mit 2 Vorhöfen, teilweise getrennter Herzkammer, Mischblut 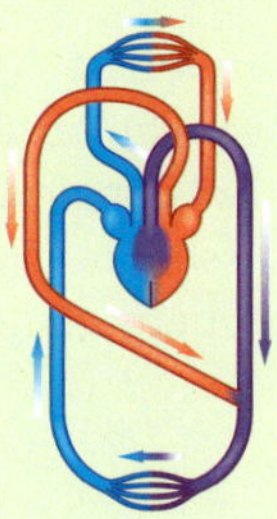	doppelter Blutkreislauf Herz mit 2 Vorhöfen, 2 Herzkammern 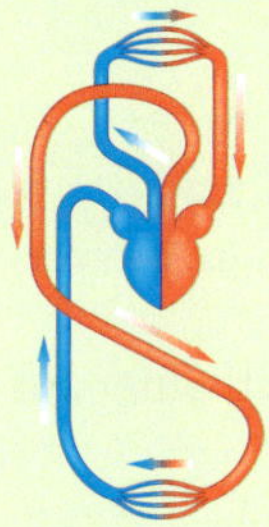	doppelter-Blutkreislauf Herz mit 2 Vorhöfen, 2 Herzkammern 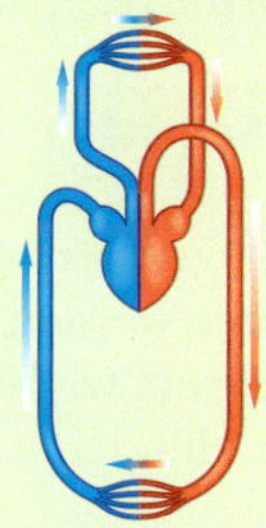
mehrfach gekammerte Lunge 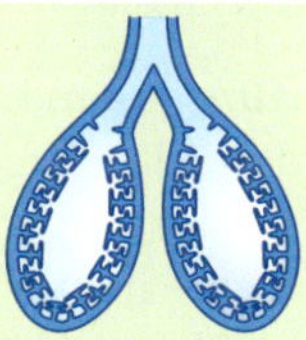	stark gekammerte Lunge (Luftsäcke) 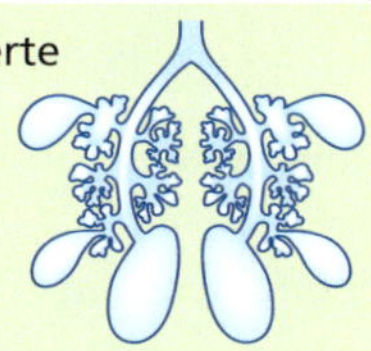	Lunge mit Lungenbläschen 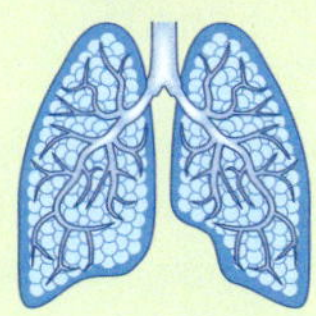
wechselwarm Körpertemperatur ändert sich mit der Außentemperatur	gleichwarm Körpertemperatur bleibt immer gleich (ca. 42 °C)	gleichwarm Körpertemperatur bleibt immer gleich (ca. 37 °C)
 pergament- oder kalkschalige Eier; Schlupf der Jungtiere; Entwicklung an Land	 kalkschalige Eier; Ausbrüten der Eier, Schlupf der Jungvögel; Entwicklung an Land	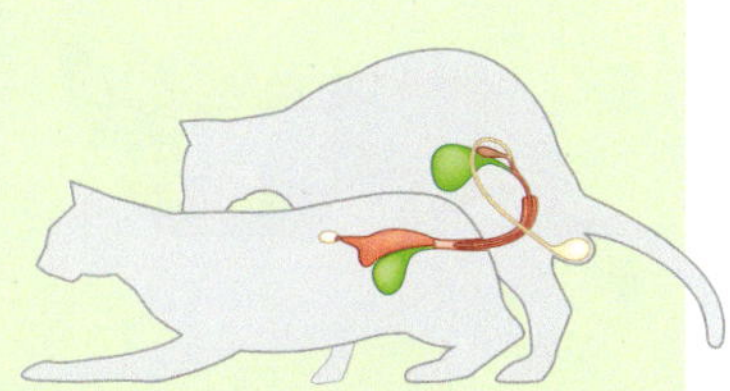 Eizellen im Mutterkörper; Entwicklung im Mutterleib; lebend gebärend, Jungtiere werden gesäugt
innere Befruchtung	innere Befruchtung	innere Befruchtung
Wasser / Land	Land / Luft / Wasser	Land / Luft / Wasser

Wie vergleiche ich Naturgegenstände bzw. Vorgänge?

Das **Vergleichen** ist eine wichtige Tätigkeit im Biologieunterricht. Dabei soll man übereinstimmende und unterschiedliche Merkmale von den zu vergleichenden Objekten ermitteln. Die Ergebnisse des Vergleichs kann man z. B. in Form einer Tabelle oder in Sätzen formuliert darstellen. Da ein Vergleich immer zu einem bestimmten Zweck durchgeführt wird, dienen die Ergebnisse dazu, weiterführende Schlussfolgerungen abzuleiten.
Beim Ausführen des Vergleichs werden sehr häufig weitere Tätigkeiten benötigt, z. B. das Beobachten und Untersuchen. Beim Vergleichen sollte man **schrittweise vorgehen.**

Aufgabe
Vergleiche ein Wirbeltier und ein wirbelloses Tier nach ausgewählten Gesichtspunkten.

1. Schritt

Festlegen der Objekte bzw. Organismen, die verglichen werden sollen
Wähle ein wirbelloses Tier und ein Wirbeltier aus (z. B. Hund und Biene).

2. Schritt

Auswählen geeigneter Kriterien (Merkmale) für den Vergleich
Lege fest, welche Merkmale verglichen werden sollen.
Überlege, welche Hilfsmittel du für die Beobachtung oder Untersuchung brauchst.

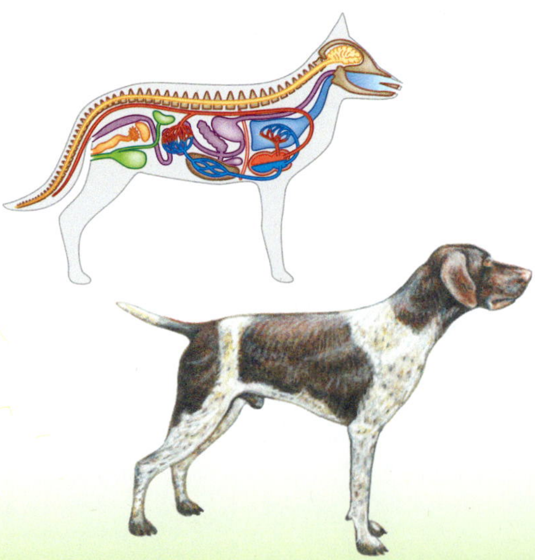

3. Schritt

Durchführen des Vergleichs
- Ermittle Gemeinsamkeiten und Unterschiede beider Tiere anhand der gewählten Kriterien.
- Stelle die Ergebnisse dar. Diese können in einer Tabelle gegenübergestellt oder als Text formuliert werden.

4. Schritt

Ableiten von weiterführenden Erkenntnissen
Abschließend werden die Ergebnisse zusammengefasst. Ziehe Schlussfolgerungen aus dem Vergleich und versuche mögliche Verallgemeinerungen oder weiterführende Erkenntnisse abzuleiten.
Es besteht die Möglichkeit, die gewonnenen Ergebnisse zu präsentieren. Dazu kann z. B. ein Vortrag gehalten (s. S. 89) oder ein Poster gestaltet werden (s. S. 168).

Hund und Biene im Vergleich

Aufgabe
Vergleiche ein Wirbeltier und ein wirbelloses Tier nach ausgewählten Gesichtspunkten.

1. Schritt:
Hund und Biene werden als zu vergleichende Beispiele für Wirbeltier und wirbelloses Tier ausgewählt, weil es sich bei beiden um sehr bekannte Tierarten handelt, die auch vom Menschen genutzt werden.

2. Schritt:
Für den Vergleich werden folgende Merkmalsbereiche ausgewählt, weil sich darüber relativ leicht Information beschaffen lässt: Körpergliederung, Extremitäten, Skelett, Nervensystem, Atmungsorgane, Ernährungsweise.

3. Schritt:
Für die ausgewählten Merkmalsbereiche werden die Unterschiede und Gemeinsamkeiten ermittelt und zusammengefasst (s. Tabelle).

4. Schritt:
Aus dem Ergebnis des Vergleichs lassen sich zum Beispiel folgende Schlüsse ziehen:

- Gemeinsamkeit wie Nervensystem, heterotrophe Ernährung und Extremitäten zur freien Ortsbewegung lassen erkennen, dass beide Lebewesen dem Reich der Tiere zuzuordnen sind.
- Das wichtigste Kennzeichen der Wirbeltiere ist der Besitz einer Wirbelsäule, in die das Rückenmark als Teil des Zentralnervensystems eingelagert ist. Während der Hund eindeutig dieser Tiergruppe zuzuordnen ist, gehört die Biene zu den wirbellosen Tieren, da ihr eine Wirbelsäule fehlt und ihr Zentralnervensystem bauchseitig als Bauchmark angelegt ist.
- Aufgrund des Außenskeletts, der sechs Extremitäten und der Tracheenatmung lässt sich die Biene der Klasse der Insekten zuordnen.

Merkmalsbereich	Biene	Biene und Hund	Hund
Körpergliederung	Körper segmentiert; in Kopf, Brustabschnitt und Hinterleib gegliedert	Kopf deutlich abgesetzt	Körper in Kopf, Rumpf und Schwanz gegliedert
Extremitäten	6 Beine, 4 Flügel	Beine ausgebildet	2 Beine, keine Flügel
Skelett	äußerer Chitinpanzer, kein inneres Skelett		inneres Skelett aus kalkhaltigen Knochen, Wirbelsäule
Nervensystem	bauchseitig zwei parallele, an Knoten verbundene Nervenstränge (Bauchmark), im Kopf Ober- und Unterschlundganglion 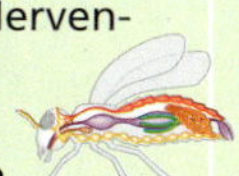	Zentralnervensystem vorhanden	Nervenstrang in Wirbelsäule (Rückenmark), im Kopf großes Gehirn 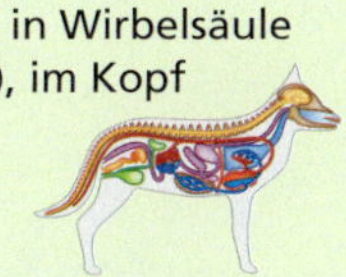
Atmungsorgane	Tracheensystem 	Aufnahme von Sauerstoff, Abgabe von Kohlenstoffdioxid	Lunge mit Lungenbläschen 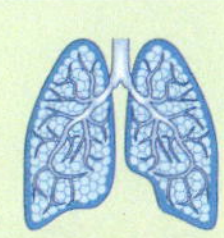
Ernährungsweise	leckendsaugend (Leckrüssel für z.B. Nektar und Pflanzensäfte) 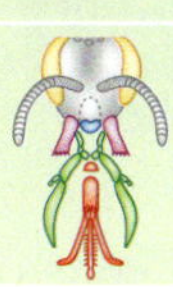	heterotrophe Ernährung	Fleischfresser 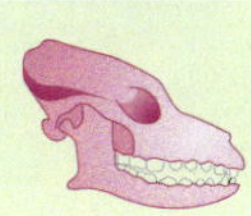

Wahlbereich: Verhalten von Tieren – alles angeboren?

Wenn der Winter zu Ende geht, fallen uns zunehmend die **Vögel** auf: nicht nur, weil sie aus ihrem Winterquartier zurückkommen und es mehr werden, sondern vor allem, weil sie sich akustisch bemerkbar machen. *Meisen* rufen, *Amseln* flöten, *Nachtigallen* singen (Abb. 1), *Stare* zwitschern, im Park schmettern *Buchfinken* ihren Gesang und *Spechte* trommeln schnarrend an trockenem Holz. Wir können dies beobachten und uns daran erfreuen: Es wird Frühling!

Wir können uns aber auch Gedanken darüber machen und Fragen stellen, z. B.: Weshalb äußern sich die Vögel so geräuschvoll? Warum tun sie es besonders im Frühling, oder fällt es uns dann nur besonders auf? Ist es nicht gefährlich, sich so offensichtlich zu präsentieren? Was tun die Vögel, wenn sie nicht singen?

Solche Fragen stellen sich auch die **Verhaltensbiologen:** Die Wissenschaftler suchen möglichst objektive Antworten auf diese Problemstellungen. So beschäftigen sie sich v. a. damit, wie sich Tiere benehmen und bewegen, wie sich ihre Körperhaltung oder ihre Färbung verändert und was sie von sich geben (neben den Lautäußerungen z. B. auch Duftstoffe, Abb. 2).

Typische Fragestellungen der Verhaltensbiologie sind z. B.:

- Wie reagiert ein Organismus auf konkrete Umweltbedingungen bzw. auf Veränderungen in seiner Umwelt?
- Wie ist sein Verhalten an die jeweiligen Umweltbedingungen angepasst?

In diesem Zusammenhang wird beispielsweise untersucht, wie das Tier Zugang zu seiner Nahrung erhält und wie sein Sozialverhalten ist (z. B. das Gruppenverhalten). Nicht zuletzt interessiert, wie das Finden eines Sexualpartners erfolgt und welche Verhaltensweisen bei der Fortpflanzung und bei der Aufzucht der Jungen eine Rolle spielen. Grundlage für die Forschung ist das Sammeln von Daten. Diese werden dann verglichen und interpretiert. So wird versucht, Mechanismen zu finden, die das Verhalten auslösen, steuern und regulieren.

Aufgaben

1. Finde Beispiele dafür, dass Tiere ihre Farbe verändern oder Duftstoffe abgeben. Welche Bedeutung hat das für das jeweilige Tier?

2. Nenne Tiere, die in der Natur nie, selten oder fast immer allein leben. Finde Beispiele in den unterschiedlichsten Gruppen des Tierreiches.

1 Eine singende Nachtigall

2 Hunde markieren ihr Revier mit Urin.

Mit etwas Erfahrung kann man eine *Nachtigall* an ihrem Gesang identifizieren. Ein bestimmtes Hämmern am Baumstamm ist typisch für den *Großen Buntspecht.* Die Brutpflege des *Kuckucks* ist so charakteristisch, dass sie sogar Eingang in unsere Sprache gefunden hat: Der Begriff „Kuckucksei“ ist jedem bekannt. Das Verhalten der Tiere ist artspezifisch. Warum verhalten sie sich jedoch so? Ob das Verhalten angeboren oder erlernt ist, wurde lange diskutiert.
Von uns Menschen wissen wir, dass viele Merkmale, wie Augenfarbe und Nasenform, vererbt werden, dass es aber auch viele erlernte Eigenschaften gibt, z. B. die Kenntnis einer Sprache und das Bedienen eines Computers. Wie steht es jedoch beim Verhalten der Tiere mit der Bedeutung von Vererbung und Umwelteinflüssen? Wie kann man ermitteln, ob eine Verhaltenweise ererbt oder erlernt ist?

Grillenmännchen kämpfen z. B. nach einem ererbten Muster, der schwächere Kampfpartner zieht sich zurück. Dies kann man daran erkennen, dass auch isoliert aufgezogene Grillenmännchen dieses Verhalten zeigen. Hat sich aber ein starkes Männchen vorher nur mit noch stärkeren auseinandergesetzt und musste sich immer zurückziehen, kann es nach dieser Erfahrung auch gegen Schwächere verlieren.

1 Der Mensch ersetzt das Rudel des Hundes.

Umgekehrt gewinnt ein Grillen-Männchen auch gegen einen etwas stärkeren Rivalen, wenn es vorher nur *Erfahrungen* mit noch schwächeren gemacht hat und immer der Sieger war.

Unsere Haushunde stammen vom Wolf ab. Sie besitzen in ihren Verhaltensweisen noch viel „Wölfisches“.
So ersetzen Herrchen und Frauchen oder die menschliche Familie das Rudel, in dem der **Hund** seine Position hat.
Dieses Verhalten ist ihm *angeboren.* Andererseits muss er herausfinden, ob er der bestimmende Rudelführer ist oder ein anderes „Rudelmitglied“. Das muss er *lernen,* davon hängt ab, wie er sich in seinem direkten, individuellen Umfeld und zu seinen Bezugspersonen verhält.

Aufgaben

1. Nenne verschiedene Hunderassen.
   a) Besitzen sie unterschiedliche Charaktereigenschaften?
   b) Verhalten sie sich deshalb verschieden?
   c) Könnte das angeboren sein? (Wie könnte man das herausfinden?)

2. Überlege, was ein junger Hund lernen muss.

2 Hunderassen mit unterschiedlichen Eigenschaften

Angeborene Anpassung an die Umwelt

Die bei uns lebenden *Mäuse* vermeiden es, über freie Flächen zu laufen. Auch wenn es mit einem Umweg verbunden ist, suchen sie immer Kontakt zu einer Deckung, an der sie sich schnell entlangbewegen (Abb. 1). So meiden sie offene Gefahrenzonen und sind wenigstens teilweise vor ihren natürlichen Fressfeinden (z. B. Katze, Fuchs, Greifvögel) geschützt.

Wüstenmäuse leben dagegen in übersichtlichem Gelände, wo es kaum Deckung gibt. *Gerbile* (Wüstenrennmäuse) z. B. stoppen beim Laufen immer wieder kurz ab. So können Fressfeinde, vor allem Greifvögel, die Bewegung des *Gerbils* kaum vorausberechnen und verfehlen häufig die Beute. Wüstenmäuse richten sich außerdem häufig auf und schauen herum (Abb. 2).

Diese **artspezifischen Verhaltensweisen** von Mäusen sind **angeboren.** Sie haben sich im Laufe der Evolution als vorteilhaft erwiesen und sind Anpassungen an die jeweilige Umwelt.

Aufgabe

Beschreibe, was geschehen könnte, wenn die genannten Verhaltensweisen von Mäusen nicht im Erbmaterial festgelegt wären, sondern erst individuell gelernt werden müssten.

1 Die Rötelmaus ist eine einheimische Maus.

2 Afrikanische Striemen-Grasmaus

Anpassung an die Umwelt durch Lernen

Tiere passen sich in ihrem Verhalten durch Lernvorgänge an ihr Umfeld an. Die Lernvorgänge basieren auf individuellen Erfahrungen. Um lernen zu können, muss ein Lebewesen in der Lage sein, Informationen (Reize) aus der Umwelt aufzunehmen, zu verarbeiten und zu speichern. Da wir nicht von vornherein wissen, welche Informationen aufgenommen werden und ein bestimmtes Verhalten auslösen, sind Lernprozesse schwer zu beobachten. Deshalb ist es nicht immer leicht zu entscheiden, welche Anteile im Verhalten des Tieres angeboren oder erlernt sind.

Die Fähigkeit, bestimmte Dinge lernen zu können, ist immer mit artspezifischen Voraussetzungen verbunden. Diese **Lerndisposition** ist angeboren und an das natürliche Lebensumfeld angepasst. Wellensittiche z. B. kommunizieren in der Natur intensiv mit ihrem lebenslangen Partner, in dem sie gegenseitig ihre Laute nachahmen. Werden sie als Haustiere gehalten, lernen die Vögel durch die Nachahmung einzelne Wörter der menschlichen Sprache.

Über dieses **Lernen durch Nachahmung** können in einzelnen Tiergruppen und Populationen auch **Traditionen** entstehen, die von Individuum zu Individuum weitergegeben werden.

3 Wellensittiche lernen voneinander.

Lerndispositionen können sich im Laufe eines Tierlebens verändern. Ein Beispiel hierfür ist das **Prägungs-Lernen.** Dieser Lernvorgang ist auf eine kurze Zeit, die **sensible Phase,** begrenzt. Entenküken sind „Nestflüchter", sie laufen bereits kurz nach dem Schlüpfen herum. Da die Ente ihre Küken kaum zusammenhalten kann, müssen die Küken ihrer Mutter folgen (Abb. 1). Deshalb „prägen" sie sich ihre Mutter ein: Sie ist nach dem Schlüpfen das erste Wesen, das sich bewegt und einen bestimmten Lockruf von sich gibt **(Nachlauf-Prägung).**

Es gibt im Tierreich sehr einfache, aber auch hochkomplexe Lernformen. Tauben gewöhnen sich z. B. an sehr dicht vorbeifahrende Autos und fliegen nicht weg. Diese **Habituation** tritt immer dann auf, wenn der Reiz von dem Tier keine Reaktion erfordert.

Viele Tiere „probieren" mit Objekten herum. Dadurch wird z. B. die Nahrungssuche effektiver oder neue Materialien werden im Nestbau optimaler eingesetzt. Diese Vorgänge bezeichnet man als **„Lernen durch Versuch und Irrtum".** Sie sind Grundlage für die **Dressur,** die wir aus dem Zirkus kennen. Dabei belohnt der Dompteur gezielt bestimmte Verhaltensweisen und erreicht so, dass das Tier sie wiederholt ausführt. Das Tier lernt so auch komplizierte Verhaltensweisen, die in der natürlichen Umwelt unmöglich wären (z. B. ein Löwe, der durch einen brennenden Ring springt).

Verblüffend sind einige Verhaltensweisen von Menschenaffen. Sie errichteten in Experimenten

gezielt einen Turm aus herumliegenden Kisten, um an eine hoch hängende Banane zu gelangen, oder nutzen andere Gegenstände. Dieses **neukombinierte Verhalten** verlangt eine gewisse Vorausschau und wird mit dem **„Lernen durch Einsicht"** beim Menschen verglichen.

Gebrauch von Werkzeugen

Früher dachte man, dass nur Menschen fähig sind, Werkzeuge zu benutzen. Inzwischen weiß man, dass auch Tiere Werkzeuge einsetzen können.

So nimmt der Spechtfink auf den Galapagos-Inseln den Stachel eines Feigenkaktus in den Schnabel und stochert damit nach Insekten. Unsere Drosseln benutzen Steine als „Drosselschmiede" (Abb. 2), wo sie Schneckenhäuser zertrümmern, um deren Innenleben zu verzehren. Besonders **Menschenaffen** setzen Werkzeuge ein (s. Beispiel oben).

1 Entenküken sind auf ihre Mutter geprägt.

3 Drosselschmiede

Beobachtung von Amseln im Freiland

Amseln sind bei uns häufige Vögel. Man erkennt die Männchen vor allem an ihrem blauschwarzen Gefieder und dem gelben Schnabel. Die Weibchen sind einheitlich braungrau. Amseln kann man überall in Vorgärten, Grünanlagen, auf Straßenbäumen, in Parks und Friedhöfen beobachten.

Wenn ein **Amselhahn** singt

- zeigt er den anderen, dass hier sein Revier ist. Manchmal hört man auch einen Gesangswettstreit zwischen zwei Amselmännchen.
- zeigt er den Weibchen, dass er ein attraktives Männchen ist und ein Revier hat, in dem sie ihre Jungen aufziehen können.
- zeigt er allen, dass er „fit" ist. Denn wer lange singt, kann kein Futter suchen. Es ist auch nicht ungefährlich, sich so lautstark und offen darzustellen.
- präsentiert er seinen Jungen einen erfolgreichen Gesang. Sie lernen ihn *(Gesangsprägung)* und sind damit in den nächsten Jahren vielleicht ebenso erfolgreich.

Beobachte einzelne Amseln.

Hilfsmittel: Fernglas

Durchführung und Beobachtung:
Achte bei der Beobachtung besonders auf die Körperhaltung, die Stellung des Kopfes und die Bewegung der Beine. Benenne und notiere die Verhaltensweisen, die du beobachtest, so, dass sie von anderen Mitschülern eindeutig wiedererkannt werden können, wenn sie eine Amsel beobachten.

Was macht der Vogel alleine?
- auf dem Boden
- im Gebüsch
- auf dem Baum

Was macht er mit anderen Artgenossen?
- Männchen – Männchen
- Weibchen – Weibchen
- Männchen – Weibchen

Auswertung:
1. Stellt in der Klasse die notierten Verhaltensweisen zusammen.
2. Sortiert sie nach den Orten, wo sie aufgetreten sind.
3. Ordnet die beschriebenen Verhaltensweisen bestimmten Funktionen zu (z. B. Nahrungsaufnahme oder Fortpflanzung).
4. Vermutet welche Funktion die speziellen Verhaltensmuster haben und „weshalb" sich die Amseln so verhalten haben. Gibt es für dasselbe Verhalten verschiedene Erklärungen? Wie könnte man testen, welche wahrscheinlicher ist?

Beobachtungen von wirbellosen Tieren im Terrarium

Nicht nur Vögel singen, auch viele Insekten können Laute erzeugen. Grashüpfer „geigen" mit ihren langen Sprungbeinen an den Flügeln entlang, während Grillen ihre Flügel anheben und sie aneinanderreiben. Im Gegensatz zu Grashüpfern, bei denen beide Geschlechter singen, zirpen bei den Grillen nur die Männchen. Sie sitzen dabei lange Zeit an einem Ort und locken die Weibchen zu sich. Hat ein Weibchen das singende Männchen gefunden, wechselt dieses zum leiseren und zarteren Balzgesang. Kommt jedoch ein anderes Männchen, präsentieren beide ihren Aggressionsgesang. Erst wenn sie auf diese Art nicht herausfinden, wer der Stärkere ist, beginnen sie zu kämpfen.

1. Beobachte die Lautäußerungen bei Grillen.

Tiere und Materialien:
Terrarium mit Eierkartons, Futter (z. B. trockenes Brot, Haferflocken, Salat, Früchte), Wasser, Grillen (z. B. aus einer Zoohandlung)

Durchführung und Beobachtung:
Beobachte in dem Terrarium erwachsene Grillenmännchen und Grillenweibchen. Bedenke, nur die Männchen können singen. Die Weibchen kannst du an ihrem Eilegestachel erkennen.
Betrachte sie vor allem in Situationen (allein, in Kontakt mit Männchen oder Weibchen), in denen Lautäußerungen abgegeben werden.

Auswertung:
Versuche, die unterschiedlichen Gesänge der Männchen (Lock-, Balz- und Aggressionsgesang) zu unterscheiden. Achte dabei auch auf die Flügelstellung.

2. Beobachte das Verhalten von Regenwürmern.

Beachte: Verhalten muss nicht unbedingt direkt beobachtet werden.
Man kann es auch aufgrund von hinterlassenen Spuren verfolgen.

Materialien:
Terrarium (Tipp: Spezielle Regenwurm-Beobachtungsterrarien kann man anfertigen.
Sie bestehen nur aus zwei Plexiglasscheiben, die durch Holzleisten getrennt und mit breitem Klebeband befestigt sind.), Laub, Erde, Pappe oder schwarze Folie, Regenwürmer

Durchführung und Beobachtung:
In ein Terrarium mit Erde und Laub werden einige Regenwürmer eingesetzt.
Die Erde muss befeuchtet sein. Der Erdbereich wird rundherum mit Pappstreifen oder schwarzer Folie abgedunkelt, die lichtzugewandte Seite bleibt zur Hälfte offen. (Man sollte die Abdunklung der Erde leicht hochklappen können). Schaue über mehrere Wochen immer wieder nach, ob die Regenwürmer in der Zwischenzeit direkt an den Scheiben Gänge gegraben haben.

Auswertung:
1. Vergleiche Anzahl und Form der Gänge an den Glasscheiben im abgedeckten und unabgedeckten Bereich. Welche Unterschiede stellst du fest?
2. Wie könnte man diese in Hinblick auf das Verhalten und die Lebensweise des Regenwurms erklären?

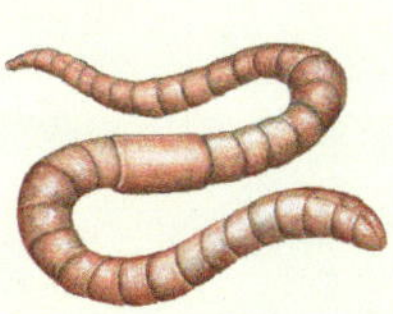

Mosaik

Wie verhalten sich Tiere – beobachten, notieren und interpretieren

Grundsätzlich ist es schwierig, herauszufinden, wie es „in einem anderen aussieht", insbesondere, wenn es sich um ein Tier handelt. So spiegeln Beschreibungen von Tieren und ihrem Verhalten häufig ein bestimmtes menschliches Selbstverständnis bzw. persönliche Sichtweisen des Beobachters wider (der „stolze" Adler, der „treue" Hund, die „falsche" Katze, der „freche" Spatz, die „diebische" Elster). Deshalb ist es in verhaltensbiologischen Zusammenhängen grundsätzlich wichtig, zu beobachten ohne zu interpretieren.
Man versucht daher, eine unbewiesene Frage oder **Hypothese** zu formulieren. Sie ist dann keine „Feststellung" mehr, sondern muss durch gezielte Beobachtungen und Untersuchungen auf ihre Richtigkeit (oder Fehlerhaftigkeit) hin getestet werden.
Weiterhin kann man Verhaltensweisen in Beziehung überprüfbarer Kriterien setzen. So wird betrachtet, wie sich ein Verhalten direkt (unmittelbar) auf das ausführende Individuum auswirkt **(proximate Fragestellung).** Welche Auswirkungen haben z. B. die jeweils an den Lebensraum angepassten Verhaltensmuster von Mäusen auf die Lebensdauer oder die Anzahl der Jungen des *einzelnen Tieres?*
Die **ultimate Fragestellung** beschäftigt sich dagegen mit indirekten (mittelbaren) Konsequenzen. Sie beziehen sich auf die *folgenden Generationen* und die Auswirkungen für die Evolution.

Beobachten von Tieren
Oft werden zur Beobachtung Hilfsmittel wie Lupe oder Fernglas benötigt. Durch ein möglichst systematisches Vorgehen ermittelt man dabei mit seinen Sinnesorganen wichtige Merkmale, Eigenschaften und Verhaltensweisen.
Beschreibe dabei, was du siehst und nicht, was du denkst, dass das Tier macht (z. B. „die Amsel pickt mit dem Schnabel nach dem Regenwurm" anstatt „die Amsel ist hungrig und will einen Regenwurm fressen"). Nur so erfährt man eine Menge über die Tierart und kann in anschließenden Diskussionen Interpretationsmöglichkeiten finden.
Die Ergebnisse müssen konkret und eindeutig dargestellt werden. Dabei hilft ein **Ethogramm.** Es benennt und beschreibt in einer Liste möglichst viele Verhaltensmuster einer Tierart und charakterisiert so die Art und ihr Verhalten. Für den Verhaltensbiologen ist das Ethogramm eine wichtige Voraussetzung, um Untersuchungen zu beginnen und die erhaltenen Ergebnisse einzuschätzen.

3 Bau und Leistung des menschlichen Körpers

3.1 Ernährung und Verdauung – Basis unserer Energieversorgung

Essen und Trinken – tägliche Last oder Freude?
„Essen und Trinken hält Leib und Seele zusammen" – dieser Ausspruch verdeutlicht, dass Essen nicht nur reine Nahrungsaufnahme ist. Essen und Trinken hat viel mit Gefühlen und Sich-Wohlfühlen zu tun.
Warum sind gemeinsame ruhige Mahlzeiten im Familien- oder Freundeskreis so wichtig?
Gibt es Regeln für eine gesunde Ernährung?
Welche Bedeutung haben diese Regeln?

Nahrung ist lebenswichtig
Stelle dir eine lange Kette von ungefähr 750 aneinandergereihten 100-Liter-Fässern vor. Wissenschaftler haben ausgerechnet, dass der Mensch im Laufe seines Lebens den Inhalt aller dieser Fässer in Form von Nahrung zu sich nimmt. Das wären ungefähr: 560 Fässer Wasser, 25 Fässer Fett, 140 Fässer Zucker und Stärke, 25 Fässer Eiweiß.
Was passiert mit dieser Riesenmenge an Nahrungsmitteln in unserem Körper?
Warum verhungern wir, wenn wir über einen längeren Zeitraum keine Nahrung mehr zu uns nehmen?

„Richtig essen", was heißt das?
„Richtig essen" heißt, möglichst viele der verschiedenen Nahrungsmittel abwechselnd auszuwählen und insgesamt nur so viel zu essen, dass man dem Körper nicht mehr Energie zuführt, als er verbraucht.
Warum sollte man täglich auf eine abwechslungsreiche Kost achten?
Was bedeutet der Ausspruch „Zu viel Fett macht fett!"?

Bestandteile unserer Nahrung

Sicher habt ihr auch schon Ratschläge gehört wie: „Trink mehr Milch, Kind, das ist gut für deine Knochen!“, „Iss nicht nur Pommes, du brauchst auch Vitamine!“, „Iss mehr Obst und Gemüse!“.
Obwohl das manchmal ganz schön nervt: Es stimmt. Unser Körper benötigt viele verschiedene Stoffe, um seine Lebensfunktionen aufrechtzuerhalten. Nicht alle Stoffe sind in allen Nahrungsmitteln gleichermaßen enthalten. Einige Nahrungsmittel enthalten Stoffe, die die Energie liefern, die wir z. B. zum Aufbau neuer Stoffe, zum Laufen u. Ä. benötigen. Andere wiederum enthalten Stoffe, die zur Festigkeit der Knochen beitragen.
Da unser Körper nicht in der Lage ist, solche wichtigen Stoffe selbst herzustellen, müssen wir sie u. a. mit Getreideprodukten, Fleisch, Fisch, Milchprodukten, Obst, Gemüse, Getränken (Abb.) und vielen anderen Nahrungsmitteln aufnehmen.

So unterschiedlich diese Nahrungsmittel jedoch auch sind, wenn man sie genauer untersucht, findet man oftmals die gleichen **Bestandteile.**
Ein wichtiger Bestandteil unserer Nahrung sind die **Nährstoffe.** Zu ihnen gehören die *Kohlenhydrate, Fette* und *Eiweiße.* In Nahrungsmitteln sind auch *Vitamine, Mineralstoffe* und *Ballaststoffe* enthalten. Diese Nahrungsbestandteile werden als **Ergänzungsstoffe** zusammengefasst.
Jeder dieser Bestandteile sowie auch Wasser ist wichtig für unseren Körper und deshalb müssen wir diese Stoffe regelmäßig mit unserer Nahrung aufnehmen.

Bestandteile unserer Nahrung sind Nährstoffe, Ergänzungsstoffe und Wasser.

Aufgaben

1. Übernimm die Übersicht 1 in dein Heft. Notiere zu jedem Nahrungsmittelbestandteil ein Nahrungsmittel, das diesen besonders reichhaltig enthält.

2. Erarbeitet das Thema „Ernährung des Menschen“ mithilfe der Expertenmethode. Überlegt, ob die Teilthemen „Bestandteile der Nahrung“, „gesunde Ernährung“, „Verdauung“ und „ Essstörungen“ geeignet sind.

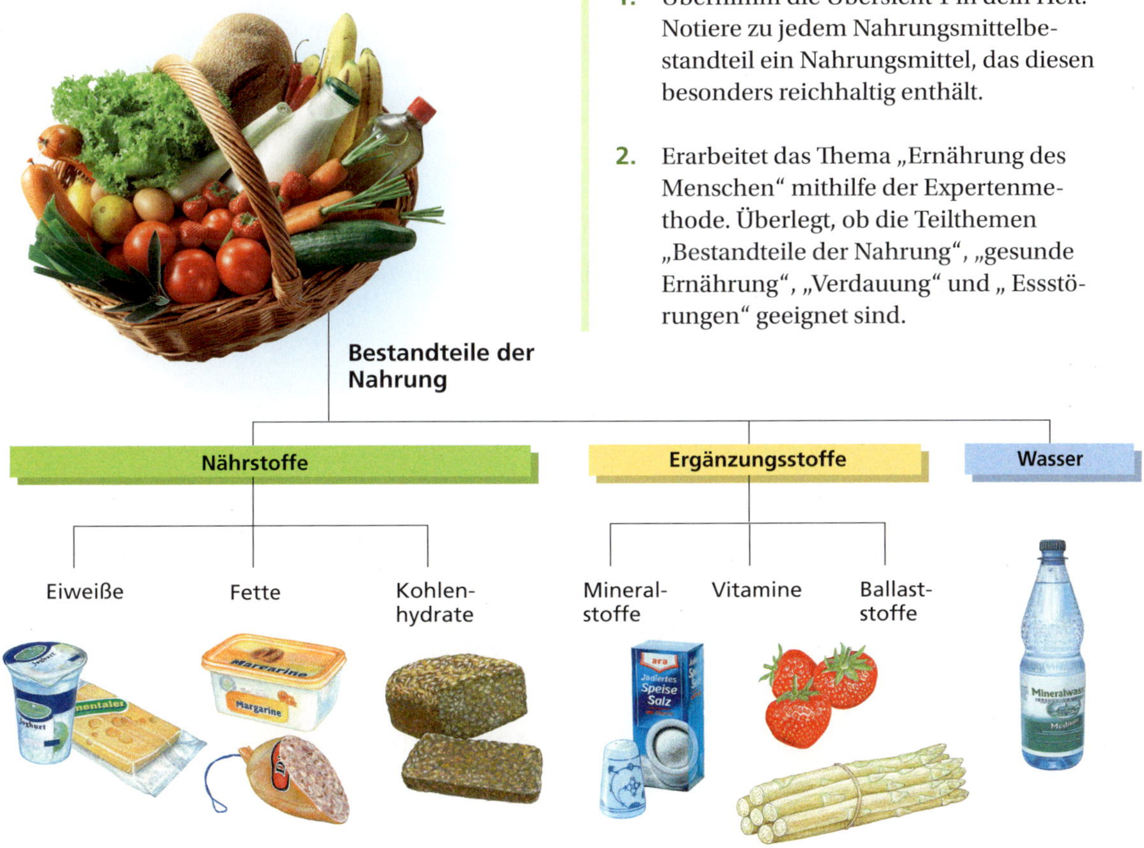

Nährstoffe und ihre Bedeutung

Kohlenhydrate

Zu den **Kohlenhydraten** gehören verschiedene *Zucker* (Trauben-, Rohr- und Fruchtzucker) und *Stärke* (Kartoffel- und Weizenstärke). In Kartoffeln, Getreide und Obst sind sehr viele Kohlenhydrate enthalten. Pflanzliche Produkte wie Getreide sind auch Grundlage für andere Nahrungsmittel, z. B. Teigwaren und Brot.

Kohlenhydrate bilden die **Energielieferanten** für unseren Körper. Sie werden in den Zellen abgebaut. Dabei wird die in den Stoffen enthaltene Energie so umgewandelt, dass sie für Lebensprozesse genutzt werden kann.
Sie wird z. B. benötigt für den Aufbau körpereigener Stoffe, für Muskelarbeit, für die Arbeit der Nervenzellen, für die Aufrechterhaltung der Körpertemperatur und für die Ausführung vieler anderer Lebensprozesse. Ein anderer Teil wird als Wärmeenergie genutzt und teilweise abgegeben.
Ein Teil der Kohlenhydrate wird vom Körper als **Energiereserve** in der Leber und in der Muskulatur gespeichert. Ein geringer Teil ist am Aufbau des Körpers beteiligt.

2 Kohlenhydratreiche Nahrungsmittel können vorwiegend Stärke oder Zucker enthalten.

Nimmt man mehr Kohlenhydrate zu sich, als der Körper als Energielieferant oder -reserve benötigt, werden diese überschüssigen Stoffe in Fett umgewandelt und im Körper abgelagert und gespeichert. Das führt dann zum **Übergewicht.**

Kohlenhydrate sind die Energielieferanten für unseren Körper.

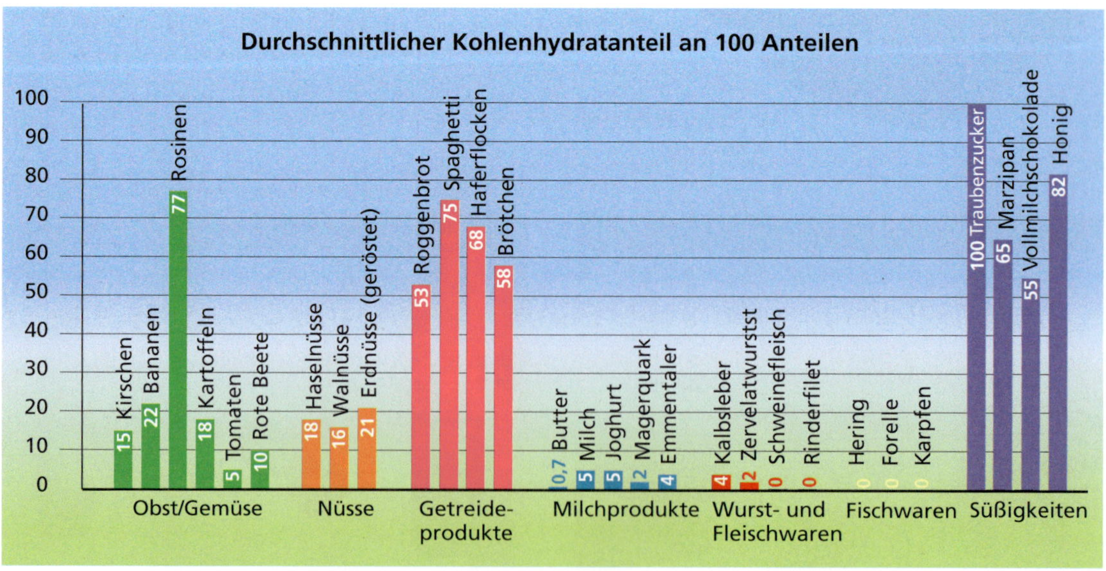

1 Die Kohlenhydratanteile in Nahrungsmitteln sind sehr unterschiedlich.

Eiweiße

Eiweiße sind für den Körper ebenfalls lebenswichtig und müssen deshalb täglich mit der Nahrung aufgenommen werden.

Eiweiß kommt vor allem in Nüssen, Hülsenfrüchten (z.B. Bohnen) und Vollkornprodukten vor, es wird als *pflanzliches Eiweiß* bezeichnet. Auch in Fleisch, Fisch, Eiern, Milch und Milchprodukten findet man Eiweiß, es wird *tierliches Eiweiß* genannt (Abb. 1). Eiweiß wird für den **Aufbau** und die **Erhaltung** von Muskeln, Organen, Blut und Enzymen (Biokatalysatoren, s. S. 141) benötigt. Auch für ein funktionierendes Nerven- und Immunsystem ist der Körper auf das Eiweiß in der Nahrung angewiesen. Für Kinder und Jugendliche ist eine ausreichende Eiweißzufuhr besonders wichtig. Wachstum ist immer mit einem erhöhten Eiweißbedarf verbunden. Ein 12-jähriges Kind benötigt täglich ca. 1,8 g Eiweiß pro Kilogramm Körpergewicht, ein Erwachsener dagegen nur 0,8 g Eiweiß pro Kilogramm Körpergewicht.

Fette

Fette sind die energiereichsten Nährstoffe, die man aufnimmt. Fette werden ebenso wie die Kohlenhydrate hauptsächlich als **Energielieferanten** im Körper verwendet. Sie enthalten pro Gramm doppelt so viel Energie wie Kohlenhydrate oder Eiweiße. Sie liefern aber auch wichtige Baustoffe für die Zellmembranen.
Lebensmittel wie Butter, Margarine, Öl, Speck und Schmalz bestehen zum größten Teil aus Fetten, aber auch in Fleisch, Wurst, Käse, Nüssen, Schokolade und Vollmilch sind mehr oder weniger große Mengen an Fetten in „verdeckter“ Form enthalten.

Wenn man mehr Fett aufnimmt, als man an Energie benötigt, wird das überschüssige Fett im Körper gespeichert. **Übergewicht** ist dann die Folge.

Eiweiße (pflanzliche und tierliche) sind wichtige Baustoffe für unseren Körper. Fette sind als Energielieferanten unerlässlich.

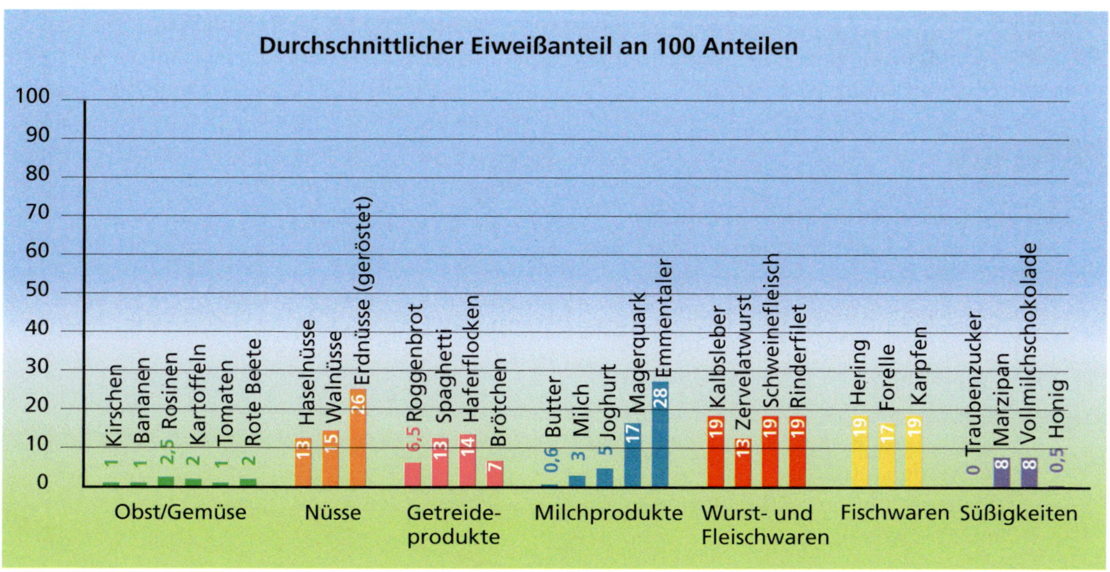

1 Die Eiweißanteile in Nahrungsmitteln sind sehr unterschiedlich.

Wie führe ich ein Experiment durch?

Das Ziel eines Experiments besteht darin, eine Frage an die Natur zu beantworten. Die Bedingungen und damit das gesamte Experiment müssen wiederholbar sein. Beim Experimentieren geht man in der Regel in bestimmten Schritten vor. Dabei wird eine Erscheinung der Natur unter ausgewählten, kontrollierten, wiederholbaren und veränderbaren Bedingungen beobachtet, die Ergebnisse werden registriert und bewertet. Im Unterschied zur Beobachtung verändert man beim Experiment bewusst die Bedingungen. Dabei ist es notwendig, ein Protokoll anzufertigen, in dem alle Schritte des Experimentes schriftlich festgehalten werden.

1. Schritt

Erkennen und Formulieren des Problems
Zunächst ist zu überlegen, welches Problem gelöst bzw. welche Frage mithilfe des Experiments beantwortet werden soll.

2. Schritt

Aufstellen einer Vermutung
Bisherige Kenntnisse und Gesetzmäßigkeiten werden genutzt, um eine Vermutung zur Lösung des Problems aufzustellen.

3. Schritt

Ableiten einer experimentell überprüfbaren Folgerung
Aus der Vermutung wird eine experimentell überprüfbare Fragestellung entwickelt.

4. Schritt

Planen und Durchführen des Experiments

1. Nun kann ein Experimentierplan zur Überprüfung der Vermutung entwickelt werden. Dabei ist genau zu überlegen, welche
   - Bedingungen variiert werden müssen;
   - Veränderungen zu erwarten sind (Größe, Form);
   - Objekte, Geräte oder Chemikalien eingesetzt werden müssen;
   - Arbeitsschritte zur Durchführung des Planes notwendig sind.
2. Das Experiment wird genau nach den geplanten Vorgaben durchgeführt. (Je besser vorüberlegt und geplant wurde, desto genauer sind die zu erwartenden Ergebnisse.)
3. Alle zu beobachtenden Erscheinungen sind genau zu notieren!

5. Schritt

Auswerten und Lösen des Problems bzw. der Frage

1. Die protokollierten Messwerte und Beobachtungen werden ausgewertet. Dazu können Diagramme angefertigt, Berechnungen durchgeführt oder Aufnahmen gemacht werden.
2. Die vermutete Lösung wird mit den festgestellten Ergebnissen verglichen.
3. Aus der Erklärung der Ergebnisse wird eine Lösung für das Problem abgeleitet bzw. bewiesen.

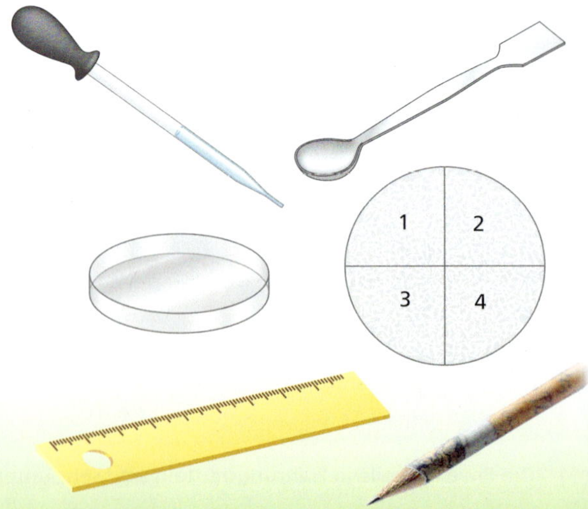

1. Untersuche, welche Nahrungsmittel Stärke enthalten.

Materialien:
je eine Petrischale mit einer Spatelspitze Stärke, etwas Grieß, Weißbrot, gekochtem Hühnerei, Speck, Würfelzucker; Pipette, Iod-Kaliumiodid-Lösung als Nachweismittel ☒

Durchführung:
Führe den Stärkenachweis anhand der Abbildungen (Auswahl) durch.

Beobachtungsaufgabe:
Bei welchen Nahrungsmitteln findet eine Farbveränderung statt?
Notiere deine Beobachtungen in einer Tabelle.

Auswertung:
1. Welche Nahrungsmittel enthalten Stärke?
2. Welche Bedeutung hat dieser Nährstoff für den Menschen?

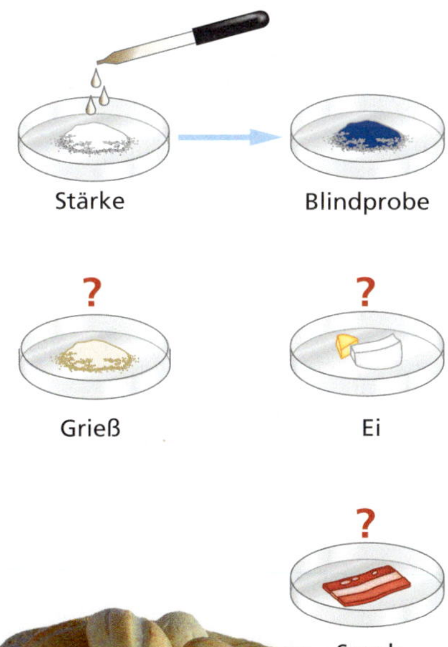

2. Untersuche mithilfe der Fettfleckprobe, welche Nahrungsmittel Fett enthalten.

Materialien:
Filterpapier, Pipette, Spatel, Bleistift, Lineal; Honig, Leberwurst, Wasser, Speiseöl, Vollmilch, Butter, Selters, Speck, Käse

Durchführung:
1. Zeichne mit dem Bleistift auf jedes Filterpapier ein Kreuz auf, sodass vier Felder entstehen.
2. Tropfe die flüssigen Nahrungsmittel und drücke die festen Nahrungsmittel auf die Teile des Filterpapiers (s. Abb.). Tropfe zum Vergleich auf Feld 1 Wasser.
3. Halte das Filterpapier gegen das Licht und prüfe, ob ein Fleck zu erkennen ist. Überprüfe nach etwa zehn Minuten nochmals.

Beobachtungsaufgabe:
Bei welchen Nahrungsmitteln ist ein Fettfleck erkennbar?

Auswertung:
1. In welchen Nahrungsmitteln ist Fett enthalten?
2. Welche Bedeutung hat dieser Nährstoff für den Menschen?

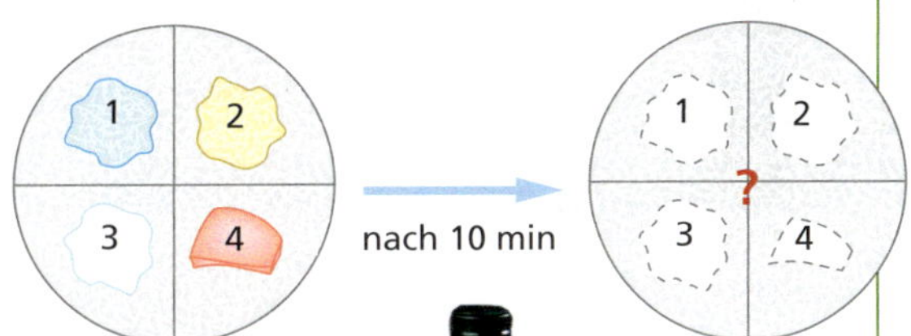

1 Wasser
2 Honig
3 Milch
4 Wurst

3. Weise Traubenzucker in Nahrungsmitteln nach.

Materialien:
Reagenzgläser, Brenner, Reagenzglasständer, Reagenzglashalter, Wasser, Reibe;
Fehling I ☒ und II ☒ als Nachweismittel; Weintrauben, reife Birnen, Kartoffel, Apfel, Möhre, Pflaumen, Mineralwasser, Camembert, Honig, gekochtes Hühnerei, Milch, Brot, Traubenzucker

Durchführung:
1. Stelle aus Fehling I und II ein Gemisch aus gleichen Teilen her (fehlingsche Lösung).
2. Gib die Flüssigkeiten sowie die zerkleinerten Nahrungsmittel in je ein Reagenzglas mit etwas Wasser und schüttle die Reagenzgläser.
3. Gib jeweils einige Tropfen der fehlingschen Lösung dazu, erhitze vorsichtig (beachte starken Siedeverzug) und beobachte.

Beobachtung:
1. Bei welchen Nahrungsmitteln findet eine Farbveränderung im Reagenzglas statt?
2. Notiere deine Ergebnisse in Form einer Tabelle.

Auswertung:
1. Welche Nahrungsmittel enthalten Traubenzucker?
2. Welche Bedeutung hat Traubenzucker für den Menschen und für Pflanzen?

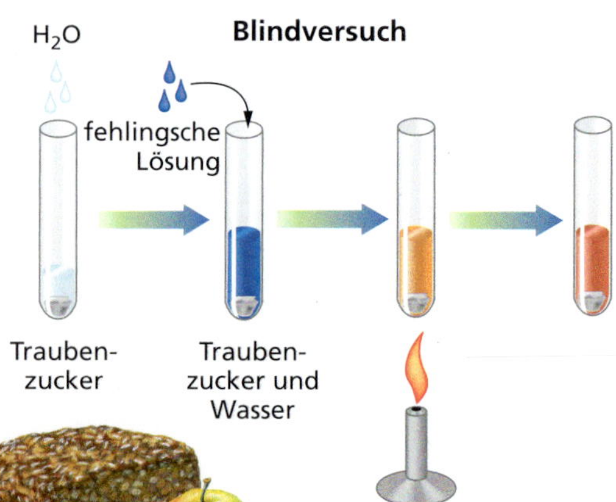

4. Weise Eiweiß in Nahrungsmitteln nach (Biuretreaktion).

Materialien:
Reagenzglas, Tropfpipette, Kupfer(II)-sulfatlösung ☒, Natronlauge ☒ (10 %), Milch, Eiklar

Durchführung:
1. Gib jeweils ca. 3 ml von den zu untersuchenden Flüssigkeiten in das Reagenzglas.
2. Versetze diese dann mit 3 ml Natronlauge und 4 Tropfen Kupfer(II)-sulfatlösung.
3. Anschließend ist das Reagenzglas kräftig zu schütteln.
4. Bei Vorhandensein von Eiweiß färbt sich die Lösung rot bis violett.

Beobachtung:
1. Bei welchen Nahrungsmitteln findet eine Farbveränderung im Reagenzglas statt?
2. Notiere deine Ergebnisse in Form einer Tabelle.

Auswertung:
1. Welche Nahrungsmittel enthalten Eiweiß?
2. Welche Bedeutung hat Eiweiß für den Menschen?

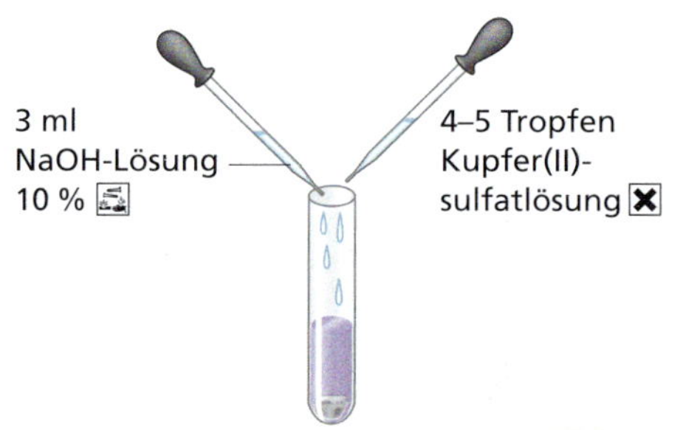

Ergänzungsstoffe und ihre Bedeutung

Vitamine

Vitamine müssen täglich mit der Nahrung aufgenommen werden, da unser Körper sie nicht selbst bilden kann. Sie wirken schon in kleinsten Mengen und regeln den Ablauf aller lebenswichtigen Prozesse im Körper.

Über 20 Vitamine sind heute bekannt. Sie werden mit Großbuchstaben bezeichnet, beispielsweise mit A, B, C, D. Einige Vitamine sind wasserlöslich, z. B. Vitamin B und C. Die Vitamine A und D dagegen sind fettlöslich. Für die Zubereitung der Nahrung ist das wichtig.
Jedes Vitamin erfüllt im Körper ganz bestimmte Aufgaben (siehe Tabelle). Fehlen Vitamine, kann es zu Krankheiten oder Störungen im Ablauf von Körperfunktionen kommen.
Vitamine sind empfindlich gegen Umwelteinflüsse. Sie werden durch Licht und Wärme leicht zerstört. Das muss bei der Lagerung und Zubereitung von Nahrungsmitteln beachtet werden.

Auch eine lange Lagerung beeinträchtigt die Vitamine. Darum müssen so oft wie möglich frisches Obst und Salate gegessen werden. Jugendliche sollten davon jeden Tag 300 bis 350 g zu sich nehmen. Das entspricht vier bis fünf mittelgroßen Äpfeln. Zwei Orangen z. B. decken den täglichen Bedarf an Vitamin C.

Aufgaben

1. Welche Möglichkeiten gibt es, um zu verhindern, dass Vitamine in Nahrungsmitteln zerstört werden?

2. Möhrensalat sollte immer mit ein paar Tropfen Öl angerichtet werden. Begründe deine Antwort.

3. Nenne besonders vitaminhaltige Lebensmittel.

Vitamine	wichtig für …	z. B. enthalten in …	Mangel führt zu …	tägliche Zufuhr
Vitamin A	Sehen, Wachstum und Erneuerung der Haut	Leber, Butter, Margarine, Eigelb, Innereien, Möhren (als Vorstufe „Carotin"), Spinat	Wachstumsstörungen, Nachtblindheit, Verhornungserscheinungen	0,8–1,0 mg
Vitamin B_1	Zuckerabbau im Körper, Funktionieren des Nervensystems	Vollkornbrot, Haferflocken, Naturreis, Kartoffeln, Schweinefleisch, Hefe, weißen Bohnen, Linsen	Nervenerkrankungen, Lähmungen, Abmagerung, Appetitlosigkeit	1,1–1,3 mg
Vitamin B_2	Sehen, Haut und Vorgänge im Körper (z. B. Atmung)	Milch, Käse, Eiern, Kartoffeln, Getreideprodukten, Gemüse, Obst, Fleisch, Nieren, Leber, Leberwurst	Hautstörungen, Haarausfall, Bindehautentzündung	1,5–2,0 mg
Vitamin C	Knochen, Zähne, Blut, Stärkung der Abwehr von Krankheitserregern	Obst, vor allem Zitrusfrüchten und Beerenobst, Kopfkohl, Paprikaschoten, Petersilie, rohem Sauerkraut	Gelenk- und Knochenschmerzen, Zahnfleischbluten, Zahnausfall (Skorbut)	75 mg
Vitamin D	Knochen und Zähne	Butter, Margarine, Milch, Käse, Fisch, Leber, Pilzen, Eigelb	Zahnschäden, Knochenverformungen (Rachitis)	0,005 mg

Mineralstoffe

Auch **Mineralstoffe** müssen mit der Nahrung regelmäßig aufgenommen werden. Sie enthalten chemisch gebundene Elemente, die der Körper in unterschiedlichen Mengen benötigt. Fehlen diese, kommt es zu Krankheiten.

Von den Elementen Calcium, Phosphor, Kalium, Natrium und Magnesium benötigen wir mehr als 1g/Tag. Sie werden deshalb **Mengenelemente** genannt.

Calcium und *Phosphor* sind Hauptbestandteile der Knochen und Zähne. Calcium kommt vor allem in Milch und Milchprodukten vor, Phosphor in Gemüse.

Kalium und *Natrium* regulieren den Wasserhaushalt des Körpers und werden bei lebensnotwendigen Vorgängen in den Nerven gebraucht. Sie sind in Obst, Gemüse, Milch- und Vollkornprodukten enthalten.

Magnesium reguliert den Rhythmus des Herzens und wird für die Tätigkeit unserer Muskeln und Nerven benötigt. Wir nehmen es mit Milch- und Vollkornprodukten auf.

Andere Elemente, wie Eisen, Iod und Fluor, werden nur in geringen Mengen benötigt. Man bezeichnet sie deshalb als **Spurenelemente.** Trotzdem sind sie lebensnotwendig.

1 Mineralstoffe müssen mit der Nahrung aufgenommen werden.

Eisen ist im roten Blutfarbstoff enthalten, der den Sauerstoff transportiert.

Iod wird für den richtigen Ablauf von Wachstum und Entwicklung benötigt und *Fluor* kräftigt den Zahnschmelz. Sie sind in Meeresfischen und schwarzem Tee enthalten. Die Einnahme von Iodsalz und Fluortabletten soll Mangelerscheinungen vorbeugen.

Aufgabe

Ergänze die Tabelle zu den Mineralstoffen mit weiteren Nahrungsmitteln, in denen sie vorkommen.

Mineralstoffe	Wirkungen im Körper	Vorkommen in Nahrungsmitteln	tägliche Zufuhr
Natrium	Regulierung von Wasserhaushalt und Blutdruck, Schweißbildung, Vorgänge in den Nervenzellen	Hühnerei, Hering, Brötchen, Kochsalz, Wurst, Käse, Schinken	2 000–3 000 mg
Calcium	Aufbau von Knochen, Muskeln und Zähnen, Nerventätigkeit, Blutgerinnung	Vollkornbrot, Nüsse, Fisch, Grünkohl, Spinat	1 200 mg
Magnesium	Aufbau von Muskeln und Knochen, Herztätigkeit	Fisch, Kartoffeln, Leinsamen	350–400 mg
Eisen	Bestandteil des roten Blutfarbstoffes (Hämoglobin), unterstützt die Sauerstoffversorgung des Körpers, Wachstum	Vollkornbrot, Haferflocken, Leber, grüne Bohnen, Kartoffeln, Fleisch, Fruchtsäfte	12–15 mg
Iod	Aufbau des Schilddrüsenhormons, Wachstum	Meersalz, Grünkohl, Eier, Milch	0,2 mg

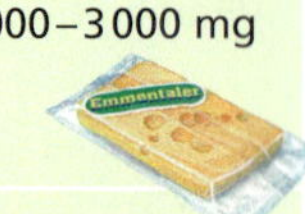

Ballaststoffe

Ballaststoffe sind weder überflüssig noch wertlos, obwohl das Wort so klingt. Sie sind die Bestandteile unserer Nahrung, die der menschliche Körper nicht verwerten kann und deshalb wieder ausscheidet. Dazu gehören die vor allem in Pflanzen vorkommenden Holz- und Cellulosefasern. Sie sind für uns unverdaulich, sorgen aber für ausreichende Füllung des Darmes. Sie fördern damit die Darmbewegungen und beugen so der Stuhlverstopfung und Darmträgheit vor.
Ballaststoffe regen zum guten Kauen und damit zum langsamen Essen an.
Nahrungsmittel haben einen unterschiedlichen Gehalt an Ballaststoffen (s. Tab.).

Gesamtballaststoffgehalt in g pro 100 g Nahrungsmittel (Auswahl)	
Weizenbrötchen	3
Mehrkornbrot	9
Reis, poliert	0,3
Naturreis	2,2
Butterkeks	1,4
Vollkornzwieback	10
Pflaumen, roh	1,6
Pflaumen, getrocknet	5
Wurst, Fleisch	0
Milch	0

Wasser

Wasser ist lebensnotwendig. Ohne feste Nahrung kann ein Mensch länger überleben als ohne Wasser. Über die Hälfte der Körpermasse des Menschen besteht aus Wasser. Fast alle biochemischen Reaktionen des Körpers finden in wässriger Lösung statt. Für einige von ihnen ist Wasser ein Ausgangsstoff. Außerdem dient Wasser als Löse- und Transportmittel.
Bei einem gesunden Menschen sind Wasseraufnahme und Wasserabgabe ausgeglichen. Bei normaler Belastung und Zimmertemperatur beträgt unser Wasserbedarf ca. 2,5 Liter. Davon nehmen wir ca. 1,5 Liter in Form von Getränken und ca. 1 Liter mit fester Nahrung auf. Die Wasserabgabe erfolgt hauptsächlich über die Nieren (s. S. 184), z. T. über die Haut und mit der Ausatemluft.

Ergänzungsstoffe und Wasser sind wichtige Bestandteile unserer Nahrung. Zu den Ergänzungsstoffen gehören Vitamine, Mineralstoffe und Ballaststoffe.

Aufgabe

- Erläutere, welche Aufgaben Wasser im Körper erfüllt.

1 Tägliche Zufuhr und Ausscheidung von Wasser

Regeln für eine gesunde Ernährung

Grundlage von Gesundheit und Wohlbefinden ist eine vielseitige und vollwertige Ernährung. „Vollwertig“ bedeutet, dass die Nahrung alle lebensnotwendigen Nährstoffe und Ergänzungsstoffe in der richtigen Menge enthält. Diese Bedingung erfüllt kein einzelnes Nahrungsmittel allein. Jedes Nahrungsmittel enthält immer nur einen Teil aller benötigten Nähr- und Ergänzungsstoffe.
Im **„Nahrungsmittelkreis“** sind die Nahrungsmittel in acht Gruppen (Abb. 1) geordnet. Man ernährt sich „gesund“ (vollwertig), wenn täglich aus allen Gruppen Nahrungsmittel aufgenommen werden. Im täglichen Speiseplan sollten immer unterschiedliche Anteile aus diesen Gruppen enthalten sein.
Einseitige Ernährung schadet auf Dauer unserem Körper, da bestimmte Stoffe im Übermaß aufgenommen werden, andere lebensnotwendige Stoffe aber fehlen.
Aufgrund der Bedeutung der einzelnen Nährstoffe und Ergänzungsstoffe kann man einige **Grundregeln für eine gesunde Ernährung** ableiten. Natürlich darf man auch Lieblingsspeisen haben.

1 Nahrungsmittelkreis

Sich *gesund zu ernähren* bedeutet nicht nur, den Speiseplan vielfältig zu gestalten.
Man sollte auch zur richtigen Zeit essen. Da die Energiereserven morgens nach dem Schlaf größtenteils aufgebraucht sind, ist ein gutes Frühstück wichtig.

Aufgabe

Erläutere, welche gesundheitlichen Auswirkungen falsche Ernährungsweisen für den Körper haben könnten.
Erstelle ein Poster zum Thema „Falsche Ernährung und ihre Folgen“.

Grundregeln für eine gesunde Ernährung (Beispiele)

1. Stelle deinen Speiseplan vielfältig zusammen und achte dabei auf eine abwechslungsreiche und vollwertige Kost!
2. Verzehre Nahrungsmittel mit einem geringen Fettanteil bzw. Nahrungsmittel, die pflanzliche Fette enthalten.
3. Bevorzuge Kräuter und Gewürze, vermeide zu viel Salz!
4. Iss reichlich Vollkornprodukte, Gemüse, Kartoffeln und Obst, denn sie liefern Nährstoffe, Vitamine, Mineral- und Ballaststoffe!
5. Vermeide zu viel Zucker und Süßigkeiten, denn zu viel Zucker wird vom Körper in Fett umgewandelt und gespeichert!
6. Achte auf eine schonende Zubereitung der Nahrung, damit Nährstoffe, Vitamine und Mineralstoffe nicht durch zu langes Kochen, Wiederaufwärmen und durch die Verwendung von zu viel Wasser beim Garen zerstört oder herausgelöst werden!
7. Iss anstelle der üblichen drei Hauptmahlzeiten lieber fünf kleinere Mahlzeiten!
8. Nimm dir Zeit für deine Mahlzeiten, iss in Ruhe und ohne Hektik!
9. Trinke ausreichend. Vermeide zuckerhaltige Getränke!

Gesunde Ernährung

Für den Menschen ist Essen nicht nur eine biologische Notwendigkeit. Jeder hat sicher schon mal erlebt, dass Angst vor einer Arbeit oder das Zeigen einer schlechten Note ganz schön „auf den Magen schlagen“ oder auch zum „Frustessen“ verleiten können. Andererseits sagt man „Liebe geht durch den Magen“. Mit Freunden gemeinsam ein Essen zuzubereiten macht Spaß und es schmeckt auch besser, als wenn man ganz allein isst.

Gesunde Zwischenmahlzeit

1. *Organisiert eine gemeinsame kalte Zwischenmahlzeit im Klassenzimmer.*

Durchführung

1. Drei bis fünf Mädchen und Jungen bilden eine Tischgemeinschaft.
2. Trefft eine Absprache, welche Salate mit Obst oder Gemüse nach Rezept oder kreativ zubereitet werden und wer was mitbringt (z.B. Apfel, Tomate, Gurke, Zutaten für ein Dressing, Knäckebrot, Quark, Gewürze, Salatbesteck, Schüssel, Schälmesser, Schneidebrett, Küchenwaage usw.).
3. Jeder bringt außerdem zwei Probierschälchen und Löffel zur vergleichenden Verkostung mit.
4. Obst und Gemüse werden frisch geschält bzw. geschnitten und gemixt.

Auswertung

Eine Jury, bestehend aus zwei bis drei Schülern, könnte mit geschlossenen Augen Salate verkosten und Anerkennungen für besonders gut zubereitete und schmackhafte Angebote vergeben.

Fast Food – esse ich korrekt?

Wörtlich übersetzt bedeutet „Fast Food“ „schnelles Essen“. In den letzten Jahren hat Fast Food viele Freunde gefunden. Neben den bekannten Hamburgern, Pommes, Dönern und Bratwürsten gibt es auch belegte Brötchen, Suppen, diverse Salate. Fast Food sind also alle Speisen, die sich für ein Essen auf die Schnelle eignen. Damit ist auch ein Apfel, ein Pausenbrot oder ein Glas Buttermilch gemeint.
Fast Food ist nicht generell ungesund oder gesund. Hier entscheidet die Zusammensetzung, ob eine Fast-Food-Mahlzeit ausgewogen ist. Sie sollte fettarm sein oder neben den fettreichen auch fettarme Zutaten ausreichend enthalten, z.B. Gemüse, Obst, Brot, Nudeln, Reis usw.

Auf dem Mittagstisch stehen ein Hamburger und eine Cola.

1. *Ordnet die Zutaten des Hamburgers und der Cola jeweils einer Lebensmittelgruppe des Nahrungsmittelkreises (s. S. 136) zu.*

2. *Welche Lebensmittelgruppen sind nicht oder nur in geringem Maße in dem Mittagessen vertreten?*

3. *Bewertet das Fast-Food-Essen.
Ist es „gesund“ oder „ungesund“? Begründet eure Einschätzung.*

4. *Überlegt, durch welche Nahrungsmittel das Mittagessen zu einem vollwertigem Fast Food aufgepeppt werden kann.*

5. *Organisiert ein vollwertiges Fast-Food-Frühstück. Lasst es euch schmecken. Macht ein Foto davon.*

Mosaik

Ess-Störungen

Ess-Störungen sind längerfristige Verhaltensauffälligkeiten im Zusammenhang mit der Nahrungsaufnahme. Sie beeinflussen und belasten den Betroffenen in seinem normalen Tagesablauf stark. Die bekanntesten Ess-Störungen sind *Magersucht (Anorexia nervosa), Ess-Brech-Sucht (Bulimia nervosa)* und *Ess-Sucht (Binge Eating).*

Ess-Störungen sind schwerwiegende, psychisch bedingte **Erkrankungen,** die im Allgemeinen mit einer gestörten Wahrnehmung des eigenen Körpers einhergehen. So sehen Betroffene ihren Körper beispielsweise als zu dick an, obwohl dies gar nicht der Realität entspricht (Körperschemastörung). Auch Hunger- und Sättigungsgefühl werden nicht mehr richtig wahrgenommen. Oft empfinden die Erkrankten sich selbst als unzulänglich, sind mit ihrem Aussehen und mit ihren Leistungen unzufrieden.

Bei allen langfristig bestehenden Ess-Störungen sind lebensgefährliche körperliche Schäden möglich. Daher benötigen die Erkrankten **unbedingt ärztliche und psychotherapeutische Hilfe.** Selbsthilfegruppen können Unterstützung geben.

Magersucht

Betroffene weisen mit der Zeit extremes, oft lebensbedrohliches Untergewicht auf (über 15 % niedriger als das Normalgewicht). Dieses niedrige Gewicht wird hauptsächlich durch Verweigerung der Nahrungsaufnahme bewirkt. Zusätzlich werden häufig Appetitszügler, Abführmittel und z. T. Hormonpräparate (Schilddrüsenhormon) verwendet. Außerdem versuchen die Betroffenen, Körpergewicht durch ausgeprägte sportliche Aktivitäten zu reduzieren. Das Gewicht wird ständig kontrolliert und es besteht eine extreme Angst vor Gewichtszunahme.

Das niedrige Körpergewicht wirkt auch auf die Psyche, sodass es oft zu einem zwanghaften Umgang mit Nahrungsmitteln kommt. Die Gedanken des Betroffenen kreisen um Essen und Verhaltensweisen im Zusammenhang mit der Nahrungsaufnahme. Häufig kommt es zu depressiven Zuständen. Die Betroffenen sind unausgeglichen und leicht reizbar.

Körperliche Folgen: Entwicklungsverzögerung, Ausbleiben der Menstruation, Verlangsamung des Herzschlags, niedriger Blutdruck, Muskelschwäche, Haarausfall und Störungen des Mineralstoffwechsels, Wassereinlagerung im Gewebe

Ess-Brech-Sucht

Personen, die an der Ess-Brech-Sucht leiden, weisen meist ein Normalgewicht bzw. leichtes Untergewicht auf. Trotzdem kontrollieren sie ihr Gewicht zwanghaft. Oft werden Appetitszügler und Abführmittel verwendet und übermäßig Sport getrieben. Zudem wird durch gezügeltes Essverhalten ein subjektiv festgelegtes Gewicht nicht überschritten. Aus der Mangelernährung resultieren Heißhungerattacken. Diese führen zum Kontrollverlust über das Essverhalten. So kommt es immer wieder dazu, dass (oft heimlich) riesige Nahrungsmengen zu sich genommen werden. Aus Angst vor Gewichtszunahme wird die aufgenommene Nahrung daher anschließend wieder erbrochen.

Körperliche Folgen: Störungen des Menstruationszyklus und des Mineralstoffwechsels, Entzündungen der Speiseröhre, Zahnschäden

Ess-Sucht

Auch bei dieser Krankheit kommt es zu Essanfällen. Im Gegensatz zur Bulimie werden die aufgenommenen Nahrungsmengen jedoch nicht wieder erbrochen. Eine Kompensation durch Sport oder Abführmittel erfolgt im Allgemeinen nicht. Dieses Essverhalten kann zu starkem Übergewicht *(Adipositas)* führen.

Körperliche Folgen bei starkem Übergewicht: Bluthochdruck, Gelenk- und Wirbelsäulenschäden, Kurzatmigkeit, Venenleiden

Der Weg der Nahrung im Körper

Die aufgenommene Nahrung durchwandert in unserem Körper mehrere **Verdauungsorgane** (Abb. 1). Jedes Verdauungsorgan erfüllt dabei eine ganz bestimmte Funktion und ist durch seinen besonderen Bau dafür bestens gerüstet.

1 In der **Mundhöhle** wird die Nahrung durch die **Zähne** zerkleinert. Die Zunge bewegt die Nahrungsbrocken dabei hin und her.

2 **Speicheldrüsen** bilden Mundspeichel, wodurch die Nahrungsbrocken aufgeweicht und gleitfähig gemacht werden. Im Speichel ist ein Enzym enthalten, das einen Teil der Kohlenhydrate (Stärke) in kleinere Bausteine zerlegt.

3 Die **Speiseröhre** ist ein muskulöser 25 cm langer Schlauch, durch den der Nahrungsbrei mithilfe wellenförmiger Muskelbewegungen in den Magen transportiert wird.

4 Die Innenwand des **Magens** ist stark gefaltet (ca. 35 Millionen Vertiefungen) und von vielen Drüsen durchsetzt. Diese sondern den *Magensaft* ab. Magensaft enthält Eiweiß verdauende Enzyme, Salzsäure und Magenschleim. Der Magenschleim schützt die Magenwand vor der Selbstverdauung. Die Salzsäure tötet Krankheitserreger ab, beendet die Kohlenhydratverdauung und säuert den Nahrungsbrei an. Dadurch können die Eiweiß abbauenden Enzyme besser arbeiten.
Die kräftigen Muskeln der Magenwand ziehen sich regelmäßig zusammen. Dadurch wird der Nahrungsbrei durchmischt und schließlich in den Zwölffingerdarm gedrückt.

5 Der **Zwölffingerdarm** ist der erste Abschnitt des Dünndarms.

6 In der **Leber** wird Gallensaft gebildet.

7 und in der **Gallenblase** gespeichert. Zur Zerteilung der Fette wird der Gallensaft bei Bedarf in den Zwölffingerdarm abgegeben.

8 Die **Bauchspeicheldrüse** stellt Bauchspeichel (täglich 1,5 Liter) her. Dieser wird in den Zwölffingerdarm zur Verdauung aller Nährstoffe, wie Stärke, Fette und Eiweiße, abgegeben.

9 Drüsen im **Dünndarm** sondern Darmsaft ab. Hier wird die Verdauung abgeschlossen. Die kleinsten wasserlöslichen Bestandteile, ebenso Vitamine und Mineralstoffe, gehen über die Oberfläche des Dünndarms in das Blut und die Lymphe. Durch die Dünndarmzotten (s. S. 175) wird die Oberfläche vergrößert und die Aufnahme ins Blut begünstigt.

10 Im **Dickdarm** wird dem nährstoffarmen, dünnflüssigen Nahrungsbrei das Wasser entzogen (ca. fünf Liter pro Tag). Er wird eingedickt. Durch Darmbewegungen wird der Nahrungsbrei zum Mastdarm transportiert.

11 Die unverdaulichen Reste werden im **Mastdarm** gesammelt und als Kot abgegeben.

12 Der Schließmuskel des **Afters** reguliert die Entleerung des Darmes.

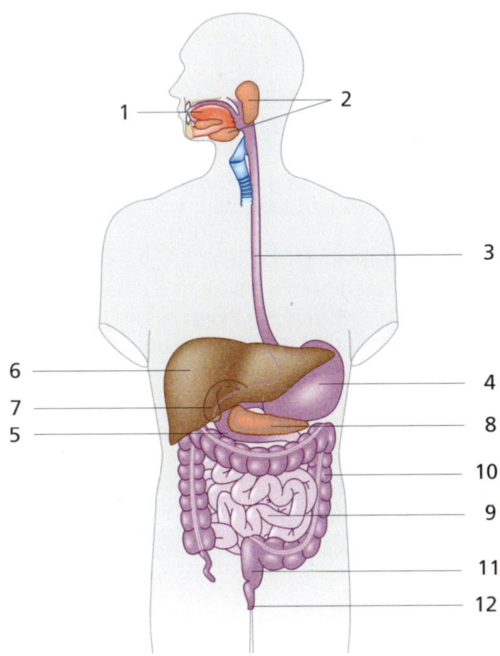

1 Weg der Nahrung im Körper

Verdauungsprozesse

Verdauung – Umwandlung der Nährstoffe

Stärke, Fette und Eiweiße sind in Wasser nicht oder nur schwer löslich. Das Transportmittel für Nährstoffe im Körper ist aber eine wässrige Lösung, nämlich das Blut. Damit die Nährstoffe in alle Organe und Zellen gelangen können, müssen sie in wasserlösliche Bausteine zerlegt werden. Diese Zerlegung findet schrittweise statt. Diesen Vorgang nennt man **Verdauung.**

Gesteuert wird die Verdauung von verschiedenen **Enzymen** (Wirkstoffe). Diese Stoffe sind in den **Verdauungssäften** wie Mundspeichel, Magensaft, Bauchspeichel und Dünndarmsaft enthalten.
Sie spalten die Verbindungsstellen zwischen den Nährstoffbausteinen auf (s. S. 141) und wirken am besten bei Körpertemperatur.
Für die Verdauung der Fette ist außerdem noch Gallensaft wichtig, der die großen Fetttropfen in viele kleine zerteilt.

Stärke ist ein Kohlenhydrat. Durch die Wirkstoffe wird die Stärke in ihre kleinsten wasserlöslichen Grundbausteine – in *Traubenzucker* – zerlegt.
Fette werden durch die Wirkstoffe in *Glycerol* und *Fettsäuren* umgewandelt.
Die kleinsten wasserlöslichen Grundbausteine der **Eiweiße** sind *Aminosäuren*. Auch Eiweiße werden durch Wirkstoffe aufgespalten.

Verdauung ist der Vorgang, in dem die Grundnährstoffe (Kohlenhydrate, Fette, Eiweiße) durch Enzyme chemisch in ihre kleinsten wasserlöslichen Grundbausteine zerlegt werden.

Diese Verdauungsprozesse können **modellhaft in Schemata** dargestellt werden (s. S. 141).

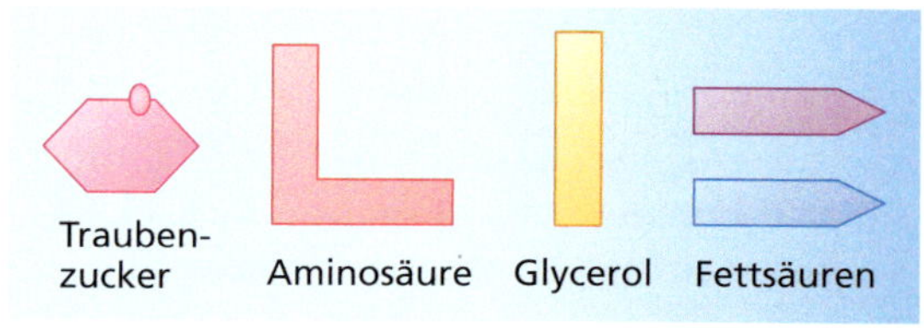

1 Symbole für Grundbausteine der Nährstoffe

Überprüfe die Löslichkeit von Stärke und Traubenzucker in Wasser.

Materialien:
2 Reagenzgläser, Stopfen, Wasserflasche, Spatel, Stärke, Traubenzucker

Durchführung:
Gib eine Spatelspitze Stärke und eine Spatelspitze Traubenzucker in je ein Reagenzglas. Gib 5 ml Wasser hinzu und schüttle kräftig.

Beobachtungsaufgabe:
Betrachte die Gemische in den Reagenzgläsern vor und nach dem Schütteln. Treten Veränderungen in beiden Reagenzgläsern auf? Notiere deine Beobachtungsergebnisse.

Auswertung:
1. Vergleiche die Löslichkeit von Stärke und Traubenzucker in Wasser.
2. Erkläre, warum Stärke nicht im Blut transportiert werden kann.

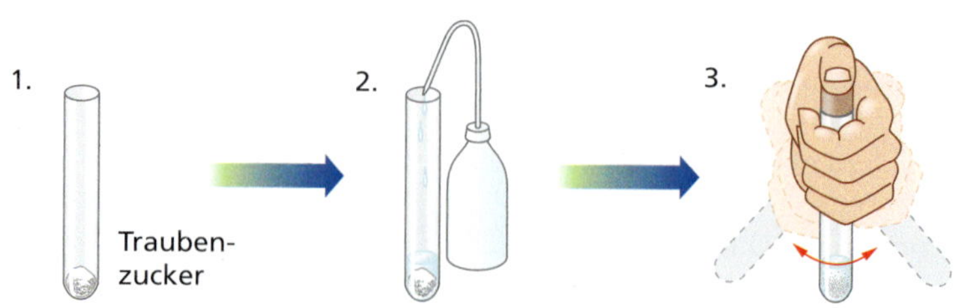

Enzyme wirken nach dem Schlüssel-Schloss-Prinzip

Die meisten biochemischen Reaktionen laufen unter Normalbedingungen sehr langsam ab. Daher benötigen Stoffwechselreaktionen „Reaktionsbeschleuniger“. Das sind **Enzyme**. Sie wirken als Biokatalysatoren, beschleunigen die Reaktionen, liegen nach Abschluss der Reaktion aber wieder unverändert vor. Jede Reaktion hat ihr spezielles Enzym, das zu einem bestimmten Stoff **(Substrat)** passt wie ein Schlüssel zum Schloss (Schlüssel-Schloss-Prinzip). Das Enzym bildet während der Reaktion mit dem Substrat einen **Enzym-Substrat-Komplex.** Nach der Stoffumwandlung zerfällt der Komplex in die **Reaktionsprodukte** und das **Enzym.** Das Enzym kann sich erneut mit dem Substrat verbinden

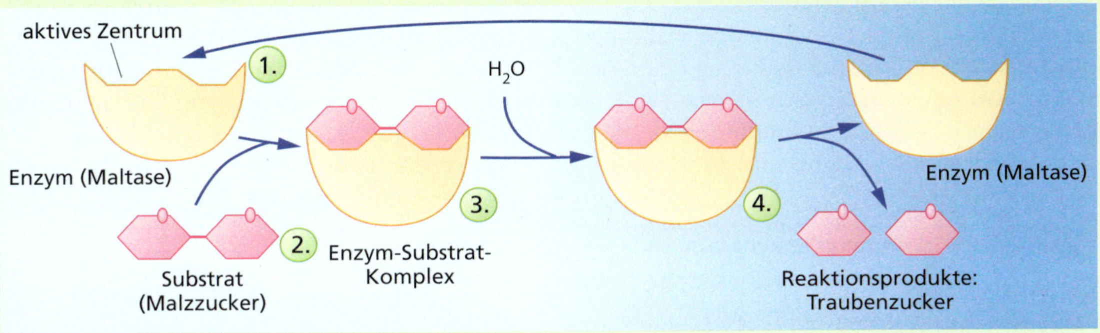

Enzymwirkung bei der Verdauung

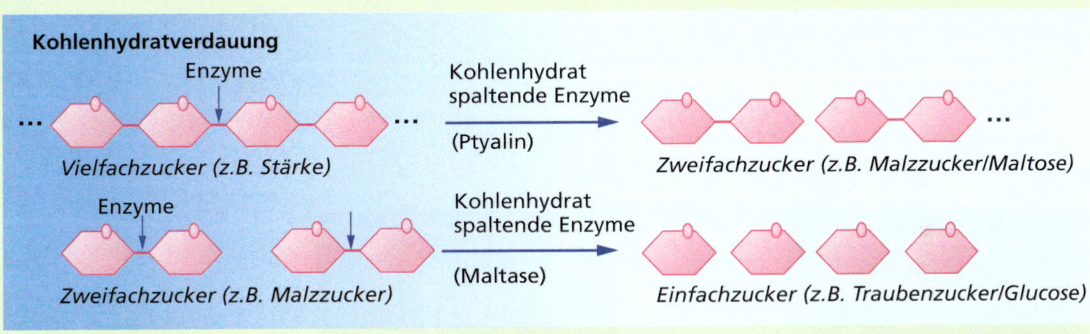

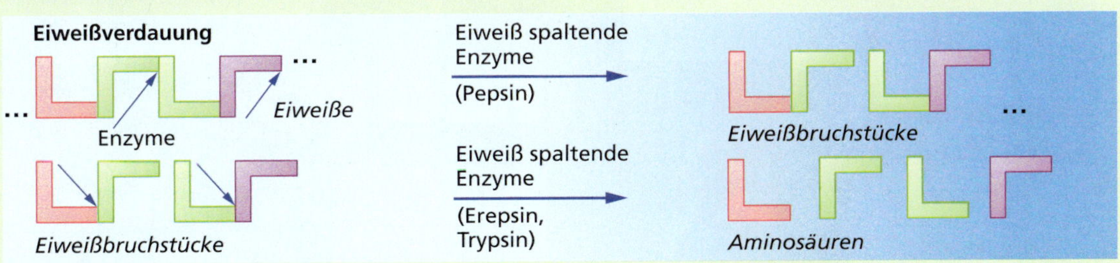

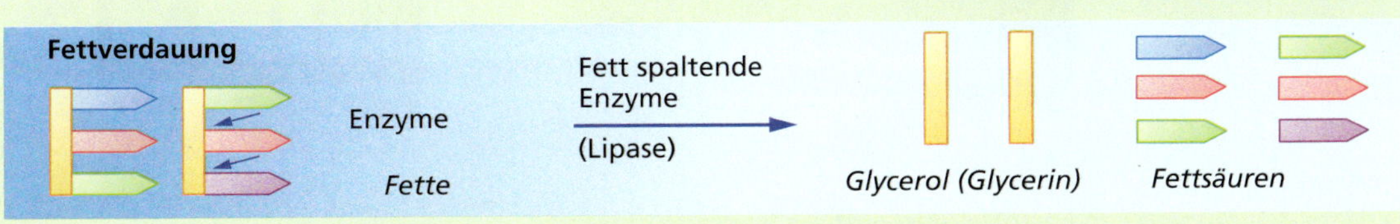

Erläutere das Schlüssel-Schloss-Prinzip am selbst gewählten Modell.

Ein Experiment zur Enzymwirkung

Du weißt nun, dass bei der Verdauung die mit der Nahrung aufgenommenen Grundnährstoffe mithilfe von Enzymen in ihre kleinsten Bestandteile zerlegt werden. Die **Wirkung von Enzymen** kann in einem einfachen Experiment überprüft werden (s. Experiment unten).
Die **Verdauung der Grundnährstoffe** kann in Experimenten nachvollzogen werden.
Ein wichtiges Kohlenhydrat in den Nahrungsmitteln ist **Stärke.** Stärke besteht aus einer Vielzahl von **Grundbausteinen** (Traubenzucker). Da Stärke nicht bzw. kaum wasserlöslich ist, muss sie durch Enzyme im Mund- und Bauchspeichel chemisch in ihre Grundbausteine – wasserlösliche Traubenzuckerteilchen – abgebaut (verdaut) werden. Der Traubenzucker ist wichtiger Baustoff und Energielieferant.
Stärke kann mithilfe von Iod-Kaliumiodidlösung durch blauschwarze Färbung nachgewiesen werden.
Betropft man beispielsweise Brot (Brot ist ein stärkehaltiges Nahrungsmittel) mit Iod-Kaliumiodidlösung, wird man eine blauschwarze Färbung ermitteln.
Will man die Stärkeverdauung durch Mundspeichel nachweisen, muss man ein Stückchen Brot ca. fünf Minuten kauen und das gekaute Brot auf Zucker untersuchen.

Weise die Wirkung von Enzymen nach.

Materialien:
Wasserstoffperoxid (H_2O_2, 10 % ☒), frischer Kartoffelpress-Saft; Reagenzgläser, Stopfen, Reagenzglasständer, Holzspan, Pipette, Streichhölzer, Brenner, Schutzbrille, Kittel

Durchführung und Beobachtung:
1. Gib in ein Reagenzglas 3 ml Wasserstoffperoxid. Trage Schutzbrille und Kittel, denn Wasserstoffperoxid wirkt ätzend.
2. Gib frischen Kartoffelpress-Saft dazu, verschließe das Reagenzglas mit einem Stopfen, schüttle es leicht und halte nach kurzer Zeit einen glimmenden Holzspan hinein.
3. Notiere deine Ergebnisse.

Auswertung:
Erkläre die Wirkung von Kartoffelpress-Saft auf Wasserstoffperoxid.

Resorption

Nach der Verdauung liegen die Grundbausteine der Nährstoffe in wasserlöslicher Form im Dünndarm vor. Sie müssen jetzt noch in alle Teile des Körpers transportiert werden. Ein Organismus kann nur dann wachsen und am Leben bleiben, wenn alle seine Zellen ständig mit diesen Grundbausteinen versorgt werden. Dafür sind das Blut und die Lymphe, eine weitere Körperflüssigkeit, zuständig. Also müssen die Nährstoffbausteine vom Darm in das Blut und die Lymphe gelangen. Die Aufnahme in die Körperflüssigkeiten erfolgt im 2 bis 3 m langen Dünndarm, dessen Bau an seine Funktion angepasst ist. Es handelt sich nicht nur um einen langen Schlauch, sondern im Innern ist die Darmschleimhaut gefaltet. Jede Falte besteht aus einer großen Anzahl von kleinen Falten, den **Darmzotten.** Eine Darmzotte ist ca. 1 mm lang. Insgesamt hat der Mensch rund 5 Mio. Darmzotten (Abb. 1). Dadurch wird die Kontaktfläche zum Nahrungsbrei um das 25-Fache vergrößert (Oberflächenvergrößerung).
Jede Darmzotte hat wiederum viele winzige Ausstülpungen, die die Kontaktfläche noch zusätzlich vergrößern. Insgesamt ist die für die Stoffaufnahme zur Verfügung stehende Oberfläche des Dünndarms eines Erwachsenen 200 bis 300 m^2 groß. Das entspricht der Fläche von 1,5 Tennisplätzen.
Durch die peristaltischen Bewegungen der Darmmuskulatur und die Bewegungen der einzelnen Darmzotten wird die Darmschleimhaut vom Nahrungsbrei umspült.
Jede Darmzotte enthält feine Blutgefäße und ein Lymphgefäß. Die Grundbausteine der Nährstoffe gelangen über die Zottenwand in die Blut- und Lymphgefäße. Diesen Vorgang nennt man **Resorption.**
Über das Blut und die Lymphe werden die Grundbausteine der Nährstoffe in alle Körperzellen transportiert. Dort werden aus den Grundbausteinen körpereigene Stoffe wie Kohlenhydrate, Eiweiße und Fette gebildet. Durch diese **Stoffumwandlung** werden aus den körperfremden Grundbausteinen der Nährstoffe körpereigene Stoffe gebildet (Abb. 2).

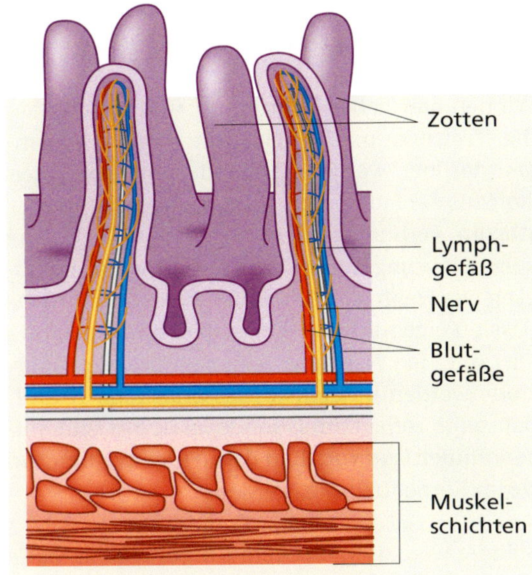

1 Bau der Dünndarmzotte

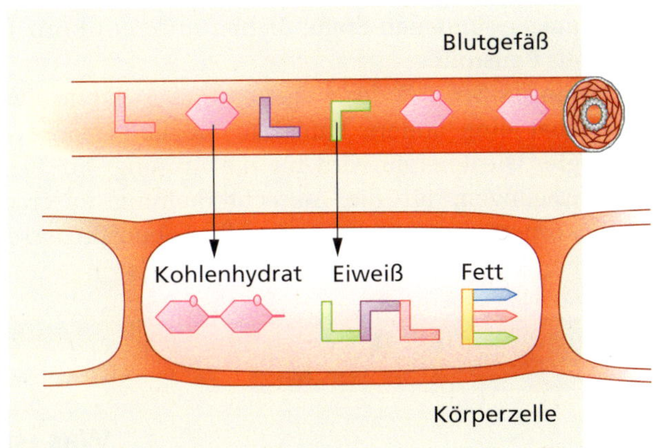

2 Aufbau körpereigener Stoffe

Als Resorption bezeichnet man die Aufnahme wasserlöslicher Grundbausteine über die Darmschleimhaut ins Blut und in die Lymphe.

Aufgabe

Warum ist die große Oberfläche des Dünndarms für seine Funktion so wichtig und wie kommt sie zustande? Überlege dir andere Beispiele für Organe mit großen Oberflächen und erkläre dies mit ihrer Funktion.

Nahrung und Energie

Wir nehmen täglich Nahrung auf und atmen ständig. Trotzdem macht sich kaum jemand Gedanken darüber, warum Nährstoffe und der Sauerstoff aus der Luft für uns lebensnotwendig sind.
Warum verhungern wir, wenn eine Zeit lang keine Nahrungszufuhr erfolgt, und warum ersticken wir, wenn wir nicht Luft holen können? Was passiert eigentlich mit den Stoffen im Körper?
Die mit der Nahrung aufgenommenen Nährstoffe werden in kleinste wasserlösliche Grundbausteine zerlegt, im Dünndarm in das Blut aufgenommen und vom Blut dahin transportiert, wo sie im Körper benötigt werden.

Ständig werden in unserem Körper eigene Stoffe aufgebaut. Nur so ist es möglich, dass wir wachsen, Muskeln aufgebaut werden können und abgestorbene Zellen ersetzt werden. Einige der aufgenommenen Stoffe dienen unserem Körper als **Baustoffe.**
Ein großer Teil der aufgenommenen Stoffe hat aber eine andere Funktion. Sie **liefern Energie.** Die Energie wird für die Atmung, für Bewegungen, für die Aufrechterhaltung unserer Körpertemperatur, also für alle Lebensprozesse benötigt.

Der Energiegehalt der Nahrungsmittel ist unterschiedlich. Obst liefert nicht so viel Energie wie die gleiche Menge Schokolade oder Butter. Auf Lebensmitteln ist oft angegeben, welche Energie im Körper aus ihnen freigesetzt werden kann. Der Wert wird als **Brennwert** bezeichnet und in Kilojoule (kJ) angegeben. Der Brennwert wird durch die gemessene Wärme ermittelt, die bei der Nahrungsmittelverbrennung abgegeben wird.
In unseren Zellen werden Fette und Kohlenhydrate natürlich nicht mit offenem Feuer verbrannt, sondern unter Wirkung von Enzymen bei Körpertemperatur abgebaut.
Ähnlich wie bei einer Verbrennung erfolgt jedoch auch eine Umsetzung mit Sauerstoff. Dabei entsteht u.a. Kohlenstoffdioxid. Wärme und nutzbare Energie werden freigesetzt. Diesen Stoffwechselprozess nennt man **Zellatmung.**
Wird nicht ausreichend Sauerstoff zu den Zellen transportiert, kann dieser Prozess nicht stattfinden. Ohne Energie kann jedoch kein Organ unseres Körpers arbeiten.

Die aufgenommenen Nährstoffe dienen als Baustoffe und Energielieferanten. Für den Abbau zur Energiefreisetzung wird Sauerstoff benötigt.

Mosaik

Was ist Energie?

Energie beschreibt den Zustand eines physikalischen Systems, der es in die Lage versetzt, mechanische, elektrische oder chemische Arbeit zu leisten, Strahlung auszusenden oder Wärme abzugeben. Energie ist in unterschiedlichen Energieträgern und Energiequellen gespeichert. Man unterscheidet verschiedene Energieformen, z.B. mechanische Energie, Kernenergie, magnetische Energie, Lichtenergie, elektrische Energie und chemische Energie.

Lichtenergie

elektrische Energie

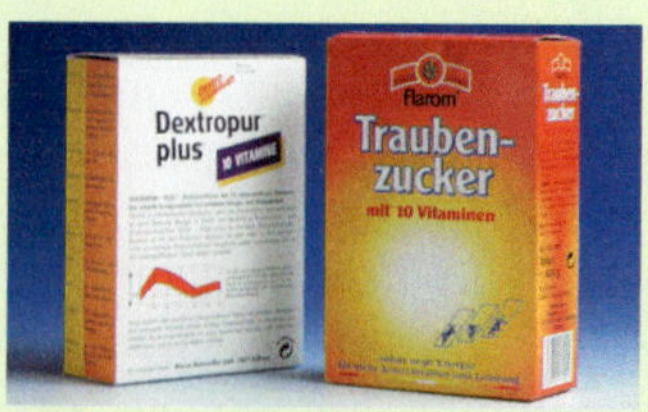

chemische Energie

Energie

Energie wird weder verbraucht noch geht sie verloren. Es wird auch keine Energie gewonnen oder gebildet. Es wird immer nur eine Energieform in eine andere umgewandelt. So wird beispielsweise die Lageenergie von Wasser (Speichersee) in Bewegungsenergie (Turbine) und dann mithilfe von Generatoren in elektrische Energie umgewandelt. Bei der Verbrennung von Holz im Kamin wird ein Teil der chemischen Energie in Lichtenergie und Wärme umgewandelt. Lebewesen brauchen Energie für alle Lebensvorgänge. Die notwendige Energie müssen sie aus der Umwelt aufnehmen und in nutzbare Energie umwandeln. Tiere und Menschen nehmen chemische Energie (energiereiche Nährstoffe) auf. Beim Abbau dieser Energieträger wird die notwendige Energie freigesetzt. Grüne Pflanzen nutzen die Energie des Sonnenlichts.

Stoff- und Energieumwandlung im menschlichen Körper am Beispiel der Zellatmung

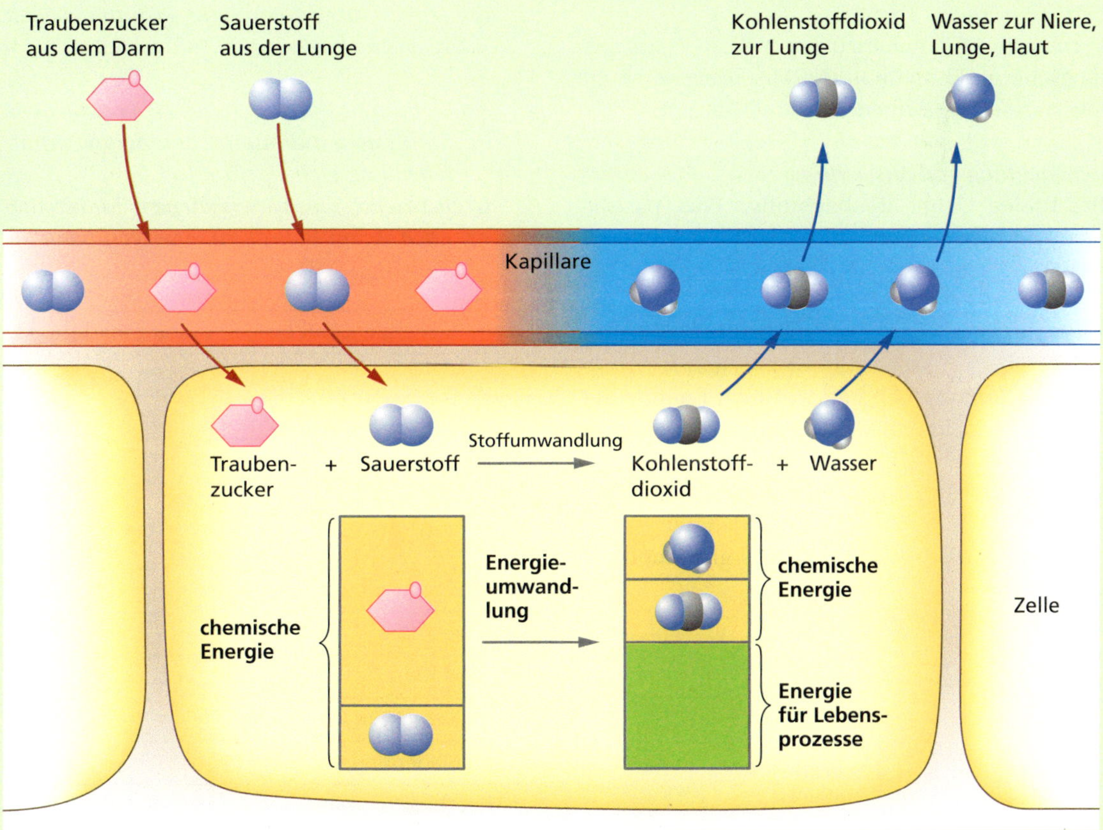

Vergleiche die Energieumwandlung bei der Verbrennung von Holz und die Energieumwandlung im menschlichen Körper.

Bewegung braucht Energie

Nährstoffe, die wir mit unserer Nahrung aufnehmen, enthalten Energie.

Energie in Nahrungsmitteln

Verbrenne Traubenzucker in Anwesenheit von Asche.

Vorbereitung:
Notiere notwendige Geräte und Chemikalien.

Durchführung:
Vermische 5 g Traubenzucker mit etwas Zigarettenasche und entzünde die Mischung in einem feuerfesten Gefäß mit der Brennerflamme.

Beobachtung und Auswertung:
Beschreibe deine Beobachtung. Was passiert beim Verbrennen mit der chemischen Energie des Traubenzuckers?

Energiegehalt und Energiebedarf

Mit der Nahrung nehmen wir auch Energie auf. Unser Energiebedarf hängt vom Körpergewicht, vom Alter und besonders von körperlicher Aktivität und der Art der Betätigung ab. So wird beispielsweise für sportliche Aktivitäten in der Schule und in der Freizeit viel Energie benötigt.

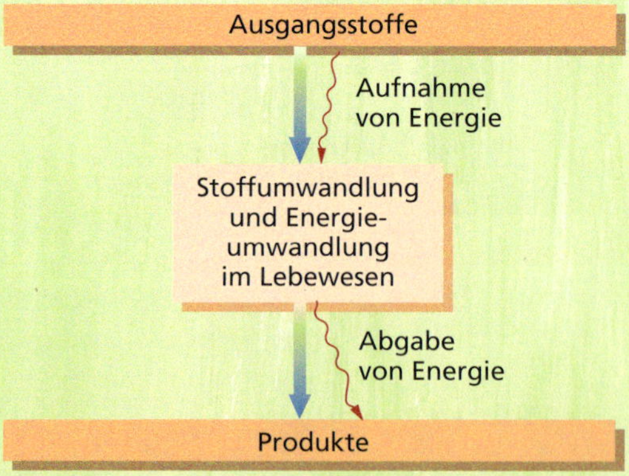

1 Lebensprozesse sind durch Stoff- und Energieumwandlungen gekennzeichnet.

Tabelle 1: Durchschnittlicher Energieumsatz in kJ pro Stunde

Schlafen	300
Spazieren gehen	400
Rad fahren	800
Hausarbeit	900
Tanzen	1 400
Tennis spielen	1 500
Fußball spielen	1 600
Schwimmen	2 000

1. *Stelle ein mögliches Tagesprogramm mithilfe der Tab. 1 zusammen und ermittle deinen Energiebedarf.*

2. *a) Stelle mithilfe der Tabelle 2 verschiedene Mahlzeiten zusammen, um deinen ermittelten Energiebedarf zu decken.*
b) Beurteile die verschiedenen Mahlzeiten nach ihrem Beitrag zu einer gesunden Ernährung.

Tabelle 2: Energiegehalt einiger Nahrungsmittel in kJ

1 Glas Wasser	0
1 Hamburger	1 200
1 Milch-Shake 0,2 l	1 100
1 kleiner Apfel	280
1 Glas Cola 0,2 l	360
1 Scheibe Wurst	200
1 Scheibe Käse	400
Brötchen 100 g	1 200
Scheibe Brot 100 g (Vollkorn)	950
1 Schokoladenriegel	2 000
1 Löffel Nudeln	100
1 Ei	360
Pommes 100 g	1 500
1/2 Hähnchen	1 700
Erdnüsse 100 g	2 650
1 Stück Sahnetorte	1 800

gewusst · gekonnt

1. Nimm in dein Glossar auf: Nahrungsbestandteile, Nährstoffe, Ergänzungsstoffe, Eiweiße, Fette, Kohlenhydrate, Vitamine, Mineralstoffe, Ballaststoffe, Energielieferant, Verdauung, Verdauungsorgane, Zellatmung, Schlüssel-Schloss-Prinzip, Enzyme, Resorption.

Glossar

Eiweiße:
Energielieferant:
Enzym:
Ergänzungsstoffe:

2. Entscheide selbst, welches Getränk für dich gesünder ist. Begründe deine Entscheidung.

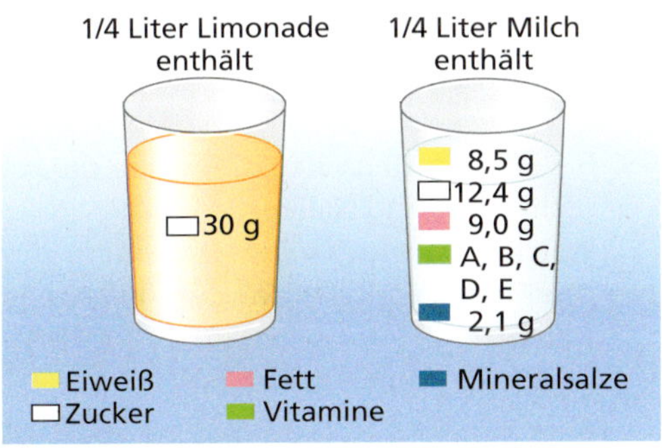

3. Stelle mit deinen Mitschülern in einem Rollenspiel dar, wie dein Frühstück vor Schulbeginn im Elternhaus verläuft.

4. Schreibe einen Tag lang alle Nahrungsmittel auf, die du gegessen hast. Beurteile sie anhand von Ernährungstabellen und des Nahrungsmittelkreises auf Seite 136.

5. Das im Nahrungsmittel enthaltene Vitamin C wird beim Kochen fast zur Hälfte, beim Dämpfen zu etwa einem Fünftel und beim Dünsten zu etwa einem Siebtel zerstört. Ziehe Schlussfolgerungen für die Zubereitungsart von Vitamin-C-haltigen Nahrungsmitteln.

6. a) Einige Gemüsesorten sind roh gesünder als gekocht. Begründe diese Aussage.
   b) Erläutere diesen Sachverhalt an Beispielen.

7. Der Mensch sollte täglich etwa 2,5 Liter Wasser mit der Nahrung und als Flüssigkeit aufnehmen.
   a) Informiere dich über den Wassergehalt von Nahrungsmitteln mithilfe von Ernährungstabellen oder im Internet.
   b) Errechne an ausgewählten Nahrungsmitteln, die du an einem Tag zu dir nimmst, die aufgenommene Wassermenge.
   c) Wie viel Flüssigkeit musst du außerdem noch trinken, um den durchschnittlichen Flüssigkeitsbedarf zu decken?

8. Der Ballaststoffgehalt der Säuglingsnahrung ist sehr gering. Womit könnte dies zusammenhängen?

9. a) Untersuche in einem Supermarkt einige abgepackte Lebensmittel in Bezug auf ihre Zusatzstoffe.
   b) Informiere dich im Internet über Pro und Kontra des Einsatzes von Lebensmittelzusatzstoffen.

10. Überprüfe, ob Fruchtsaft, Honig, Kartoffelmehl, weiße Bohnen und Mineralwasser Stärke enthalten.
    Gehe dabei entsprechend der Experimentieranordnung 1 auf Seite 131 vor.

11. Überprüfe, ob Weißbrot, Würfelzucker, Blutwurst, gekochtes Hühnerei, Schweinefleisch und Margarine Fett enthalten. Gehe dabei entsprechend der Experimentieranordnung 2 auf Seite 131 vor.

12. a) Stelle dir anhand von Nahrungsmitteltabellen ein gesundes Frühstück, Mittagessen und Abendessen zusammen.
    b) Errechne deren Energiegehalt.

13. Christine hat als Schulfrühstück eine Roggenbrotschnitte mit Butter und Käse sowie einen Apfel mit in die Schule bekommen. Zur Pause lässt sie ihr Frühstück in der Tasche. Stattdessen kauft sie sich ein großes Stück Torte und isst nach der Schule ein Eis. Handelt Christine richtig? Begründe deine Meinung.

14. Begründe die Regel:
„Gut gekaut ist halb verdaut."
Nenne weitere Ernährungsregeln. Informiere dich dazu im Internet.

15. Weshalb sollst du weder weniger noch mehr Nahrung zu dir nehmen, als dein Körper benötigt?

16. Sportliche Leistungen verlangen einen hohen Energiebedarf, z. B.

Gymnastik:	12,2 kJ/(h · kg)
Laufen (9 km/h):	35,5 kJ/(h · kg)
Wandern: (4,5 km/h):	19,2 kJ/(h · kg)
Handball:	80,1 kJ/(h · kg)
Radfahren (43 km/h):	65,7 kJ/(h · kg)

a) Birgit (50 kg) und Klaus (70 kg) wandern an einem sonnigen Wochenende fünf Stunden durch die heimatliche Landschaft. Wie viel Energie benötigen Birgit und Klaus für die Wanderung?

b) Jan (60 kg) ist Radrennfahrer. Er unternimmt mit seinem Trainer eine zweistündige Trainingstour. Wie hoch ist sein Energieaufwand dafür?

c) Max (60 kg) spielt zwei Stunden Handball. Petra (55 kg) erwärmt sich durch 15 Minuten Gymnastik und läuft anschließend eine Stunde. Wer verbraucht mehr Energie?

7. Beschreibe den Weg der Nahrung durch deinen Körper. Welche Aufgaben erfüllen die einzelnen Verdauungsorgane?

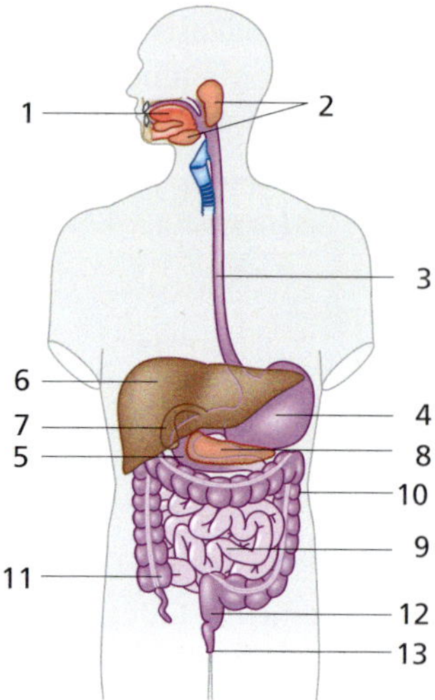

18. Begründe die Notwendigkeit der chemischen Umwandlung der Grundnährstoffe in den Verdauungsorganen.

19. Bei einigen Menschen produziert die Leber nicht genügend Gallensaft. Welcher Nährstoff sollte dann nur in geringen Mengen mit der Nahrung aufgenommen werden? Begründe deinen Ratschlag.

20. Betrachte mithilfe des Mikroskops einen Schnitt durch den Dünndarm mit Dünndarmzotten (Dauerpräparat). Beschreibe.

21. Erläutere den engen Zusammenhang zwischen Struktur und Funktion am Beispiel der Darmzotten.

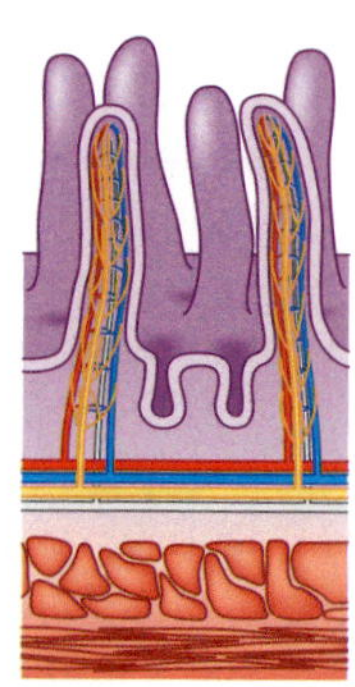

22. Stelle die Verdauungsvorgänge in Mundhöhle, Magen und Dünndarm mithilfe von Symbolen dar. Nutze dazu die Symbole auf den Seiten 140/141.

Bestandteile der Nahrung

Mit unserer Nahrung nehmen wir **Nährstoffe** und **Ergänzungsstoffe** auf. Sie erfüllen im Körper bestimmte Aufgaben.

Bestandteile der Nahrung

- **Nährstoffe**: Eiweiße, Fette, Kohlenhydrate – bauen die Körpersubstanz auf und erhalten sie, ersetzen Zellen, liefern dem Körper Energie
- **Ergänzungsstoffe**: Vitamine, Mineralstoffe – regulieren und steuern Vorgänge sowie den Aufbau des Körpers; Ballaststoffe – sorgen für Darmfüllung, sättigen, beugen Verstopfung vor
- **Wasser**: dient u.a. als Ausgangsstoff, Lösungs- und Transportmittel für Stoffe im Körper

Gesunde Ernährung

Eine „gesunde" Ernährung erreicht man durch ein ausgewogenes Verhältnis der Nährstoffe (ca. 50 % Kohlenhydrate, ca. 30 % Fett, ca. 20 % Eiweiß) und Ergänzungsstoffe in der Nahrung.

Verdauung

Verdauungsorgane sind Mundhöhle, Speiseröhre, Magen und Darm. **Verdauungsdrüsen** sind Mund- und Bauchspeicheldrüsen, Leber mit Gallenblase.

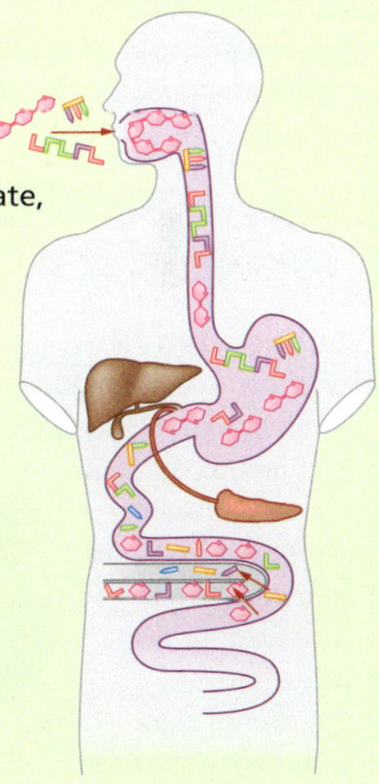

Verdauung ist die chemische Zerlegung der Grundnährstoffe (Kohlenhydrate, Fette, Eiweiße) mithilfe von Enzymen in ihre wasserlöslichen Bestandteile:

Stärke → Traubenzucker

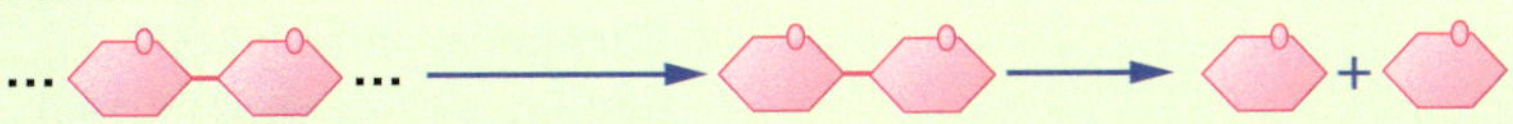

Eiweiße → Aminosäuren

Fette → Glycerol (Glycerin), Fettsäuren

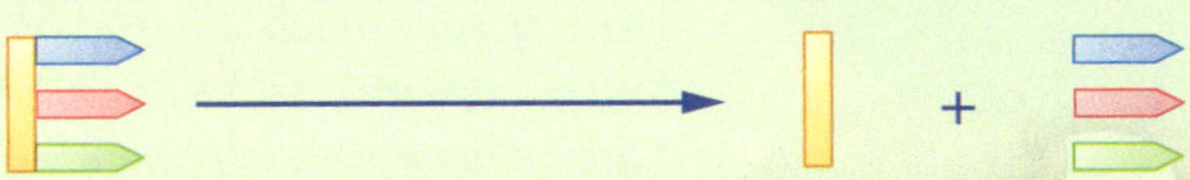

Die **Grundbausteine der Nährstoffe** werden vom Blut (Traubenzucker, Aminosäuren) bzw. der Lymphe (Glycerol, Fettsäuren) aufgenommen (Resorption) und zu allen Zellen des Körpers transportiert. In den Zellen werden aus ihnen körpereigene organische Stoffe (Kohlenhydrate, Fette, Eiweiße) aufgebaut.

summa summarum

3.2 Atmung – ohne Luft kein Leben

Mit Sauerstoff in die Tiefe des Ozeans

Ohne Ausrüstung würde ein Taucher im Wasser des Ozeans oder ein Astronaut auf dem Mond nicht überleben. Denn sie benötigen Sauerstoff zum Atmen.

Wie gelangt der Sauerstoff aus der Luft in unseren Körper?
Was passiert mit dem Sauerstoff in unserem Körper?

Atmung – ein Lebensmerkmal des Menschen

Wir atmen, ohne dass wir darüber nachdenken müssen. Sind wir entspannt, ist unsere Atmung gleichmäßig und langsam. Unter Belastung, z. B. beim Sport, wird unsere Atmung tiefer und beschleunigt sich.

Warum müssen wir überhaupt Luft einatmen?
Warum benötigen wir offensichtlich in Ruhephasen weniger Luft als bei sportlicher Aktivität?

Die Lunge – ein „schwammiges" Organ

Legt man ein Stück frische Lunge vom Schlachthof in eine mit Wasser gefüllte Schüssel, so schwimmt sie. Schneidet man die Lunge auf und betrachtet sie genauer, erkennt man viele kleine Hohlräume. Die Lunge sieht fast aus wie ein Schwamm.

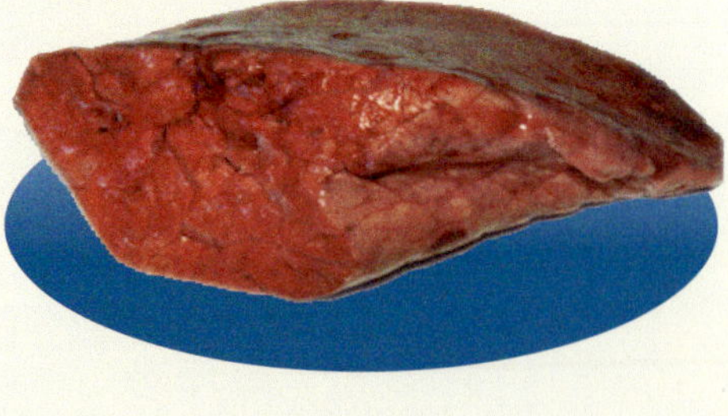

Wie kommt es, dass die Lunge auf dem Wasser schwimmt?
Welche Aufgabe hat die Lunge bei der Atmung?
Wie ist eine Lunge aufgebaut?

Untersuchungen zur Atmung

Messen des Atemvolumens

1. *Teste das Fassungsvermögen deiner Lunge.*

Das Fassungsvermögen der Lunge ist bei jedem Menschen anders. Das hängt u.a. auch davon ab, ob jemand Sport treibt, Posaune bläst oder sich körperlich wenig betätigt.

Mit einem Atemmesser (Spirometer aus der Apotheke, Abb.) kann man das Fassungsvermögen der Lunge messen.

Durchführung:

1. Messen des Atemzugvolumens:
   Atmet ganz normal durch die Nase ein und durch das Mundstück wieder aus.
   Lest den Wert auf dem Atemmesser ab.
2. a) Messen des Atemzeitvolumens:
   Zählt, wie oft ihr in einer Minute ein- und ausatmet.
   b) Berechnet das Atemzeitvolumen nach folgender Gleichung:
   Atemzeitvolumen = Atemzugvolumen · Atemfrequenz in einer Minute.

Auswertung:

a) Fertigt zu den Messungen ein Protokoll an.
Stellt eine Tabelle zu den Messwerten auf und nehmt noch zwei Spalten für euer Körpergewicht und eure Körperhöhe dazu.
b) Sind Zusammenhänge zwischen Atemwerten und Körpermaßen erkennbar?
c) Vergleicht die Werte mit zwei weiteren Schülern.
d) Zieht eine Schlussfolgerung für den Trainingszustand eurer Lunge.

Übrigens: Der *Richtwert* für das Atemzugvolumen für Schüler eures Alters beträgt bei normaler Einatmung in Ruhe ca. 0,3 bis 0,5 l Luft.
Das Atemzeitvolumen sollte etwa 5 –7 l betragen.

Atmung und körperliche Belastung

2. *Untersuche die Veränderung der Atmung bei körperlicher Belastung.*

Die Atmung verändert sich bei körperlicher Tätigkeit, z.B. nach einer 100-m-Schwimmstrecke oder einem 60-m-Lauf.

Durchführung:

1. Stellt das Atemzeitvolumen bei entspannter Sitzhaltung fest.
2. Steht dann 40-mal innerhalb einer Minute vom Stuhl auf und stellt erneut das Atemzeitvolumen fest.
3. Kontrolliert vor und nach der Messung den Puls.

Auswertung:

a) Welche Veränderungen in der Atmung und im Puls traten nach der körperlichen Belastung auf?
b) Vergleicht die Werte mit ein bis zwei Klassenkameraden.
c) Schätzt den Trainingszustand eures Körpers ein und zieht Schlussfolgerungen.

Atmung und Atmungsorgane

Bau und Funktion der Atmungsorgane

Ein Mensch kann nur kurze Zeit die Luft anhalten, dann muss er tief einatmen. Wenn er das nicht kann, wird er bewusstlos. Die **Atmung** ist für den Menschen ein lebensnotwendiger Vorgang.
Die **Atmungsorgane** (Abb. 1) sorgen dafür, dass die Einatemluft (ca. 21 % Sauerstoff; 0,03 % Kohlenstoffdioxid) in den Körper und die Ausatemluft (ca. 16 % Sauerstoff; 4,03 % Kohlenstoffdioxid) aus dem Körper gelangen. Beim *Einatmen* strömt die Luft über die Mund- oder Nasenhöhle in den Rachenraum und über den Kehlkopf weiter in die Luftröhre (Abb. 2). Von dort gelangt sie durch die Bronchien in alle Teile der Lunge. Beim *Ausatmen* ist der Weg umgekehrt.

Die einzelnen Atmungsorgane sind so gebaut, dass sie ihre Funktion gut erfüllen können.
Die **Nase** wirkt wie ein Filter. In den Nasenlöchern befinden sich kurze, borstenartige Härchen, die gröbere Staubteilchen der Einatemluft abfangen. Die Nasenhöhlen sind außerdem mit einer feuchten Schleimhaut mit feinen Flimmerhärchen ausgekleidet. Hier wird die eingeatmete Luft angefeuchtet, vorgewärmt und von feineren Staubteilchen gereinigt.

Bei einer anstrengenden Tätigkeit, z. B. 60-m-Lauf, atmet man durch den Mund. Dadurch kann mehr Luft aufgenommen werden. Erst nach der Anstrengung wechselt man wieder zur *Nasenatmung.*

Die **Luftröhre** (Abb. 1) ist ein etwa 10 cm bis 12 cm langes elastisches Rohr. Die Wand der Luftröhre ist durch querverlaufende Knorpelspangen verstärkt. Diese verhindern, dass die Luftröhre zusammengedrückt und dadurch die Atmung behindert wird.
Beim Schlucken von Nahrung legt sich der Kehldeckel über den Kehlkopfeingang und verschließt die Luftröhre. Gelangen beim Verschlucken doch Nahrungsbröckchen in die Luftröhre, so werden sie durch kräftiges Husten wieder herausgeschleudert.

Die Luftröhre gabelt sich an ihrem unteren Ende in zwei Hauptäste, die **Hauptbronchien** (Abb. 1). Sie besitzen den gleichen Bau wie die Luftröhre. Jede Bronchie führt in einen **Lungenflügel**.
Dort verzweigen sich die Bronchien in immer feinere Verästelungen. An den feinsten Endaufzweigungen sitzt eine große Anzahl von Bläschen.
Diese Bläschen werden als **Lungenbläschen** bezeichnet (s. S. 151).

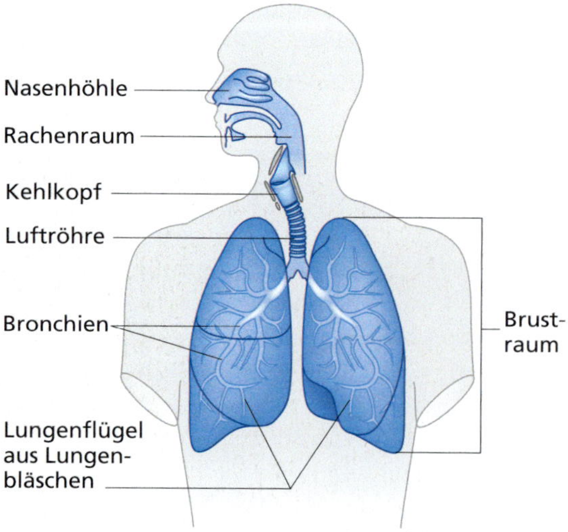

1 Die Atmungsorgane sind mit einer dünnen Schleimschicht ausgekleidet.

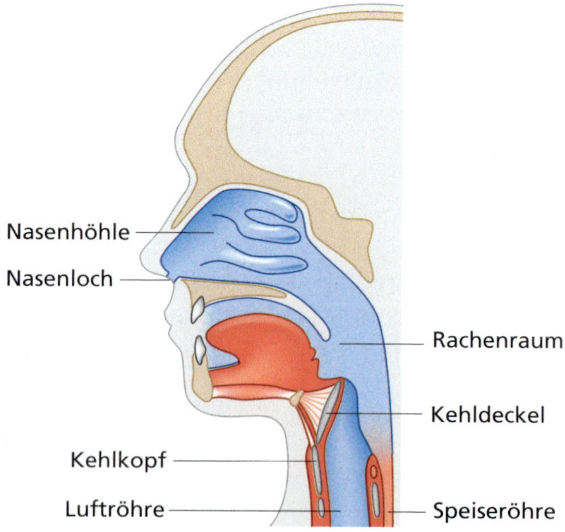

2 Die Luft durchströmt Nasenhöhle und Rachenraum.

Einatmen und Ausatmen

Wenn man vor einem Spiegel ruhig ein- bzw. ausatmet, kann man beobachten, dass sich der Brustkorb verändert. Durch Zwischenrippen- und Zwerchfellmuskeln wird der Brustkorb gehoben oder gesenkt. Dadurch wird der Brustraum kleiner oder größer. Als Folge dehnt sich die Lunge aus oder wird zusammengedrückt.

Beim *Einatmen* wird der Brustkorb von Muskeln zwischen den Rippen angehoben, sodass sich der gesamte innere Brustraum vergrößert. Die Lunge wird dabei gleichzeitig gedehnt. Auf diese Weise entsteht im Inneren der Lunge ein *Unterdruck*. Dadurch strömt Luft von außen durch die Atemwege bis in die Lungenflügel.
Wenn die Muskeln zwischen den Rippen erschlaffen, senkt sich der Brustkorb. Das Innere des Brustraumes wird wieder verkleinert und die Luft (Abb. 1) dabei aus der Lunge gedrückt, man *atmet aus*. Diese Form der Atmung wird **Brustatmung** genannt.
Gleichzeitig mit der Brustatmung erfolgt die **Bauchatmung**. Hieran ist das Zwerchfell beteiligt. Deshalb wird sie übrigens auch noch als *Zwerchfellatmung* bezeichnet.
Das Zwerchfell ist eine muskulöse Schicht zwischen Brust- und Bauchraum. Beim *Einatmen* wird das Zwerchfell von der Muskulatur gespannt, es ist flach. So werden der innere Brustraum und die Lunge erweitert. Es entsteht ein *Unterdruck,* die Lungen werden mit Luft gefüllt.
Beim *Ausatmen* erschlafft die Zwerchfellmuskulatur wieder, das Zwerchfell wölbt sich nach oben. Dadurch wird der Brustraum verkleinert und ein *Überdruck* entsteht. Die Luft wird aus den Lungen herausgepresst.
Brust- und Bauchatmung werden als **äußere Atmung** bezeichnet.

Mit jedem Atemzug gelangt die Luft über Nasenhöhle, Rachenraum und den Kehlkopf in die Luftröhre; durch die Bronchien zur Lunge bis in die Lungenbläschen. Die Einatemluft wird gereinigt, angefeuchtet und vorgewärmt. An der Atmung sind Brustraum und Bauchraum beteiligt.

Aufgaben

1. a) Stelle Vor- und Nachteile von Mund- und Nasenatmung tabellarisch gegenüber.
   b) Vergleiche Brust- und Bauchatmung.

2. Informiere dich über Erste-Hilfe-Maßnahmen bei Atemstillstand.

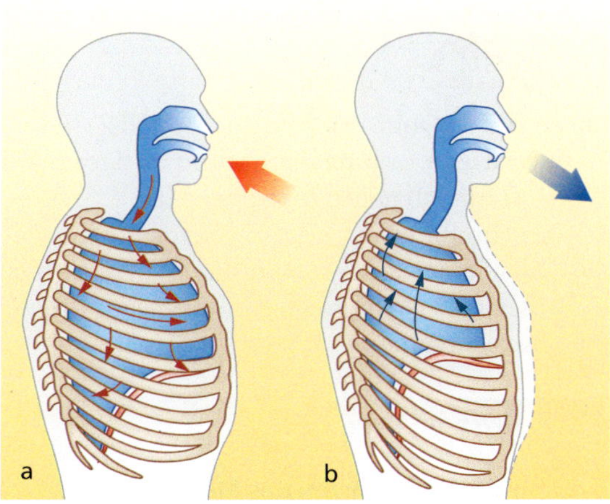

1 Brust- und Zwerchfellatmung
a) Einatmung b) Ausatmung

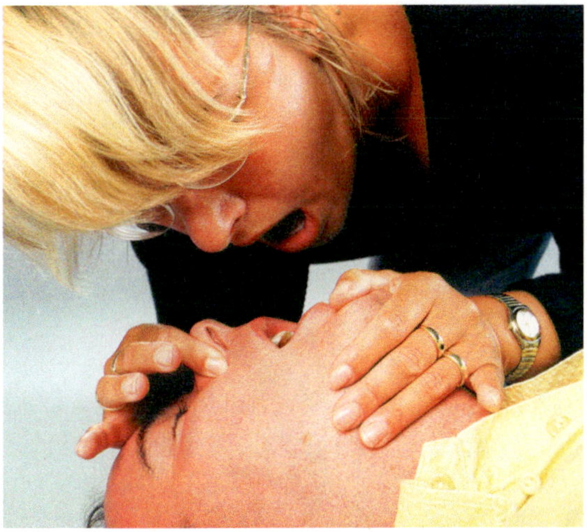

2 Auf dem Foto wird als Erste-Hilfe-Maßnahme die Mund-zu-Mund-Beatmung praktiziert.

Wie arbeite ich mit Modellen?

Oftmals wird im Biologieunterricht mit Modellen gearbeitet, z. B. mit dem Modell eines Gebisses oder mit einem Blütenmodell.
Mithilfe von Modellen werden schwierige Sachverhalte verständlich und anschaulich gemacht. Einige Modelle zeigen nur den Bau eines Objektes, andere zeigen, wie ein Vorgang funktioniert. Es zeigt – entsprechend der Aufgabenstellung – nur ganz bestimmte Merkmale und Eigenschaften des Originals. Das Modell stimmt deshalb mit der Wirklichkeit nur in ausgesuchten Punkten überein.
Man arbeitet aber nicht nur mithilfe fertiger Modelle, sondern kann auch selbst Modelle entwerfen. Dabei sollte man **schrittweise** vorgehen:

Aufgabe
Konstruiere ein Modell zur Veranschaulichung der Zwerchfellatmung (Bauchatmung) und erläutere damit das Prinzip der Bauchatmung.

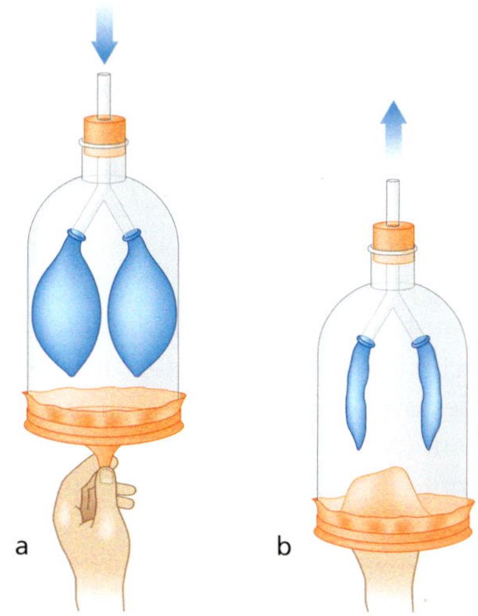

1. Schritt

Sammeln und Auswerten von Informationen über das Original
Die Luftröhre gabelt sich im Brustkorb in zwei Äste, die Bronchien. Diese münden in den zwei Lungenflügeln. Der Brustkorb ist vom Bauchraum durch das Zwerchfell abgetrennt.

2. Schritt

Auswählen wesentlicher Eigenschaften, die zur Aufgabenlösung notwendig sind, um ein Modell herzustellen
Durch die Luftröhre strömt Luft in die Lungenflügel, die beim Ein- und Ausatmen ihr Volumen verändern. Das Zwerchfell ist elastisch.

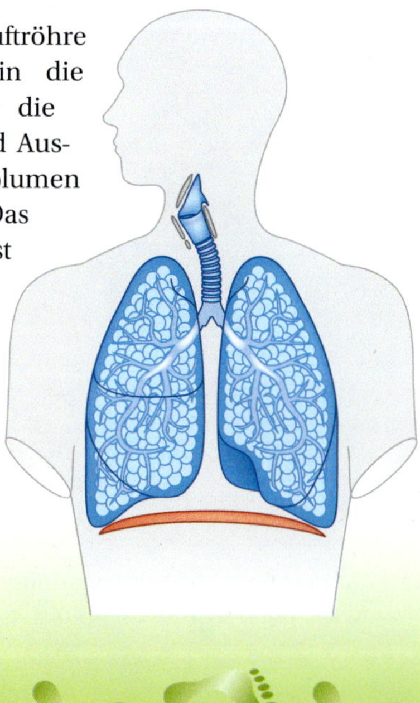

3. Schritt

Konstruieren des Modells
Material: Trinkflasche aus Plastik, Schere, Gummituch, zwei Luftballons, Stopfen mit Loch, Strohhalm oder Glasröhrchen

4. Schritt

Lösen der Aufgabe mithilfe des Modells
1. Beschreibe, was passiert, wenn du das untere Gummituch nach unten ziehst (a).
2. Beschreibe, was passiert, wenn du mit der Faust in das untere Gummituch drückst (b).
3. Übertrage deine Beobachtungen auf die Atmungsorgane.

5. Schritt

Bestimmen der Grenzen des Modells
Was kann man mit dem Modell nicht darstellen? Welche Unterschiede bestehen zum Original?

1. Überprüfe Kalkwasser als Nachweismittel für Kohlenstoffdioxid.

Kalkwasser ist eine ätzende, klare Flüssigkeit. Arbeite vorsichtig und trage eine Schutzbrille!

Materialien:
2 Bechergläser, Gummischläuche, Leitungswasser, kohlenstoffdioxidhaltiges Getränk (z. B. Mineralwasser), Schutzbrille, Kalkwasser

Durchführung:
Führe den Versuch nach der Abbildung durch, beobachte und notiere. Wiederhole den Versuch, indem du anstelle von Kalkwasser Leitungswasser in das Becherglas gibst.

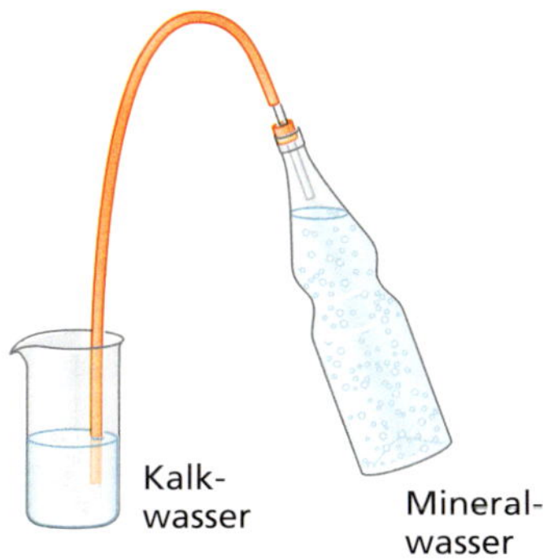

Beobachtung und Auswertung:
Unter welchen Bedingungen trübt sich Kalkwasser? Ziehe eine Schlussfolgerung aus deiner Beobachtung. Was ist mithilfe von Kalkwasser nachgewiesen worden?

2. Weise den unterschiedlichen Gehalt an Kohlenstoffdioxid in der Ein- und Ausatemluft nach.

Vorbereiten des Experiments:
1. Stelle eine Vermutung auf.
2. Entwickle einen Experimentierplan.
3. Wähle notwendige Materialien aus. (s. Abbildung a und b)

Durchführung des Experimentes:
1. Betätige einige Male den Blasebalg am Gummischlauch zum Becherglas a).
2. Blase einige Male in die unten gezeigte Apparatur (Abb. b).

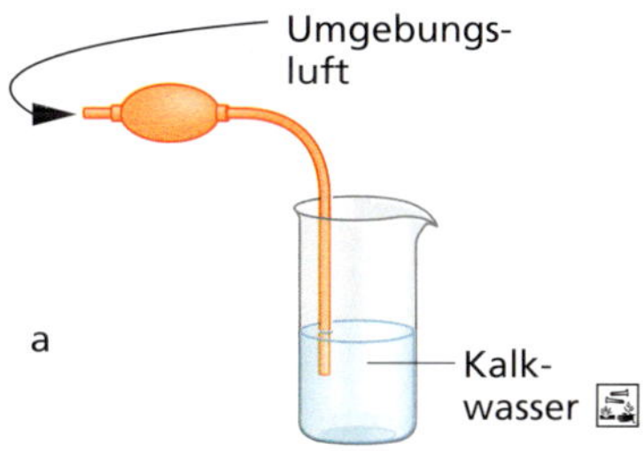

a

Beobachtung:
Beschreibe die Niederschläge im Becherglas und in der Waschflasche.

Auswertung:
1. Vergleiche das Kalkwasser in beiden Gefäßen. Wie hat sich die ausgeatmete Luft gegenüber der Umgebungsluft (eingeatmete Luft) verändert? Begründe die Unterschiede.
2. Vergleiche deine Ergebnisse mit der aufgestellten Vermutung.
3. Erläutere, warum Personen durch Beatmung Erste Hilfe bei Atemstillstand leisten können.

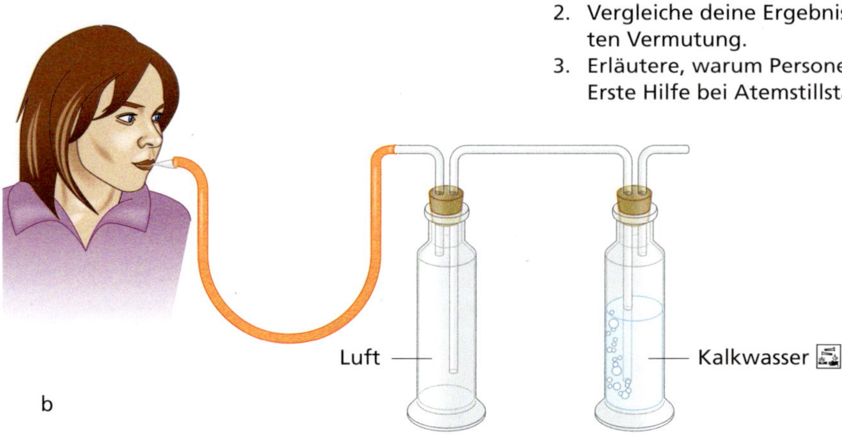

b

Gasaustausch

Der Anteil an **Sauerstoff** in der Einatemluft ist weitaus höher als in der Ausatemluft.
Der Sauerstoff gelangt über die Atemwege zu den Lungenbläschen und von dort in die Blutgefäße. Sauerstoff besitzt nur eine geringe Löslichkeit in Wasser. Deshalb wird er an den Farbstoff der roten Blutzellen, **Hämoglobin,** gebunden und auf diese Weise transportiert. Bei den Zellen wird er wieder vom Hämoglobin getrennt und steht dort zur Verfügung (Abb. 1).
Sauerstoff wird in den Zellen benötigt, um in komplizierten biochemischen Reaktionen die Nährstoffe abzubauen. Die in diesen Stoffen, z. B. in *Traubenzucker,* enthaltene Energie wird dabei in Energie umgewandelt, die für Lebensprozesse (z. B. Laufen, Sprechen) genutzt werden kann. Bei diesem Vorgang (**Zellatmung** s. S. 80) wird der Sauerstoff in den Zellen verbraucht und **Kohlenstoffdioxid** gebildet. Das wird auch als **innere Atmung** bezeichnet.
Kohlenstoffdioxid ist für den Körper schädlich und muss schnell aus dem Körper entfernt werden. Das erfolgt wieder über das Blut. Mit dem Blut wird das Kohlenstoffdioxid bis zu den Lungenbläschen transportiert. Von dort gelangt es – entgegengesetzt zum Sauerstoff – durch die dünnen Wände der Blutkapillaren und Lungenbläschen in die Lunge und wird ausgeatmet (s. S. 157).

In den Lungenbläschen findet also ein **Gasaustausch** zwischen dem eingeatmeten *Sauerstoff* und dem ausgeatmeten *Kohlenstoffdioxid* statt. Sauerstoff gelangt in den Körper, Kohlenstoffdioxid aus dem Körper. Dieser Gasaustausch beruht auf dem unterschiedlichen Gehalt der Atemgase Sauerstoff und Kohlenstoffdioxid in Lungenbläschen und Blutkapillaren (Abb. 2).

Beim Einatmen strömt sauerstoffreiche Luft in die Lungenbläschen. Der *Gehalt an Sauerstoff* ist dadurch in den Lungenbläschen höher als in den sie umgebenden Kapillaren. Sauerstoff gelangt durch *Diffusion* in das Blut und wird zu den Zellen transportiert. Als **Diffusion** bezeichnet man einen physikalischen Vorgang, in dem Teilchen vom Ort der höheren Konzentration zum Ort der niedrigen Konzentration wandern.
Kohlenstoffdioxid entsteht als Stoffwechselendprodukt in den Zellen. Sein Gehalt ist in den Zellen höher als in den Blutkapillaren. Es wandert aus den Zellen in die Blutkapillaren (Abb. 1) und wird mit dem Blut aus dem Körper zu den Lungenbläschen transportiert und ausgeatmet.

Zwischen Lungenbläschen und Blutkapillaren findet ein Gasaustausch statt. Entsprechend dem Konzentrationsgefälle gelangt Sauerstoff durch Diffusion in den Körper, während Kohlenstoffdioxid abgegeben wird.

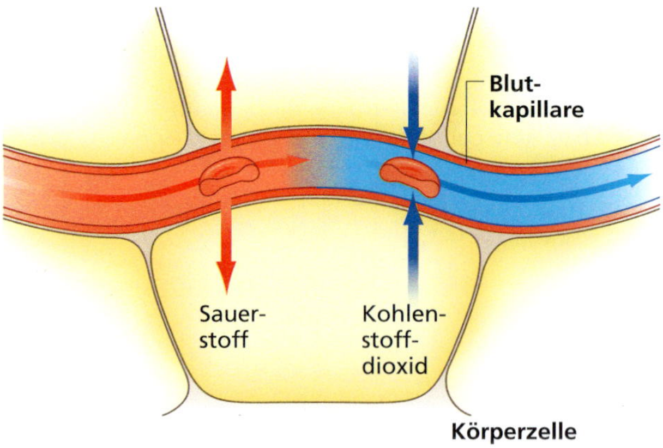

1 Gasaustausch zwischen Blutkapillaren und Körperzellen

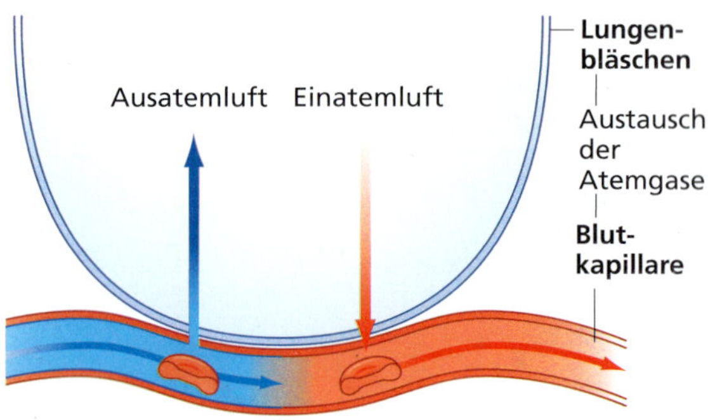

2 Gasaustausch zwischen Blutkapillaren und Lungenbläschen

Struktur und Funktion

Lebewesen sind faszinierend. Sie bewegen sich und pflanzen sich fort. Sie wachsen und entwickeln sich. Pflanzen und Tiere atmen. Alle Lebewesen nehmen Informationen auf, verarbeiten sie und reagieren.
Dazu müssen alle Teile des Körpers funktionieren. Es ist verblüffend, wie gut z. B. Organe ihre Funktion erfüllen. Das wird durch eine spezielle Struktur ermöglicht. Es besteht immer ein Zusammenhang zwischen Struktur (Wie?) und Funktion (Wozu?).

Struktur und Funktion der Lunge des Menschen

Struktur	Funktion
Die Lunge ist ein Organ mit starken Verzweigungen, die in vielen Lungenbläschen münden.	In der Lunge erfolgt der Gasaustausch.
Lungenbläschen sind Ausstülpungen der Lungenwand.	Durch die Lungenbläschen wird eine Vergrößerung der Oberflächen erreicht. Der Gasaustausch erfolgt über die dünne Wand der Lungenbläschen.
Ein Netz von feinen Blutgefäßen (Kapillaren) umhüllt die Lungenbläschen.	Sauerstoff wird in das Blut aufgenommen und weitertransportiert. Kohlenstoffdioxid wird vom Blut abgegeben und letztendlich ausgeatmet.

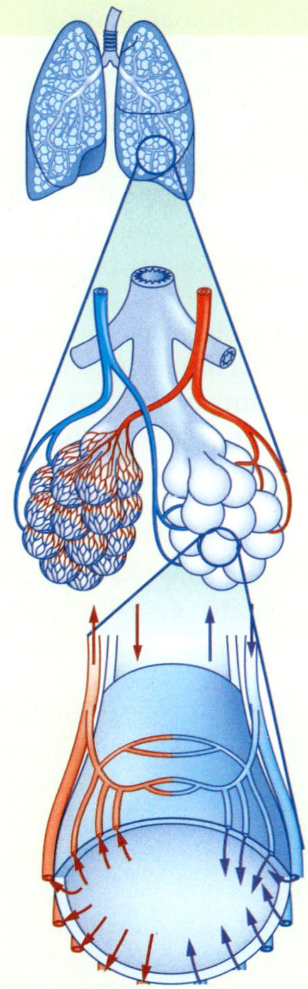

Je größer die Oberfläche, desto mehr Sauerstoff- und Kohlenstoffdioxidteilchen können ausgetauscht werden.

Finde weitere Beispiele für das Prinzip der Oberflächenvergrößerung.

Hygiene, Erkrankungen und Schutz der Atmungsorgane

Erkältungskrankheiten

Die Erkältungskrankheiten stehen unter den Erkrankungen der Atmungsorgane an erster Stelle. Krankheitserreger dringen in die oberen Atemwege ein und rufen Entzündungen der Schleimhäute im Nasen- und Rachenraum, in der Luftröhre und in den Bronchien hervor.

Zu den Erkältungskrankheiten gehören beispielsweise der **Schnupfen** (Entzündung des Nasen- und Rachenraumes), die **Bronchitis** (Entzündung der Bronchien) und die **Luftröhrenentzündung.** Die Schleimhäute röten sich stark, schwellen an und sondern reichlich Schleim ab. Erreicht die Entzündung auch die Nebenhöhlen der Nase, kann es zu einer sehr schmerzhaften Entzündung und Vereiterung der diese Höhlen auskleidenden Schleimhäute kommen **(Neben-** und **Stirnhöhlenvereiterung).**

Man spricht bei diesen Infektionskrankheiten von „Erkältungen", weil die durch Auskühlung bedingte geringere Durchblutung der Schleimhäute die Infektionsgefahr erhöht. Eine gute Vorbeugung ist deshalb „Abhärtung" durch wechselwarmes Duschen und Bewegung an frischer Luft, ausreichend Schlaf und schützende Kleidung.

1 Durch Niesen werden Krankheitserreger übertragen.

Erkrankungen der Lunge

Gelangen Krankheitserreger mit der Einatemluft bis in verschiedene Abschnitte der Lunge, können sie eine **Lungenentzündung** verursachen. Die Krankheit beginnt mit Schüttelfrost und ist begleitet von hohem Fieber, stechenden Schmerzen in der Brust, Schweißausbrüchen, starken Hustenanfällen und Atemnot. In der Lunge ist der Austausch der Atemgase behindert. Behandelt wird eine Lungenentzündung mit **Antibiotika.**

Die **Tuberkulose** der Lungen wird durch das Bakterium *Mycobakterium tuberculosis* verursacht. Das Bakterium wird eingeatmet und gelangt in die Lunge. Hat der Körper genügend Abwehrkräfte, werden die kleinen knötchenartigen Entzündungsherde in der Lunge abgekapselt. Bei geringer Abwehrkraft des Körpers entzünden sich weitere Lungengebiete und werden zerstört. Dadurch wird die Atmung beeinträchtigt. Anzeichen der Lungentuberkulose sind Mattigkeit, Nachtschweiß, Fieber und ständiger Husten mit eitrigem Auswurf. Je früher die Krankheit erkannt wird, desto größer sind die Chancen der Heilung.

In den letzten Jahren hat eine weitere Lungenerkrankung weltweit zugenommen, der **Lungenkrebs.** Ausgelöst wird diese Krankheit u. a. durch chemische Substanzen, z. B. aus dem Tabakrauch (s. S. 159), durch bestimmte Strahlungen oder chronische Entzündungen. Zellen des Lungengewebes beginnen unkontrolliert und unbegrenzt zu wachsen. Sie werden zu *Krebszellen.* Diese vermehren sich und bilden bösartige Geschwülste (Tumore) in der Lunge. Die Geschwülste wachsen und wuchern in die umgebenden Lungenabschnitte hinein und zerstören sie. Dadurch wird der Gasaustausch in den Lungenbläschen immer mehr eingeschränkt und schließlich verhindert.

Aufgabe

Überlege, wie du in deinen Tagesablauf Aktivitäten zur Abhärtung gegen Erkältungskrankheiten einplanen kannst.

Wechselwirkung

Alles hängt mit allem zusammen. Diese Ansicht wird von vielen Wissenschaftlern vertreten. Zumindest lassen sich sehr viele Wechselwirkungen zwischen Lebewesen und ihrer Umwelt feststellen. Andere Lebewesen (z. B. Feinde, Beute) beeinflussen einen Organismus und auch die Temperatur, das Licht und vieles mehr spielt für ihn eine Rolle. Das Lebewesen selbst wirkt durch seine Lebensprozesse auf die Umwelt ein.
Die Beeinflussung erfolgt also in beide Richtungen. So beeinflusst die Umwelt den Menschen positiv oder negativ, fördert beispielsweise seine Gesundheit oder beeinträchtigt sie. Jede Wirkung des Menschen auf seine Umwelt hat daher auch Folgen für ihn selbst.

Wechselwirkung zwischen den Atmungsorganen des Menschen und der Umwelt

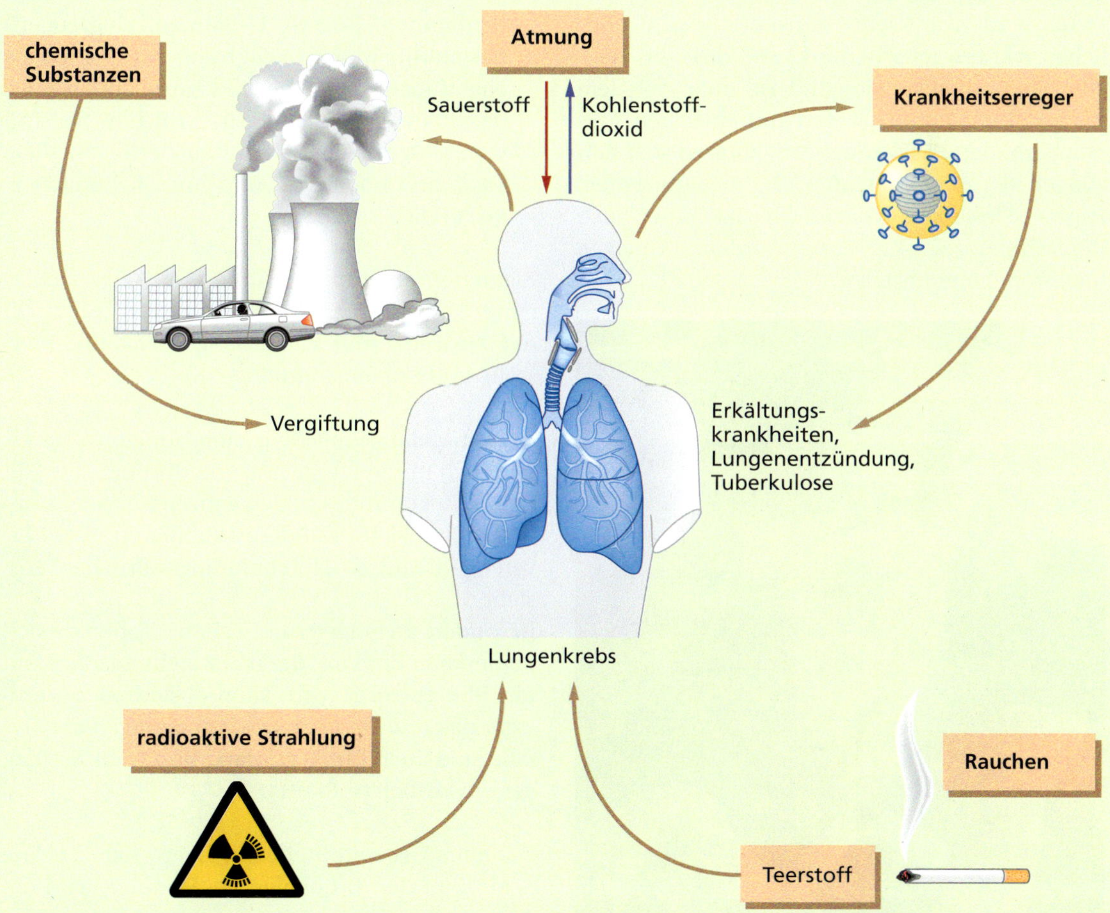

Finde weitere konkrete Beispiele für Wechselwirkungen zwischen Mensch und Umwelt.

Biologie im Alltag

Rauchen – aktiv oder passiv?

Rauchen ist eine Gewohnheit, die sich nach wie vor viele Menschen im Verlaufe ihres Lebens angeeignet haben. Das Rauchen wird durch Nachahmungstrieb, Gruppenzwang, Stress, Nervosität, zu starke Belastung, Herausstellen angeblicher Überlegenheit und des Erwachsenseins noch verstärkt. Es ist nicht immer leicht, „Nein" zu sagen, wenn die anderen es tun oder die Gewohnheit so groß ist.

Heute wird zwar mehr und mehr von Jugendlichen wie Erwachsenen erkannt, dass das Rauchen gesundheitsschädigend ist, aber trotzdem wird viel geraucht. Bei den unfreiwilligen Mitrauchern, den **Passivrauchern,** können sich Reizungen der Schleimhäute, z. B. Augenbrennen, Husten, Heiserkeit, Kratzen im Hals, aber auch Kopfschmerzen, Atembeschwerden, Übelkeit und Bronchitis einstellen.

Heute gibt es eine große Anzahl gesetzlicher Regelungen zum **Nichtraucherschutz.**

In immer mehr Bereichen des täglichen Lebens werden die Möglichkeiten zu rauchen eingeschränkt. Die Nichtraucher werden mehr als früher geschützt, z. B.:

- In öffentlichen Einrichtungen (z. B. Rathäusern, Sparkassen, Banken, Postämtern) können Nichtraucher Schutzmaßnahmen vor dem Tabakrauch verlangen (z. B. Rauchverbot, räumliche Trennung von Nichtrauchern und Rauchern).
- In öffentlichen Verkehrsmitteln (z. B. in Straßenbahnen, Bussen, U-Bahnen, Flugzeugen) besteht die Möglichkeit, bestimmte Zonen als Nichtraucherbereiche zu kennzeichnen oder das Rauchen generell zu verbieten. So sind viele Flüge bereits „Nichtraucherflüge". Viele Taxifahrer haben ihr Auto zum Nichtraucher-taxi erklärt.

Zigarettenrauch enthält mehr als 600 verschiedene Bestandteile. Die schädigenden Stoffe in der Zigarette sind hauptsächlich Nikotin, Teerstoffe und Kohlenstoffmonooxid.

Nikotin gelangt mit dem eingeatmeten Zigarettenrauch in die Lunge und von dort ins Blut. Mit dem Blut kommt es in den ganzen Körper. Es bewirkt, dass sich die Adern (Kapillaren, s. S. 175) verengen und so Durchblutungsstörungen entstehen.

Besonders an Fingern und Zehen machen sie sich bemerkbar. Ein Fuß, der nicht mehr ausreichend mit Blut versorgt wird, kann absterben. So entsteht das *Raucherbein.* Die Verengungen der Gefäße sind auch für Herzinfarkt und Gehirnschlag verantwortlich (s. S. 191).

Die feinen **Teerstoffteilchen** lagern sich als zähe Schicht in den Bronchien ab. Dadurch wird die Atmung erschwert und der Körper wird anfällig für Infekte. Eingeatmete Schmutzteilchen und Krankheitserreger können von den verklebten Flimmerhärchen nicht mehr nach außen transportiert werden. Es kommt zum Raucherhusten.

In den Lungenbläschen verhindern die abgelagerten Teerstoffe den Gasaustausch von Sauerstoff und Kohlenstoffdioxid (s. S. 156). Dadurch wird sowohl die Atmung beeinträchtigt als auch die Wahrscheinlichkeit der Erkrankung an Lungenkrebs gefördert.

Der Tabakrauch enthält ein farbloses, giftiges Gas, das **Kohlenstoffmonooxid.** Dieses giftige Gas gelangt über die Lungenbläschen ins Blut. Es wird anstelle des Sauerstoffs vom Blut aufgenommen und in die Zellen des Körpers transportiert.
Dadurch werden alle Zellen und somit auch die Gewebe und Organe weniger mit Sauerstoff versorgt. Da zur Energieumwandlung Sauerstoff benötigt wird, arbeiten die Organe und Organsysteme schlechter. Das führt u. a. zu Ermüdungserscheinungen, zur Konzentrationsschwäche und zum Leistungsabfall.

1 Rauchverbot in öffentlichen Gebäuden

Zu den Hauptschadstoffen in Zigarettenrauch gehören u. a. das Kreislaufgift Nikotin, die atmungshemmenden und Krebs erregenden Teerstoffe sowie das Atmungsgift Kohlenstoffmonooxid.

Weise Teer und Kohlenstoffdioxid im Zigarettenrauch nach (Demonstrationsexperiment).

Materialien:
Watte, Zigarette, Streichhölzer, Wasserstrahlpumpe, Kalkwasser

Durchführung:
1. Baue die Apparatur entsprechend der Skizze zusammen.
2. Zünde die Zigarette an und drehe den Wasserhahn auf. Dadurch wird der Rauch durch die Apparatur gesaugt (Wasser einige Minuten laufen lassen!).
3. Wiederhole den Versuch mit einer Zigarette, bei der du den Filter abgebrochen hast. Benutze frische Watte.

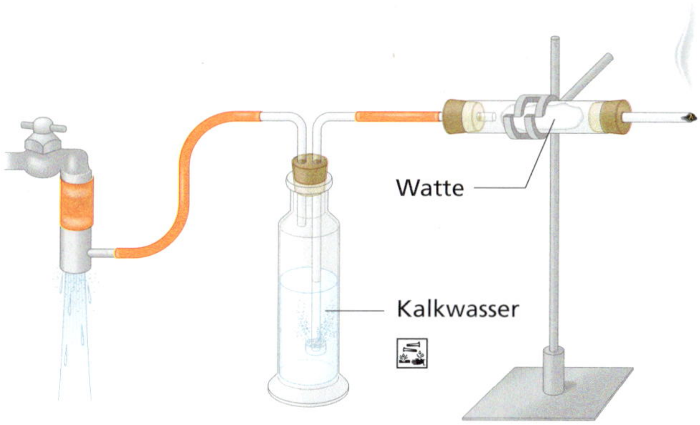

Beobachtung:
1. Beobachte die Veränderungen an der Watte und an der Zigarette.
2. Notiere deine Beobachtungsergebnisse.

Auswertung:
1. Vergleiche deine Beobachtungen und erkläre die Unterschiede.
2. Beschreibe die Folgen der Aufnahme von Teerstoffen in die Atemwege. Stimmt es, dass das Rauchen von Filterzigaretten unschädlich ist, da der Filter alle Schadstoffe aus dem Rauch entfernt?

gewusst · gekonnt

1. Ergänze dein Glossar durch folgende Begriffe: Atmungsorgane, Atemfrequenz, Bauchatmung, Brustatmung, Modell, Bronchien, Lungenbläschen, Oberflächenvergrößerung, Diffusion, Gasaustausch, Hämoglobin, Kohlenstoffdioxid, Sauerstoff, Nikotin, Kohlenstoffmonooxid, Teer.

Glossar

Atemfrequenz:
Bauchatmung:

2. Benenne die Atmungsorgane entsprechend der Ziffern 1– 6.

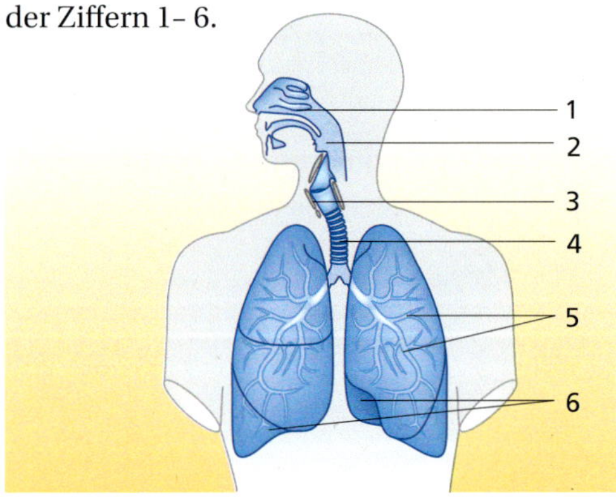

a) Beschreibe den Weg der Einatemluft.
b) Erkläre, was mit der eingeatmeten Luft in den Atmungsorganen geschieht.

3. Übernimm den Lückentext in dein Heft. Vervollständige den Lückentext.
Der Austausch der Atemgase ...①... und ...②... findet in den ...③... statt. Diese sind von einem dichten Netz aus ...④... umsponnen. Der ...⑤... gelangt aus den Lungenbläschen in das ...⑥... Dort wird er an das ...⑦... der roten Blutkörperchen gebunden. Aus den Zellen wandert das ...⑧... in das Blut. Aus dem Blut gelangt das ...⑨... in das ...⑩... und wird ausgeatmet.

4. Sauerstoff und Kohlenstoffdioxid sind Atemgase.
a) Beschreibe anhand der Abbildung den Bau eines Lungenbläschens.

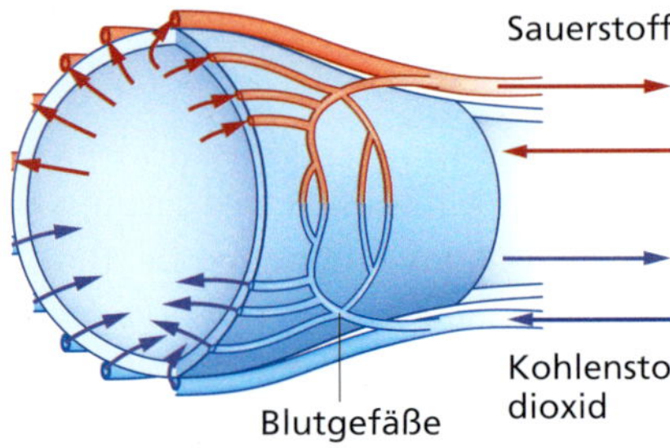

b) Erkläre den Austausch der Atemgase zwischen den Lungenbläschen und den Blutkapillaren.

5. Der Anteil an Kohlenstoffdioxid ist in der Ausatemluft höher als in der Einatemluft. Begründe.

6. Erläutere den Zusammenhang zwischen Struktur und Funktion am Beispiel der Lungenbläschen.

7. Zähle deine Atemzüge in einer Minute
a) beim ruhigen Sitzen,
b) nach schnellem Lauf (oder 20 Kniebeugen).
Beschreibe und begründe das Ergebnis.

8. In unserer Lunge befinden sich etwa 300 Mio. bis 500 Mio. Lungenbläschen. Sie bilden aneinandergelegt eine Fläche von 70 m^2 bis 80 m^2.
Ziehe Schlussfolgerungen in Bezug auf die Leistungsfähigkeit unserer Lunge.

9. Beim Wandern werden 17 Liter Luft je Minute eingeatmet, beim Schlafen nur 5 Liter. Begründe den Unterschied.

10. Der Tabakrauch enthält viele schädliche Stoffe.
Nenne die Hauptschadstoffe des Tabakrauches und ihre Schadwirkung.

Atmungsorgane

In den Atmungsorganen wird die Luft auf dem Weg zur Lunge von feinen Staub- und Schmutzteilchen gereinigt, angewärmt und angefeuchtet.

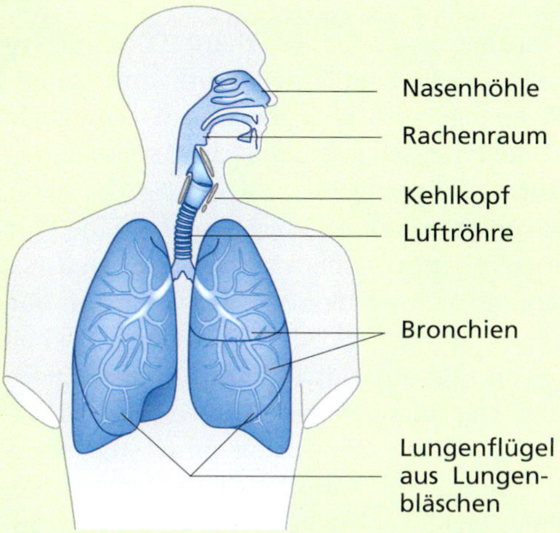

Bau des Lungenbläschens

Durch die Lungenbläschen wird eine **Vergrößerung der Oberfläche** erreicht.

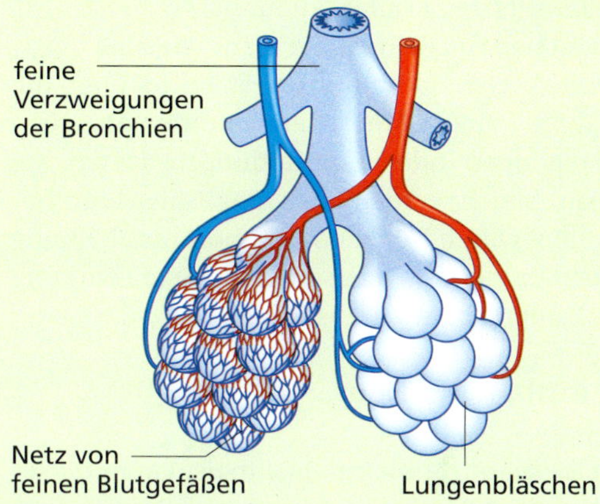

Gasaustausch zwischen Lungenbläschen und Blutkapillaren

Der Gasaustausch erfolgt über die dünne Wand der Lungenbläschen durch **Diffusion.**
Sauerstoff gelangt aus den Lungenbläschen ins Blut und mit dem Blut über das Herz zu allen Organen und Zellen des Körpers (1, 2).
Kohlenstoffdioxid wird mit dem Blut von den Organen und Zellen des Körpers über das Herz zu den Lungenbläschen transportiert und ausgeatmet (3, 4).
Die **Einatemluft** hat einen höheren Sauerstoffanteil (21 %) und niedrigeren Kohlenstoffdioxidanteil (0,03 %) als die **Ausatemluft** (16 % und 4 %).

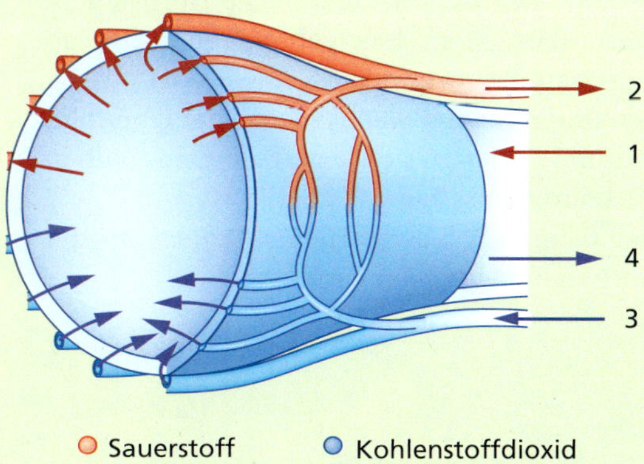

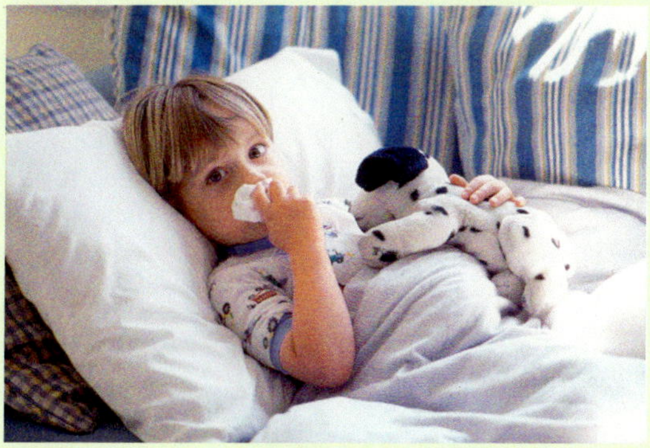

Erkrankungen der Atmungsorgane

Die Erkrankungen der Atmungsorgane können durch Krankheitserreger, schädliche chemische Substanzen in der Luft und Strahlungen hervorgerufen werden. Beispiele sind Schnupfen, Bronchitis, Lungenentzündung, Lungenkrebs, Tuberkulose.
Auskühlung erhöht die Infektionsgefahr (Erkältung).

Wahlbereich: Haut – nicht nur ein Sinnesorgan

Die Haut ist unser größtes Organ: Sie wiegt beim erwachsenen Menschen 11 bis 15 kg und hat eine Fläche von 1,8 bis 2 m^2. Sie schützt den Körper vor Einwirkungen aus der Umgebung und stellt andererseits den Kontakt zu ihr her.
In mancher Hinsicht ist die Haut wie eine „Visitenkarte". Die Hautfarbe verrät etwas über die Vorfahren eines Menschen, momentane Gefühlsregungen oder Empfindungen lassen sie erröten, bleich werden oder eine Gänsehaut bekommen. Durch Bemalung, Tatoos oder Piercing versuchen manche Menschen die Signalwirkung ihrer Haut plakativ zu verstärken.

Der Aufbau der Haut

Die **Oberhaut** (Epidermis) ist meist kaum dicker als ein Blatt Papier. Ihr innerster Bereich, die Keimschicht, bildet ständig neue Zellen, die nach außen geschoben werden, absterben und eine schützende *Hornschicht* bilden. Die Hornschicht schilfert beim Menschen schüppchenweise ab (einige Gramm pro Tag).
Finger- und *Fußnägel* wachsen aus der Oberhaut heraus und erneuern sich innerhalb eines halben Jahres beim Menschen vollständig.
In der Oberhaut lagern *Pigmentzellen,* die der Haut ihren individuellen Farbton geben.
Wandernde *Fresszellen* fangen eindringende Fremdkörper und Krankheitserreger ab („Grenzwächterfunktion") und machen sie unschädlich.

Die darunterliegende **Lederhaut** (Corium) ist über ein enges Kapillarnetz stark durchblutet. Durch eingelagerte Kollagen-Fasern ermöglicht sie die mechanische Stabilität der Haut. Die Lederhaut enthält eine Vielzahl von Sinneszellen, auch *Schweißdrüsen.* Diese geben über eine Pore in der Oberhaut vor allem Wasser und Kochsalz, Fettsäuren sowie geringe Mengen Harnstoff und Harnsäure ab. Sie sind damit an der Ausscheidung von Abbauprodukten des Stoffwechsels beteiligt. Der unangenehme Schweißgeruch entsteht erst bei der Zersetzung durch Bakterien. Diese gehören zur natürlichen Ausstattung der Hautoberfläche und halten u. a. Mikro-Organismen davon ab, in die Haut einzudringen.
Haare wachsen etwa 0,5 mm pro Tag. Am sogenannten Haarschaft setzen Muskeln an, über die das Haar aufgestellt wird. Auch *Talgdrüsen* sind häufig mit dem Haarschaft verbunden.

Die **Unterhaut** (Subcutis) besteht aus lockerem, mit Fettgewebe durchsetztem Bindegewebe. Sie dient gleichzeitig als Stoßdämpfer, Isolierschicht und Nährstoffspeicher.

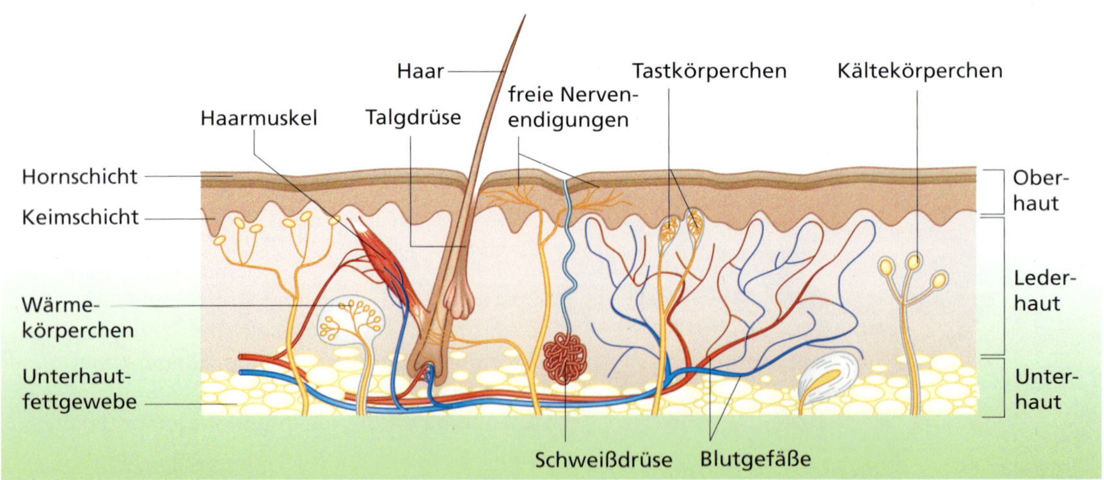

1 Aufbau der Haut

Die Haut, auch ein Sinnesorgan

In der Lederhaut liegen viele Rezeptoren für unterschiedliche Außenreize. Es gibt eine Reihe von Sinneszellen für Druck und Schmerz sowie Temperatur-Rezeptoren, die auf **Wärme** oder **Kälte** reagieren (Abb.)

Nervenfortsätze umschlingen die Haarwurzel und nehmen auch schwache Berührungen der Haarspitzen oder Luftbewegungen wahr. Zunehmende Berührung der Haut wird als **Druck** empfunden, noch stärkere als **Schmerz.** Die Sinneszellen sind unterschiedlich dicht über den Körper verteilt.

Besonders tastempfindlich ist der Mensch im Bereich der Lippen, der Geschlechtsorgane, an den Fingerspitzen (Abb. 1), den Handtellern, den Innenflächen der Unter- und Oberarme und den Fußsohlen. Relativ unempfindlich ist der Rücken.

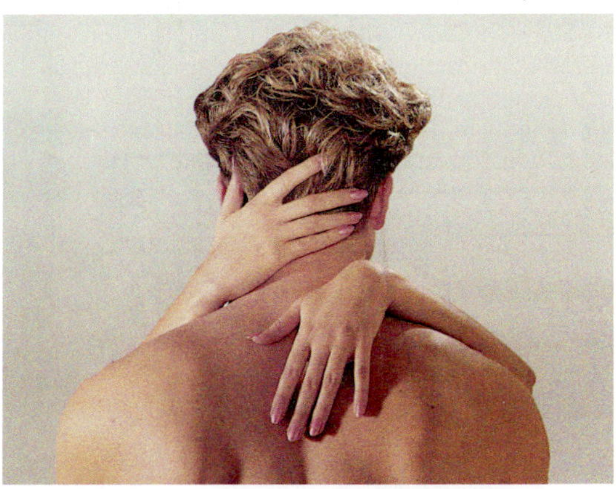

2 Wir haben viel Gefühl in den Fingerspitzen.

Regulator der Körpertemperatur

Als Grenzschicht zwischen Körper und Umwelt ist die Haut wesentlich an der Regelung der Körpertemperatur beteiligt. Um den Wärmeverlust nach außen zu verringern, besitzen die meisten Säugetiere außer dem Fettgewebe in der Unterhaut ein Fell, wir tragen angemessene Kleidung. Neben diesem „passiven" **Wärmeschutz** reagiert die Haut jedoch auch aktiv.

Bei kurzfristiger Auskühlung öffnen sich die *Hautkapillaren.* Durch die stärkere Durchblutung gelangt mehr Wärme aus dem Körper dorthin. Die Haut färbt sich rötlich bis rot und fühlt sich warm an. Dauert die umgebende Kälte an und der Körper verliert zu viel Wärme, ziehen sich die Blutkapillaren zusammen. Die Haut wird bleich und fühlt sich zunehmend kalt an. Im Extremfall können Hautgewebe absterben („erfrieren"). Säugetiere stellen in so einer Situation auch ihre Haare auf und verringern durch die dickere Isolationsschicht den Wärmeverlust, unsere „Gänsehaut" ist davon übriggeblieben.

Als Reaktion auf steigende Temperaturen im Körper (z. B. durch Muskelbewegung oder bei Fieber) wird die Hautdurchblutung verstärkt. Dadurch wird mehr Wärme nach außen abgeführt. Reicht dies nicht aus, um die Normaltemperatur wieder zu erreichen, beginnt der Körper zu schwitzen. Die dabei von den *Schweißdrüsen* abgegebene Flüssigkeit verdunstet auf der Haut und entzieht dem Körper über die *Verdunstungskälte* zusätzliche Wärme.

Aufgaben

1. Erkläre das unterschiedliche Tastvermögen in verschiedenen Körperbereichen. Nenne vor allem biologisch relevante Begründungen.
2. Erkläre, warum man bei hohem Fieber kalte Wadenwickel macht.
3. Überlege, wie man die unterschiedliche Dichte von Druckpunkten im Experiment nachweisen kann.

Beschädigungen der Haut

Wie gut die Haut schützt, merkt man häufig erst, wenn sie verletzt ist. Kleine „Schrammen“ in der Oberhaut verheilen relativ schnell durch die sich teilenden Zellen in der Keimschicht. Narben entstehen, wenn auch die Lederhaut verletzt wurde. Dann schimmert nicht durchblutetes, weißliches Bindegewebe durch die Deckschichten der Oberhaut.

Verbrennungen: Bereits heißes Wasser von 52° C kann die Haut so stark schädigen, dass sich Brandblasen bilden. Eine Tasse mit heißem Tee kann ein Kleinkind lebensgefährlich verbrühen. Wichtigste Sofortmaßnahme nach Verbrennungen ist das Kühlen der überhitzten Stelle mit (nicht zu) kaltem Wasser. Man teilt Verbrennungen in drei Kategorien ein (Abb. 1):

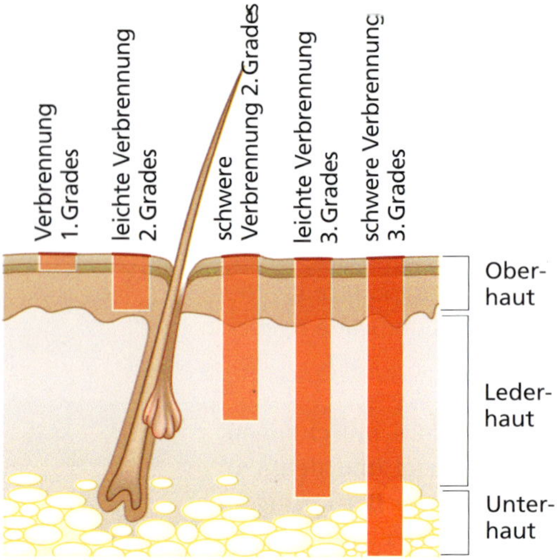

1 Schädigung der Haut nach Verbrennungen

Ersten Grades: vermehrte Durchblutung, Hautrötung, Ansammlung von Gewebeflüssigkeit, Brennen, Juckreiz, Schmerzen

Zweiten Grades: Blasenbildung zwischen Ober- und Lederhaut, zum Teil offene Verletzung der Oberhaut (abgestorbenes Gewebe) verstärkter Schmerz

Dritten Grades: abgestorbenes Gewebe bis in die Lederhaut hinein, Zerstörung von Drüsen, Nägeln und Haaren, Unempfindlichkeit bei Berührung; evtl. Schädigung der Unterhaut und verkohltes Gewebe möglich.

Unter anderem wegen des großen Infektionsrisikos müssen offene Brandverletzungen vom Arzt behandelt werden, die Zerstörung von 30 % der Haut bedeutet bereits Lebensgefahr für den Verletzten. Großflächiges Narbengewebe bleibt nach tiefen Brandverletzungen dünn und verletzlich. Es ist schlecht durchblutet und fühlt sich vielfach taub an. Haare und Schweißdrüsen fehlen.

Mosaik

Hautschmuck

In vielen Kulturen ist es seit Jahrtausenden Tradition, die Haut zu schmücken. Dazu gehört das Bemalen zu besonderen Anlässen, das Tätowieren (Abb.), sowie das Durchstechen der Haut und Befestigen von Fremdkörpern.

Tatoos und Piercing erfreuen sich v. a. bei Jugendlichen steigender Beliebtheit. Da die Haut bei ihrer Anfertigung gezielt verletzt wird, handelt es sich dabei um chirurgische Eingriffe. Beim Anbringen muss auf peinliche Sauberkeit geachtet werden. Alle verwendeten Geräte müssen steril sein, der Gebrauch von sterilen Einmal-Handschuhen, -Nadeln und -Farbtöpfen ist unumgänglich. Deshalb sollten solche Eingriffe nur von vertrauenswürdigen Studios durchgeführt werden. Auch für die Nachbehandlung der Wunde sind Sauberkeit und Pflege notwendig. Trotzdem sind gefährliche Infektionen (z. B. AIDS, Hepatitis B), örtliche Entzündungen und Allergien nie ganz ausgeschlossen. Ohne Einverständnis der Eltern kann Percing bei Minderjährigen gegebenenfalls auch als Körperverletzung strafrechtlich verfolgt werden.

UV-Strahlung: Neben dem sichtbaren Spektrum enthält das Sonnenlicht auch ultraviolette (UV-) Strahlung. **UV-A-Strahlung** ist nicht sehr energiereich, dringt aber bis zur *Leder-* und *Unterhaut* ein. Dabei fördert es die Hautalterung. Die Haut verliert ihre Elastizität und bekommt Falten. UV-A erhöht die Durchblutung und zerstört in den Blutgefäßen das wichtige Vitamin B, das an Wachstumsprozessen beteiligt ist.

Das energiereichere **UV-B** wird vor allem in der *Oberhaut* absorbiert. Es regt dort die Pigmentbildung an und unterstützt so den Hautschutz gegen die Sonneneinstrahlung. Außerdem stimuliert UV-B die Bildung von Vitamin D, das für den Calcium-Haushalt und den Knochenaufbau unverzichtbar ist. Allerdings schädigt es auch die Erbsubstanz (DNA) in den lebenden Hautzellen und ist für den **Sonnenbrand** verantwortlich. Dabei kommt es nach zu viel Sonneneinstrahlung zu Rötungen und Bläschen, häufig pellt sich später die abgestorbene Haut. Auch wenn sich die Haut normalerweise bald wieder erholt, erhöhen wiederholte Sonnenbrände die Wahrscheinlichkeit für das spätere Auftreten von Hautkrebs.

Wie lange man sich in der Sonne aufhalten kann, ohne die Haut zu schädigen, hängt u. a. von der Kombination verschiedener Faktoren ab:

1. der **individuelle Hauttyp:** Es gibt lichtempfindliche helle Haut und weniger empfindliche dunklere Haut. In Europa wird der Hauttyp zum Süden hin tendenziell dunkler nach Norden hin heller (Abb. 1).

2. **der Aufenthaltsort:** Die Stärke der UV-Strahlung hängt sehr davon ab, wo man sich aufhält. Zum Äquator hin nimmt die Stärke der UV-Einstrahlung zu. Im Gebirge ist sie durch die geringere Absorption in der Atmosphäre verstärkt, am Strand, am Wasser oder im Schnee kann sich die Belastung durch die Reflexion der Strahlung sogar verdoppeln. Bei bedecktem Himmel, im Schatten und durch das Tragen von Kleidung ist die UV-Einstrahlung auf die Haut reduziert, aber nicht unbedingt ausgeschlossen.

1 Es gibt unterschiedliche Hauttypen.

3. **Sonnenschutzmittel:** Durch ihre Anwendung wird es möglich, die Aufenthaltszeit in der Sonne zu verlängern, ohne dass es zu Hautschädigungen kommt. Ihr sinnvoller Einsatz ist abhängig von Hauttyp und Aufenthaltsort. Der Sonnenschutzfaktor (SSF) gibt an, welcher Restanteil des Sonnenlichts auf die Haut einwirkt (SSF 2: 1/2; SSF 3: 1/3; SSF 10: 1/10).

Aufgaben

1. Begründe, warum unsere Gesundheit durch ein völliges Abschirmen von UV-Strahlung geschädigt werden würde.

2. Was bringt Experten zu der Meinung, dass Personen unter 18 Jahren Solarien meiden sollten?

3. Welche Vorteile hat es, wenn Menschen in Skandinavien eher dem hellen und am Mittelmeer eher dem dunklen Hauttyp angehören?

Wie fertige ich ein Poster an?

Wandzeitungen oder Poster fallen auf. Sie sind geeignet, um sachliche Informationen, Versuchsergebnisse oder den Verlauf und die Ergebnisse eines Projekts darzustellen. Meist wählt man zur Präsentation den Fachraum oder den Schulflur. Damit man sofort erkennt, worum es geht, hier ein paar Tipps:

- Jedes Poster hat eine Überschrift. Sie soll sofort über den Inhalt informieren und Neugier beim Betrachter wecken.
- Verwende viele Abbildungen, einfache grafische Darstellungen und Skizzen, aber nur so viel Text wie nötig.
- Ordne die Inhalte übersichtlich an.
- Kennzeichne, was inhaltlich zusammengehört, mit gleichen Schriftarten, Farben und Formen.

Achte jedoch darauf, dass das Poster nicht überladen wirkt.

- Nenne deine verwendeten Informationsquellen.
- Teste die Lesbarkeit aus einer größeren Entfernung.

HAUT – NICHT NUR EIN SINNESORGAN

Schutzorgan

- Verbrennung
- UV-Strahlung
- Krankheitserreger
- Wärme/Kälte
- mechanische und chemische Einflüsse

Regulationsorgan

- Körpertemperatur

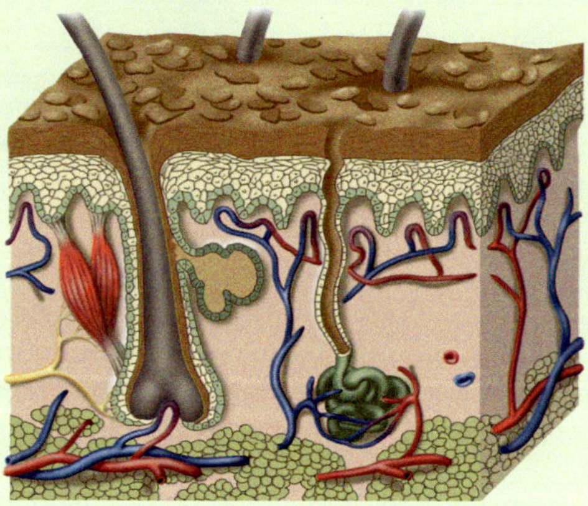

Sinnesorgan

- Druck
- Schmerz
- Temperatur

Signalorgan

- Erregung
- Schmuck
- Tradition
- Mode

Bewertung der Präsentation

Während du deine Präsentation vorträgst, wird diese von den Mitschülern bewertet. Sie entscheiden für sich, was ihnen an der Präsentation gefällt und was ihnen nicht so gefällt. Damit die Bewertung keine „Bauchentscheidung“ wird, sollten sich die Zuhörer während der Präsentation Notizen machen. Damit jede Präsentation nach den gleichen Maßstäben bewertet werden kann, müssen vorher **Kriterien** festgelegt werden.

Solche Kriterien können z. B. sein:

- War die Präsentation klar gegliedert?
- War die Präsentation fachlich richtig bzw. verständlich?
- War die Sprache klar und deutlich?
- Waren Auftreten und Verhalten des Vortragenden angemessen?
- Wurden die Medien gut eingesetzt?
- Wurde die Zeitbegrenzung eingehalten?
- Wurde das Ziel der Präsentation erreicht?

Diese Kriterien kann man zur Bewertung von Präsentationen der Mitschüler (Fremdbewertung) oder seiner eigenen Präsentation (Selbstbewertung) verwenden. Wie bei allen Dingen macht auch hier die Übung den Meister.

3.3 Blut und Kreislauf – Weg durch den Körper

Blutkreislauf und Stadtwerke

Die Aufgabe des Blutes in unserem Körper ist vergleichbar mit den Aufgaben der Stadtwerke in unserer Stadt. Es versorgt uns zwar nicht mit Gas, Wasser und Strom, dafür aber mit Sauerstoff, Nährstoffen und Mineralstoffen. Wie die städtische Müllabfuhr sorgt unser Blutkreislauf außerdem dafür, dass Abfallstoffe wieder aus dem Körper gelangen.

Wie kann diese doppelte Transportleistung gelingen?
Welche Stoffe transportiert das Blut darüber hinaus noch?

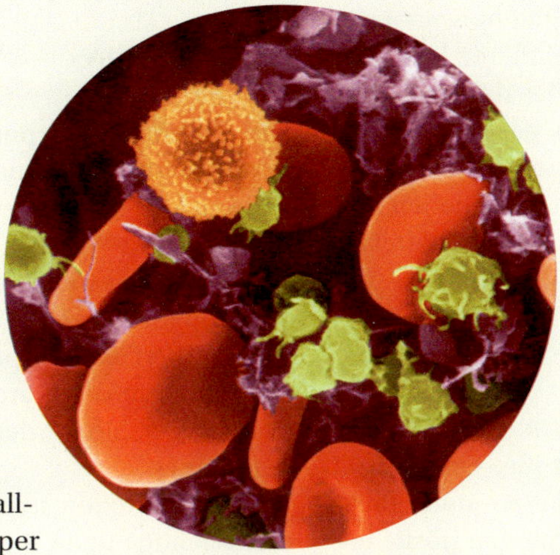

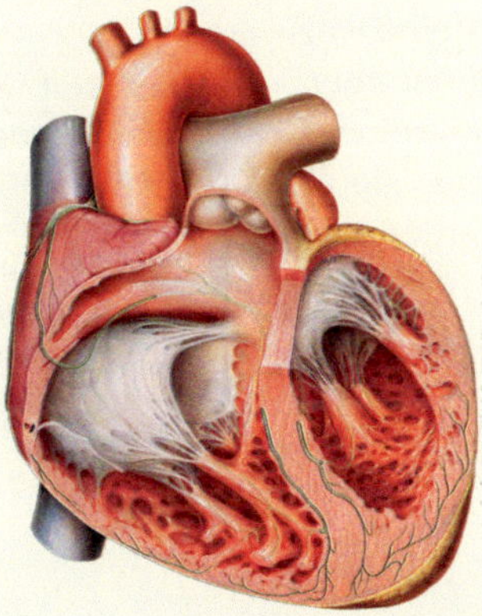

Das Herz – Sitz der Seele?

Das Herz wurde lange Zeit als Sitz der Gemütsbewegungen angesehen. Redewendungen wie „Sich ein Herz fassen“ oder „Mein Herz schlägt für dich“ gehen auf diese Vorstellung zurück.

Doch was passiert wirklich, wenn das Herz nicht richtig schlägt oder gar stillsteht?

Höchste Leistung

Pro Tag pumpt das Herz eines Erwachsenen durchschnittlich 7 000 l Blut durch den Körper. Im Laufe eines Menschenlebens sind das etwa 200 Millionen Liter. Für unsere Gesundheit ist die Leistungsfähigkeit unseres Herzens sehr wichtig.

Welche Bedeutung haben in diesem Zusammenhang die Herzkranzgefäße?
Was ist ein Herzinfarkt?

Zusammensetzung und Funktionen des Blutes

Lässt man Blut einige Zeit in einem Glas stehen, so gerinnt es. Versetzt man das Blut hingegen mit Zitronensäure, setzen sich die zellulären Bestandteile (Blutkörperchen) ab. Darüber sieht man den flüssigen Bestandteil des Blutes, das *Blutplasma*. Diesen Prozess nennt man Blutsenkung (Abb. 1). Die festen Bestandteile des Blutes bestehen aus *Blutzellen,* den *Roten* und *Weißen Blutkörperchen* sowie den *Blutplättchen.*

Das Blutplasma

Das Blutplasma besteht etwa zu 90 % aus Wasser, in dem gelöste Stoffe, z. B. Eiweiße, Traubenzucker, Harnstoff, Kochsalz, enthalten sind (Blutserum) und zu ca. 10 % aus Fibrinogen (lösliches Blutplasmaweiß).

Die bei der Verdauung von Kohlenhydraten und Eiweißen entstandenen Nahrungsbausteine werden über den Darm in das Blut aufgenommen. Im Blutplasma werden diese Grundbausteine in alle Zellen des Körpers transportiert, wo sie als Baustoffe und Energieträger genutzt werden.

Aus den Zellen werden Endprodukte des Stoffwechsels, z. B. Harnstoff und Kohlenstoffdioxid, an das Blutplasma abgegeben. Mit dem Blutplasma werden die Abfallstoffe zu den Ausscheidungsorganen des Körpers (wie Niere, Lunge, Haut) transportiert. Das Blutplasma enthält außerdem Vitamine, Mineralstoffe und körpereigene Botenstoffe, die so genannten Hormone.

Die Blutzellen

Die **Roten Blutkörperchen** enthalten den roten Blutfarbstoff Hämoglobin, der dem Blut die Farbe gibt. Sie nehmen in der Lunge Sauerstoff auf, denn ihre Aufgabe ist der Sauerstofftransport in alle Teile des Körpers, z. B. zu den Zellen der Muskeln und der inneren Organe.

Die **Weißen Blutkörperchen** umschließen und vernichten in den Körper eingedrungene Krankheitserreger. Sie werden auch als „Körperpolizei" bezeichnet.

Die **Blutplättchen** spielen bei der Blutgerinnung eine wichtige Rolle. Sie verschließen eine Wunde durch die schnelle Bildung einer Kruste. So wird ein größerer Blutverlust verhindert.

Das Blut besteht aus festen Bestandteilen (Weiße und Rote Blutkörperchen, Blutplättchen) und flüssigen Bestandteilen (Blutplasma). Sie ermöglichen die unterschiedlichen Funktionen des Blutes.
Blut transportiert Stoffe, reguliert die Körpertemperatur und wirkt bei der Krankheitsabwehr sowie beim Wundverschluss mit.

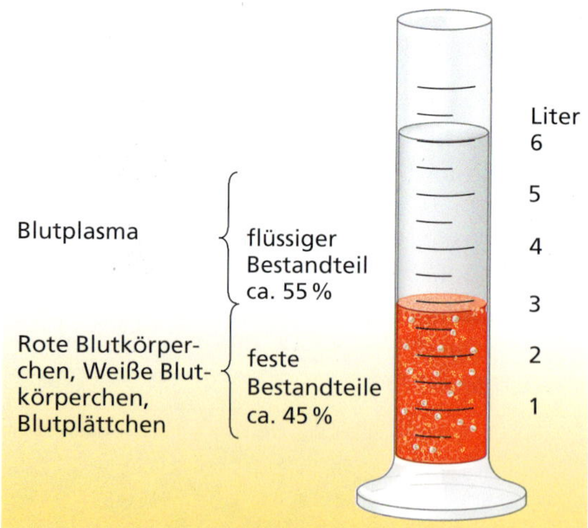

1 Anteil der Bestandteile – Blutsenkung

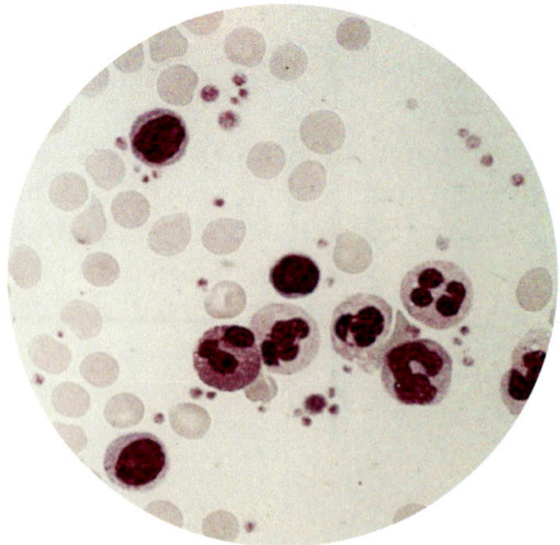

2 Die Bestandteile des Blutes unter dem Mikroskop

Etwa 6 bis 7 l Blut fließen durch den Körper eines erwachsenen Menschen.
Verliert ein Mensch mehr als zwei Liter Blut, besteht höchste Lebensgefahr. Es kommt zum Sauerstoffmangel im Körper. Die betreffende Person ist sehr blass. Auch der Wärmetransport im Organismus ist gestört. Diesen Zustand bezeichnet man als Schock. Dann hilft eine Blutkonserve aus der Blutbank.

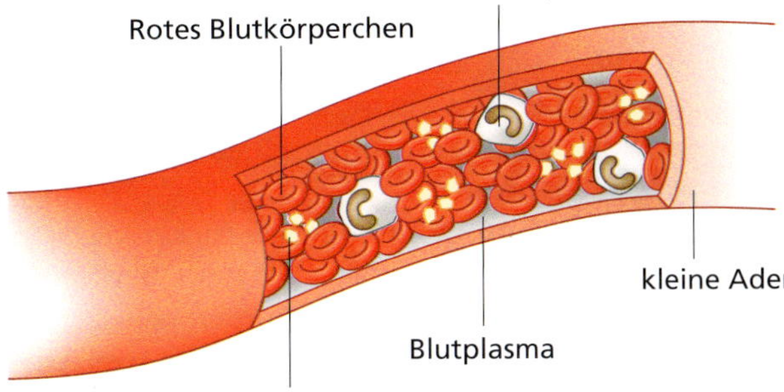

1 Die Bestandteile des Blutes in einer Ader haben unterschiedliche Aufgaben.

Aufgabe

Blut spenden rettet Leben!
Informiere dich über die Bluterkrankheit und überlege, warum eine Blutspende besonders für Bluterkranke lebenswichtig ist.

Blutzellen und ihre Aufgaben

Rote Blutkörperchen
(Erythrocyten)

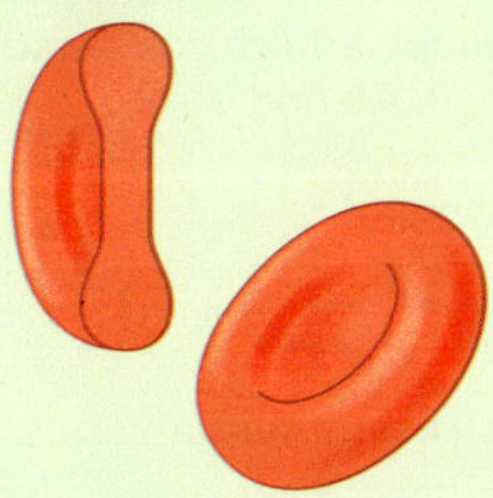

Bau:
kreisrund, scheibenförmig und auf beiden Seiten in der Mitte eingedellt, kein Zellkern, enthalten den roten Blutfarbstoff Hämoglobin

Größe: 7 μm bis 8 μm Durchmesser

Bildungsort: im Knochenmark

Lebensdauer: ungefähr 120 Tage, 1 ml Blut enthält etwa 5 Millionen Rote Blutkörperchen

Aufgabe:
Transport von Sauerstoff, Transport von Kohlenstoffdioxid

Weiße Blutkörperchen
(Leukocyten)

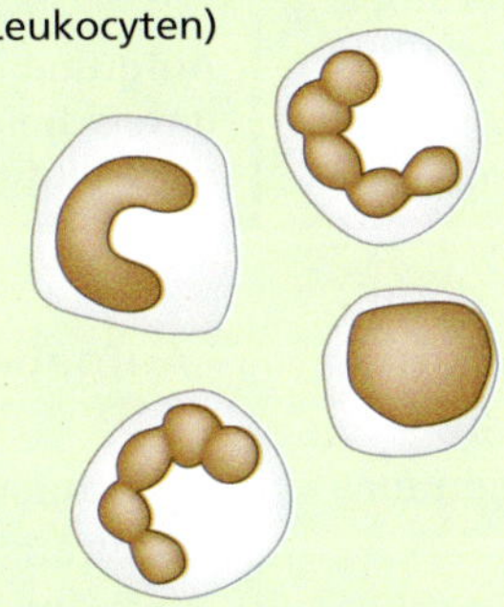

Bau:
können ihre Form laufend ändern, bewegen sich amöboid, besitzen einen Zellkern

Größe: bis 0,02 μm Durchmesser

Bildungsort: im Knochenmark

Lebensdauer: ungefähr 10 Tage, 1 ml Blut enthält etwa 5 000 bis 9 000 Weiße Blutkörperchen

Aufgabe:
Vernichtung eingedrungener Krankheitserreger, Antikörperbildung

Blutplättchen
(Thrombocyten)

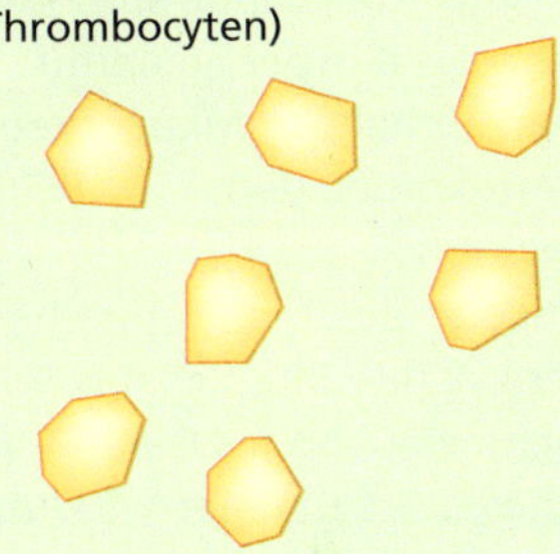

Bau:
sehr verschieden geformt, ohne Zellkern, zerfallen sehr leicht an der Luft

Größe: 10,5 μm bis 2,5 μm Durchmesser

Bildungsort: im Knochenmark

Lebensdauer: ungefähr 4 bis 10 Tage, 1 ml Blut enthält etwa 250 000 Blutplättchen

Aufgabe:
Gerinnung des Blutes und Wundverschluss

Blutgruppen und Blutübertragung

Wie die Körpergröße oder die Augenfarbe unterscheidet sich auch die Zusammensetzung des Blutes bei den Menschen. Das Blut enthält bestimmte Stoffe, die unterschiedliche Eigenschaften hervorrufen.
Die eine Stoffgruppe sind Eiweiß-Zucker-Verbindungen. Diese befinden sich auf der Oberfläche (Zellmembran) der roten Blutkörperchen. Diese Stoffe werden Antigene genannt. Es gibt zwei **Antigene,** das *Antigen A* und das *Antigen B.*
Es ist erblich festgelegt, ob die roten Blutkörperchen das Antigen A oder B, beide Antigene A und B oder gar kein Antigen besitzen. Danach wird das Blut in die **Blutgruppen A, B, AB oder 0** eingeteilt. Außer dem ABO-System kennt man noch andere Blutgruppensysteme.

Die zweite Stoffgruppe sind Eiweiße. Diese Stoffe werden **Antikörper** genannt. Sie sind im Blutplasma enthalten. Man unterscheidet ebenfalls zwei Antikörper, den *A-Antikörper* und den *B-Antikörper.*
A-Antigene der Blutkörperchen passen zu Antikörpern A des Blutplasmas wie ein Schlüssel in ein Schloss (Abb.). Deshalb verbinden sie sich und dies führt zu einer Verklumpung (Agglutination) der Roten Blutkörperchen.
Normalerweise finden sich im Blut der Blutgruppe A nur Antikörper B. Sie passen nicht und

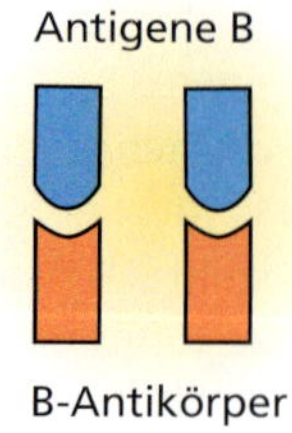

es kommt deshalb zu keiner Verklumpung.
Genauso verhält es sich bei den anderen Blutgruppen. Auch sie besitzen Antikörper. Das Blut der Blutgruppe B besitzt den A-Antikörper, das der Blutgruppe AB enthält keine Antikörper. Im Blut der Blutgruppe 0 kommen beide Antikörper (A- und B-Antikörper) vor.

Wird bei einer **Blutübertragung** Blut einer falschen Blutgruppe übertragen, kann die Verklumpungsreaktion zum Tode führen. Es ist deshalb wichtig, dass bei Blutübertragungen immer nur Blut derselben Blutgruppe verwendet wird. Notfalls kann bei der Übertragung von kleinen Mengen auch Blut der Blutgruppe 0 verwendet werden.

Aufgrund der Zusammensetzung des Blutes unterscheidet man hauptsächlich vier verschiedene Blutgruppen: A, B, AB und 0.

Aufgabe

Informiere dich im Zusammenhang mit Bluttransfusionen über Universalspender und Universalempfänger. Was versteht man darunter?

Modell der Antigen-Antikörper-Reaktion der Blutgruppen („Schlüssel-Schloss-Prinzip")

Blutgruppen	A	B	AB	0
Antigene auf der Oberfläche der Roten Blutkörperchen	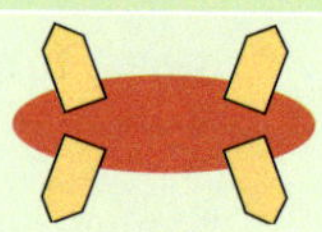 Antigene A	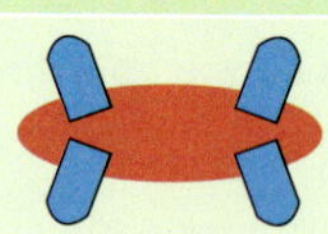 Antigene B	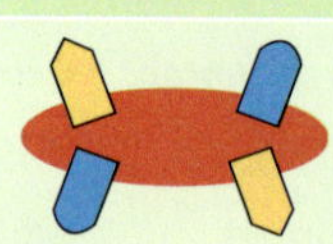 Antigene A und B	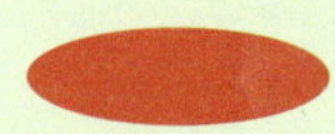 keine Antigene
Antikörper im Blutplasma	 B-Antikörper	 A-Antikörper	keine Antikörper	 A- und B-Antikörper
Verklumpung mit	A-Antikörpern	B-Antikörpern	A- und B-Antikörpern	keine

Mosaik

Verletzungen der Blutgefäße – Wundverschluss und Erste Hilfe

Wird ein Blutgefäß verletzt (Abb. 1), sind die **Blutplättchen** zur Stelle und bewirken eine Verengung des Blutgefäßes, damit langsamer Blut austritt. Die Blutplättchen bilden einen Pfropfen und verschließen das Gefäß.

Bei größeren Verletzungen setzen die Blutplättchen einen Stoff frei, einen Gerinnungsfaktor, der die Bildung von *Fibrin* bewirkt. Fibrin ist nicht löslich, besteht aus sehr langen, dünnen Fäden, die sich zu einem feinen Netz verdichten. In diesem Fibrinnetz verfangen sich Blutplättchen und Blutkörperchen.
Die Blutplättchen geben einen Stoff ab, der das Fibrinnetz festigt. Auf diese Weise entsteht ein Gerinnsel, das die Wunde verschließt.
Dieser Vorgang heißt **Blutgerinnung** (Abb. 2).
Das Blutgerinnsel trocknet zu einer Kruste. Diese Kruste verhindert als **Wundschorf** das Eindringen verschiedener Fremdkörper, z. B. Bakterien und Schadstoffe.

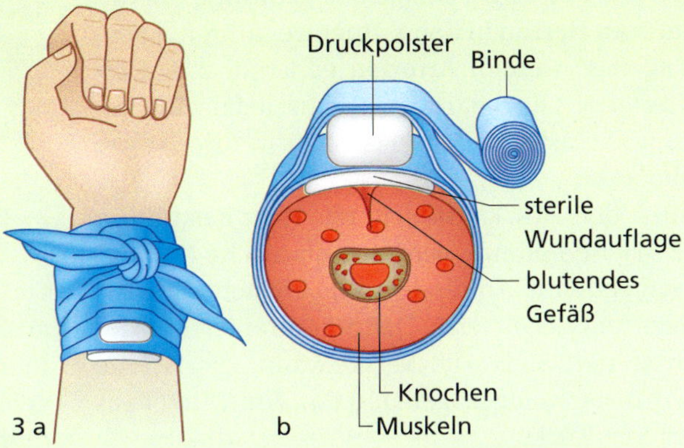

3 a b

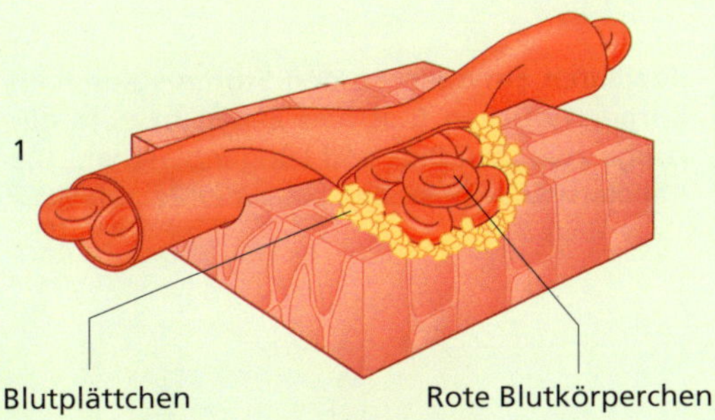

1

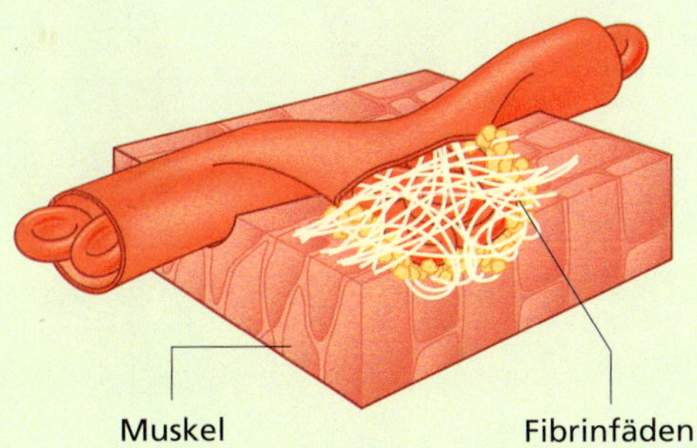

2

Erste Hilfe bei Verletzungen der Blutgefäße
Werden bei Unfällen **Blutgefäße** verletzt, muss man bei stark blutenden Wunden unterscheiden zwischen *Blutungen aus Venen* und *Blutungen aus Arterien.*

Werden **Venen** beschädigt, sickert dunkelrotes Blut gleichmäßig pulsierend aus der Wunde. Zur Blutstillung genügt ein **Druckverband** unmittelbar auf die offene Wunde (Abb. 3 a). Dabei wird eine sterile Wundauflage auf die Blutungsstelle gelegt. Diese wird 2- bis 3-mal mit einer Binde umwickelt. Anschließend wird ein Druckpolster, z. B. ein Verbandspäckchen, unmittelbar auf den Wundbereich gedrückt. Mit der restlichen Binde wird das Druckpolster fest umwickelt (Abb. 3 b). Der Druck des Verbandes darf nicht so stark sein, dass Durchblutungsstörungen und Abschnürungen am Körper hinter dem Druckverband entstehen. Deshalb regelmäßig kontrollieren!

Tritt aus einer Wunde stoßweise und manchmal spritzend hellrotes Blut aus, ist eine **Arterie** verletzt. **Arterienblutungen** sind lebensgefährlich. Zur Blutstillung reicht ein Druckverband nicht aus. Bei allen spritzenden Blutungen wird die Arterie herzaufwärts vor der Blutungsstelle zusammengedrückt (abgedrückt) bzw. gegen einen Knochen gepresst, damit der Blutzufluss vom Herzen zur Wunde unterbrochen wird. Anschließend wird ein Druckverband angelegt und erst dann kann das Abdrücken der Arterie unterbleiben. Ist ein Druckverband sehr stark mit Blut durchtränkt, wird ein zweiter mit etwas erhöhtem Druck darübergewickelt.

Bau und Funktionen der Blutgefäße

Das Blut fließt durch unseren Körper in **Blutgefäßen.** Durch die Kontraktion des Herzmuskels wird das Blut in die Blutgefäße gepumpt, die das Blut vom Herzen in den Körper wegführen. Diese Blutgefäße werden **Arterien** genannt, z. B. Körperarterie, Lungenarterie. Sie besitzen eine dicke und elastische Muskelschicht in ihrer Wand (Abb. 1a).
Durch den Druck, mit dem das Herz das Blut in die Arterien pumpt, wird ihre elastische Muskelwand gedehnt. An dieser Stelle entsteht eine Erweiterung der Arterie. Dann kontrahiert an der erweiterten Stelle die Muskelwand, die Arterie wird zusammengezogen und das Blut wird etwas weitergedrückt.

Die Erweiterung und Kontraktion der Muskelwand erfolgt im Rhythmus des Herzschlags. Dadurch entsteht eine **Druckwelle,** die sich über die ganze Arterie fortsetzt (Abb. 1b). Diese Druckwelle kann man deutlich als **Puls** fühlen, z. B. an den Handgelenken, an den Schläfen, am Hals.
Je nach körperlicher Anstrengung, z. B. Kniebeugen, 100-m-Lauf, Wandern, ist die Zahl der Herzschläge und damit auch die Zahl der „Pulsschläge" unterschiedlich.

Arterien führen das Blut vom Herzen in alle Körperteile bzw. zur Lunge. Sie besitzen eine sehr dicke elastische Muskelschicht.

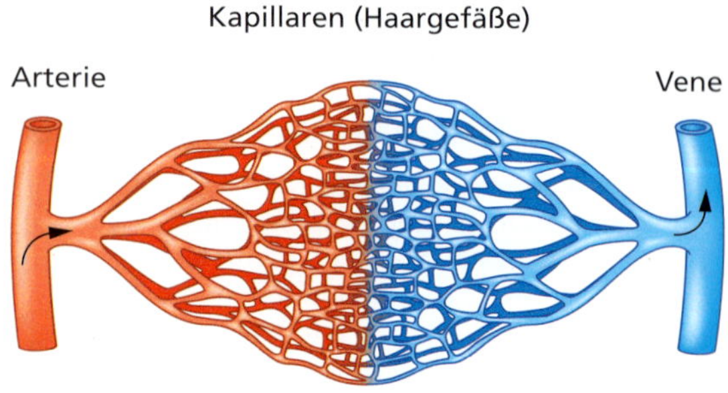

2 Das Blut strömt durch die Kapillaren in die Vene.

Die Arterien verzweigen sich nach dem Abgang aus dem Herzen und werden im Querschnitt immer kleiner, bis sie in haarfeine Blutgefäße (Haargefäße, Kapillaren) übergehen. Die **Kapillaren** bilden ein dichtes Kapillarnetz (Abb. 2).
Die Wände der Kapillaren sind sehr dünn. Sie bestehen nur aus einer Zellschicht. Die im Blut gelösten Stoffe gelangen im Körper aus den Kapillaren in die Körperzellen.
Aus den Körperzellen wandern die Stoffwechselendprodukte (z. B. Harnstoff, Kohlenstoffdioxid) in die Kapillaren.

Kapillaren ermöglichen den Stoffaustausch im Körper zwischen Blut und Zellen bzw. in der Lunge zwischen Blut und Lungenbläschen. Die Kapillarwände bestehen aus einer Zellschicht.

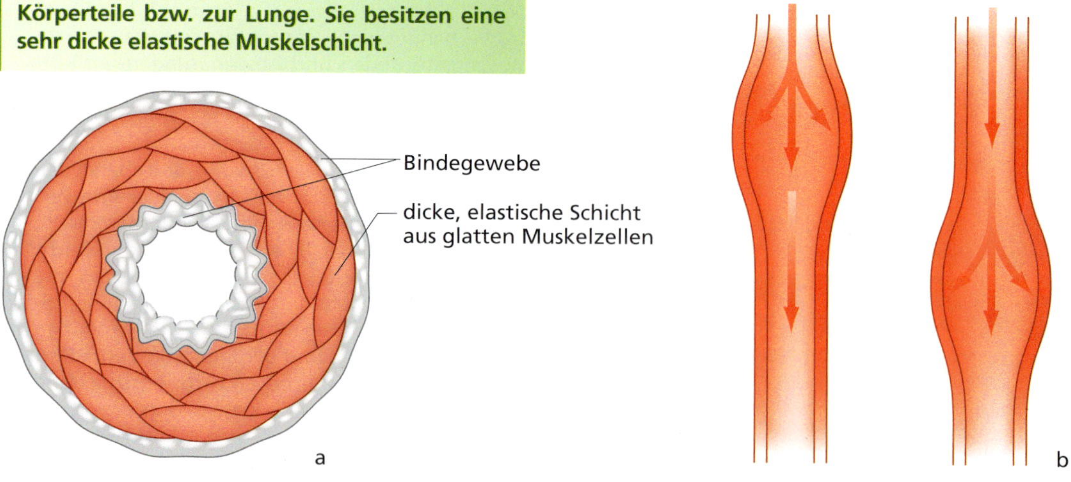

1 Im Querschnitt der Arterie (Schema) ist die dicke Muskelschicht zu sehen (a). Die fortschreitende Druckwelle des Blutes ist als Pulswelle zu fühlen (b).

Die Kapillaren vereinigen sich wieder zu immer größeren Gefäßen. Diese **Venen** transportieren das Blut aus dem Körper bzw. aus der Lunge zum Herzen hin.
Die Venen haben im Gegensatz zu den Arterien dünne, aber sehr dehnbare Wände. Sie können sich nicht aktiv zusammenziehen. An Stellen, an denen Venen mit einer Arterie in einer gemeinsamen Bindegewebshülle eingeschlossen sind, drückt die Pulswelle der Arterie die Venenwand zusammen. Dies verursacht den Blutstrom in der Vene. Auch Muskeln, z. B. Skelettmuskeln, drücken auf die Venen und fördern den Blutstrom. Zudem enthalten die Venen in ihrem Inneren in bestimmten Abständen *Venenklappen*. Sie verhindern das Zurückfließen des Blutes (Abb. 1 a).

Bei Menschen, die vorwiegend eine stehende oder bewegungsarme Tätigkeit ausüben, können sich die Venen an den Beinen durch den ständigen Blutstau erweitern. Die Venenklappen schließen nicht mehr richtig, sodass der Rückfluss zum Herzen gestört ist. Venen können sich zu Krampfadern mit Aussackungen verformen.

Venen führen das Blut aus dem Körper bzw. aus der Lunge zum Herzen. Venenklappen verhindern das Zurückfließen des Blutes in den Körper.

Aufgaben

1. Nenne die unterschiedlichen Blutgefäße und beschreibe sie. Erkläre an einem Blutgefäß den Zusammenhang zwischen Bau und Funktion.

2. Führt in Vierergruppen einen Belastungstest durch.
   a) Schüler 1 sitzt ruhig auf einem Stuhl, während Schüler 2 die Pulsschläge und Schüler 3 die Atemzüge von Schüler 1 innerhalb von 15 s zählt. Schüler 4 notiert die Ergebnisse in der Tabelle.
   b) Schüler 1 macht 30 schnelle Kniebeugen. Schüler 2, 3 und 4 übernehmen wieder die gleichen Aufgaben wie in a).
   c) Die Schüler tauschen die Rollen.
   d) Fertigt in eurem Hefter eine Tabelle an. Tragt darin jeweils die Anzahl der Pulsschläge und Atemzüge pro 15 s und 1 min vor und nach den Kniebeugen ein.
   e) Erstellt aus den Daten ein Diagramm.
   Vergleicht die Ergebnisse. Welcher Zusammenhang besteht zwischen körperlicher Aktivität, der Anzahl der Pulsschläge und der Anzahl der Atemzüge? Erkläre.

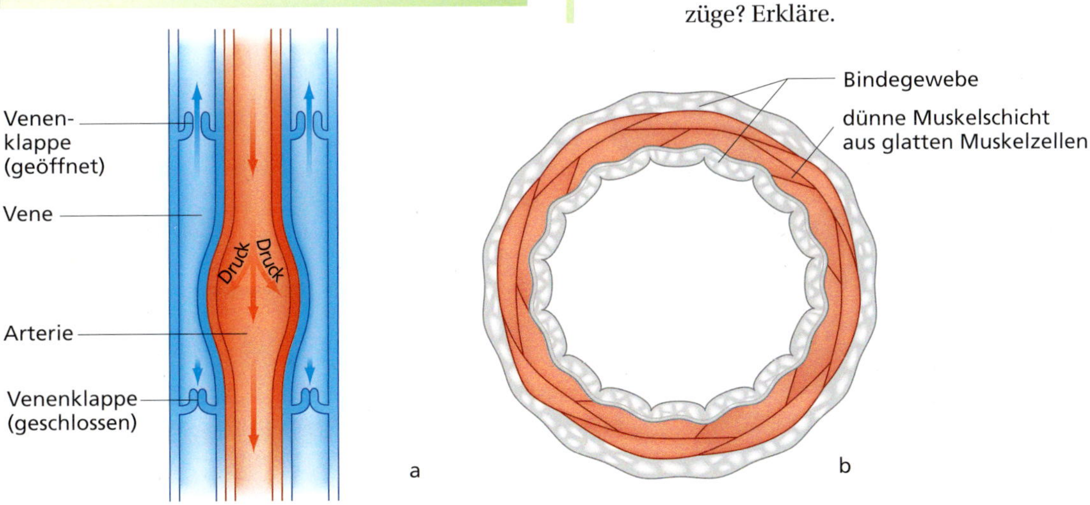

1 Das Blut strömt in der Arterie vom Herzen und in der Vene zum Herzen (a). Im Querschnitt der Vene (Schema) ist die dünne Muskelschicht zu sehen (b).

Das Herz und seine Leistung

Unser Herz ist etwa 1,5-mal so groß wie die Faust seines Trägers und liegt zwischen den beiden Lungenflügeln fast in der Mitte der Brusthöhle.
Die Spitze des Herzens weist nach links unten. Betrachtet man den Längsschnitt eines Herzens (Abb. 1), erkennt man, dass das Herz ein **Hohlmuskel** ist.
Eine muskulöse **Herzscheidewand** teilt das Herz in zwei vollständig voneinander getrennte Hälften. Jede Hälfte besteht aus einem kleineren **Vorhof** und einer größeren **Herzkammer.**
Die Blutströmung in und vom Herzen wird durch Herzklappen geregelt. Die Vorhöfe und Herzkammern werden durch **Segelklappen** getrennt. Je eine Herzkammer und die Lungen- bzw. Körperarterie werden durch eine **Taschenklappe** getrennt (Abb. 1).

Das Herz ist ein Hohlmuskel. Es ist durch die Herzscheidewand in zwei Hälften getrennt. Diese bestehen aus je einem Vorhof und einer Herzkammer.

Die **Tätigkeit des Herzens** kann man mit einer Saug-Druck-Pumpe vergleichen. Da das Herz ein Hohlmuskel ist, kann es sich abschnittsweise zusammenziehen (kontrahieren) und erschlaffen.
Diese Tätigkeit des Herzmuskels bewirkt das *Ansaugen des Blutes* zum Herzen, den Transport des Blutes im Herzen und das *Ausstoßen des Blutes* aus dem Herzen in den Körper bzw. zur Lunge.
Das rhythmische Kontrahieren und Entspannen des Herzmuskels wird auch als Herzschlag bezeichnet. Die Kontraktionsphase nennt man **Systole,** die Erschlaffungsphase **Diastole.**

Das Herz der Säugetiere und des Menschen besteht aus zwei völlig getrennten Teilen: Das rechte Herz versorgt den Lungenkreislauf, das linke den Körperkreislauf. Rechte und linke Herzhälfte kontrahieren und erschlaffen aber gleichzeitig.
Während der **Diastole** strömt das Blut in die beiden Vorhöfe ein (Abb. 1a, S. 177). Die Vorhöfe verengen sich dann und das Blut strömt durch die **Segelklappen** in die Herzkammern. Diese Klappen sind so gebaut, dass ein Zurückfließen des Blutes verhindert wird (Abb. 1b, S. 177).

Beim **Zusammenziehen des Herzmuskels** wird das Blut durch die sich öffnenden Herzklappen **(Taschenklappen)** aus den Herzkammern herausgepresst. Aus der rechten Herzkammer wird es in die Lungenarterien, aus der linken Herzkammer in die Körperarterie gepumpt (Abb. 1 c, S. 177). Das Zusammenziehen des Herzmuskels wird als **Systole (Auspressvorgang)** bezeichnet.

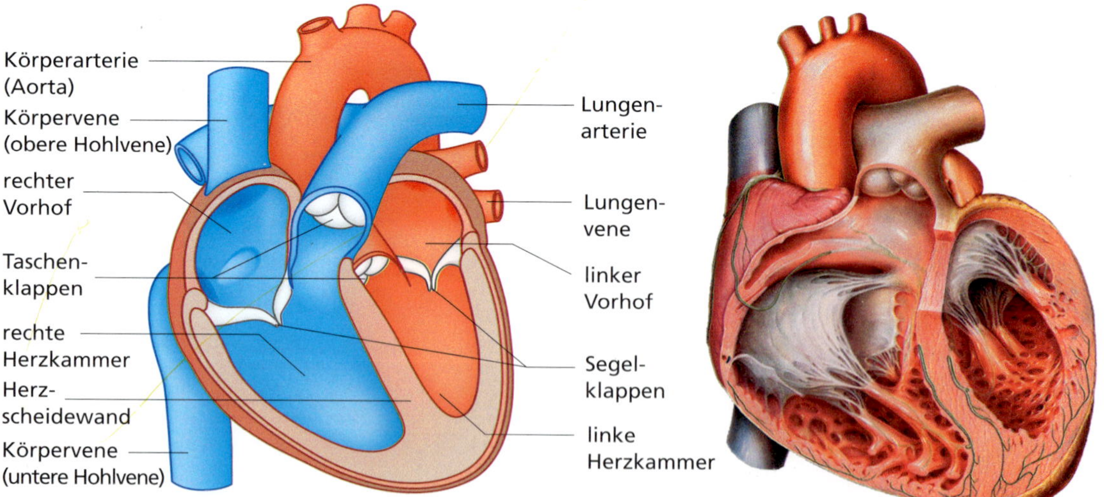

1 Herz des Menschen mit Herzkammern, getrennt durch Herzscheidewand (Längsschnitt)

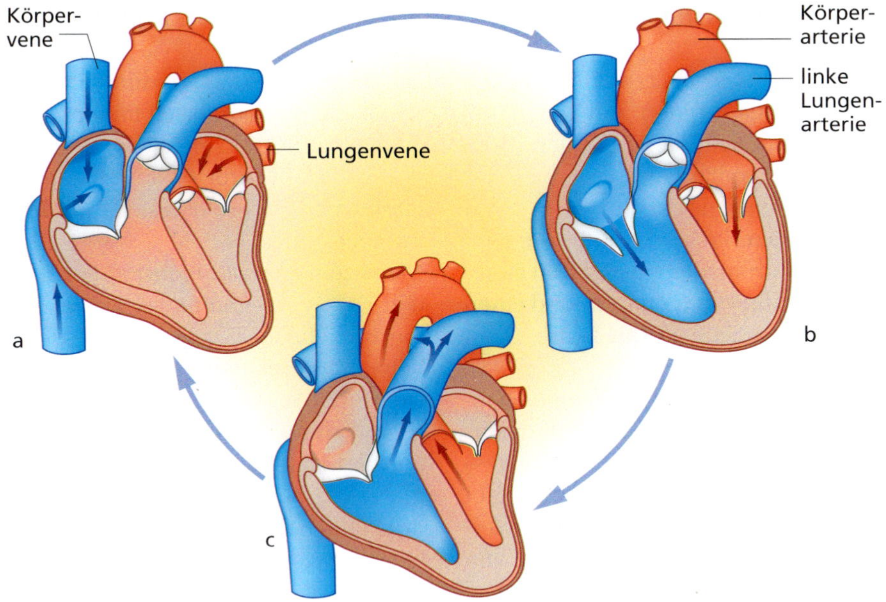

1 Arbeitsweise des Herzens (Erschlaffung und Kontraktion des Herzmuskels)

Das Herz eines Erwachsenen schlägt in Ruhe 60- bis 80-mal in der Minute, d. h., der Herzmuskel zieht sich 60- bis 80-mal in der Minute zusammen und erschlafft wieder. Bei jedem Schlag pumpt das Herz etwa 70 ml Blut aus jeder Herzkammer in die abführenden Blutgefäße.

Die Anzahl der Herzschläge pro Minute wird als **Herzfrequenz** bezeichnet. Sie ändert sich im Verlaufe des Lebens und wird durch innere und äußere Faktoren beeinflusst. Beispielsweise bewirken Angst- und Schrecksituationen, auch körperliche Anstrengungen und Freude eine Erhöhung der Herztätigkeit.

Ein durchtrainierter Sportler, z. B. Läufer, kann dagegen eine Ruhe-Herzfrequenz von 40 oder weniger Herzschlägen haben. Beim Leistungssport steigt die Herzfrequenz bis auf 250 Herzschläge pro Minute.

Der **Blutdruck,** der durch den Herzmuskel erzeugt wird, kann gemessen werden. Er schwankt zwischen einem höchsten Wert während der Systole und einem niedrigsten Wert während der Diastole. Die Elastizität der Gefäße sorgt dafür, dass auch bei der Diastole ein Restdruck erhalten bleibt.

Beim Erwachsenen beträgt der systolische Blutdruck im Normalfall 110–150 mm Hg, der diastolische Blutdruck 75–90 mm Hg (1 mm Hg = 0,133 kPa). Er steigt mit dem Alter an.

Die Anzahl der Herzschläge pro Minute ist die Herzfrequenz. Sie ist abhängig vom Alter und von den Leistungen des Körpers.
Der Blutdruck ändert sich ebenfalls in Abhängigkeit von der Leistung des Körpers.

Aufgaben

1. Sicher hast du schon gehört, dass manche Menschen Herzschrittmacher tragen. Welche Funktion übernehmen diese Geräte?

2. a) Berechne die durchschnittliche Anzahl der Herzschläge eines Erwachsenen pro Tag und das sich daraus ergebende Blutvolumen, das in die Blutgefäße gepumpt wird.

b) Wie viel Liter Blut pumpt das Herz im Verlaufe eines 75-jährigen Lebens durch den Körper?

Blutkreislauf im Überblick

Die Blutgefäße unseres Körpers bilden ein geschlossenes System aus Arterien und Venen, die über Kapillaren miteinander verbunden sind. Seltener treten auch Kapillarnetze innerhalb des Venen- und Arteriensystems auf.
In diesem Gefäßsystem kreist das Blut in einem ununterbrochenen Strom, der vom Herzen angetrieben wird. Man kann einen *Lungen-* und einen *Körperkreislauf* unterscheiden (Abb. 1a, b).

Im **Lungenkreislauf** fließt aus der rechten Herzkammer sauerstoffarmes und kohlenstoffdioxidreiches (in Abbildungen meist blau dargestelltes) Blut über die Lungenarterie zur Lunge. Dort gibt das Blut Kohlenstoffdioxid ab und nimmt Sauerstoff auf und strömt über die Lungenvene zum linken Vorhof des Herzens zurück. Vom linken Vorhof gelangt es durch die Segelklappen (Abb. 1, S. 176) in die linke Herzkammer.
Der **Körperkreislauf** beginnt in der linken Herzkammer. Von dort fließt das sauerstoffreiche und kohlenstoffdioxidarme (in Abbildungen meist rot dargestellte) Blut durch die Taschenklappen in die Aorta und diese spaltet sich in verschiedene Arterien auf (Abb. 1, S. 176), die alle Organe des Körpers versorgen.
Durch die haarfeinen dünnwandigen Kapillaren ist ein Stoffaustausch mit den verschiedenen Zellen des Körpers möglich. Sauerstoff sowie im Blut gelöste Nahrungsbausteine, Mineralien, Vitamine und andere Wirkstoffe werden an die Zellen abgegeben.
Gleichzeitig wird Kohlenstoffdioxid vom Blut aus den Zellen aufgenommen. Das nun kohlenstoffdioxidreiche und sauerstoffarme Blut fließt in Venen zum rechten Vorhof des Herzens zurück. Durch die Segelklappen gelangt es in die rechte Hauptkammer. Beim nächsten Zusammenziehen des Herzmuskels gelangt es von dort durch die Taschenklappen (Abb. 1, S. 176) wieder über die Lungenarterie in die Lunge. Dort wird Kohlenstoffdioxid abgegeben. Die anderen Abfallstoffe werden von den Nieren (s. S. 184) aus dem Blut gefiltert.

Das Blut fließt in einem geschlossenen System, das von Arterien, Kapillaren und Venen gebildet wird, durch unseren Körper.
Bei dem Blutkreislauf wird zwischen Körperkreislauf und Lungenkreislauf unterschieden.

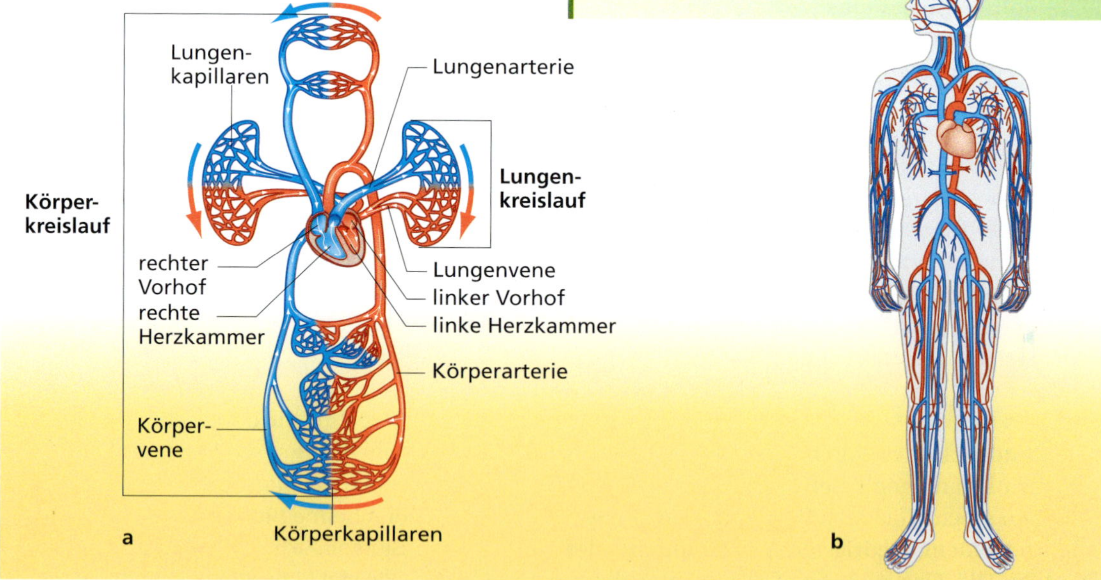

1 Der geschlossene Blutkreislauf des Menschen besteht aus Körperkreislauf und Lungenkreislauf. Beide werden aus Arterien, Kapillaren und Venen gebildet.

Mosaik

Herz-Kreislauf-System der Wirbeltiere

Alle Wirbeltiere haben ein geschlossenes Blutgefäßsystem mit einem Herzen, das durch seine Pumpleistung den Blutkreislauf bewirkt.

Das Herz der **Fische** besteht aus einem Vorhof und einer Herzkammer. Vom Herzen wird das Blut zu den Kiemen gepumpt und mit Sauerstoff angereichert. Von dort verlaufen Arterien zu den Kapillaren der Körperorgane, die mit Sauerstoff versorgt werden. Das sauerstoffarme Blut wird wieder zum Herzen gesogen (Abb. a).

Alle anderen, zum Landleben befähigten Wirbeltiere, **Amphibien** (Lurche), **Reptilien** (Kriechtiere), **Vögel** und **Säugetiere,** atmen durch Lungen. Zum normalen *Körperkreislauf* kommt bei diesen Tieren noch ein *Lungenkreislauf.* Bei den **Amphibien** (Abb. b) haben sich zwei Vorkammern vor der einen Herzkammer gebildet. Das sauerstoffarme Blut aus dem Körper gelangt über den rechten Vorhof in die Herzkammer. Das sauerstoffreiche Blut aus der Lunge gelangt über den linken Vorhof in die Herzkammer. In der Herzkammer vermischt sich das Blut. Über drei Arterien wird das *Mischblut* in Körper und Lunge gepumpt.

Das Herz der **Reptilien** besteht ebenfalls aus zwei Vorkammern und einer Herzkammer. Hier beginnt eine Trennung der Herzkammer in zwei Hälften. In der rechten Herzkammer befindet sich vorwiegend sauerstoffarmes Blut, in der linken *sauerstoffreiches Blut.* In die Lunge wird nur noch *sauerstoffarmes Blut* gepumpt. In den Körper gelangen sowohl sauerstoffreiches Blut als auch *Mischblut* aus dem ungeteilten Herzbereich (Abb. c).

Bei den **Vögeln** ist die Herzkammer durch eine vollständige Scheidewand getrennt. Das *sauerstoffreiche Blut* aus der Lunge gelangt über die Lungenvene durch den linken Vorhof in die linke Herzkammer und wird von dort über die Körperarterie in den Körper gepumpt. Aus dem Körper gelangt das Blut über die Körpervene durch den rechten Vorhof in die rechte Herzkammer und von dort über die Lungenarterie in die Lunge. Bei diesem doppelten Blutkreislauf kommt es zu keiner Vermischung von sauerstoffarmem und sauerstoffreichem Blut mehr.
Ebenso wie die Vögel haben auch die **Säugetiere** zwei Herzkammern und einen vollständig getrennten Körper- und Lungenkreislauf (Abb. d).

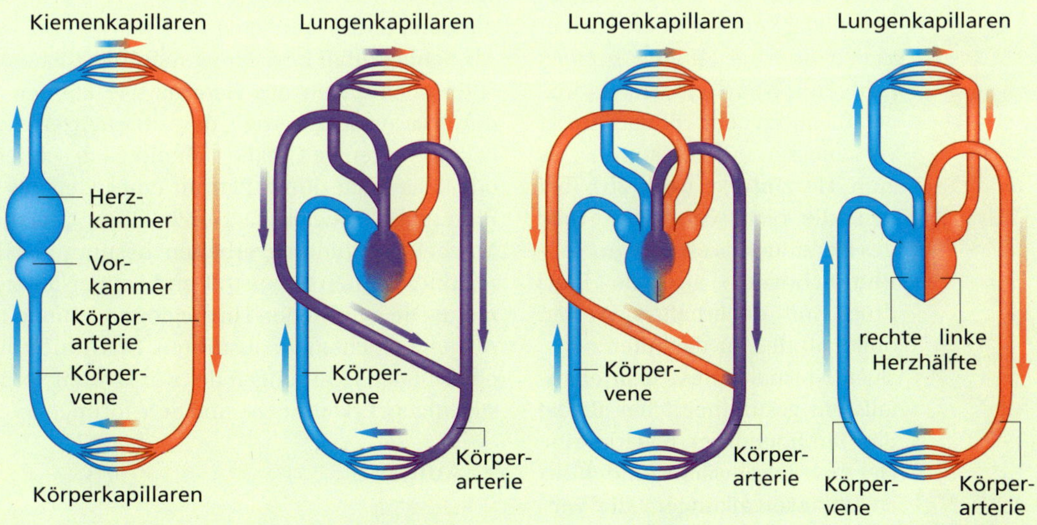

a) **Fisch** b) **Amphibium** c) **Reptil** d) **Säugetier**

kohlenstoffdioxidreiches Blut · sauerstoffreiches Blut · Mischblut

Herz- und Kreislauf-Erkrankungen und vorbeugende Maßnahmen

Erkrankungen des Herz-Kreislauf-Systems sind in den Industrieländern die Todesursache Nr. 1. Allen diesen Kreislauferkrankungen liegen Veränderungen der Gefäße zugrunde. Insbesondere die krankhaften Veränderungen der Arterienwände (Arterienverkalkung) führen zu Thrombosebildung, Schlaganfall und Bluthochdruck. Besonders gefährlich sind krankhafte Veränderungen der Herzkranzgefäße (koronare Herzerkrankungen, z. B. *Angina pectoris* – die sogenannte Herzenge und der Herzinfarkt).

Der Herzmuskel benötigt Sauerstoff und Nährstoffe, um tätig zu sein. Diese Stoffe werden ihm über die Herzkranzgefäße zugeführt. Fett- und Kalkeinlagerungen an der Innenwand der **Herzkranzgefäße** bewirken eine Verengung der Gefäße; die Folge davon ist, dass nicht mehr alle Abschnitte des Herzmuskels ausreichend versorgt sind. Der daraus resultierende Sauerstoffmangel führt zu einem *„Enge-in-der-Brust-Gefühl"*. Hierbei handelt es sich um Schmerzen im linken Brustkorb, die in die linke Schulter bis in den Arm ausstrahlen können. Wenn diese Symptome nach ausreichendem Sauerstoffangebot wieder verschwinden, spricht man von einer *Angina pectoris* (Abb. 2a). Wenn ein Herzkranzgefäß durch ein Blutgerinnsel verschlossen wird, kommt es zum **Herzinfarkt** (Abb. 2b), bei dem die nicht versorgten Teile des Herzmuskels absterben.

Bluthochdruck, also ein Blutdruck mit dauerhaften Werten oberhalb des für das Alter zulässigen Normalwertes, stellt ebenfalls ein gesundheitliches Risiko dar. Bluthochdruck bewirkt eine Herzmuskelschwäche und führt zu Gefäßverkalkungen, die wiederum zu Schlaganfall, Herzinfarkt und zu Schäden im Gehirn und an den Nieren führen können. Arterien weisen eine dicke, elastische Muskelschicht auf. Durch Kalk- und Fettablagerungen an der Innenwand der Arterie kommt es zu Verengungen, die bewirken, dass die Gefäßwand ihre Elastizität verliert (Arterienverkalkung, Arteriosklerose). Der Blutfluss ist infolge der Verengung gestört, die Organe werden schlechter mit Sauerstoff versorgt, als es notwendig wäre, und erkranken.

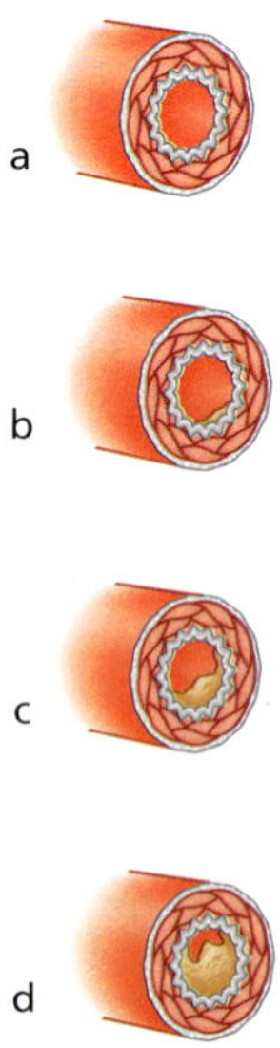

1 Normale Arterie (a) und Stadien der Arterienverkalkung (b-d)

Als **Schlaganfall** bezeichnet man plötzliche Ausfallerscheinungen des Gehirns. Sie können dadurch verursacht werden, dass durch Arterienverkalkung verengte Gefäße sich plötzlich schließen oder dass sich durch Platzen eines Gefäßes ein Bluterguss entwickelt. Durch diese plötzliche Mangeldurchblutung erhalten bestimmte Hirnregionen keinen Sauerstoff und keine Nährstoffe mehr. Die betroffenen Hirnregionen können ihre Aufgaben nicht mehr ausführen. Das führt u. a. zu halbseitigen Lähmungen des Körpers, zu Sprachstörungen, Erkennungs- und Sehstörungen.

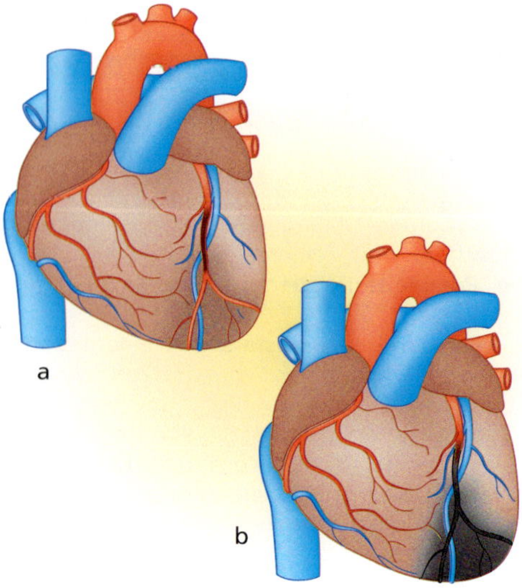

2 *Angina pectoris* (a) und Herzinfarkt (b)

Aufgabe

Stelle die genannten Erkrankungen in einer Tabelle zusammen.
Ordne Ihnen Ursache, Ort des Auftretens und mögliche Folgeschäden zu.

Biologie im Alltag

Hilfe für das Herz-Kreislaufsystem

Mithilfe eines *Elektrokardiogramms* (EKG) kann der Arzt Veränderungen der Herztätigkeit untersuchen. Die entstehenden elektrischen Ströme werden über Elektroden aufgenommen und mit einem Schreiber in einer Herzstromkurve aufgezeichnet (Abb. 1). Verschiedene Herzkrankheiten sind im EKG an typischen Abweichungen von der normalen Herzstromkurve zu erkennen, z. B. einen Herzinfarkt.

Bei einem **Herzkatheter** wird durch die Arterie in der Leiste oder Armbeuge ein dünner Schlauch (Katheter) zum Herzen vorgeschoben. Durch ein Kontrastmittel werden Herzkranzgefäßverengungen sichtbar.

Mit einem **Ballonkatheter** (Abb. 2 a), der in die verengte Stelle des Blutgefäßes geschoben wird, kann durch Druck die Verengung gedehnt und die Ablagerung im Blutgefäß zur Seite gepresst werden. Bei mehreren Verengungen wird eine **Bypassoperation** (Abb. 2 b) vorgenommen. Dabei wird meist eine gesunde Beinvene am Herzen zur Umgehung der Engstelle eingepflanzt.

Bestimmte Risikofaktoren begünstigen den Ausbruch von Herz-Kreislauf-Erkrankungen. Dazu gehören u. a. übermäßiger Nikotin- und Alkoholgenuss, Übergewicht durch zu fetthaltige Ernährung, Bewegungsmangel, auch großer Stress,

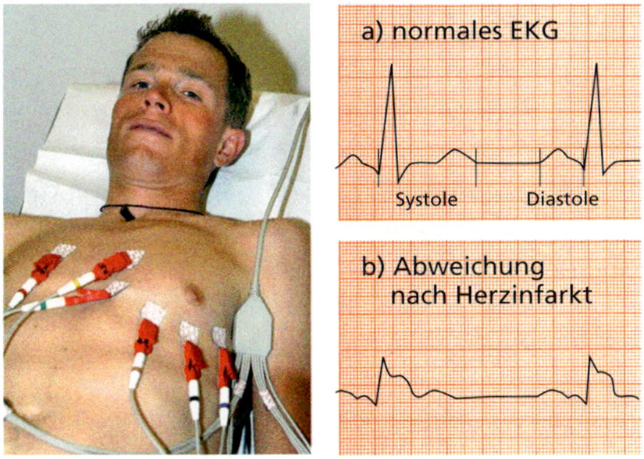

1 EKG am Menschen und Herzstromkurven

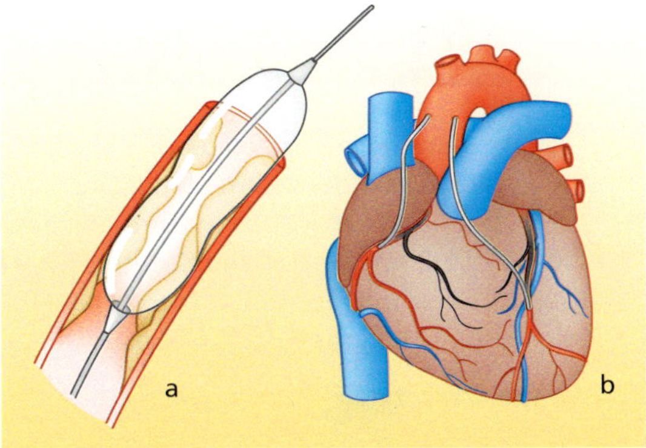

2 Ballonkatheter (a), Bypassoperation (b)

bedingt durch Ärger, Aufregung oder Konfliktsituationen.

Jeder Mensch kann Herz- und Kreislauf-Erkrankungen vorbeugen, wenn er in seiner persönlichen Lebensweise möglichst viele der genannten Risikofaktoren vermeidet.

Grundregeln einer gesunden Lebensweise

1. Beginne nicht mit dem Rauchen bzw. stelle das Rauchen ein, denn das Nikotin bewirkt eine Verengung der Blutgefäße.
2. Kontrolliere dein Körpergewicht, denn Übergewicht belastet deinen Kreislauf.
3. Achte auf deinen Blutdruck. Erhöhter Blutdruck schädigt die Blutgefäße und beschleunigt die Arterienverkalkung.
4. Vermeide ein Zuviel an Stress. Stress ist eine seelische Anspannung, die verschiedene Folgen haben kann, z. B. Herzklopfen, Schweißausbrüche, Verkrampfungen der Herzkranzgefäße.
5. Achte auf regelmäßige Bewegung deines Körpers, vermeide Bewegungsmangel, denn Bewegung erhält die Blutgefäßwände elastisch. Herz- und Kreislaufkranke dürfen sich aber nicht überanstrengen. Empfehlenswert sind Sportarten wie Laufen, Wandern, Radfahren, Schwimmen, Bergwandern, Skilanglauf.

gewusst · gekonnt

1. Ergänze dein Glossar um folgende Begriffe: Blut, Blutplasma, Blutzellen, Blutkörperchen, Blutplättchen, Herz, Herzfrequenz, Blutkreislauf, Arterie, Kapillare, Vene, Herz-Kreislauf-Erkrankungen, Blutdruck, Diastole, Systole, Blutgruppen, Bluttransfusion.

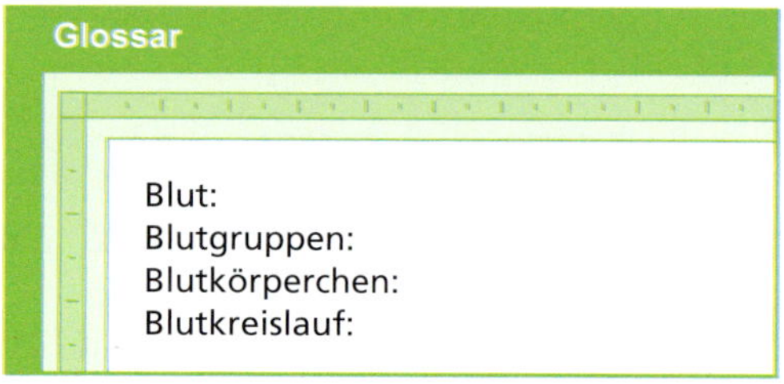

2. Berechne mithilfe der Tabelle auf Seite 171 die ungefähre Anzahl der verschiedenen Blutzellen in einem Liter Blut.

3. Betrachte die Bestandteile des Blutes mithilfe des Mikroskops (Dauerpräparat). Fertige eine Zeichnung an.

4. Fertige eine Skizze vom Herzen in deinem Heft an. Beschrifte die Skizze mit folgenden Begriffen: rechter Vorhof, Lungenarterie, linke Herzkammer, Lungenvene, Körperarterie, linker Vorhof, Körpervene, rechte Herzkammer, Herzscheidewand, Herzklappen.

5. Vermute, welche Folgen es hat, wenn die beiden Herzhälften durch ein Loch in der Herzscheidewand verbunden sind.

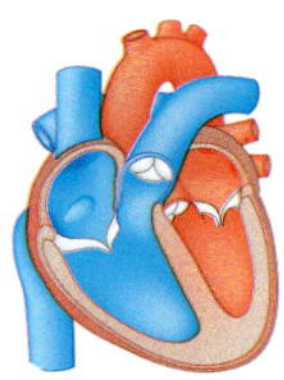

6. Beurteile die Richtigkeit folgender Aussagen: In Venen fließt kohlenstoffdioxidreiches Blut und in Arterien fließt sauerstoffreiches Blut. Begründe deine Antwort.

7. Das Blut ist ein vielseitiges Transportmittel. Welche Stoffe werden vom Blut transportiert?
Fertige eine Tabelle nach dem Muster an:

Stoffe	Transport von den Organen	Transport zu den Organen
Sauerstoff	Lunge	alle Organe und Zellen

8. In ihrem Bau (Struktur) sind die Arterien, Kapillaren und Venen an ihre Funktion angepasst.
Erkläre den Zusammenhang zwischen Struktur und Funktion bei den drei Gefäßtypen.

9. Die Herzfrequenz ist abhängig von der körperlichen Aktivität. Plane ein Experiment zur Bestätigung dieser Aussage nach folgender Schrittfolge:
   - Vermutung,
   - Planung,
   - Durchführung und Beobachtung,
   - Auswertung mit Bezug zur Vermutung.

10. Der rote Blutfarbstoff, das Hämoglobin, bindet Kohlenstoffmonooxid 300-mal höher als Sauerstoff. Schon beim Rauchen von Zigaretten werden ca. 10 % des Hämoglobins durch Kohlenstoffmonooxid blockiert.

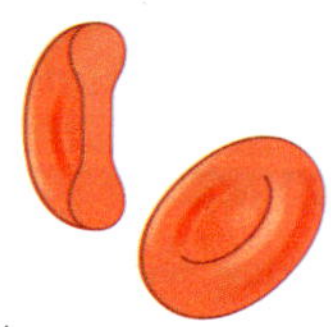

   a) Beschreibe den Transport von Sauerstoff im Körper.
   b) Nenne Eigenschaften und Quellen von Kohlenstoffmonooxid. Nutze dazu Nachschlagewerke oder das Internet.
   c) Erkläre die Folgen des Rauchens aus Sicht des Sauerstofftransportes.

11. Vermute, warum bei der Erstversorgung von stark blutenden Menschen zunächst Wasser mit etwas Kochsalz in die Blutbahn gegeben wird, wenn keine passende Blutkonserve zur Verfügung steht.

12. Was versteht man unter „Herzklappenfehler“? Nutze zur Beantwortung Nachschlagewerke oder das Internet.

Blut

Blutbestandteile und ihre Funktion

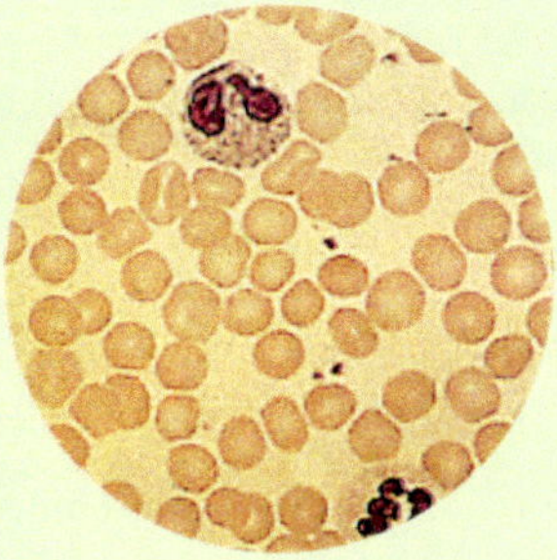

Blutplasma:	ca. 55 %; Stofftransport
Blutplättchen:	kernlos, unterschiedlich geformt; Blutgerinnung und Wundverschluss
Rote Blutkörperchen:	kernlos, scheibenförmig, kein Zellkern, enthalten Hämoglobin; Sauerstoffbindung- und transport, Kohlenstoffdioxidtransport
Weiße Blutkörperchen:	kernhaltig, wechselnde Form mit Zellkern; Vernichtung von Krankheitserregern, Bildung von Abwehrstoffen, Antikörperbildung

Bau und Funktionen des Blutgefäßsystems

Herz	Blutgefäße	Blutkreislauf
Durch rhythmisches Zusammenziehen des Herzens wird das Blut durch unseren Körper transportiert.	Das Blut fließt in Blutgefäßen durch unseren Körper.	Im geschlossenen System kreist das Blut durch den Körper und erreicht alle Organe.

Herz

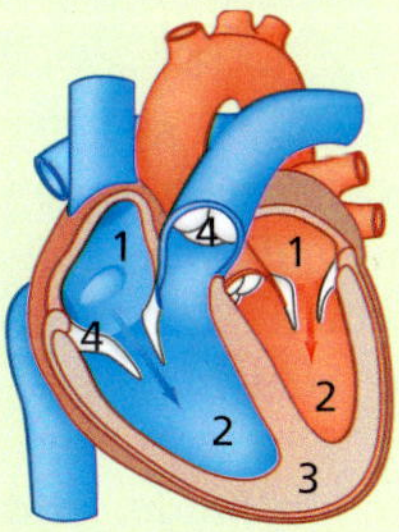

1 Vorhöfe
2 Herzkammern
3 Herzscheidewand
4 Herzklappen

Blutgefäße

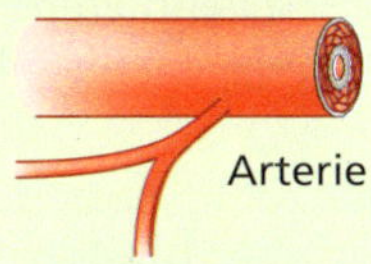

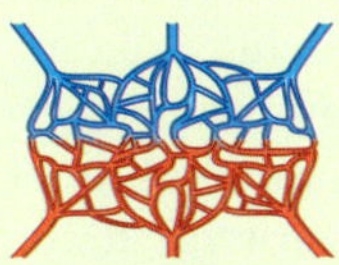

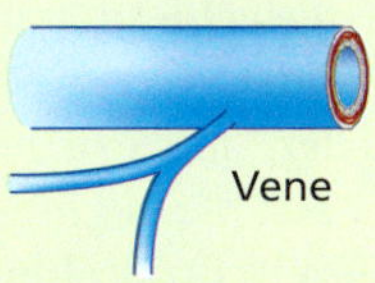

Blutkreislauf

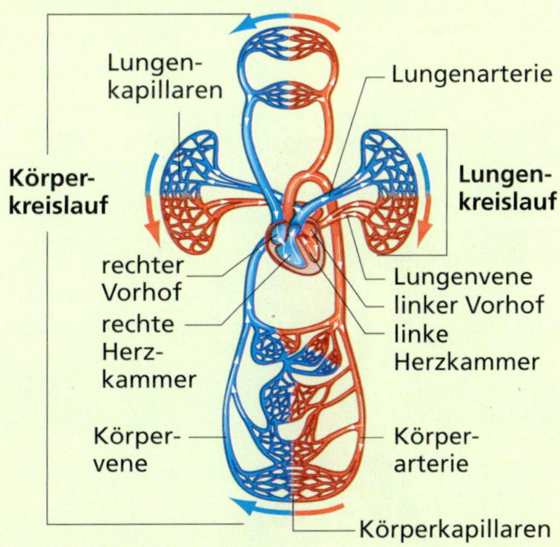

Herz-Kreislauf-Erkrankungen
Wichtige Erkrankungen an Blutgefäßen und am Herzen sind u. a. Krampfadern, Arterienverkalkung, Herzinfarkt, Schlaganfall.

Vorbeugung
Durch eine gesunde Lebensführung kann man den Erkrankungen vorbeugen. Dazu zählen u. a. sportliche Betätigung, regelmäßiger Schlaf, gesunde Ernährung.

Wahlbereich: Die Niere – ein wichtiges Ausscheidungsorgan

Die Abbauprodukte des Stoffwechsels müssen aus dem Körper entsorgt werden, um Vergiftungen zu verhindern. Der *Enddarm* führt unverdauliche Nahrungsreste ab, in der *Lunge* wird Kohlenstoffdioxid ausgeschieden, die *Haut* sondert Wasser, Salze und einen geringen Teil des Harnstoffs ab. Die Niere filtert Wasser, Salze und giftige, stickstoffhaltige Endprodukte des Eiweißstoffwechsels (z. B. Harnstoff) aus dem Blut.

Bei den Säugetieren liegen die beiden Nieren rechts und links der Wirbelsäule. Die charakteristische „Nierenform" entsteht durch eine Einbuchtung an der einen Seite (Abb. 1). Dort tritt die **Nierenarterie** ein. Sie führt der Niere das zu reinigende Blut zu. Die daneben austretende **Nierenvene** transportiert das gereinigte Blut wieder in den Körper. Auch der **Harnleiter** setzt in diesem Bereich an der Niere an, er befördert den Urin mit den Abfallstoffen zur Harnblase. Die gelbe Farbe des Urins geht vor allem auf Bilirubine (Abbauprodukte des Blutfarbstoffs) zurück. Je konzentrierter der Urin ist, desto intensiver ist seine Farbe. Das kann man leicht beobachten: Trinkt man viel Wasser oder Tee, ist der Urin danach hellgelb bis fast farblos. Bei Wassermangel – wenn man z. B. viel schwitzt und wenig trinkt – wird der Urin dunkelgelb.
Die Nebennieren, die auf den Nieren sitzen, produzieren wichtige Hormone.

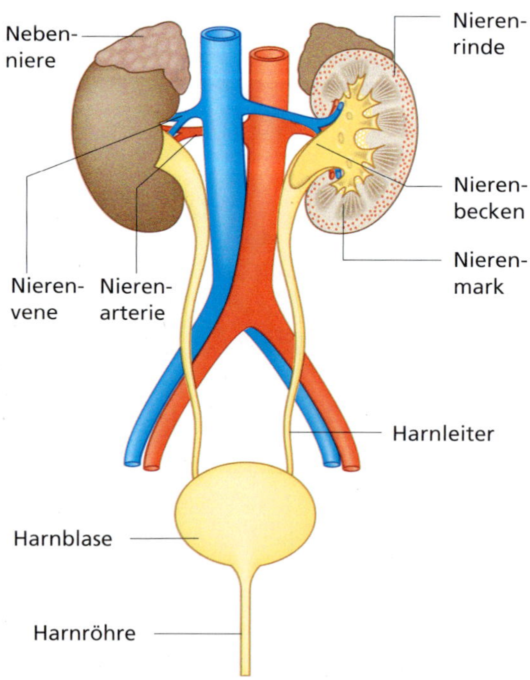

1 Nieren mit Harnorganen (schematisch)

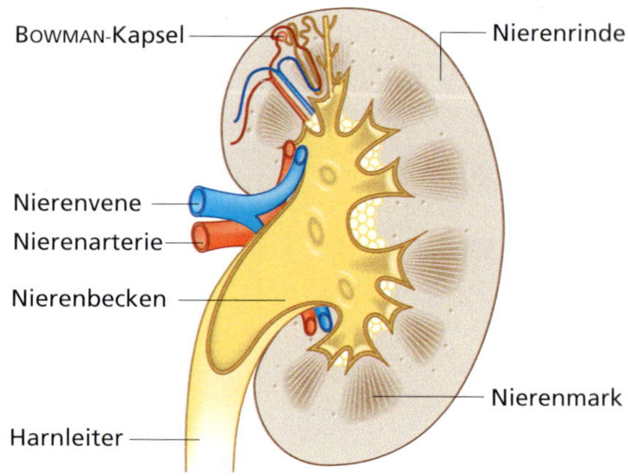

2 Feinbau der Niere (schematisch)

Die Niere besteht aus zwei Schichten, aus der helleren **Rindenschicht** und dem nach innen anschließenden, jeweils pyramidenförmig konzentrierten **Nierenmark** mit seinen Adern und Sammelröhren (Abb. 2). Beide Schichten umlagern zur Einbuchtung hin das **Nierenbecken,** einen Hohlraum, der von lockerem Binde- und Fettgewebe umgeben ist und in den **Harnleiter** mündet.
In der Niere existieren über 1 Millionen Filter-Elemente. Sie beginnen in der Nierenrinde mit dem **Nierenkörperchen.**

Aufgaben

1. Informiert euch über die Lage der Nieren im Körper und lokalisiert sie bei eurem Banknachbarn.

2. Die Nieren sind sehr temperaturempfindlich. Diskutiert in diesem Zusammenhang über die aktuelle Mode.

An das Nierenkörperchen schließt ein langes, gewundenes **Nierenkanälchen** an, das durch die Nierenrinde und als **HENLE-Schleife** durch das Nierenmark verläuft und im Sammelrohr (Abb. 1) mündet. In den Nierenkörperchen wird arterielles Blut über ein Netzwerk feinster Blutkapillaren durch feine Poren in den Hohlraum der umgebenden **BOWMAN-Kapsel** gedrückt. Blutkörperchen und Eiweiß-Moleküle sind zu groß und bleiben in den Kapillaren zurück. Das Filtrat **(Primärharn),** etwa 200 Liter pro Tag, besteht aus Wasser, darin gelösten Salzen, Glucose und Harnstoff. Er wird auf dem Weg durch Nierenkanälchen, Henle-Schleife und Sammelrohr in den **Sekundärharn** (Endharn, Urin) umgewandelt. Dabei werden Glucose, die meisten Salze und vor allem 99 % des Wassers dem Blutkreislauf wieder zugeführt. Im Urin bleibt hauptsächlich Harnstoff zurück. Auch Fremdstoffe (z. B. Medikamente, Dopingmittel) werden aus dem Blut in die Nierenkanälchen abgegeben.

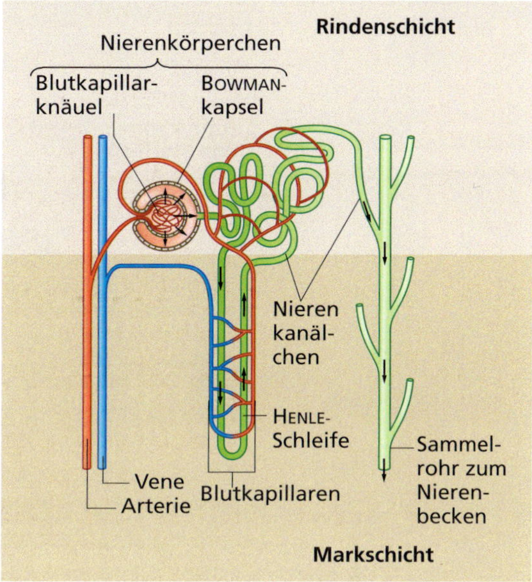

1 Der Mensch scheidet pro Tag 1,5 bis 2 Liter Urin aus.

Mosaik

Nierenerkrankungen

Das Nierenbecken kann sich aufgrund einer Infektion entzünden. Unter bestimmten Bedingungen bilden sich Nierensteine, die, wenn sie den Harnleiter verstopfen, zu schmerzhaften Komplikationen führen können (Nierenkolik). Fällt eine Niere, z. B. aufgrund einer Krankheit völlig aus, kann ihre Funktion von der anderen Niere übernommen werden. Sind jedoch beide Nieren betroffen, ist eine **Dialyse** notwendig (Abb). Dabei werden die giftigen Stoffwechselendprodukte in regelmäßigen Abständen während einer „Blutwäsche" mit Filtergeräten außerhalb des Körpers entfernt. Wenn sich ein passendes Spenderorgan findet, wird in dieser Situation vielfach eine **Nierentransplantation** durchgeführt.

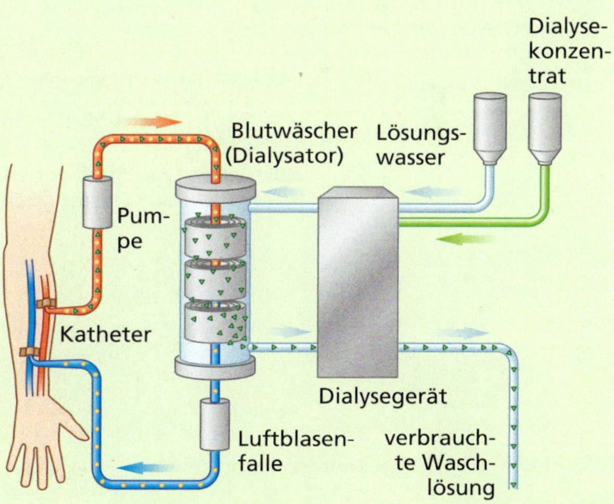

Aufgaben

1. *Die Dialyse ist oft die letzte Möglichkeit, Menschen mit mangelnder Nierenfunktion zu helfen. Versuche anhand der Abbildung zu beschreiben, wie so ein Dialysegerät funktioniert. Informiere dich, welche Filter Verwendung finden.*

2. *Pro Minute strömen etwa 1,2 Liter Blut durch die Nieren.*
   a) *In welcher Zeit fließt die gesamte Blutmenge einmal durch die Nieren?*
   b) *Berechne die Blutmenge, die pro Tag (24 h) durch die Nieren fließt.*

Zusammenwirken von Zellen, Geweben und Organen im Stoff- und Energiewechsel am Beispiel des Menschen

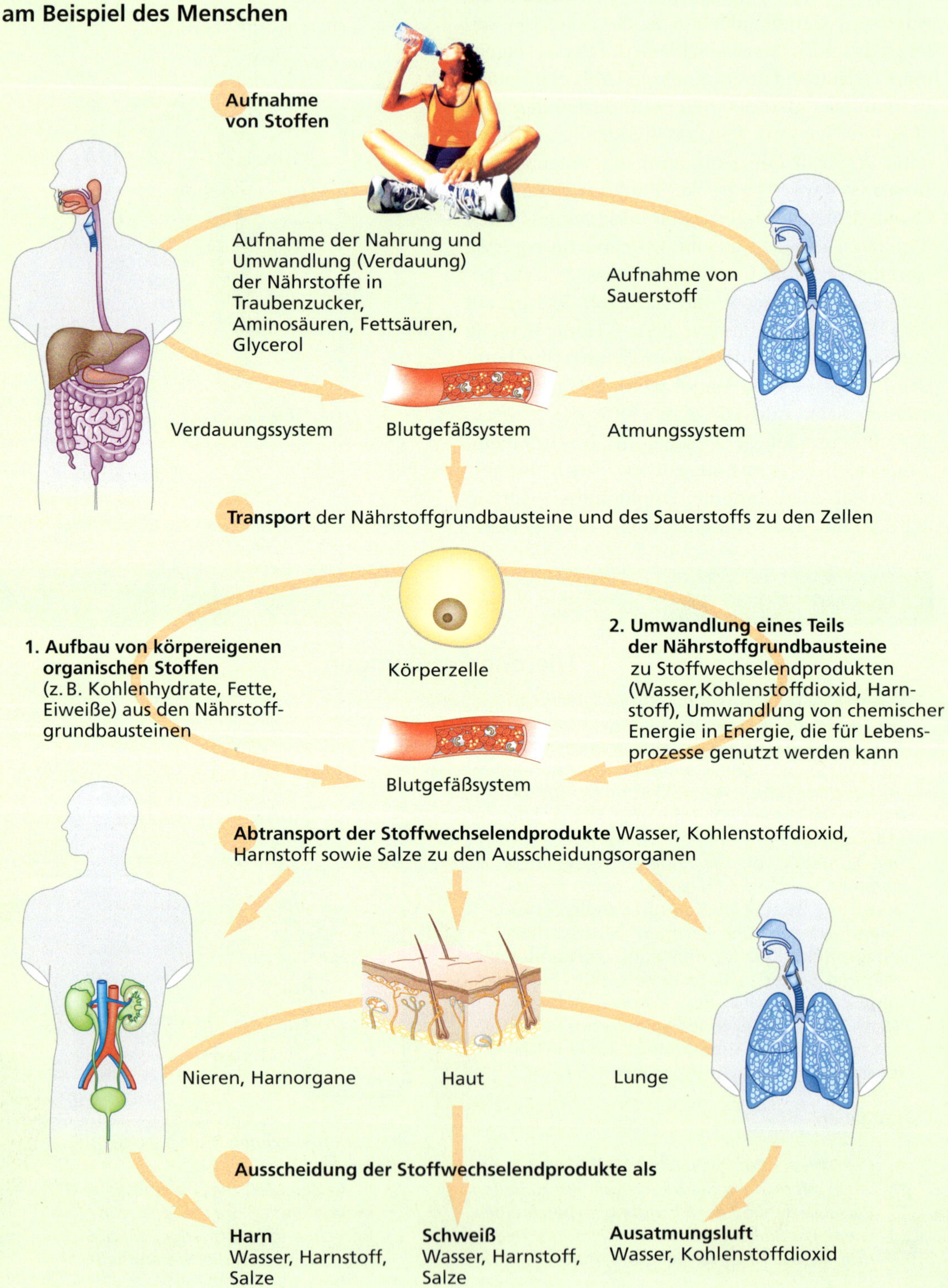

Süchte und Drogen – Gefahr oder Genuss?

4

Alkoholische Getränke

Verschiedene Getränke und Spirituosen enthalten Alkohol in unterschiedlicher Menge. Der Verkauf an Erwachsene ist generell erlaubt, allerdings dürfen derartige Getränke nicht oder nur sehr eingeschränkt an Jugendliche verkauft werden.
Ist diese Einschränkung gerechtfertigt?

Rauchen – ein Genuss?

Es gibt viele Anlässe, bei denen Jugendliche zur Zigarette greifen. Die Gründe sind ganz verschieden. Manch einer möchte jedoch mit dem Rauchen wieder aufhören, nicht zuletzt, um gesünder zu leben.
Warum ist es eigentlich so schwer, dieses „Laster" aufzugeben?

Medikament oder Gefahr?

Medikamente sollen unseren Organismus unterstützen, gesund zu werden und zu bleiben. Viele Medikamente verschreibt der Arzt, einige kann man in der Apotheke ohne Rezept kaufen. Sicher hat jeder schon einmal Schmerzmittel eingenommen.
Wann wird die Einnahme zum Missbrauch, die Tablette zur Droge?

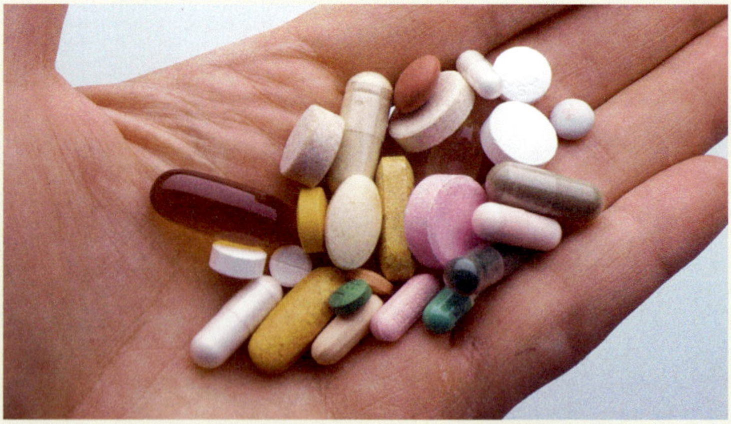

Drogen und ihre Wirkung im Körper

Drogen, Sucht und Abhängigkeit

Wer intensiv Sport treibt, beispielsweise lange Strecken läuft, hat sicher schon einmal erlebt, dass er bei großer Belastung plötzlich keine Schmerzen mehr verspürt und in Hochstimmung ist. Dieser „Kick“ wird durch körpereigene Stoffe hervorgerufen, sogenannte Endorphine. Sie werden in Extremsituationen ausgeschüttet und wirken schmerzhemmend, beruhigend und angstlösend, verschaffen eine wohlig-glückliche Stimmung. Damit rufen sie im Körper eine ähnliche Reaktion wie einige Drogen hervor.

Suchtmittel (Drogen) sind Stoffe, die in die natürlichen Lebensprozesse des Körpers eingreifen und Wahrnehmungen, Gefühle und Stimmungen des Menschen beeinflussen.

Wenn man den Begriff Drogen hört, denkt man zuerst an Drogen wie *Haschisch, Heroin, Kokain, LSD, Ecstasy.* Bei diesen handelt es sich um illegale Drogen. Aber auch *Alkohol, Nikotin* und verschiedene *Medikamente* gehören zu den Drogen. Die Nutzung dieser Substanzen wird von der Gesellschaft toleriert.

Warum einige Menschen Suchtmittel einnehmen, hat viele Ursachen, persönliche und gesellschaftliche (s. S. 190). Am Anfang steht oft der Wunsch, sich wohl oder besser zu fühlen. Manche Drogen erzeugen Hochstimmung und Glücksgefühle, andere beruhigen, wiederum andere putschen auf, steigern die Wachheit und Aktivität, verändern das Denken und die Sinneswahrnehmungen.

Die Drogenwirkung hängt vom jeweiligen eingenommenen Stoff ab. Sie wird auch beeinflusst von der Dauer der Einnahme, von der eingenommenen Dosis sowie von persönlichen Stimmungen und der individuellen körperlichen Verfassung. Im Laufe der Zeit benötigt der Körper – um die gleiche Wirkung zu erzielen – immer mehr des jeweiligen Suchtmittels. Damit geht einher, dass der Körper auch immer mehr des jeweiligen Suchtmittels „verträgt“.

Schließlich hat der Drogeneinnehmende ständig das Verlangen, erneut die Droge anzuwenden, um ein bestimmtes Lustgefühl und eine innere Hochstimmung zu erreichen oder auch, um Unlustgefühle und eine tiefe Miss-Stimmung zu vermeiden. Man sagt, der Mensch ist **„süchtig“** (Abb. 1).

1 Entstehung der seelischen und körperlichen Abhängigkeit von Drogen – ein Teufelskreis

Diese Sucht nach bestimmten Drogen kann letztendlich zur **Abhängigkeit** führen, sowohl zur seelischen als auch zur körperlichen Abhängigkeit. Wird das Suchtmittel zum „Dreh- und Angelpunkt“ aller Handlungen, Gedanken und Gefühle, besteht eine *seelische Abhängigkeit* (Abb. 1, S. 183).

Das Suchtmittel dient dann dazu, das innere Gleichgewicht zu halten, Unlustgefühle und Belastungen zu unterdrücken bzw. sich Wohlbefinden und Glücksgefühle zu verschaffen. Seelische Abhängigkeit ist der unbezwingbare Drang, sich die Droge um jeden Preis zu beschaffen und einzunehmen, z.B. auch durch kriminelle Handlungen.

Wenn das Suchtmittel abgesetzt wird, treten bei den Süchtigen Unlust- und Angstgefühle, Verstimmungen bis hin zu Selbstmordgedanken auf. Weitere Folgen seelischer Abhängigkeit sind u. a. die Einengung der Interessen auf das Suchtmittel, die Vernachlässigung bzw. der Verlust der Familie, das Verlieren der Arbeitsstelle, das Auswechseln der Freunde, die Gleichgültigkeit gegenüber der Schule.

Neben dieser seelischen Abhängigkeit gibt es auch eine *körperliche Abhängigkeit.* Wird das Suchtmittel abgesetzt bzw. dem Körper nicht mehr zugeführt, dann kommt es zu *Entzugserscheinungen* wie Schmerzen am ganzen Körper, Übelkeit, Erbrechen, Durchfall, Schweißausbrüche, Fieber und Schwindelanfälle, Frieren, Zittern und Schlafstörungen.

Diese körperlichen Entzugserscheinungen bewirken, dass der Abhängige nur noch bestrebt ist, Suchtmittel zu beschaffen und sie einzunehmen. Dabei werden Gesundheit, Aussehen, Familie und Beruf vernachlässigt.

Beide Formen der Abhängigkeit beeinflussen das private und das berufliche Leben des Süchtigen.

Die krankhafte und zwanghafte Abhängigkeit von Suchtmitteln, das ständige Verlangen nach einer erneuten Einnahme dieser Stoffe, um ein bestimmtes Glücksgefühl zu erreichen oder Unlust- und Angstgefühle zu unterdrücken, bezeichnet man als Sucht.

Aufgaben

1. Erarbeitet das Thema Drogen nach der Expertenmethode. Über welche Teilthemen möchtet ihr euch genauer informieren?
2. Wie gehst du mit Schulstress um? Welche Techniken nutzt du, um Stress abzubauen?
3. Informiere dich über Endorphine. Erkläre, wie sie im Körper wirken.
4. Diskutiert die Fragestellung zur Abbildung 2 in der Klasse.

1 Probleme in der Schule bzw. Leistungsdruck sind unangenehm.

2 Helfen Computerspiele beim Stressabbau und Entspannen?

Nikotin – eine legale Droge

Nikotin ist ein starkes Nervengift. Die tödliche Dosis für einen Erwachsenen wird mit 50 mg angegeben.
In reiner Form ist der Stoff eine farblose, ölige Flüssigkeit. Dieses Gift kommt in Nachtschattengewächsen vor und ist in besonders hoher Konzentration in den Blättern der Tabakpflanze *(Nicotiana tabacum)* enthalten.
Der Tabak wird geraucht (Zigarette, Zigarre), geschnupft (Schnupftabak) oder gekaut (Kautabak).
Nikotin gelangt durch die dünnen Schleimhäute der Atmungs- und Verdauungsorgane ins Blut. Mit dem Blut wird es im Körper verteilt.
In sehr geringen Mengen führt diese Droge zu Veränderungen der Gehirntätigkeit und kann vorübergehend Hunger, Unlustgefühle und Ermüdungserscheinungen beseitigen sowie die Konzentration steigern. Aufgrund dieser Wirkung auf die Prozesse im Gehirn erzeugt Nikotin eine *körperliche* und *psychische Abhängigkeit.* Nikotin wirkt zudem auf das Kreislaufsystem. Es beschleunigt den Herzschlag und erhöht den Blutdruck. Es führt zur Verengung der Blutgefäße. Die schlechtere Blutversorgung ist messbar. So sinkt die Temperatur der Finger- und Zehenspitzen nach dem Rauchen. Durch die mangelnde Durchblutung wird die Sauerstoffversorgung herabgesetzt. Das kann letztendlich Herzinfarkt und „Raucherbein" zur Folge haben.

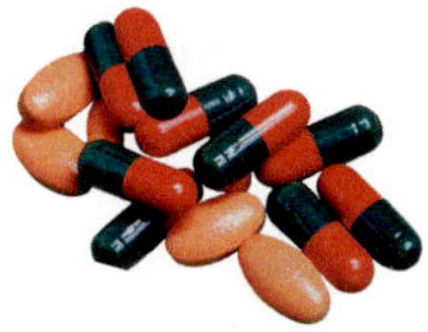

Bei einem weiteren Inhaltsstoff der Zigaretten, dem Teer, handelt es sich um ein zähes Kohlenwasserstoffgemisch. Auf der Zigarettenpackung wird es beschönigend als „Kondensat" bezeichnet. Teer verklebt die Flimmerhärchen in den Atemwegen und in der Lunge, sodass Fremdstoffe nicht mehr abgehustet werden können.

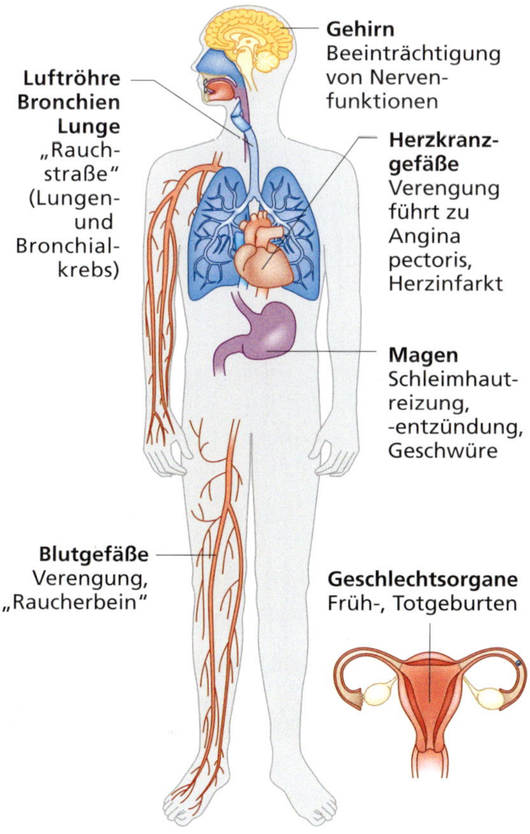

Medizin oder Droge?

Zahlreiche Medikamente sind für viele Erkrankte lebensnotwendig, z. B. für Zuckerkranke, für Menschen mit Bluthochdruck bzw. zu niedrigem Blutdruck, für Herzkranke, für an Grippe Erkrankte.
Wichtig ist, dass die verordneten Arzneimittel genau nach Anordnung und unter Kontrolle des Arztes eingenommen werden. Er bestimmt die Menge des Medikaments und die Zeit der Einnahme. So können Medikamente den Heilungsprozess fördern.
Werden Medikamente ohne Aufsicht und Kontrolle des Arztes eingenommen, kann dies leicht zu gesundheitsschädlichem Medikamentenmissbrauch führen. Die Einnahme des Medikaments wird zum Selbstzweck und kann allmählich zur *psychischen* und *körperlichen Abhängigkeit* führen. Das betrifft sowohl die Einnahme bestimmter Schmerz- und Schlafmitteln als auch von psychischen Beruhigungs- und Aufputschmitteln.

Aufgabe

Der Gebrauch und der Verkauf von Zigaretten ist legal. Erkläre, warum es trotzdem korrekt ist, Nikotin als Droge zu bezeichnen.

Alkohol – ein Partyspaß?

Der wesentliche Inhaltsstoff, der die berauschende Wirkung von alkoholischen Getränken hervorruft, heißt **Ethanol.** Es handelt sich um eine farblose, charakteristisch riechende, giftige Flüssigkeit (s. Tab.). Alkoholische Getränke, wie Bier, Wein, Sekt, Likör, Weinbrand und Mixgetränke, werden oft zu den unterschiedlichsten Anlässen getrunken. Ethanol gelangt dabei über die Mundschleimhaut, den Magen und den Darm in den Blutkreislauf. Da Ethanol sowohl fett- als auch wasserlöslich ist, gelangt es in die Gehirn- und Nervenzellen. Dort bewirkt es Veränderungen des Stoffwechsels, woraus auch die Suchtwirkung des Stoffes resultiert. Ethanol verursacht eine geringere Schmerzempfindlichkeit und wirkt in geringen Dosen anregend. Mit zunehmender Menge wird das Reaktionsvermögen herabgesetzt und das Bewusstsein getrübt.

Regelmäßige Einnahme von alkoholischen Getränken führt wie bei anderen Drogen zur *psychischen* und *körperlichen Abhängigkeit.* Der **Alkoholsüchtige (Alkoholkranke)** kann nach einiger Zeit nicht mehr auf Alkohol verzichten, er ist alkoholkrank. Typische Verhaltensänderungen von Alkoholkranken sind heimliches Trinken, Schuldgefühle, Aggressivität und auch nachlassendes Verantwortungsgefühl.

Länger andauernder Alkoholmissbrauch hat die Schädigung innerer Organe (Abb. 1) zur Folge, das Erinnerungsvermögen, die Konzentrations- und Gedächtnisleistungen lassen nach. Letztendlich kann Alkoholmissbrauch zu Wahnvorstellungen und geistigem Verfall führen. Jährlich gibt es in Deutschland etwa 40 000 Menschen, die infolge von Alkoholkonsum sterben. Besonders gefährdet durch Alkohol sind Ungeborene im Mutterleib sowie auch Kinder und Jugendliche. Bei ihnen wirken schon geringe Mengen Alkohol. Laut Jugendschutzgesetz darf zwar an keinen Jugendlichen unter 16 Jahren Alkohol verkauft oder ausgeschenkt werden, aber oft wird gegen diese Bestimmung verstoßen.

Blutalkoholgehalt	Wirkung
0,1 bis 0,5 ‰	Fröhlichkeit, Enthemmung, verminderte Kritikfähigkeit
0,5 bis 2 ‰	zunehmende Einschränkung des Wahrnehmungsvermögens und der Reaktionszeit, zunehmende Sprach- und Bewegungsstörungen
2 bis 3 ‰	Bewusstseinstrübungen, Erbrechen, narkotischer Schlaf
ab 3 ‰	Koma und Tod durch Atemlähmung möglich

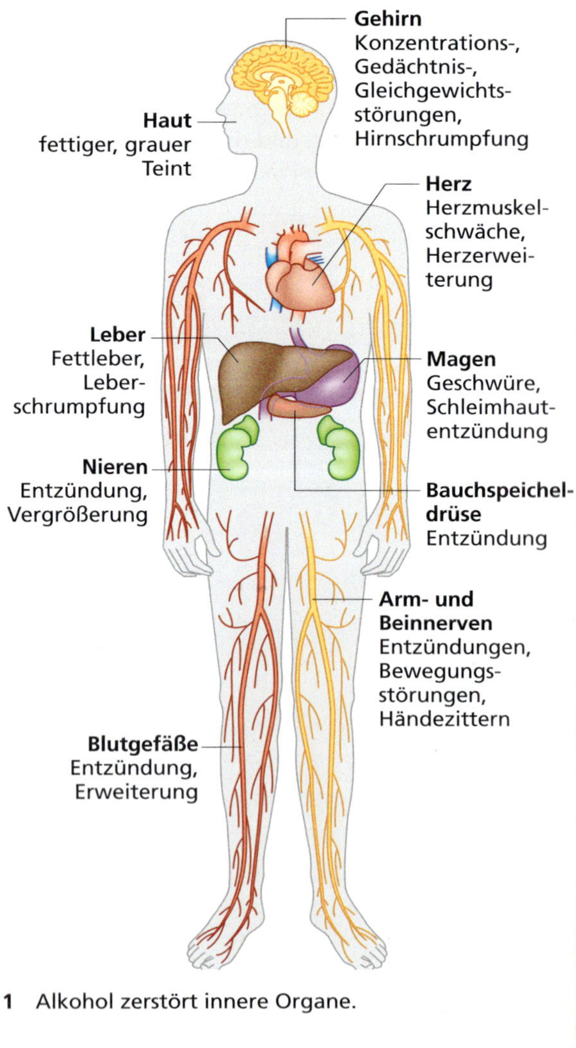

1 Alkohol zerstört innere Organe.

Alkohol – nein danke!?

Zum Thema alkoholische Getränke gibt es immer wieder Diskussionen. Auch im Jugendalter ist es in einigen Gruppen selbstverständlich, dass bei Zusammenkünften eine Menge Alkohol getrunken wird. Manchmal wird damit geprahlt, wie viel jeder verträgt, oder es wird ein Wetttrinken veranstaltet.
Ist jemand wirklich stark und erwachsen, der an einem Abend den höchsten Blutalkoholgehalt erreicht? Handelt er oder sie aufgrund der eigenen Meinung?

1. *Notiert einen Abend lang den Inhalt von Fernsehwerbespots für Alkohol. Beschreibt, in welchen Situationen die agierenden Personen jeweils gezeigt werden. Überlegt, was dem Betrachter vermittelt werden soll. Diskutiert in der Gruppe, ob der Zusammenhang zwischen Alkoholgenuss und dem im Spot dargestellten Lebensgefühl existiert. Gehört in der jeweiligen Situation Alkohol wirklich dazu?*

2. *Alkoholische Getränke werden unter Nutzung der unterschiedlichen Medien beworben. Beschreibe einige Beispiele. Was hältst du von solcher Werbung? Begründe deine Wertung.*

3. *Befragt Schüler und Schülerinnen der Schule zu ihrem Umgang mit Alkohol:*
   - *Hat der Interviewte schon Erfahrungen im Umgang mit alkoholischen Getränken?*
   - *Wann nimmt er alkoholische Getränke zu sich, welche Getränke werden konsumiert und in welchen Mengen?*
   - *Warum werden alkoholische Drinks getrunken oder abgelehnt?*

   a) *Stellt die Ergebnisse in einer Tabelle oder einer Grafik zusammen.*
   b) *Berechnet bei einigen der genannten Trinkmengen, welcher Promillegehalt sich bei der jeweiligen Person ergeben hat. Nutzt dazu auch die folgende Lehrbuchseite.*
   c) *Informiert euch genauer über die Ursachen, die Symptome und die Folgen von Alkoholmissbrauch und Alkoholsucht.*

4. *Stellt die Ergebnisse der Untersuchungen in einer Präsentation zusammen. Bewertet die Ergebnisse. Diskutiert dazu in der Gruppe die verschiedenen Standpunkte.*

Mosaik

Illegale Drogen

Der Besitz und Vertrieb sowie die Herstellung von einer Reihe von Drogen ist in der Bundesrepublik Deutschland nach dem Betäubungsmittelgesetz verboten. Verstöße gegen das Gesetz werden entsprechend bestraft. Zu diesen illegalen Drogen gehören u.a. *Haschisch* und *Marihuana, Heroin* (Abb. 1) und *Kokain,* aber auch künstlich hergestellte Drogen, wie *LSD* und *Crack* sowie die Designerdrogen, z.B. *Ecstasy.*

Cannabis – harmlose Droge?

Cannabis ist der wissenschaftliche Name für Hanf und wird in Marokko, der Türkei, im Libanon, in Afghanistan, Pakistan und Nepal angebaut. Häufig wird er auch als Sammelbezeichnung für Drogen benutzt, die aus den Blättern und Blüten von Hanf hergestellt werden. Dazu gehören Haschisch und Marihuana (Abb. 2). Bei Marihuana handelt es sich um ein Gemisch aus getrockneten Blüten und Blättern, beim Haschisch (Piece, Kanten, Dope) werden die harzreichen Teile, insbesondere die weiblichen Blüten, gepresst. Das Harz wird zu Klumpen oder Platten geknetet, sowie zu Öl umgewandelt.
Die Drogen werden inhaliert (geraucht), als Cannabisbutter in Gebäck verbacken oder als Tee getrunken. Die Wirkstoffe in diesen Drogen sind Cannabinoide, Tetrahydrocannabinol (THC) und Cannabidiol (CBD).

Diese Wirkstoffe sind ähnlich aufgebaut wie körpereigene Stoffe, die bestimmte Prozesse im Gehirn steuern. So werden nach der Einnahme gute Laune bis hin zur Hochstimmung und Wohlbefinden („high sein") hervorgerufen und Sinneseindrücke mit größerer Intensität wahrgenommen. Die Schmerzempfindlichkeit nimmt ab und das Zeitgefühl verändert sich.

Eine körperliche Abhängigkeit war bisher bei Cannabisprodukten nicht nachweisbar, allerdings besteht die Gefahr, psychisch abhängig zu werden. Eine längere Einnahme kann zu Schlafstörungen, Konzentrationsproblemen und Stimmungsschwankungen bis hin zu Depressionen führen. Die Betroffenen sind in ihrer Leistungsfähigkeit eingeschränkt und leiden unter Antriebsarmut. Zudem geht man heute davon aus, dass die Einnahme von *Cannabis* bei der Ausprägung von Psychosen, wie z.B. Schizophrenie, eine Rolle spielt.

Vor diesem Hintergrund erscheint es bedenklich, dass laut Bundeszentrale für gesundheitliche Aufklärung im Jahr 2004 31 % der 12- bis 25-jährigen Erfahrungen mit *Cannabis* (35 % der männlichen und 27 % der weiblichen Befragten) gemacht hatten und sich 13 % als aktuelle Konsumenten bezeichneten.

1 Das aus Schlafmohnkapseln gewonnene Rohopium ist Ausgangsmaterial für Morphium und Heroin.

2 Aus weiblichen Hanfpflanzen werden die Drogen Marihuana (kleines Foto) und Haschisch gewonnen.

Ecstasy – Glück aus dem Labor?

Im Zusammenhang mit der Techno-Szene ist in den 90-er Jahren des letzten Jahrhunderts eine neue Szenedroge „modern" geworden – **Ecstasy.** Techno ist eine Musikkultur, die einem besonderen Lebensgefühl Ausdruck verleihen soll. Als besondere *Events* der Techno-Szene gelten die Love-Parades. Auf speziellen Discotheken dieser Szene wird oft ein ganzes Wochenende getanzt.
Dabei entstehen z. T. tranceartige Zustände, die durch die körperliche Belastung, die Musik und Lichteffekte ausgelöst werden. Solche Parties vermitteln einen Mix aus Spaß und körperlichen und psychischen Grenzerfahrungen.
Bei diesen Tanzmarathons wird dem Organismus der Tanzenden natürlich einiges abverlangt.
Ecstasy gilt als die Droge, die hilft, diese Belastung durchzustehen und das *„Party-Feeling"* zu verstärken.

Ecstasy ist eine sogenannte Designerdroge: Sie stammt aus dem Labor und wird vollkommen synthetisch hergestellt. Eigentlich handelt es sich um eine Sammelbezeichnung für verschiedene, ähnlich wirkende Substanzen. Oft bildet ein Stoff mit der Bezeichnung MDMA einen wesentlichen Bestandteil.

MDMA entsteht durch Abwandlung eines Amphetaminen. Dabei handelt es sich um Stoffe, die anregend auf das Zentralnervensystem wirken. Sie hemmen das Hungerzentrum, bewirken eine Leistungssteigerung und nehmen Einfluss auf Herztätigkeit und Kreislauf. Damit weisen sie ein ähnliches Wirkspektrum auf wie das körpereigene Hormon Adrenalin.
Ecstasy ruft euphorische Zustände hervor, verdrängt Ermüdungserscheinungen und mindert das Hungergefühl. Allerdings kann die Einnahme auch Konzentrationsstörungen, Halluzinationen, Wahrnehmungsstörungen des Sehens und Hörens, Angst und Antriebslosigkeit hervorrufen.
Auch wenn bisher keine körperliche Abhängigkeit nachgewiesen wurde, kann die Einnahme von Ecstasy zur *psychischen Abhängigkeit* führen. Eine große Gefahr der Droge besteht zudem darin, dass Körpersignale nicht mehr richtig wahrgenommen werden.

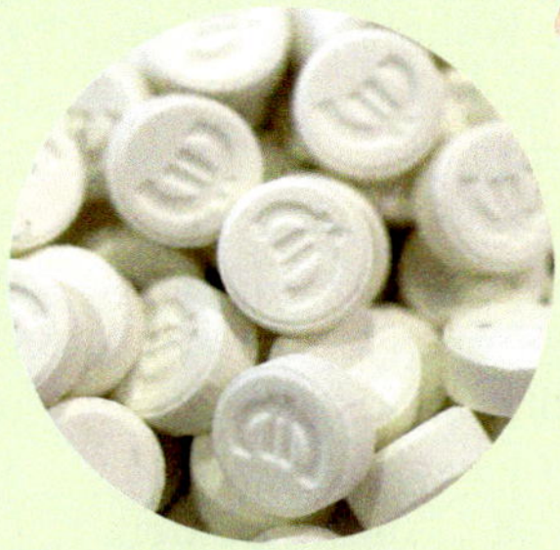

1 Ecstasy gilt als Partydroge. Will man wirklich tanzen „ bis zum Umfallen"?

Durst, Erschöpfunszustände und Schmerzen sind Warnsignale des Körpers. Werden sie infolge der Drogenwirkung ignoriert, kann es zur Austrocknung des Körpers, Nierenversagen, Kreislaufzusammenbrüchen und zum plötzlichen Herztod kommen. Im Jahr 2002 ließen sich 27 Todesfälle in Deutschland direkt auf den Gebrauch von Ecstasy zurückführen.
Langzeitfolgen von Ecstasygebrauch sind noch nicht vollständig untersucht. Es werden mögliche Gehirnschäden diskutiert.

Aufgaben

1. *Cannabis ist bei uns eine illegale Droge. Es gibt allerdings immer wieder Diskussionen über die Freigabe von Cannabisprodukten. Setze dich damit auseinander. Welchen Standpunkt vertrittst du?*

2. *Ecstasy gilt als Party- und Wochenenddroge. Vielfach wird ihre Nutzung als relativ ungefährlich eingeschätzt. Wie würdest du dich verhalten, wenn du bemerkst, dass einer deiner Freunde Ecstasy nimmt?*

3. *Die Herstellungskosten für eine Ecstasytablette betragen einige Cents. Eine Tablette kostet bis zu 25 Euro. Interpretiere diese Zahlen.*

Ursachen des Drogenkonsums, Vorbeugung und Hilfe

Suchtgefährdung und Sucht werden nicht durch eine einzige Ursache herbeigeführt. Sie entstehen aufgrund eines vielschichtigen Ursachenbündels. Dazu gehört u. a. das nähere Umfeld des Menschen - ungünstige Wohnbedingungen, kinderunfreundliches Wohngebiet, Arbeitslosigkeit oder Trennung der Eltern.

Mit zunehmendem Alter des Kindes und Jugendlichen nehmen die Einflüsse von außen zu, z. B. aus der Clique, dem Freundeskreis, der Schulklasse, auch durch Zeitschriften, Fernsehen und aus dem Berufsumfeld. Ursachen können aber auch u. a. Neugier, Langeweile, Angst vor dem Alleinsein, Hemmungen und Niedergeschlagenheit sein.

Jugendliche sind besonders drogen- und suchtgefährdet. Gerade in der Zeit des Erwachsenwerdens erwarten die Familie, die Schule (Abb. 1), die Freunde, der Ausbildungsbetrieb (Abb. 2) die Bewältigung zahlreicher Aufgaben. Es werden von den Jugendlichen eigene Anstrengungen und Entscheidungen gefordert und Verantwortungsgefühl verlangt. Sie bauen neue Beziehungen zu gleichaltrigen Jungen und Mädchen auf, sie möchten in der Clique eine bestimmte „Position" erringen und diese auch behaupten, sie müssen sich für ein Berufsziel entscheiden, sie sollen lernen, Verantwortungsgefühl zu entwickeln und Verantwortung zu tragen.

Diese vielfältigen Entwicklungsaufgaben werden von Jugendlichen unterschiedlich bewältigt. Manche Jungen und Mädchen meistern altersgemäße Aufgaben ohne Schwierigkeiten, regeln selbstständig bestimmte Angelegenheiten und entwickeln eigene lebensbejahende Werte. Andere Jugendliche fühlen sich von den vielen Leistungen, die ihnen abverlangt werden, überfordert. Um dieser Belastung zu entfliehen, suchen sie anfangs unbewusst und dann bewusst nach Möglichkeiten, den Problemen aus dem Weg zu gehen. Eine schlechte Möglichkeit ist die Einnahme von Suchtmitteln. Diese verdrängen und beseitigen nur scheinbar für kurze Zeit die Schwierigkeiten und Probleme. Der Drogenkonsum kann aber die bestehende Wirklichkeit mit all ihren Problemen nicht verändern.

Ursachen von Suchtgefährdung und Sucht sind sehr vielfältig und eng miteinander verknüpft.

Ein „intaktes" Familienleben ist ein besonders wichtiger Schutz für Kinder und Jugendliche vor Drogenmissbrauch. In der Kindheit ist die Familie oft der „Schutzhafen". Die Kinder fühlen sich geborgen. Auch Jugendliche brauchen die Familie als „Heimathafen". Dieser gibt ihnen immer wieder Kraft, um Schwierigkeiten, z. B. in Schule und Beruf, zu meistern. Er gibt aber auch Trost und Halt, wenn sie Enttäuschungen, z. B. mit dem Freund oder der Freundin, erleben.

1 Die Schule stellt vielfältige Anforderungen.

2 Ausbildung verlangt Initiative und Verantwortung.

1 *Streetworker* bei der Drogenberatung

Die Jugendlichen brauchen die Eltern als Weggefährten und als Gesprächspartner. Wenn sie wissen, dass sie zu Hause verständnisvolle, auch manchmal kritische Partner haben, kommen sie immer wieder ins Elternhaus zurück.
Jugendliche, die eigene Konflikte partnerschaftlich lösen und sich geeignete Ansprechpartner (Eltern oder andere Vertrauenspersonen) suchen, brauchen nicht auf Suchtmittel oder auf Gewalttaten zurückzugreifen.
Die Chance, „erfolgreich“ gegen eine Suchtgefährdung oder Drogenabhängigkeit vorzugehen, ist umso größer, je früher und gezielter die Hilfe einsetzt.
Hilfe für Menschen mit Suchtproblemen geben Beratungsstellen (Abb. 1). Dort arbeiten ausgebildete und erfahrene Berater, z. B. Ärzte, Sozialarbeiter, Psychologen, Therapeuten. In der Regel wird mit den Eltern erst ein persönliches Beratungsgespräch geführt. Dann kommt der Suchtgefährdete oder Suchtabhängige entweder allein, mit Freunden oder in Begleitung der Eltern zum Gespräch. Wichtig ist das eigene Wollen des Rat- bzw. Hilfesuchenden und seine aktive Mitarbeit. Gemeinsam wird versucht, die Ursachen der Schwierigkeiten oder Konflikte zu finden und entsprechende Therapiepläne aufzustellen und zu realisieren.

Neben Beratungsstellen gibt es weitere Einrichtungen bzw. Organisationen für Suchtkrankenhilfe, Gesundheitsförderung und Vorbeugung. Dazu gehören u. a. der „Elternkreis drogengefährdeter und drogenabhängiger Jugendlicher“. Elternkreise dienen dem gegenseitigen Austausch von guten wie schlechten Erfahrungen im Kampf gegen die Abhängigkeit der Kinder.
Es gibt auch eine Reihe von Selbsthilfegruppen, in denen sich Menschen, die Suchtmittel einnehmen oder eingenommen haben, treffen. Ziel dieser Gruppen ist es, sich durch gegenseitige Hilfe und Erfahrungsaustausch dabei zu unterstützen, von dem jeweiligen Suchtmittel loszukommen.
Beratungsstellen, andere Einrichtungen oder Organisationen, die Rat und Hilfe bei Suchtmittelgefährdung oder -abhängigkeit anbieten, gibt es sowohl in großen und mittleren als auch in vielen kleinen Städten. Auch in Deutschland gibt es ein relativ enges Netz von Beratungsstellen.

Zahlreiche Einrichtungen bzw. Organisationen geben Hilfe bei Suchtgefährdung oder Drogenabhängigkeit. Ausgebildete Berater sind fachkundige Partner der Rat- und Hilfesuchenden.

Aufgaben

1. Recherchiere in deiner Region Hilfseinrichtungen.

2. Organisiert einen Besuch in einer Sucht- und Drogenberatungsstelle.
Sammelt in Vorbereitung auf die Veranstaltung Fragestellungen, die euch zum Thema Süchte und Drogen interessieren.

3. Diskutiert den Einfluss der Clique bzw. des Freundeskreises auf euer Verhalten. Wird die Einnahme von Drogen toleriert, bewundert, erwartet oder abgelehnt?

Stärke zeigen

Auf der Seite 193 werden Situationen aus dem Alltag geschildert. Solche oder ähnliche Erlebnisse hatte sicher jeder schon oder kennt sie aus seinem Bekanntenkreis.

1. *Was meinst du? Wie wird Dieter sein Problem lösen? Welche Möglichkeiten hat er? Schreibe auf, was Dieter ein halbes Jahr später berichten würde. Schildere mindestens zwei unterschiedliche Szenarien. Diskutiert die Varianten in der Arbeitsgruppe.*

2. *Spielt den Konflikt zwischen Anne und Susanne in einem Rollenspiel nach. Tragt dazu verschiedene Argumente zusammen, die die beiden in der Diskussion verwenden könnten. Lässt sich eine Lösung finden?*

3. *Hat Carsten recht mit seiner Ansicht, dass er mit dem Rauchen aufhören könnte, wenn er nur wollte? Welchen Rat würdest du Carsten geben? Erläutere deinen Standpunkt.*

Fotografen wollen mit ihren Fotos im Allgemeinen nicht nur die Realität ablichten, sondern fangen oft eine bestimmte Stimmung ein. Ihre Bilder (Abb. unten) haben eine Aussage.

4. a) *Sieh dir die beiden Fotos an. Welche Stimmungen sind eingefangen? Notiere, was die abgebildeten Personen gerade empfinden oder denken könnten? Kannst du die jeweilige Stimmung durch ein kleines selbstverfasstes Gedicht beschreiben?*

   b) *Welche Personen in deiner Verwandtschaft oder Bekanntschaft sind dir wichtig? Stelle deine Beziehungen in Form eines Netzes dar.*

Im Alltag kommt es immer wieder zu großen und kleinen Konflikten. Nicht immer findet man sofort eine Lösung. Oft benötigt man Hilfe von Freunden, Experten und Fachleuten. Den Mut, sich an diese Personen zu wenden und sich ihnen anzuvertrauen, muss man schon selbst aufbringen. Oft muss man erst einmal mit sich selbst klarkommen.

5. *Wie gut kennst du dich selbst? Beantworte folgende Fragen und diskutiere die Ergebnisse mit einer Person deines Vertrauens.*
   - *Welche Stärken hast du? Was kannst du besonders gut? Welche Eigenschaften magst du an dir? Was macht dir Spaß?*
   - *Welche Schwächen hast du? Was würdest du gerne ändern? Was kannst du gar nicht leiden?*
   - *Was möchtest du in einem halben Jahr, in zwei Jahren, in fünf Jahren erreicht haben? Sind die Ziele realistisch? Wer kann dir bei ihrer Umsetzung helfen?*

Dieters Schulprobleme

Dieter schildert seinem Kumpel sein Problem: *„Ich bin furchtbar schlecht in der Schule. Eine Zeit lang hatte ich überhaupt keinen Bock, mich anzustrengen und dachte, ich schaffe alles, ohne zu lernen. Schlechte Zensuren habe ich als Ausnahmen angesehen. Hatte eben ganz andere Dinge im Kopf. Weißt ja, ich hatte Stress mit meiner Freundin. Mittlerweile merke ich aber, dass ich den Anschluss verpasst habe und eventuell sitzen bleibe. Zu Hause gibt es deshalb auch dauernd nur Zoff und meine Eltern streiten sich obendrein oft wegen mir. Ich weiß gar nicht, wie ich das jetzt alles noch auf die Reihe bekommen soll."*

Raucher kontra Nichtraucher

Anne und Susanne haben einen Ausflug geplant. Dazu wollen sie mit dem Zug fahren. Etwas abgehetzt erreichen sie den Zug gerade noch rechtzeitig. Bei der Auswahl der Sitzplätze kommt es jedoch zum Streit. Anne ist Raucherin und möchte sich deshalb in das Raucherabteil setzen. Sie findet es toll, bei einem netten Geprāch und einer Zigarette zu entspannen.
Susanne protestiert heftig und wirft ihrer Freundin Rücksichtslosigkeit vor. Immerhin raucht Susanne nicht. Im Raucherabteil würde sie aber zum Passivrauchen gezwungen, und das sei mindestens so schädlich wie selbst zu rauchen. Außerdem findet sie den Geruch eklig.

Carsten ist Raucher

Carsten berichtet: *„Mit dem Rauchen habe ich mit 12 Jahren angefangen. Ich hatte einen 13-jährigen Freund. Die Jungs aus seiner Clique trafen sich immer am Bolzplatz und rauchten zusammen. Hin und wieder wurde mir eine Zigarette angeboten. Natürlich wollte ich nicht wie ein Kleinkind wirken und nahm an. Geschmeckt hat es mir zu Anfang nicht. Ich hatte ein pelziges Gefühl auf der Zunge, mir wurde schwindlig und etwas übel. Mit der Zeit gewöhnte ich mich daran und fand das Rauchen eigentlich echt cool. Man ist keine Memme, weiß mit seinen Händen etwas anzufangen und kann auch leichter Kontakt zu anderen finden. Man braucht ja nur nach Feuer oder einer Zigarette zu fragen. Gespräche ergeben sich leichter und man kann entspannen, gehört eben dazu.
Irgendwann bemerkte ich aber, dass meine sportlichen Leistungen nachlassen, ich morgens einen blöden Geschmack im Mund habe und öfter husten muss. Eigentlich würde es mir körperlich wohl ohne die Zigaretten besser gehen. Oder doch nicht? Wenn ich ein paar Stunden nicht zum Rauchen gekommen bin, werde ich irgendwie ganz unruhig und fühle mich total flau. Ein richtig blödes Gefühl. Greife ich dann zur Zigarette, kann ich mich entspannen und bin zufrieden. Im Moment habe ich keinen Bock auf zusätzlichen Stress. Wenn ich wirklich aufhören will, werde ich es schon schaffen."*

Biologie im Alltag

Bin ich süchtig?

„Morgens benötige ich erst einmal einen Kaffee, um richtig wach zu werden“. Den Satz hat sicher schon jeder gehört. Ist derjenige, der ihn äußert, koffeinsüchtig?

Mädchen lieben es, mit ihren Freundinnen stundenlang durch die Läden zu streifen. Sie probieren unterschiedliche Kleider, Blusen, Tops, Röcke und Hosen an und haben ihren Spaß dabei. Natürlich wird dabei auch dieses oder jenes Kleidungsstück erworben. Sind diese Mädchen kaufsüchtig?

Viele Jugendliche finden Computerspiele spannend. Manch einer verbringt einen großen Teil der Freizeit damit. Oft werden spezielle Parties organisiert, bei denen verschiedene Personen gegeneinanderspielen. Solche Wettkämpfe sind auch über das Internet möglich. Es treten manchmal sogar Mannschaften gegeneinander an. Sind die Jugendlichen, die ihre Zeit mit Computerspielen verbringen, computer- oder mediensüchtig?

Ein Handy ist für die meisten selbstverständlich. Man kann schnell mit seinen Freunden in Kontakt treten, neue Ideen besprechen, sich einfach verabreden oder in kürzester Zeit wichtige Informationen erhalten. Ist jemand, der das Handy als wichtigen Alltagsgegenstand betrachtet und sich ein Leben ohne Handy nicht ausmalen will, handysüchtig?

Die Sucht hat viele Gesichter. Nicht immer müssen Süchte stoffgebunden sein, wie die Alkoholsucht, die Nikotinsucht oder die Cannabissucht.

Sucht ist ein zwanghaftes Verlangen, einen bestimmten Erlebniszustand zu erreichen. Dabei ist diesem Verlangen alles andere untergeordnet. Das süchtige Verhalten kann nicht mehr oder nur unter großer Kraftanstrengung eingeschränkt werden. Die Sucht beherrscht die Gedanken und beeinflusst den Tagesablauf. Dadurch wird der Süchtige in seiner Persönlichkeitsentwicklung eingeschränkt. Dieser Kontrollverlust wird oft als beschämend wahrgenommen und der Süchtige zieht sich von seinen Freunden zurück.

Ist so ein Verhalten noch „normal“ oder hat es schon Suchtcharakter? Stell dir die Frage, ob es dein Leben bestimmt.

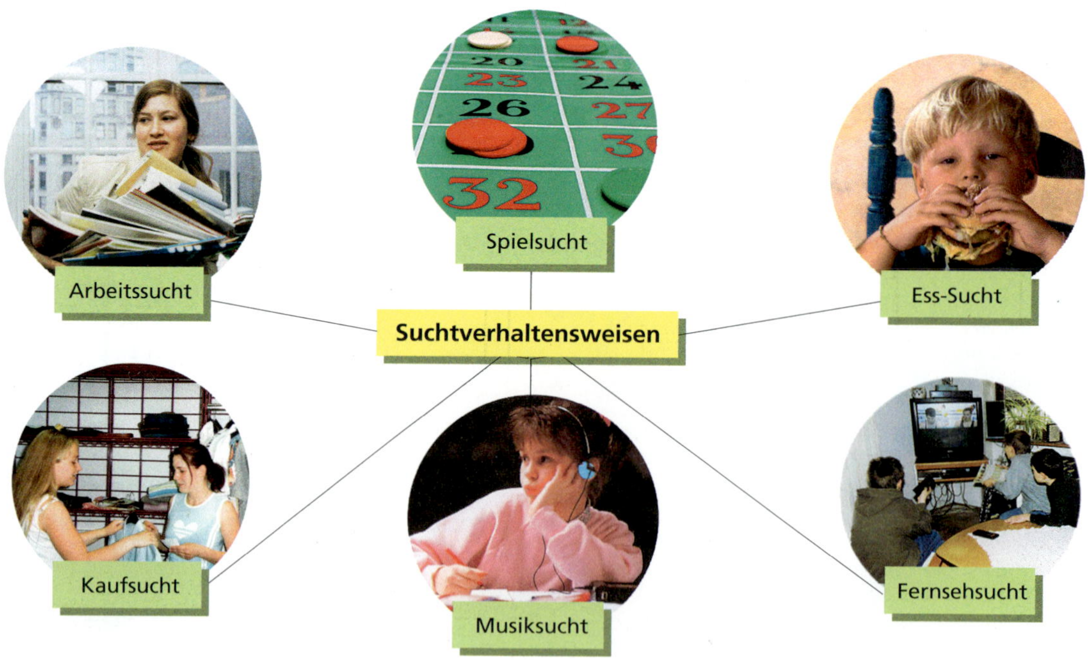

gewusst · gekonnt

1. Ergänze dein Glossar: Sucht, Drogen (legale Drogen, illegale Drogen).

Glossar

Drogen:
Sucht:

2. a) Sammle aus Tageszeitungen, Fernseh- und Rundfunkmeldungen Berichte über Drogen.
b) Erläutere an Beispielen Gefahren der Drogeneinnahme.

3. Die Abbildung veranschaulicht den „Teufelskreis“ eines Drogensüchtigen.
a) Beschreibe die Stationen des Kreises.

b) Erläutere die Kennzeichen einer Sucht.

4. a) Das Nikotin des Zigarettenrauches fördert durch Ablagerung die Verengung der Blutgefäße.
Nenne daraus ableitbare Folgen.
b) Erläutere, worauf die Suchtwirkung von Nikotin beruht.

5. Welche Bedeutung hat ein „intaktes“ Familienleben für Kinder und Jugendliche in Bezug auf Suchtgefährdung und Drogenabhängigkeit? Erläutere.

6. Setze dich mit deiner eigenen Lebensführung auseinander. Gibt es in deinem Leben suchtgefährdende Faktoren? Wie gehst du mit ihnen um?

7. Stress beeinflusst Körperfunktionen.
a) Beschreibe wesentliche Veränderungen bei Dauerstress.
b) Nenne Möglichkeiten, wie man Stress vermindern kann.

8. Diskutiere folgende Ansichten:
- Ich rauche, weil meine Freunde in der Clique rauchen.
- Durch Rauchen erreiche ich in der Gruppe eine positive Stellung.
- Ich glaube, Herbert raucht, weil er angeben will.
- Mein Großvater ist 80 Jahre und raucht immer noch. Warum soll ich ihm nicht nacheifern?
- Als mein Vater aufgehört hat zu rauchen, wurde er dick.
- Eine Möglichkeit der Haltbarmachung von Lebensmitteln ist das Einräuchern. Das erreiche ich auch durch das Rauchen für meinen Körper.

Informiere dich auch im Internet unter *www.schuelerlexikon.de.*

Süchte und Drogen

Sucht ist das zwanghafte Verlangen, einen bestimmten Erlebniszustand zu erreichen. Dieser kann durch die Einnahme von Suchtmitteln (Drogen) oder durch bestimmte zwanghafte Verhaltensweisen erlangt werden.

Faktoren, die zur Suchtgefährdung führen können:

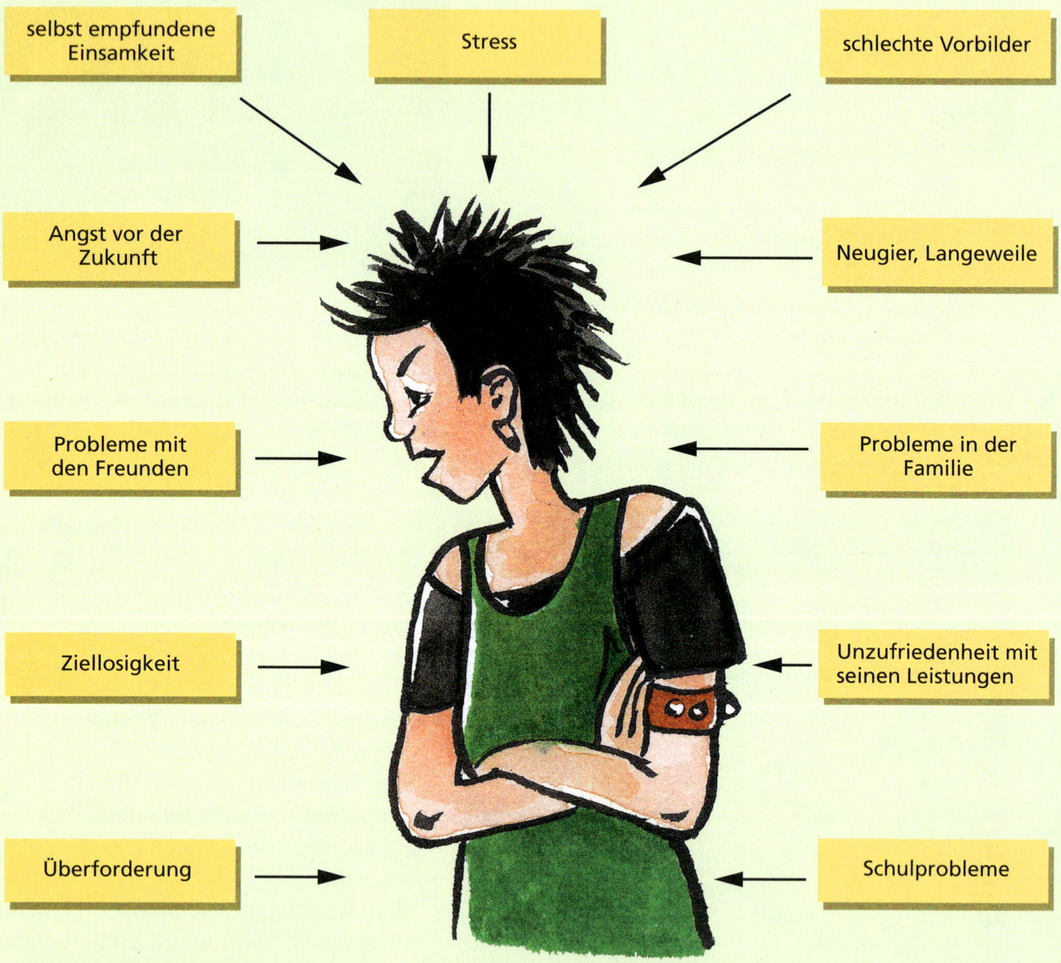

Hilfe bei Suchtproblemen geben:

- Sucht- und Drogenberatungsstellen
- Selbsthilfegruppen
- Ärzte, Psychologen, Therapeuten, Sozialarbeiter
- Internetadressen:
  http://www.drogenberatung-jj.de/
  Suchthilfeverbund Jugendberatung und Jugendhilfe e.V.
  http://www.boa-berlin.de/
  Jugend- und Suchthilfe in Berlin
  http://www.drugcom.de/
  Bundeszentrale für gesundheitliche Aufklärung (BZgA)
  http://www.drobs-online.de/
  Arbeitskreis Jugend- und Drogenberatung, Warendorf

5 Sexualität des Menschen

5.1 Pubertät

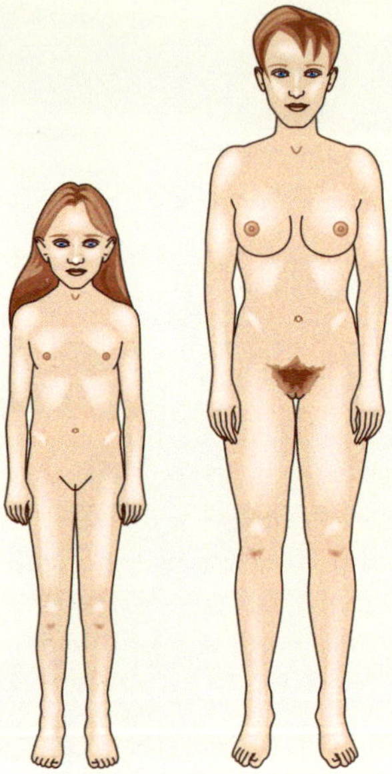

Pubertät – Reise zu sich selbst

Die Pubertät ist eine wichtige Phase in der Entwicklung jedes Menschen. Dieses Alter ist für beide Geschlechter eine erlebnisreiche Zeit des Suchens, Erlebens, Probierens und Erfahrungsammelns.

Warum wird die Zeit der Pubertät auch als Flegeljahre bezeichnet?
In welcher Gefühlswelt erlebt ihr euch selbst?
Fühlt ihr euch wohl in eurer Haut?

Gestaltwandel

Während der Pubertät wird der Junge zum Mann und das Mädchen zur Frau. Es vollziehen sich aufregende, manchmal unerklärliche Veränderungen im Körper eines jeden. Das wird auch äußerlich sichtbar.

Laufen diese körperlichen Veränderungen bei Jungen und Mädchen gleich ab?
Welche Unterschiede gibt es?
Sind Frühreife besser dran als Spätentwickler?

Freunde finden, Freunde haben, Freunde verlieren

Mit Beginn der Pubertät entwickelt sich eine ganz andere Art von Freundschaften. Andere Themen werden interessant und auch andere Menschen. Manchmal sind Freundschaften nur ganz kurz, aber sehr intensiv. Auch das Interesse am anderen Geschlecht wird stärker.

Warum halten einige Freundschaften, andere dagegen sind sehr kurz?
Wie finde ich meine erste Freundin/meinen ersten Freund?
Wie stehen meine Familie und meine Freunde zu mir?

Pubertät – ich verändere mich

Gestaltwandel und Geschlechtsreife

Eine wichtige Phase der sexuellen Entwicklung ist die Zeit der **Geschlechtsreife,** dic **Pubertät.** Dieser Übergang vom Mädchen zur jungen Frau findet zwischen dem 11. und 17. Lebensjahr und vom Jungen zum jungen Mann zwischen dem 13. und 18. Lebensjahr statt.

Im Pubertätsalter gibt es zwischen den einzelnen Jungen und Mädchen ziemliche Entwicklungsunterschiede. Die einen erreichen ihre körperliche Reife früher, die anderen später. Am Ende der Pubertätszeit gleicht sich das aber wieder aus. Also: Kein Grund zur Besorgnis bei den „Spätentwicklern"; kein Anlass zu Überheblichkeit und Hänseleien für die „Frühreifen"!

Der Beginn der Pubertät macht sich äußerlich durch einen starken Wachstumsschub und eine Veränderung der körperlichen Merkmale bemerkbar. Die **primären Geschlechtsmerkmale,** die Keimdrüsen, entwickeln bei beiden Geschlechtern ihre volle Funktionsreife. In den weiblichen Keimdrüsen (Eierstöcke) werden reife Eizellen und in den männlichen Keimdrüsen (Hoden) reife Samenzellen gebildet. Außerdem entwickeln sich jetzt die typischen Körpermerkmale von Frau und Mann, **die sekundären Geschlechtsmerkmale.**

Bei der jungen Frau kommt es vor allem zur Abrundung der Körperformen, zum Wachstum der Brüste und zur Verbreiterung des Beckens. Beim jungen Mann sind das hingegen die stärkere Ausbildung der Muskulatur, Bartwuchs und Stimmbruch.

Aufgaben

1. Erarbeitet Themen wie „Fortpflanzung des Menschen" oder „Sexualität" nach der auf Seite 9 beschriebenen Expertenmethode. Überlegt vorher, welche Teilthemen jeweils möglich sind.

2. Vergleiche die körperlichen Veränderungen während der Pubertät bei Jungen und Mädchen.

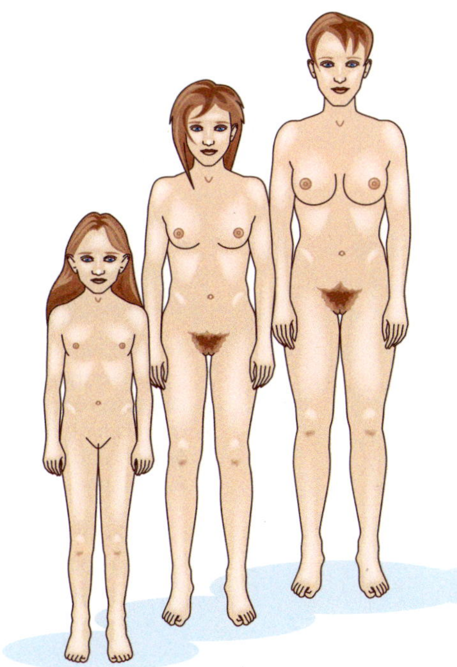

1 Die pubertäre Entwicklung von Sandra

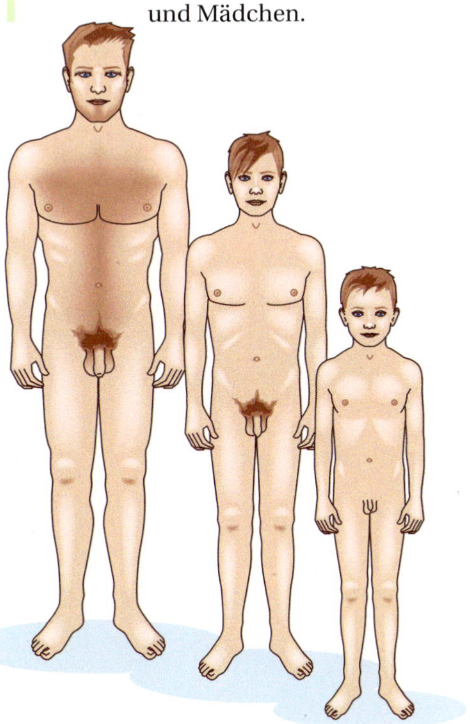

2 Die pubertäre Entwicklung von Stephan

Dieser körperliche Gestaltwandel (Abb. 1, 2) ist verbunden mit Veränderungen im Hormonhaushalt des jungen Menschen. So steuern Hormone in der Hypophyse die Ausschüttung der weiblichen und männlichen **Geschlechtshormone** (Sexualhormone) und damit auch die Entwicklung der primären Geschlechtsmerkmale, der weiblichen und männlichen Keimdrüsen.
Die Hypophyse ist eine Hirnanhangdrüse. Die Ausschüttung ihrer Hormone wird wiederum durch Hormone aus dem Zwischenhirn angeregt (Zwischenhirn-Hypophysen-System).

Die **männlichen** Geschlechtshormone *(Androgene)* sind für die Reifung der Spermienzellen in den Hoden des Mannes verantwortlich.
Die Hoden produzieren auch das männliche **Sexualhormon Testosteron** (ein *Androgen*).
Es steuert das Sexualverhalten des Mannes und die Ausprägung der Geschlechtsmerkmale.

Testosteron ist also mitverantwortlich für den ausgeprägten männlichen Körperbau und die Ausbildung der Muskulatur.
Eine Einnahme von Testosteron-Präparaten zur Muskelförderung und Leistungssteigerung im Sport gilt bei Männern und Frauen als Doping. Bei Dopingkontrollen wird dies erkannt und mit Wettkampfsperren bestraft.

In den Keimdrüsen der Frau werden die **weiblichen Sexualhormone** (*Östrogene*) gebildet, die für die Reifung der Eizellen in den Eierstöcken verantwortlich sind.
Außerdem werden auch Schwangerschaftshormone (*Gestagene*) ausgeschüttet. Diese sind nicht nur zur Einleitung und Aufrechterhaltung der Schwangerschaft notwendig, sondern haben bereits in der zweiten Hälfte des Menstruationszyklus Einfluss auf den Körper der Frau. Eines der wichtigsten Gestagene ist das **Progesteron.**

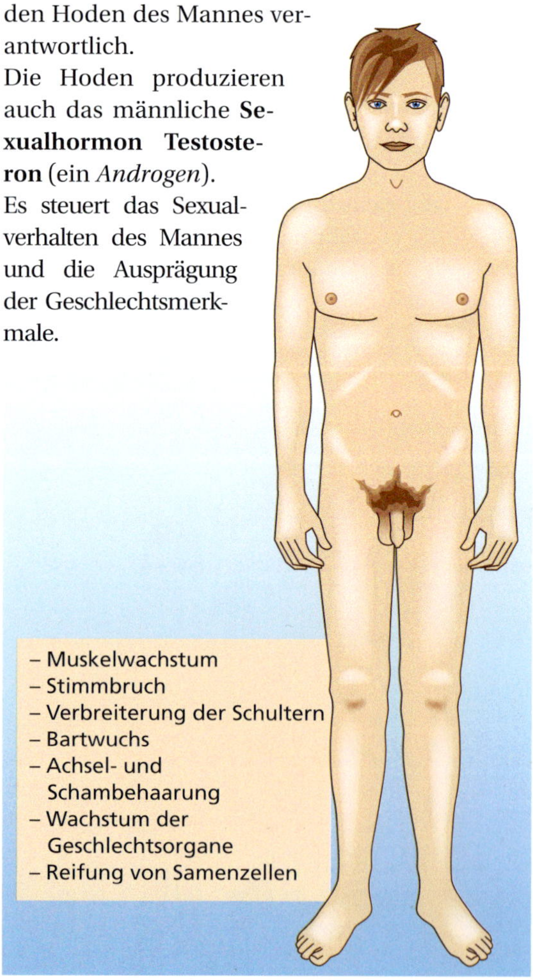

1 Merkmale der Geschlechtsreife des Mannes

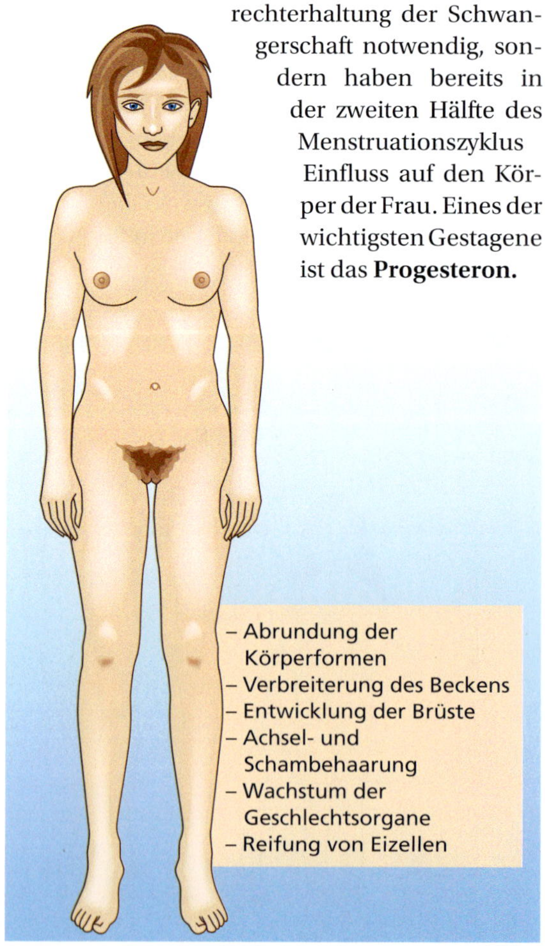

2 Merkmale der Geschlechtsreife der Frau

Im Wandel der Gefühle

In der Pubertät verändern sich auch die **Gefühle** und **Verhaltensweisen** der Jugendlichen. Das läuft oftmals nicht problemlos ab. Mädchen und Jungen müssen sich selbst mit den vielen Veränderungen ihres Körpers erst akzeptieren. Sie müssen lernen, mit ihren Gefühlen richtig umzugehen. Viele reagieren launisch und aggressiv, wenn sie doch eigentlich Zuneigung zeigen wollen. Manche sind unsicher, schüchtern oder gehemmt. Andere geben sich betont selbstbewusst und auffällig.

Für Mädchen werden Kleidung, Schminke und Frisuren meist zum zentralen Thema. Jungen wollen ihre Männlichkeit unter Beweis stellen und imponieren z. B. mit Rauchen oder Raufereien. Anregungen oder Vorschriften von Erwachsenen begegnen sie meist mit Widerspruch. Solche **Konflikte** können für Familien große Belastungen darstellen, sind aber wichtig für die soziale Entwicklung der Jugendlichen. Damit junge Menschen ihren Platz in der Gesellschaft finden, müssen sie eigene Ideen entwickeln. Ihre neue Unabhängigkeit findet in einer eigenen Sprache, einem eigenen Musikgeschmack, in der äußeren Erscheinung und Verhaltensweise ihren Ausdruck.
Ihre Suche nach der eignen, einzigartigen Identität ist oftmals problematisch. Die emotionale Unsicherheit führt bei einigen Jugendlichen unter Umständen auch zu Schwierigkeiten, die mit Drogen- oder Alkoholmissbrauch, Ess-Störungen, Jugendverbrechen oder leichtsinnigem Gruppenverhalten verbunden sind.
Auch die Beziehungen zwischen Jungen und Mädchen ändern sich in dieser Zeit. Das Bedürfnis nach Zärtlichkeit, Streicheln, Küssen und Schmusen erwacht. Man ist zum ersten Mal verliebt. **Erste Partnerbeziehungen** entstehen und werden mitunter auch wieder beendet. Das Thema Sex ist für Jungen und Mädchen gleichermaßen interessant. In dieser Situation ist es wichtig, Vertrauenspersonen zu haben, mit denen man offen über Fragen zu diesem Thema reden kann.
Sexuelle Kontakte sollten nicht unüberlegt, übereilt oder ungeschützt aufgenommen werden. Weder Junge noch Mädchen sollte sich von der eigenen Clique drängen oder von Freund oder Freundin überreden lassen. Ob und wann jeder diese erste Erfahrung für sich machen möchte, muss die eigene Entscheidung sein!

Jugendliche durchlaufen zwischen dem 11. und 18. Lebensjahr ihre Pubertät. Das ist verbunden mit der Reife der primären und Ausbildung der sekundären Geschlechtsmerkmale, einem körperlichem Gestaltwandel sowie Veränderungen von Gefühlen und Verhaltensweisen.

Aufgaben

1. Erkläre, warum die Jahre der Pubertät auch als Flegeljahre bezeichnet werden. Gibt es dabei Unterschiede zwischen Jungen und Mädchen?

2. Informiere dich über Mode, Musik und Hobbys aus der Jugendzeit deiner Eltern. Vergleiche sie mit deinen Interessen. Was stellst du fest? Berichte.

1 Gefühle zeigen ist oft nicht leicht.

Wahlbereich: Freundschaften – finden und pflegen

Einmal Zeit für sich zu haben und auf keinen Rücksicht nehmen zu müssen ist angenehm. Auf Dauer mag aber niemand allein sein. Jeder braucht Menschen, mit denen er sich gut versteht, mit denen er etwas unternehmen kann und denen man auch einmal seine Sorgen anvertrauen kann, kurz, jeder braucht Freunde.

1. *Ihr erhaltet folgende Ereigniskarten*

Deine Familie ist umgezogen. In der Nachbarschaft leben Jugendliche in deinem Alter.

Du hast die Schule gewechselt und kommst am ersten Schultag in deine neue Klasse.

Du machst mit deinen Eltern in einer Ferienanlage Urlaub.

Du gehst gemeinsam mit einem Kumpel in die Disko.

Stellt euch die Situationen vor und spielt sie nach. Wie könntet ihr mit anderen in Kontakt kommen?

2. *Betrachtet die Fotos. Schreibt auf, welche Rolle die Gruppe jeweils für den Einzelnen spielt. Sammelt die Ansichten und diskutiert sie.*

3. *Was bedeutet eigentlich „Freundschaft" genau? Wann ist jemand wirklich „ein Freund"? Formuliert eure Erwartungen. Notiert sie in möglichst kurzer Form jeweils einzeln auf Papierpads, z. B.:*

Verständnis

Humor

gutes Aussehen

Ordnet die Pads auf einem großen Blatt an. Welche Eigenschaften sind für eine Freundschaft wichtig und welche weniger wichtig?

Zu einer Freundschaft gehört Vertrauen. Jedoch spielt es nicht nur zwischen Freunden eine Rolle. Vertrauen ist eine wesentliche Grundlage für unser Zusammenleben.
Sammelt jemand Geld für die Klassenkasse ein, vertrauen wir darauf, dass es für den vorgesehenen Zweck verwendet wird.
Einem Bekannten vertrauen wir vielleicht ein Geheimnis an.
Blinde und Sehschwache müssen sich oft auf die Hilfe Sehender verlassen können. Für jemanden, der gut sehen kann, ist dieses „blinde Vertrauen" eine ganz neue Erfahrung.

4. *Bildet Zweiergruppen. Die Partner sollten jeweils gleich stark sein.*

a) Stellt euch hintereinander in einem Abstand von einem halben Meter auf. Kann sich der Vordermann in die Arme des Hintermannes fallen lassen? Wird er aufgefangen? Welche Gefühle hat derjenige, der sich fallen lassen muss? Was empfindet der „Fänger"? Sprecht in der Gruppe darüber.

b) Verbindet einem Partner die Augen. Der andere führt ihn dann durch „unbekanntes" Gelände. Dann werden die Rollen getauscht. Wie habt ihr euch gefühlt?

Nicht nur Freunde sind wichtig, zunehmend interessieren sich die Mädchen für bestimmte Jungen und umgekehrt, verlieben sich und schließen mehr oder weniger festere Freundschaften. Dabei hat jeder ganz unterschiedliche Vorstellungen von seinem Traumtyp.

5. *Zeichne einen Mann und eine Frau, wie sie in einem Comic dargestellt wären. Stellt diese Zeichnungen aus. Was stellt ihr fest?*

6. *Welche Körpermerkmale und Verhaltensweisen werden als „typisch Mann" und „typisch Frau" angesehen (Abb.1).*
Notiert entsprechende Kriterien. Setzt euch mit dieser Sammlung auseinander. Stimmt ihr den Aussagen zu oder habt ihr eine andere Ansicht?

7. *Was erwartest du von einem möglichen Partner? Welche Eigenschaften sind dir wichtig? Wie müsste er oder sie aussehen? Entwirf eine Suchanzeige. Charakterisiere dich auch kurz selbst in dieser Anzeige.*

Als Jugendlicher muss man mit neuen Gefühlen fertigwerden, wird zunehmend selbstständiger und will eigene Entscheidungen treffen. Nicht immer stimmt man mit den Ansichten anderer überein.
Ganz besonders viele Meinungsverschiedenheiten gibt es mit den Eltern und anderen Familienmitgliedern. Sei es, dass man keine Lust hat, bestimmte Pflichten zu erfüllen, die Eltern Probleme mit der Kleidung oder der Frisur haben, mit schulischen Leistungen nicht einverstanden sind oder auch das Verhalten einfach zu flegelhaft finden. Konflikte innerhalb der Familie oder Streit mit den Eltern sind belastend.

8. *Wie wichtig ist dir deine Familie? Was findest du gut und was belastet dich? Was stört dich besonders? Schreibe an deine Eltern einen Brief und setze dich mit deiner familiären Situation auseinander.*

1 Typisch Frau und typisch Mann?

9. *Interpretiere folgende Grafik zu Familien mit Kindern unter 18 Jahren (2004).*

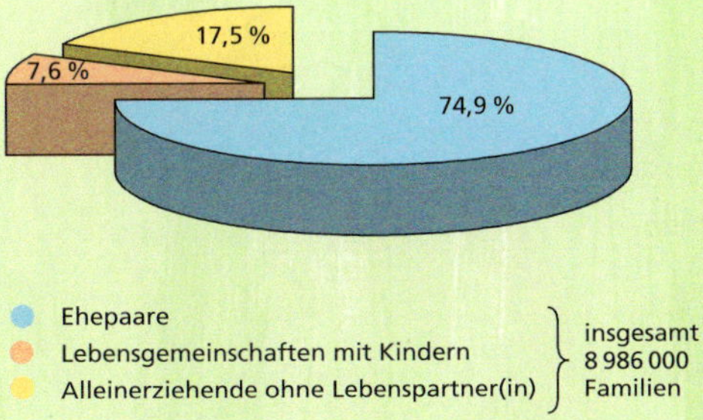

10. *Fertige unter Nutzung von Materialien aus Illustrierten und Zeitschriften eine Collage an, in der du eigene positive und negative Lebenserfahrungen darstellst.*
Stellt die Collagen aus und diskutiert darüber, wie Konflikte bewältigt werden können.

Männliche Geschlechtsorgane

Zu den männlichen Geschlechtsorganen gehören die Hoden und Nebenhoden, die Samenleiter, die Bläschen- und Vorsteherdrüse (*Prostata*) sowie das männliche Glied, der Penis (Abb. 1).

Die **Hoden** sind die männlichen Keimdrüsen. Sie bestehen aus mehreren hundert Samenkanälchen, in denen beim geschlechtsreifen Mann aus Urspermienzellen durch Teilung in großer Zahl die Samenzellen (Spermien) gebildet werden. Diese reifen in den Nebenhoden (Abb. 2). Vermischt mit Sekreten, die in der Bläschen- und Vorsteherdrüse gebildet werden, entsteht daraus die **Samenflüssigkeit (Sperma).** Diese wird von Zeit zu Zeit über die das männliche Glied durchziehende Harn-Samenröhre entleert (Samenerguss).

Das erfolgt über ein steifes Glied. Die Schwellkörper werden dabei stärker durchblutet, das Glied wird länger und dicker und richtet sich auf. Dies wird als **Erektion** bezeichnet. Eine Erektion mit Samenerguss kann während des Geschlechtsverkehrs mit einem Partner erfolgen oder auch durch Manipulieren am eigenen Penis (*Masturbation*). Ebenso kann sich auch nachts während der Traumphase und ohne aktive Unterstützung ein unwillkürlicher Samenerguss ereignen. Dieser „feuchte Traum“ wird **Pollution** genannt. Häufig erwacht der Träumende dabei nicht, sondern bemerkt erst beim morgendlichen Erwachen, dass er in der Nacht einen Samenerguss hatte.

Zu den männlichen Geschlechtsorganen gehören Hoden, Samenleiter und männliches Glied (Penis). Nach Eintritt der Geschlechtsreife werden in den Hoden ständig männliche Keimzellen, die Samenzellen (Spermien) in großer Zahl gebildet.

Aufgaben

1. Beschreibe Aufbau und Funktion der männlichen Geschlechtsorgane.
2. Informiere dich genauer über die Produktion und die Reifung der männlichen Keimzellen, der Samenzellen, in den Hoden und Nebenhoden.

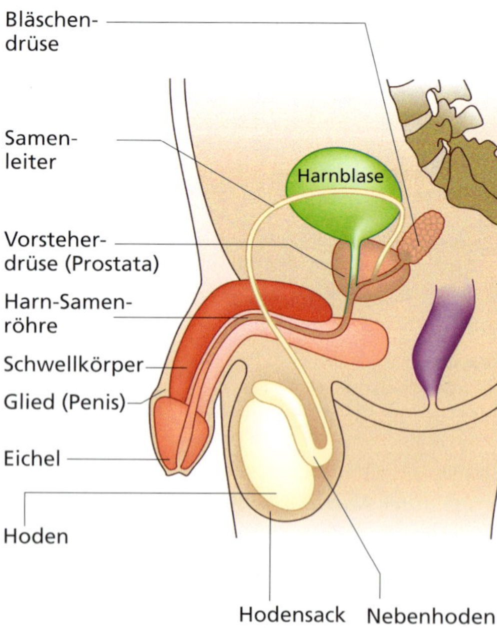

1 Männliche Geschlechtsorgane

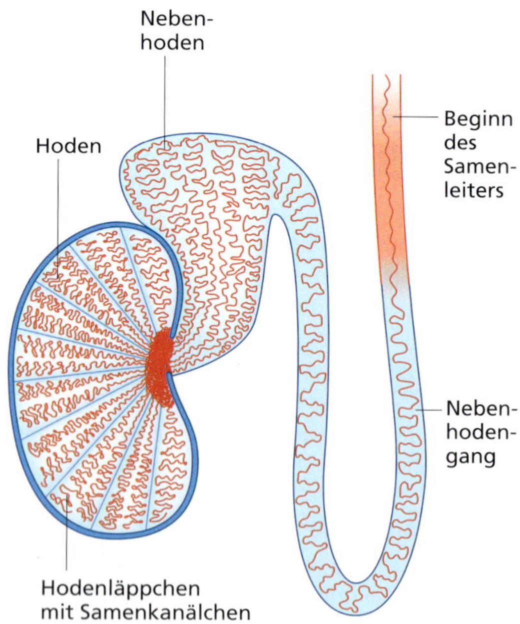

2 Bau eines Hodens (Längsschnitt)

Jeder Samenerguss enthält viele Millionen winzig kleine männliche Samenzellen. Ein **Spermium** ist eine 0,06 mm lange Zelle und besteht aus einem **Kopf** (A) mit Kern und Kappe (1) sowie einem **Schwanzteil** (Geißel, B) mit Hals (2), Mittelstück (3), Hauptstück (4) und Endstück (5) (Abb. 1).

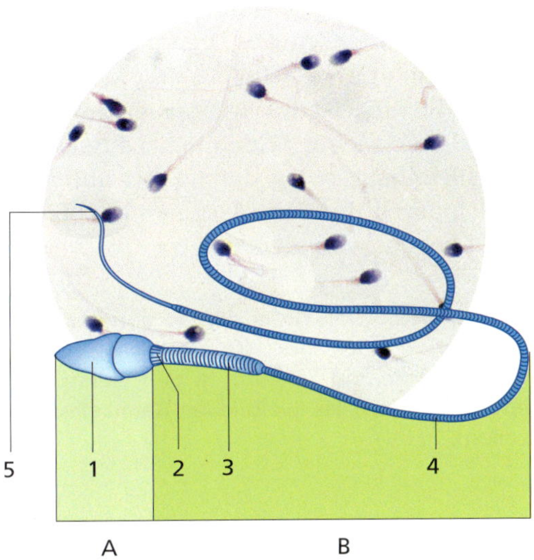

1 Mikroskopisches Bild von Spermien (ca. 500-mal vergrößert) und schematische Zeichnung eines Spermiums

Hygiene der männlichen Geschlechtsorgane

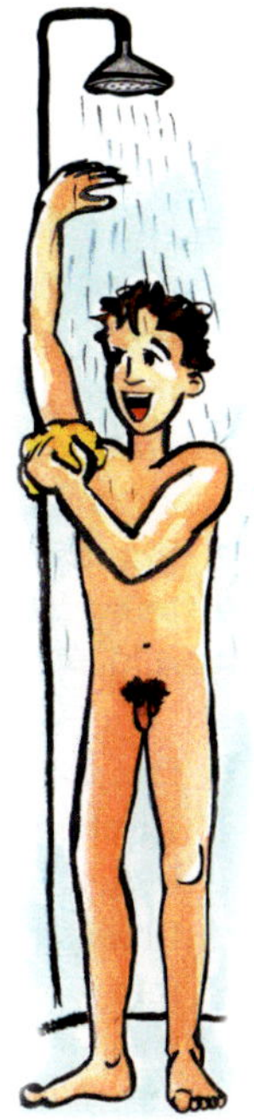

Die Intimpflege der männlichen Geschlechtsorgane ist sehr wichtig. Talgdrüsen liegen auch unter der beweglichen Hautfalte des männlichen Gliedes, der Vorhaut und sondern dort fettende Stoffe ab. Diese sammeln sich zusammen mit Urinresten und Drüsensekreten am Rande der Eichel und können unangenehmen Körpergeruch oder sogar Entzündungen verursachen. Es ist daher eine tägliche Reinigung notwendig. Dazu wird die Vorhaut des Gliedes zurückgeschoben und die äußeren Geschlechtsteile mit Wasser und milder Seife gewaschen.

Es kann auch vorkommen, dass die Vorhaut zu eng ist. Das betrifft etwa jeden zehnten Jungen. Diese Vorhautverengung (*Phimose*) kann zu Entzündungen und durch Urinrückstau sogar zur Schädigung der Niere führen. Durch einen kleinen ärztlichen Eingriff kann die Verengung beseitigt werden.

Mosaik

Andere Völker – andere Sitten: Beschneidungen

In einigen Kulturkreisen wie Islam und Judentum ist es ein uralter Brauch, die Vorhaut der Jungen durch einen Schnitt zu entfernen **(Beschneidung).** Diese Maßnahme diente ursprünglich vermutlich der Hygiene und der Vorbeugung gegen eine Phimose.

Im Judentum werden die Jungen am 8. Lebenstag in einer feierlichen Zeremonie beschnitten. Im Islam findet die Beschneidung meist im Alter von fünf bis sieben Jahren statt. Das ist ein großer Tag für die ganze Familie. Alle sind festlich gekleidet. In ihrem mit Pailetten besetztem Festanzug und in dem mit Federn geschmückten Kopfschmuck sehen die Jungen aus wie kleine Prinzen. Süßigkeiten und Geschenke sollen die Jungen über den erlittenen Schmerz trösten.

Bei einigen Völkern Afrikas, Arabiens sowie Indonesiens und Malaysias wird bei sechs- bis siebenjährigen Mädchen eine rituelle Beschneidung vorgenommen. Diese wird ohne Narkose durchgeführt und beeinträchtigt in starkem Maße die Funktion der Geschlechtsorgane. Sie ist oft mit dauerhaften Gesundheitsschäden verbunden und wird deshalb von der UNO und verschiedenen Menschenrechtsorganisationen scharf verurteilt.

Weibliche Geschlechtsorgane und Menstruationszyklus

Die Geschlechtsorgane

Die **Geschlechtsorgane** der Frau liegen im Gegensatz zu den männlichen Geschlechtsorganen im Körperinneren (Unterleib, Beckenregion). Zu ihnen gehören Eierstöcke *(Ovarien), Eileiter, Gebärmutter* und *Scheide* (Abb. 1). Bei jungen Mädchen ist der Scheideneingang außerdem noch durch eine Hautfalte, das Jungfernhäutchen, teilweise verschlossen. Da diese beim ersten Geschlechtsverkehr reißt, spricht man auch vom „Entjungfern".
Die weiblichen Keimzellen, die 0,2 mm großen **Eizellen,** werden in den beiden **Eierstöcken** gebildet.
Bereits beim neugeborenen Mädchen sind mehrere hunderttausend Eizellen angelegt. Nach Eintritt der Geschlechtsreife (11.–14. Lebensjahr) entwickeln sich einige dieser Eianlagen weiter zu 1 bis 2 cm großen flüssigkeitsgefüllten **Eibläschen (Follikeln).** Alle 4 Wochen platzt das reifste Bläschen. Man nennt das **Follikelsprung** oder auch **Eisprung** (Abb. 2).
Er findet 12 bis 14 Tage vor Beginn der darauffolgenden Menstruation statt und gibt eine befruchtungsfähige Eizelle frei. Diese wird vom Trichter eines Eileiters aufgefangen (Abb. 2).
Die **Eileiter** sind zwei etwa 12 cm lange Röhren. Ihre Schleimhaut ist mit dichten, winzig kleinen Flimmerhärchen ausgekleidet, die zum Transport der Eizellen in Richtung Gebärmutter dienen.

Die **Gebärmutter** liegt oberhalb der Harnblase und ist ein birnenförmiges Organ. Die Wandung der Gebärmutter besteht aus Muskulatur und umschließt einen etwa wallnussgroßen Hohlraum. Dieser ist mit Schleimhaut ausgekleidet. Die Schleimhaut ist gut durchblutet und verändert sich durch Hormone gesteuert in Abhängigkeit der Vorgänge im Eierstock.

Zu den weiblichen Geschlechtsorganen zählen die paarigen Eierstöcke (Ovarien) und Eileiter, Gebärmutter und Scheide. In den Eierstöcken entwickeln sich die weiblichen Keimzellen (Eizellen).

Aufgabe

Beschreibe den Aufbau der weiblichen Geschlechtsorgane und ordne den einzelnen Teilen ihre Funktion zu.

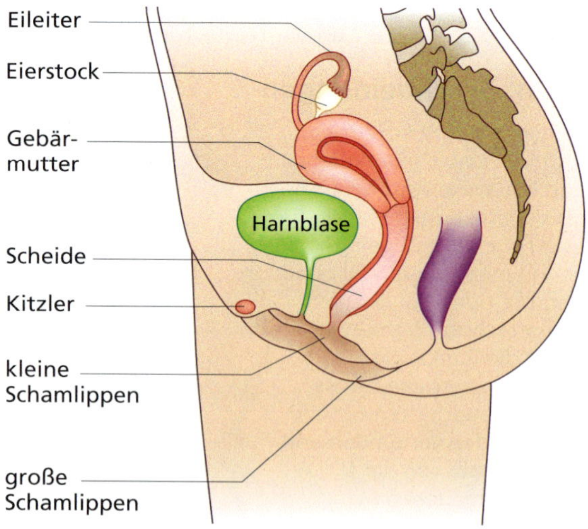

1 Teile und Bau der weiblichen Geschlechtsorgane (Längsschnitt)

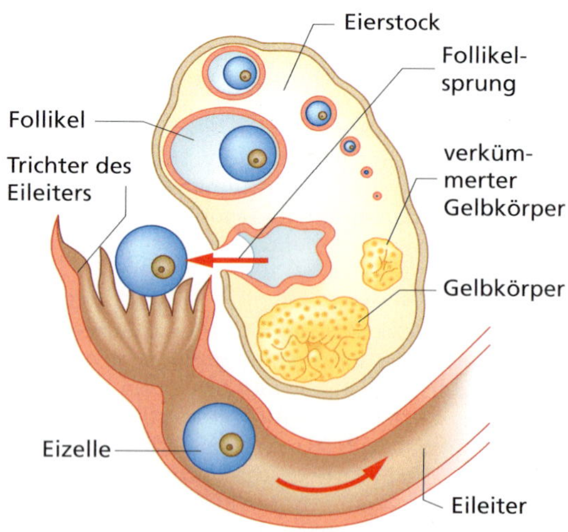

2 Eierstock und Eileiter (Längsschnitt); Auffangen des reifen Eies durch den Trichter des Eileiters

Hygiene der weiblichen Geschlechtsorgane

Zur täglichen Körperpflege der Frauen und Mädchen gehört auch die Hygiene der Geschlechtsorgane. Die Schleimhaut der Scheide sondert ständig Flüssigkeit ab, was bei Ablagerung zwischen den Schamlippen zu unangenehmem Körpergeruch und Entzündungen führen kann.

Beim **Reinigen der äußeren Geschlechtsteile** mit klarem Wasser muss darauf geachtet werden, dass immer von der Scheide zum After hin gewaschen wird, damit keine Keime in die Scheide gelangen.

Während der monatlichen **Menstruationsblutungen** sind noch zusätzliche Hygienevorkehrungen wichtig. Um die Blutungen aufzufangen, gibt es verschiedene Möglichkeiten. Binden werden vor den Scheidenausgang gelegt. Tampons hingegen werden in die Scheide geschoben (Abb. 1). Je nach Stärke der Regelblutung gibt es unterschiedlich starke Vorlagen und Tampons aus Zellstoff und Watte (Abb. 2). So kann jedes Mädchen und jede Frau die unterschiedlichen Angebote ausprobieren und sich nach ihrem persönlichen Wohlbefinden entscheiden.

Wichtig ist, dass diese Hygieneartikel täglich mehrmals gewechselt werden und die Schamregion sauber gehalten wird.

Manche Frauen und Mädchen leiden während der Regelblutung unter körperlichen Beschwerden. Das kann von Ziehen im Unterleib, über Kopf- oder Rückenschmerzen, bis zu Übelkeit und Erbrechen gehen. Oftmals kommen auch Müdigkeit und Energielosigkeit hinzu. Andere Frauen und Mädchen hingegen haben keine Menstruationsbeschwerden. Dann spricht auch nichts dagegen, sich wie gewohnt *sportlich zu betätigen* oder sogar schwimmen zu gehen.
Tampons bieten eine bequeme und sichere Möglichkeit, um in dieser Zeit nicht ungeschützt ins Wasser zu gehen. Durch die Scheide könnten sonst Keime in die Blutbahn gelangen und zu einer Infektion führen.

Aufgaben

1. Begründe Maßnahmen der Hygiene der weiblichen Geschlechtsorgane.

2. Berechne, wie viele Eizellen bei einer Frau im fortpflanzungsfähigen Alter (von ca. 13 – 50 Jahren) reifen.

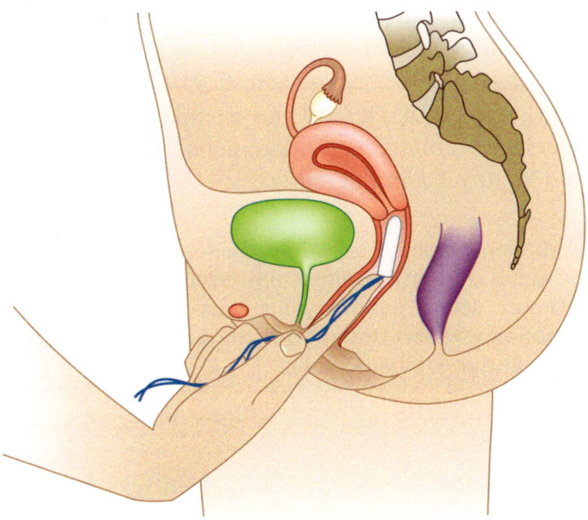

1 Das Hochstellen eines Beines erleichtert das Einführen eines Tampons.

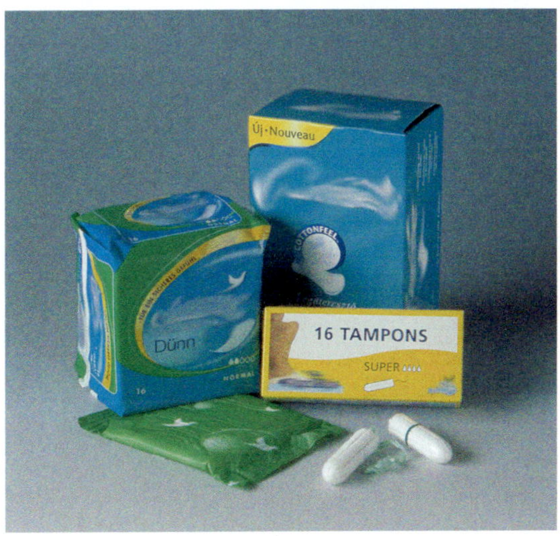

2 Es gibt ein großes Angebot an Slipeinlagen und Tampons.

Der Menstruationszyklus

Die sich monatlich wiederholenden Vorgänge in den Eierstöcken (Eibläschenreifung, Follikelsprung, Gelbkörperbildung) sind mit Veränderungen in der Gebärmutterschleimhaut verbunden.
Diese für das Leben der Frau wichtige Erscheinung wird **Menstruationszyklus** (Abb. 1) genannt. Während der Regelblutung verliert die Frau etwa 65 bis 150 ml Blut. Das entspricht einer halben bis einer Tasse Flüssigkeit.

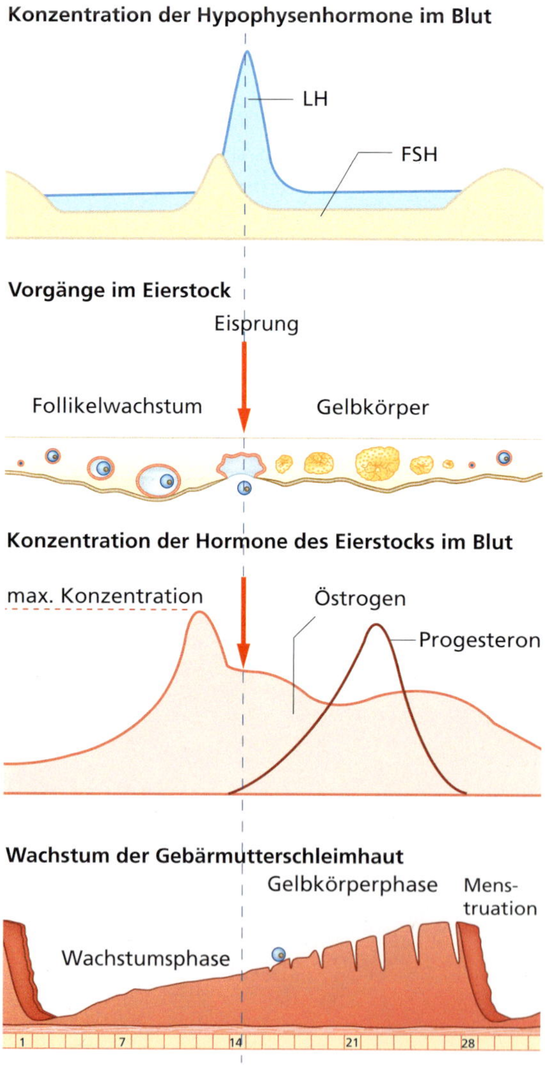

1 Menstruationszyklus

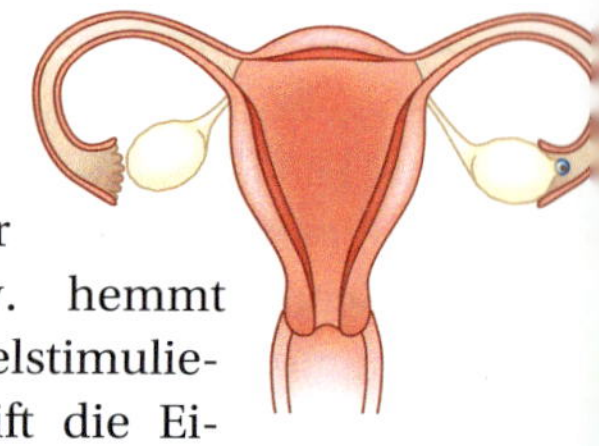

Die **Hirnanhangdrüse** (Hypophyse), gesteuert durch das Zwischenhirn, regt die Produktion der Sexualhormone an bzw. hemmt diese. Durch das follikelstimulierende Hormon **(FSH)** reift die Eizelle im Eierstock heran. Eisprung (Ovulation) und Gelbkörperbildung werden durch das luteinisierende Hormon **(LH)** angeregt. Während dieser Zeit macht sich der Uterus für eine mögliche Einnistung einer Eizelle bereit. Unterstützt durch das **Östrogen** des Follikels bis zum Eisprung und das **Progesteron** (ein Gestagen) des Gelbkörpers kommt es zu einem starken Aufbau der Schleimhaut und einer Einlagerung von Nährstoffen.
Wird die Eizelle nicht befruchtet, sterben Gelbkörper und Eizelle ab, die Produktion von Progesteron wird wieder verringert und ein großer Teil der Uterusschleimhaut mit Eizelle wird während der **Menstruationsblutung** (Regel, Periode) abgestoßen. Die erste Regel tritt meist im Alter zwischen 11 und 14 Jahren auf und schwankt anfänglich in Dauer, Stärke und Regelmäßigkeit. Aber auch in Extremsituationen, wie sehr starkem Untergewicht, extremer Anstrengung oder Klimaveränderung, kann es zu Unregelmäßigkeiten oder zum Ausbleiben der Regel kommen. Eine beginnende Schwangerschaft ist ebenfalls ein Grund dafür. Daher ist es wichtig, dass jede Frau ihren monatlichen Zyklus genau beobachtet und im Regelkalender notiert.

Ab der Geschlechtsreife werden bei der Frau monatlich befruchtungsfähige Eizellen gebildet. Dieser Menstruationszyklus wird durch Hormone gesteuert und macht sich durch monatliche Blutungen bemerkbar.

Aufgabe

Beschreibe die Rolle der Hormone beim Ablauf des Menstruationszyklus.

Regulation

Ein Organismus ist bestrebt, seine Funktionsfähigkeit unter allen Bedingungen aufrechtzuerhalten bzw. wiederherzustellen. Dazu dienen unterschiedliche Regulationsmechanismen im Körper.
Bei der **hormonalen Regulation** ist das **Hypothalamus-Hypophysen-System** durch komplexe Rückkopplungen gekennzeichnet. Rückkopplungen erfolgen sowohl über die Konzentrationen der ausgeschütteten Homone als auch über das Nervensystem (*nicht eingezeichnet*). Dieses Regulationsprinzip hat eine hohe Stabilität und ermöglicht die Einstellung langzeitiger Rhythmen wie Menstruationszyklus und Pubertät.

Regulation des Menstruationszyklus

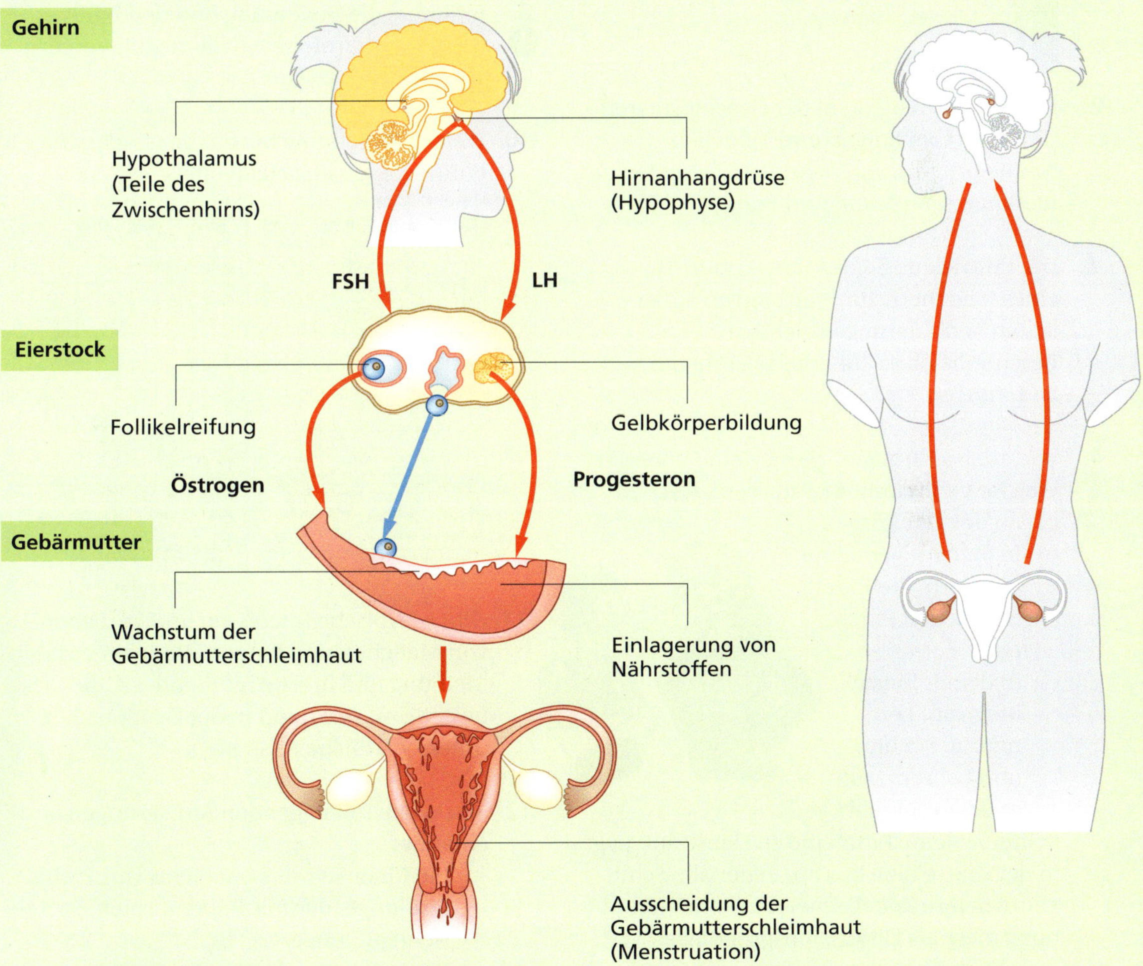

Informiere dich, welche Rolle die Sexualhormone bei den Insekten spielen.

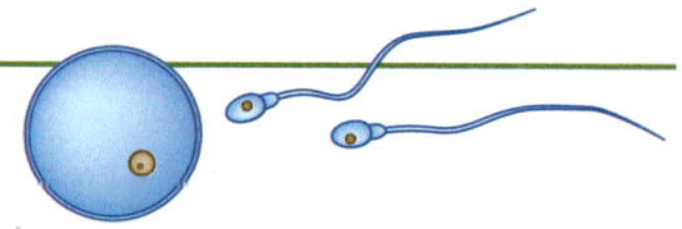

gewusst · gekonnt

1. Erweitere dein Glossar um folgende Begriffe: Pubertät, männliche/weibliche Geschlechtsorgane, primäre/sekundäre Geschlechtsmerkmale, Sexualhormone, Menstruationszyklus.

Glossar

Geschlechtsmerkmale:
Geschlechtsorgane:
Menstruationszyklus:

2. Beschreibe den Ablauf der Geschlechtsreife (Pubertät) bei Jungen und Mädchen. Nenne primäre und sekundäre Geschlechtsmerkmale von Mann und Frau.

3. Die Entwicklung eines Jungen zum Mann, eines Mädchens zur Frau sind an äußerlichen Veränderungen sichtbar. Beschreibe diese äußerlich sichtbaren Veränderungen.

4. Wie erlebst du gegenwärtig deine Pubertät? Welche Veränderungen stellst du fest:
a) an deinem Körper,
b) in deinem Verhältnis zu Eltern, Freunden, häuslichen Pflichten,
c) in deiner Einstellung zum Lernen, zu Schule und Lehrern, zum sozialen Umfeld?

Schreibe deine Probleme zu Hause auf. Legt in der Klasse eine Box an, in der alle Schüler anonym ihre Zettel einwerfen können und nutzt diese als Diskussionsgrundlage.

5. Stelle die männlichen und weiblichen Geschlechtsorgane in einer Tabelle gegenüber. Erläutere deren Funktionen.

6. ✪ Beschreibe die Bildung und Reifung der Eizellen.

7. Schätze die Anzahl der in einem Leben produzierten Keimzellen bei Mann und Frau und vergleiche sie.

8. Nenne und begründe
a) allgemeine Maßnahmen der Intimhygiene bei beiden Geschlechtern,
b) spezielle Maßnahmen und Mittel der Menstruationshygiene der Frau.

9. ✪ Erläutere die Bedeutung und den Einfluss der Sexualhormone bei der Regulation des Menstruationszyklus.

10. Welche Bedeutung hat das gewissenhafte Führen eines „Regelkalenders“?

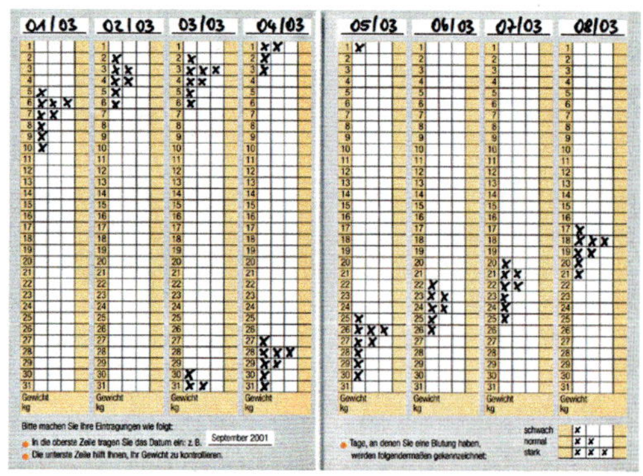

11. Gibt es typische Interessen und Vorlieben von Mädchen und Jungen? Bilde dir eine Meinung und führe Argumente an, die diese bestätigen. Diskutiert in der Gruppe über unterschiedliche Ansichten.

12. Setzt euch mit folgenden Auffassungen auseinander:
- Ein Mädchen versteht nichts von Technik.
- Ein Junge, der mit Puppen spielt, ist kein richtiger Junge.
- Ein Junge darf nicht weinen.
- Mädchen sind albern.

Hört euch dazu auch den Musiktitel „Männer“ von HERBERT GRÖNEMEYER an.

Pubertät

In der Pubertät bilden sich durch hormonelle Einflüsse die körperlichen Merkmale von Mann und Frau heraus. Begleitet wird diese Entwicklungsphase durch Verhaltensänderungen, Stimmungsschwankungen und Irritationen in Gefühlen und Empfindungen.

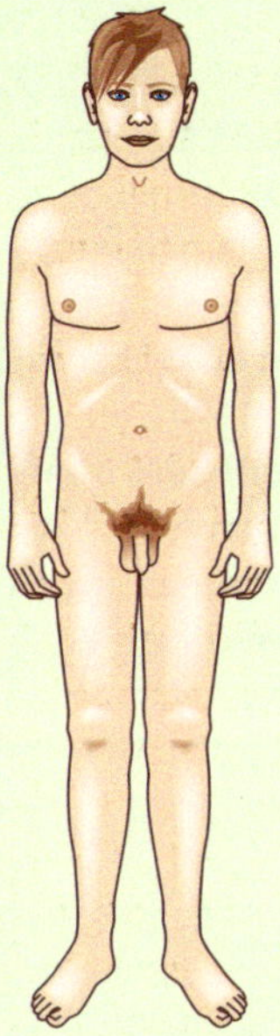

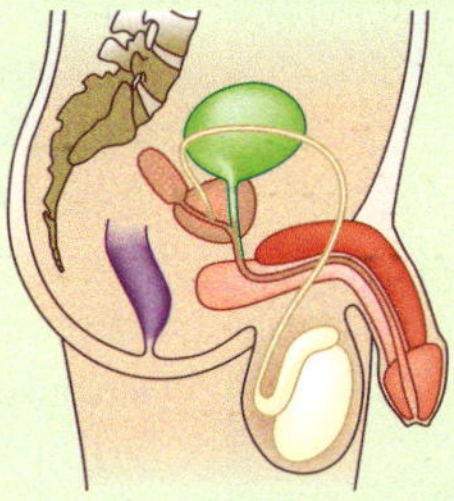

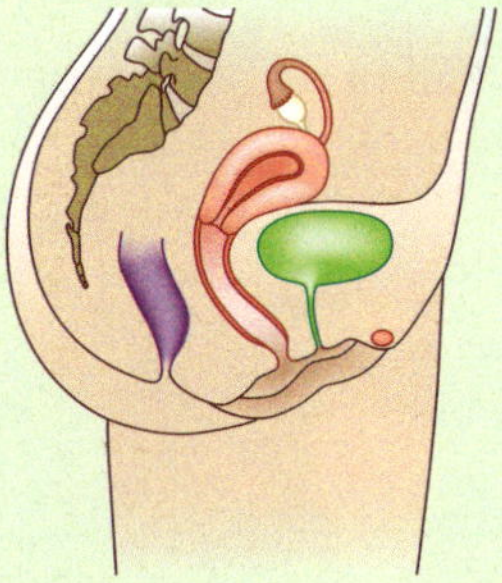

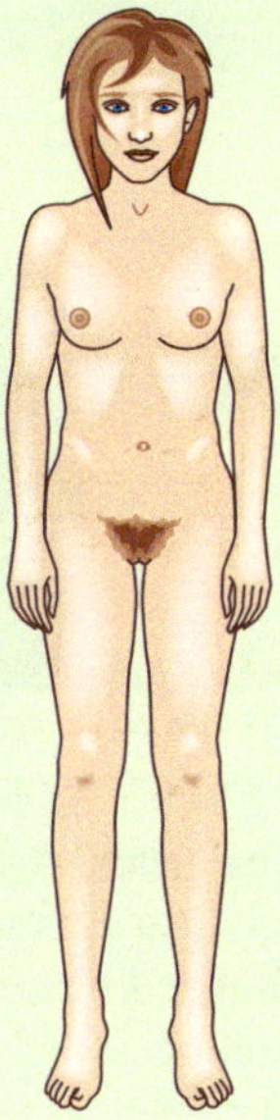

Geschlechtsorgane

Junge und Mädchen, Mann und Frau unterscheiden sich durch primäre und sekundäre Geschlechtsmerkmale. Die volle Ausprägung der weiblichen und männlichen Geschlechtsorgane erfolgt durch den Einfluss von Hormonen in der Pubertät.

Keimzellenreifung

In den Hoden des Mannes werden mit der Geschlechtsreife *reife Samenzellen* gebildet; in den Eierstöcken der Frau *reife Eizellen.*

Menstruationszyklus

Mit Reifung der Eizellen in den Eierstöcken der Frau kommt es zu einem regelmäßigen, vierwöchigen Menstruationszyklus. Dabei werden Teile der Gebärmutterschleimhaut und die unbefruchtete Eizelle durch Blutungen ausgestoßen.

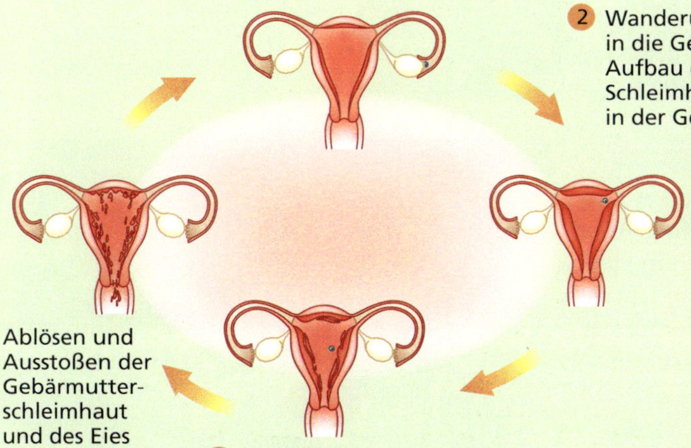

5.2 Sexualität und sexuelle Orientierung

Sexualität – was bedeutet das?

Eine Freundin bzw. einen Freund zu haben, sich lieben, küssen und miteinander intim sein, heiraten und eine Familie gründen – das sind Vorgänge, die mit der Sexualität des Menschen zusammenhängen.

Welche Funktion hat die Sexualität beim Menschen?

Liebe und Partnerschaft – wichtige Bestandteile unseres Lebens

Sexualität, Liebe und Partnerschaft gewinnen mit Eintritt der Geschlechtsreife eine immer größere Bedeutung. Jeder erlebt das auf seine eigene persönliche Art und Weise.

Wer ist für mich der/die Richtige?

Was gehört zu einer guten Partnerschaft?

Wie ist das mit dem „ersten Mal"?

Familienplanung

Zärtlichkeiten austauschen, Liebe und Sexualität erleben ist sehr spannend und wichtig. Aber gleich eine Familie gründen? Dazu gehört viel Verantwortung und dies will genau überlegt sein. Daher liegt auch bei der Empfängnisverhütung sehr viel Verantwortung bei beiden Partnern.

Welche Verhütungsmethoden gibt es?

Welche Verhütungsmethoden sind für junge Menschen am besten geeignet?

Wie sicher sind sie?

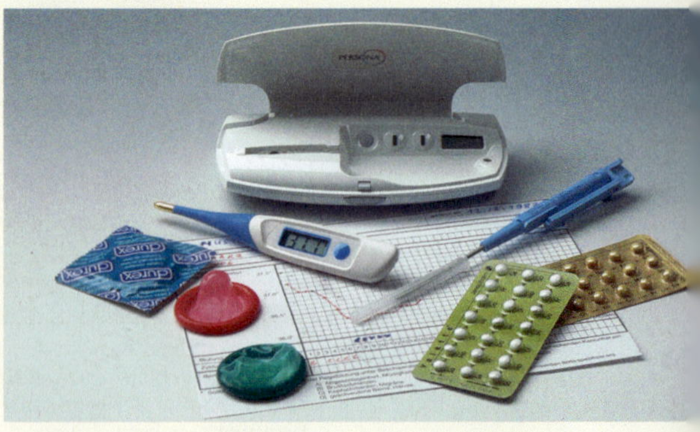

Sexualität

Während die wichtigste biologische Funktion der Sexualität die Erzeugung einer vielgestaltigen Nachkommenschaft ist, hat sie beim Menschen darüber hinaus starken Einfluss auf seine Gefühle, Bedürfnisse und Einstellungen.
Sexualität ist also ein wichtiges **Wesensmerkmal** und **Grundbedürfnis** des Menschen. Bei jedem Einzelnen ist die Sexualität in einer persönlichen (individuellen) Art und Weise ausgeprägt.
Sexualität wird von gesellschaftlichen Leitbildern, von sozialen Lebensumständen wie Beruf, Familie, Freundeskreis, von der Erziehung, den positiven und negativen Erfahrungen beeinflusst. Deshalb ist es auch schwer, Normen aufzustellen, an die sich alle Menschen halten müssen.
Man kann nur Persönlichkeitseigenschaften und ethische Werte nennen, die für eine Partnerschaft, Ehe und Familie wichtig sind. Dazu gehören neben Liebe, Zärtlichkeit, Einfühlungsvermögen und Rücksichtnahme auch gegenseitige Achtung.
Weitere **ethische Prinzipien** im Zusammenhang mit menschlicher Sexualität sind die Ablehnung jeglicher Form von Nötigung und Gewaltanwendung, sowie die Ausnutzung von Abhängigkeitsverhältnissen aber auch die Toleranz gegenüber Homosexuellen.
Im Gegensatz zur Sexualität sind die Geschlechterrollen von Frauen und Männern gesellschaftlich, sozial und kulturell geprägt. Sie sind erlernt und damit auch veränderbar.

1 Miteinander neue Gefühle erfahren

Aufgabe

Vergleiche die menschliche Sexualität mit der Sexualität und dem Sexualverhalten von Tieren.
Welche Gemeinsamkeiten gibt es und wo liegen entscheidende Unterschiede?

Mosaik

Sex in den Medien

Im Fernsehen und Internet gibt es Sendungen, die Sex in verschiedenen Formen zum Inhalt haben. Viele sind für Kinder und Jugendliche als „nicht geeignet" eingestuft, weil sie verfrühte oder unrealistische Vorstellungen von Sexualität vermitteln. In Jugendzeitschriften werden neben solchen Darstellungen auch nützliche Beiträge zur fundierten sexuellen Aufklärung von Jugendpsychologen publiziert. Kein junger Mensch sollte sein persönliches Verhalten nur nach dem „Sexbild" der Medien ausrichten.

Das gilt noch mehr für pornografische Magazine und Videos aus Sex-Shops. Zu denen haben Jugendliche unter 18 Jahren deshalb keinen Zutritt. Die dort ebenfalls verkauften Liebestropfen, Glückshormone und erotischen Hilfsmittel sind von umstrittenem Nutzwert.

Liebe und Partnerschaft

Eine besondere Rolle spielt schon in der Pubertät das wachsende Interesse am anderen Geschlecht.

Aus Verliebtsein kann echte **Liebe** werden. Das ist ein Gefühl innerer Zuwendung, verbunden mit der Bereitschaft, für den anderen da zu sein, sich gegenseitig zu vertrauen und zu helfen.

Es entwickelt sich eine Partnerschaft, in der das Bedürfnis nach engeren Kontakten und intimeren Zärtlichkeiten wächst.

Wann es zum ersten Geschlechtsverkehr kommt, ist die freie Entscheidung beider Partner.

Die früheren Auffassungen vom unterschiedlichen **Rollenverhalten** der Geschlechter – dem „coolen", aktiven, lustbetonten Männertyp und dem passiv-zurückhaltenden, gefühlsbetonten Frauentyp – gelten heute als einseitig und überholt. Deshalb sollte sich kein junger Mensch von einem solchen falschen Rollenbild unter Druck setzen lassen oder krampfhaft einem Idealtyp aus Film und Fernsehen nacheifern wollen. Jeder ist auch in sexueller Hinsicht seine eigene Persönlichkeit. Beide Geschlechter können je nach Veranlagung, Stimmung oder Situation aktiv oder passiv, herausfordernd-sinnlich oder romantisch-zärtlich sein.

Für eine gute Partnerschaft ist es wichtig, Gefühle zu zeigen und zu erwidern, dem anderen seine Erwartungen und Wünsche mitzuteilen sowie sich über Probleme offen auszusprechen.

Liebe zueinander und Sex miteinander erfordern gegenseitiges Vertrauen und Verantwortung.

Beide Partner sollen über Zeitpunkt, Art und Häufigkeit ihrer sexuellen Kontakte frei entscheiden, ja oder nein sagen können, nichts übereilen oder erzwingen!

Beide tragen Verantwortung für das Anwenden von Mitteln zur **Empfängnisverhütung** und zum **Schutz vor** Ansteckung mit **Geschlechtskrankheiten.**

Sexualität, Liebe und Partnerschaft sind wichtige Bestandteile im Leben des Menschen. Mit dem Erreichen der Pubertät gewinnt das auch für die Jugendlichen eine immer größere Bedeutung.

Mosaik

Transsexualität – Transidentität – Transgender

Bei der Transsexualität handelt es sich um ein Phänomen, bei dem Menschen, die körperlich eindeutig einem Geschlecht zuzuordnen sind, sich gefühlsmäßig dem anderen Geschlecht zuschreiben. Transsexuelle Männer fühlen sich als Frau und umgekehrt.

Personen, die physisch weiblichen Geschlechts sind, aber eine männliche Geschlechtsidentität haben, werden als Frau-zu-Mann-Transsexuell (FzM) bezeichnet, häufig auch als Transmann. Personen, die physisch männlichen Geschlechts sind, aber eine weibliche Geschlechtsidentität haben, werden als Mann-zu-Frau-Transsexuell (MzF) bezeichnet, häufig auch als Transfrau.

Das Leben in dem angeborenen Geschlecht empfinden Transsexuelle meist als qualvoll. Deshalb versuchen sie oft die Rolle des gefühlten Geschlechtes zu leben, z. B. indem Sie ihr äußeres Erscheinungsbild verändern, verschiedene medizinische Eingriffe zur Angleichung an das als richtig erlebte Geschlecht vornehmen lassen oder sich auch juristisch anders einstufen lassen, indem Sie z. B. einen andersgeschlechtlichen Vornamen annehmen. Die Ursachen der Transsexualität sind weitgehend ungeklärt.

Der ursprünglich von Medizinern und Wissenschaftlern geprägte Begriff „Transsexualität" ist zwar im Sinne des Wortes korrekt, wird aber oft als sexuelles Verhalten (wie z. B. Bi- oder Homosexualität) verstanden. Daher ziehen viele Betroffene den Begriff „Transidentität" oder „Transgender" vor, weil mit diesem Begriff eher berücksichtigt wird, dass es sich um eine Frage der Identität und eben nicht nur der Sexualität handelt.

Mosaik

Homosexuell, na und?

Was haben Klaus Wowereit, Dirk Bach, Hella von Sinnen, Ulrike Folkerts, Ralf König und Patrick Lindner gemeinsam? Sie stehen als Prominente öffentlich zu ihrer Homosexualität. Will man sich mit dem Thema sachlich auseinandersetzen, so trifft man allerdings auch heute noch auf eine Mischung aus Klischees, derben Witzen und den subjektiven Beigaben der Medien. Der Zugang zu sachlichen Informationen ist aber möglich.

Der Begriff **Homosexualität** steht für eine sexuelle Orientierung, bei der Liebe und sexuelles Begehren ausschließlich oder vorwiegend gegenüber Personen gleichen Geschlechts empfunden werden. In allen Kulturen und Epochen der Weltgeschichte findet man Menschen, deren Gefühle und sexuelle Wünsche sich auf das eigene Geschlecht richten. Homosexuelle Frauen werden auch als **Lesben** bezeichnet, homosexuelle Männer auch als **Schwule.**

Homosexualität ist in unserer Gesellschaft kein Tabuthema mehr. Daher fällt vielen jungen Leuten das ***Coming-out*** heute relativ leicht. Man versteht darunter den Prozess des Entdeckens und der Auseinandersetzung mit der eigenen Homosexualität. Meist setzt das *Coming-out* in der Jugend ein. Es gibt aber auch Betroffene, die erst im fortgeschrittenen Alter zu der Erkenntnis kommen, homosexuell zu sein. Ein gelungenes Coming-out mündet im Annehmen der homosexuellen Orientierung. Danach kommt dann der zweite Schritt: Man spricht darüber mit Freunden und der Familie. Man „outet" sich, wie man neuerdings sagt.

Ein bekanntes Beispiel für ein öffentliches Coming-out lieferte Klaus Wowereit bei seiner Aufstellung zum Kandidaten für die Wahl zum Regierenden Oberbürgermeister von Berlin 2001 mit dem Satz: „Ich bin schwul, und das ist auch gut so."

Viele Ärzte und Psychologen setzten Schwule und Lesben seit Beginn des 19. Jahrhunderts menschenverachtenden „Therapien" aus, um ihre sexuelle Identität „umzupolen". Selbstverständlich ohne Erfolg, denn Homosexualität ist unheilbar gesund.
Erst 1993 hat die Weltgesundheitsorganisation (WHO) die Homosexualität aus der „Internationalen Liste für Krankheiten" gestrichen.

Homosexuelles Verhalten ist auch unter **Vögeln** und **Säugetieren** verbreitet. Vorwiegend lesbisches Verhalten kennt man z. B. von Zwergschimpansen *(Bonobos),* bei Flamingos und Trauerschwänen kann man sexuell aktive männliche Paare beobachten, die entweder Nester stibitzen oder vorübergehende Dreierbeziehungen mit Weibchen eingehen, um in den Besitz von Eiern zu gelangen. Sobald die Eier gelegt sind, wird das Weibchen vertrieben.

Der Anteil der Homosexuellen wird auf 5 – 10 % der Bevölkerung geschätzt, in Deutschland wären dies ca. 4 – 8 Millionen. Hier gibt es seit dem 1. August 2001 die sogenannte *Eingetragene Lebenspartnerschaft*.
2004 wurden einige zusätzliche Regelungen durchgesetzt, die homosexuellen Paaren Ehepartnern vergleichbare Rechte gewähren (Zugewinngemeinschaft, Unterhaltsrecht, Verlobungsrecht, Adoptionsrecht für ein leibliches Kind des Lebenspartners, Hinterbliebenenversorgung in der gesetzlichen Rentenversicherung).
Bis heute werden Homosexuelle allerdings in vielen Staaten verfolgt, z. B. in Jamaika, Simbabwe, Namibia, Nepal und Nigeria. In der UNO verhindern der Vatikan und die islamischen Staaten gemeinsam eine Diskussion über die Menschenrechtslage für Schwule und Lesben.

Aufgaben

1. *Diskutiert die genannten Probleme, mit denen Homosexuelle auch heute noch konfrontiert werden, in der Klasse.*
2. *Vergleicht anhand zusätzlicher Recherchen im Internet die deutsche Situation mit der in anderen Ländern Europas und darüber hinaus (weltweit).*

Mosaik

Glossar (Auswahl) zu Formen der menschlichen Sexualität

Bisexualität: Bisexuell veranlagte Menschen haben sexuelle Beziehungen zu Männern und zu Frauen.

Coming-out: Zeitpunkt, zu dem Homosexuelle in der Lage sind, vor sich selbst und vor anderen ihre Gefühle zum gleichgeschlechtlichen Partner zu akzeptieren, in die Öffentlichkeit zu tragen und als etwas Positives für sich selbst zu erleben.

Ejakulation: ist der Samenerguss beim Mann.

Erektion: Durch Blutstrom in den Schwellkörpern wird der Penis größer, dicker und richtet sich auf.

Erogene Zonen: Körperregionen, wie z. B. Lippen, Brustwarzen, Scheide oder Penis, die durch zärtliche Berührungen sexuell erregbar sind.

Exhibitionist/Exhibitionismus: Ein Exhibitionist (meist männlich) empfindet sexuelle Erregung, indem er seine Geschlechtsorgane vor anderen Menschen entblößt und die verstörten Reaktionen dieser Menschen genießt.

Heterosexualität: Heterosexuell veranlagte Menschen sind sexuell auf Partner des anderen Geschlechtes orientiert. In vielen Kulturen bildet die Heterosexualität die Grundlage für Ehe und Familie und wird daher als Norm angesehen.

Homosexualität: Sexualität bzw. sexuelle Lust von Männern oder Frauen, die nur für Partner des gleichen Geschlechts empfunden und ausgelebt wird.

Intersexualität: Diese Menschen (unter 2000 Geburten ca. ein Kind) können körperlich nicht eindeutig einem Geschlecht zugeordnet werden. Sie werden auch als Hermaphroditen oder volkstümlich „Zwitter" bezeichnet. Die unterschiedlichen Ausprägungen kommen durch Veränderungen von Erbinformationen und hormonellen Abweichungen zustande. Medizinische Eingriffe zur Förderung eines Geschlechtes können zu sehr schwerer Traumatisierung führen. Deshalb ist die Akzeptanz der Intersexualität meist der bessere Weg.

Lesbisch: ist die homosexuelle Beziehungen zwischen Frauen.

Masturbation/Onanie/Selbstbefriedigung: Sexuelle Befriedigung der eigenen Person durch Reizung des Penis bzw. des Kitzlers

Masochist/Masochismus: Masochisten empfinden sexuelle Befriedigung, wenn man ihnen seelische Demütigungen oder körperliche Schmerzen zufügt.

Orgasmus: Höhepunkt (seelisch und körperlich) der sexuellen Erregung. Bei der Frau kommt es zum rhythmischen Zusammenziehen der Scheiden- und der Gebärmuttermuskulatur, beim Mann zur Ejakulation (Samenerguss).

Pädophilie: Vorliebe bzw. sexuelles Verlangen eines Erwachsenen, mit Kindern des gleichen oder des anderen Geschlechtes sexuelle Beziehungen zu haben.

Petting: Der gesamte Körper, einschließlich des Genitalbereichs wird mit der Hand oder mit dem Mund gegenseitig liebkost. Das kann unter Umständen bis zum Orgasmus führen, ohne dass Geschlechtsverkehr durchgeführt wird.

Pornographie: Sexuelle Handlungen werden in Bildern und mithilfe von Worten dargestellt ohne seelische bzw. partnerschaftliche Aspekte dabei zu berücksichtigen.

Prostitution: Weibliche oder männliche Prostituierte bieten ihren eigenen Körper gegen Bezahlung zur Befriedigung der sexuellen Bedürfnisse ihrer Kunden an.

Pollution: Der unwillkürliche Samenerguss ohne aktives Eingreifen während der Traumphase im Schlaf wird als Pollution bezeichnet. Meist wird erst am Morgen der „feuchte Traum" bemerkt.

Sadist: Ein Sadist verschafft sich sexuelle Befriedigung, indem er andere Menschen seelisch demütigt oder körperlich quält.

Safer Sex: Sexuelle Praktiken bzw. Handlungen, die eine Ansteckungsgefahr bezüglich HIV oder anderer Geschlechtskrankheiten stark herabsetzen. Beim Geschlechtsverkehr mit unbekannten oder häufig wechselnden Partnern ist z. B. die Verwendung eines Kondoms sehr zu empfehlen!

Schwul: ist die homosexuelle Beziehungen zwischen Männern.

Sodomie: sind sexuelle Handlungen mit Tieren.

Transsexualität/Transidentität/Transgender: Menschen, die körperlich eindeutig einem Geschlecht zuzuordnen sind, sich nach Gefühl und Verhalten aber dem anderen Geschlecht zuordnen (vgl. Mosaik, S. 214). Das kann unter Umständen zu einer Vornamensänderung der Person und medizinischen, geschlechtsangleichenden Maßnahmen führen.

Transvestit: Transvestiten fühlen sich – anders als Transsexuelle – in ihrem angeborenen Geschlecht grundsätzlich wohl und schlüpfen nur gelegentlich oder für kurze Zeit in die Rolle des anderen Geschlechts (z. B. dadurch, dass sie Kleidung des anderen Geschlechts tragen).

Voyeur: Mensch, der sexuelle Erregung empfindet, wenn er sexuelle Handlungen anderer Menschen heimlich beobachtet (umgangssprachlich: Spanner).

Geschlechtsverkehr und Befruchtung

Der Grund für das Ausbleiben einer Regelblutung kann die Befruchtung einer Eizelle sein.
Beim ungeschützten **Geschlechtsverkehr** gelangen die Samenzellen in die Scheide der Frau, wo sie sich mit ihren Schwanzfäden aktiv vorwärtsbewegen. Schon in weniger als zwei Stunden können sie über die Eingangsöffnung der Gebärmutter in die Gebärmutterhöhle und von dort in die Eileiter gelangen.
Samenzellen sind etwa 48 bis 56 Stunden, unbefruchtete Eizellen nur 16 bis 24 Stunden lebensfähig. Befindet sich zu diesem Zeitpunkt im Eileiter eine reife Eizelle, dann kann es zum Eindringen einer Samenzelle und damit zur **Befruchtung** (Empfängnis) kommen (Abb. 2). Hierbei verschmilzt der Zellkern der Samenzelle mit dem Zellkern der Eizelle. Aus der **befruchteten Eizelle** (Zygote) entwickelt sich der Keimling (Embryo).
Der **Geschlechtsverkehr** ist die Voraussetzung für die Zeugung neuen Lebens. Er bildet darüber hinaus auch den Höhepunkt einer intensiven, liebevollen Partnerschaft.
Die geschlechtliche Vereinigung verläuft in mehreren Phasen. In der ersten stimmen sich die Partner aufeinander durch Zärtlichkeiten ein (*Vorspiel*), was zur wachsenden beiderseitigen Erregung führt.

1 Liebe und Sexualität erfordern gegenseitiges Vertrauen und Verantwortung.

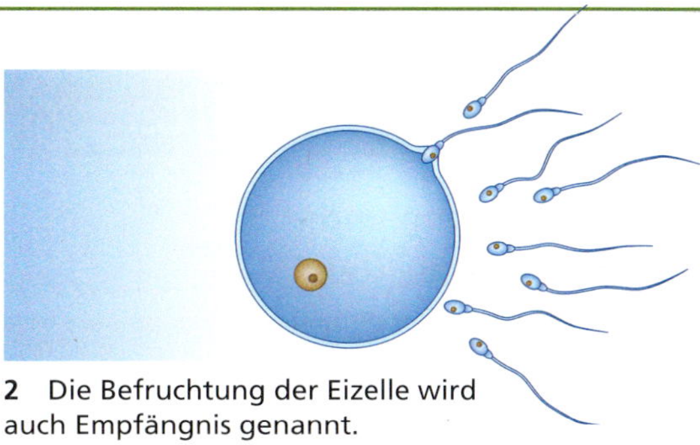

2 Die Befruchtung der Eizelle wird auch Empfängnis genannt.

Beim Mann kommt es dabei durch verstärkten Blutstrom in die Schwellkörper zu einer Versteifung und Aufrichtung des Gliedes (*Erektion*).
Bei der Frau schwillt der Kitzler (*Klitoris*) an. Scheideneingang und Scheidenkanal werden durch Drüsensekrete angefeuchtet.
Beim eigentlichen Geschlechtsverkehr, der in verschiedenen Positionen (*Stellungen*) vollzogen werden kann, wird das versteifte männliche Glied in der Scheide der Frau bewegt, bis auf dem *Höhepunkt der sexuellen* Erregung (*Orgasmus*) der Samenerguss des Mannes erfolgt. Auch die Frau erlebt beim Sexualakt ansteigende Lustempfindungen bis zum Orgasmus, der aber oft zeitlich nicht mit dem des Mannes zusammenfällt.
Während des Orgasmus der Frau kommt es zu Kontraktionen in der Scheide und der Gebärmutter, die die Bewegung der Spermien unterstützt.

Bei Mann und Frau entladen sich innerhalb weniger Augenblicke alle Spannungen des Nerven-, Muskel- und Kreislaufsystems. Alle Muskeln, auch in Gesicht, Gliedmaßen und Gesäß kontrahieren. Die Herzfrequenz steigt auf bis zu 180 Schläge pro Minute, die Atmung ist kurz und heftig. Eine bewusste Kontrolle oder Steuerung sämtlicher Körperfunktionen ist meist nicht möglich.
Daran schließt sich eine *Phase* des Abklingens der sexuellen Erregung und *der Entspannung* an.

Die körperliche Vereinigung von Mann und Frau, bei der der Penis in die Scheide eingeführt wird, bezeichnet man als Geschlechtsverkehr. Dadurch können die Samenzellen zur Eizelle gelangen und mit dieser zur Zygote verschmelzen (Befruchtung).

Biologie im Alltag

Familienplanung und Empfängnisregelung

Besonders für junge Menschen ist es wichtig, Liebe und Partnerschaft ohne Angst vor frühzeitiger Schwangerschaft zu erlernen und zu erleben. Empfängnisregelung bedeutet, dass die Frau in Übereinstimmung mit dem Partner selbst bestimmen kann, ob und wann sie ein Kind bekommen möchte.

Für die **Empfängnisregelung** gibt es verschiedene Methoden und Mittel, die sich in ihrer Wirksamkeit und Anwendung sowie in ihren möglichen Nebenwirkungen unterscheiden.

Die Wirksamkeit, die sogenannte „Versagerquote", des jeweiligen Verhütungsmittels wird mit dem **Pearl-Index (PI)** angegeben. Er berechnet sich aus der Gesamtzahl der ungewollten Schwangerschaften unter Anwendung einer bestimmten Methode auf die Anzahl der Frauen und Dauer der Anwendung. Es gilt: je kleiner der Pearl-Index, desto sicherer die Methode.

Die Angaben zum Pearl-Index berücksichtigen sowohl die theoretische Sicherheit als auch die Fehler, die bei der Anwendung passieren können. Je exakter man ein Verhütungsmittel verwendet, desto besser schützt es. Die Zahlenwerte sind also tendenziell zu betrachten.

Bei ungeschützten Geschlechtsverkehr ist der Pearl-Index P = 85.

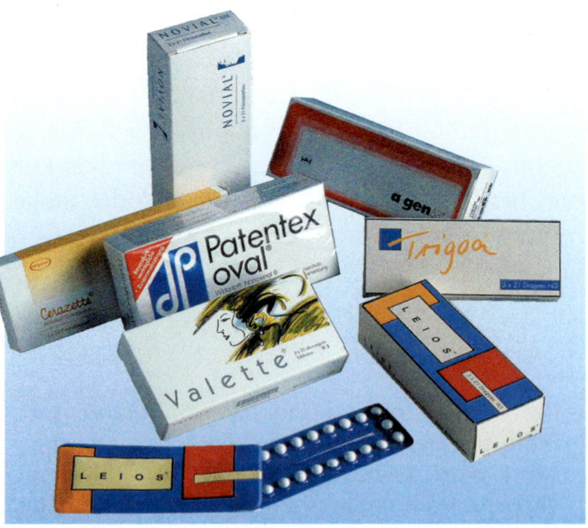

1 Die Wahl der Antibabypille wird individuell auf die Frau abgestimmt.

Nach der **Wirkungsweise** werden verschiedene Mittel und Methoden der Empfängnisregelung und Familienplanung unterschieden.

Hormonale Verhütungsmittel

Die **Pille** (Abb. 1), auch **„Antibabypille"** genannt, ist der umgangssprachliche Sammelbegriff für hormonale Verhütungsmittel. Sie enthalten in Tablettenform die *weiblichen Sexualhormone Östrogen* und *Gestagen* in unterschiedlicher Zusammensetzung und Dosierung und greifen in den **Menstruationszyklus** der Frau ein.

Die Pille ist das meistverwendete, für junge Frauen mit festem Partner und häufigem Sexualverkehr geeignetste Mittel, das mit *hoher Sicherheit* (P = 0,1 - 0,9) ungewollte Schwangerschaften verhindert. Die Wirkstoffe der Pille verhindern bei der Frau das Reifen von befruchtungsfähigen Eizellen.

Es gibt verschiedene Pillensorten (Abb. 1), die der Frauenarzt individuell auswählt und verschreibt. Die Einnahme muss exakt nach Vorschrift erfolgen.

Die meisten **Spiralen** sind mit feinem Kupferdraht umwickelt (Kupferspiralen). Sie werden vom Frauenarzt ausgewählt, angepasst und in die Gebärmutter von Frauen eingesetzt, die ihre Familienplanung in der Regel abgeschlossen haben. Die Spirale verhindert die Befruchtung der Eizelle und die Einnistung des Blasenkeimes. Wird ihre Lage alle sechs Monate kontrolliert, so gewährleistet sie etwa fünf Jahre lang eine hohe Sicherheit vor einer Schwangerschaft (P = 0,9 - 3).

Spiralen mit zusätzlichem Gestagen-Speicher (**Hormonspiralen**) geben über einen langen Zeitraum kleine Hormonmengen in die Gebärmutter ab und erhöhen damit die Sicherheit deutlich (P = 0,16). Eine Hormonspirale ist also eine Kombination aus hormonalem und mechanischem Verhütungsmittel.

Mechanische Verhütungsmittel

Das **Scheidenpessar** ist eine weiche Gummimembran (Latexkappe) mit einem biegsamen Metallring, die zwei bis drei Stunden vor dem Geschlechtsverkehr auf den Gebärmuttermund geschoben und sechs bis zwölf Stunden nach dem Geschlechtsverkehr wieder herausgenommen und gereinigt wird. Dieses Verhütungsmittel verhindert, dass die Samenzellen in die Gebärmutter gelangen.
Damit die Kappe gut sitzt und nicht verrutscht, muss sie vom Frauenarzt angepasst werden. Die Handhabung eines Scheidenpessars erfordert viel Übung und ist für junge, spontane Menschen eher ungeeignet.

Kondome sind die am meisten verwendeten Verhütungsmittel. Die dünne, elastische Gummihülle, die es in den verschiedensten Ausführungen gibt (Abb. 1), fängt beim Orgasmus des Mannes die Samenflüssigkeit auf und verhindert somit eine mögliche Befruchtung (P = 2 - 12). Außerdem dient das Kondom als Schutz vor Infektionen, z. B. vor **Geschlechtskrankheiten** und **Aids.** Deshalb muss für jeden Menschen der Grundsatz gelten:
Geschlechtsverkehr mit neuen Partnern oder Zufallsbekanntschaften (One-Night-Stand) nie ohne Kondom.

> **Das Kondom ist ein mechanisches Verhütungsmittel. Es bietet zugleich Schutz vor Infektion mit Geschlechtskrankheiten und Aids.**

Chemische Verhütungsmittel

Zu den **chemischen Verhütungsmitteln** gehören *Zäpfchen, Tabletten, Gels oder Schaumsprays* mit spermienabtötender Wirkung.
Sie müssen mindestens 10 Minuten vor dem Geschlechtsverkehr in die Scheide eingeführt werden und lassen schon nach einer Stunde in ihrer Wirkung nach. Ihr Schleim tötet die Samenzellen in der Scheide ab. Der Pearl-Index liegt bei P = 3 - 21.

1 Kondome in unterschiedlichen Farben

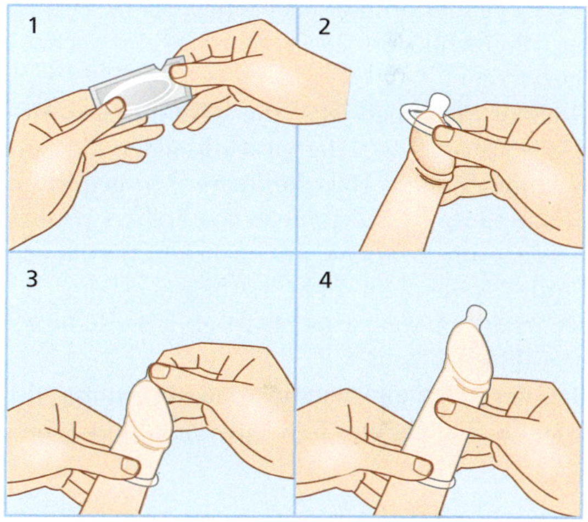

2 Die Handhabung eines Kondoms lässt sich mit etwas Übung leicht perfektionieren.

Aufgaben

1. Diskutiere z. B. mit Freunden, welche Verhütungsmethoden für junge Menschen am besten geeignet sind. Liste sie auf und begründe deine Wahl.

2. Überlege, wie der Schutz vor Schwangerschaft bzw. Geschlechtskrankheiten bei dem Gebrauch eines Kondoms erhöht werden kann. Was ist bei der Verwendung eines Kondoms zu beachten?

Biologie im Alltag

Natürliche Methoden

Hierunter werden Maßnahmen zur Bestimmung der „fruchtbaren Tage“ im Monatszyklus verstanden, an denen kein Geschlechtsverkehr erfolgt oder Verhütungsmittel (z. B. Kondome) verwendet werden. Sie erfordern längere Selbstbeobachtung und einen stabilen Menstruationszyklus. Dieser kann aber schwanken, und auch der Eisprung erfolgt nicht immer in der Zyklusmitte.

Deshalb ist die reine **„Kalender-Methode“** (Knaus-Ogino-Methode) ziemlich unzuverlässig (P = 9). Es sollte mindestens vom 9. bis 16. Zyklustag ungeschützter Geschlechtsverkehr vermieden werden.
Größere Sicherheit gibt die **„Temperatur-Methode“** (P = 0,8 - 3). Hierbei wird täglich die Aufwachtemperatur (Basaltemperatur) gemessen und notiert. Zum Zeitpunkt des Follikelsprungs steigt sie um etwa 0,5 °C an. Ab dritten Tag danach ist die Eizelle nicht mehr befruchtungsfähig. Bis zur nächsten Menstruation ist eine Befruchtung unwahrscheinlich.
Bei der **„Schleimstrukturmethode“** muss die Frau die Bildung und Beschaffenheit ihres Scheidenschleims untersuchen (P = 5). Noch genauer ist die **kombinierte Anwendung** der Temperatur- und Schleimstrukturmethode. Beide sind aber für junge unerfahrene Frauen nicht oder nur nach gründlicher Beratung geeignet.
Neuerdings gibt es **Minicomputer,** sogenannte **„Babycomputer“**, die durch Thermofühler die Temperaturwerte messen und daraus die fruchtbaren Tage berechnen. Ein anderer Typ basiert auf der Messung der Hormonwerte im Urin der Frau mittels Teststreifen (Abb. 1).
Der **Coitus interruptus** („Aufpassen“) ist der unterbrochene Geschlechtsverkehr, also das Herausziehen des Gliedes aus der Scheide vor der Ejakulation. Es ist eine von jungen Leuten zwar immer noch oft praktizierte, aber sehr unsichere Verhütungsmethode, weil schon vorher etwas Sperma austreten kann (P = 4 - 18). Außerdem beeinträchtigt sie das Liebeserleben der Partner.

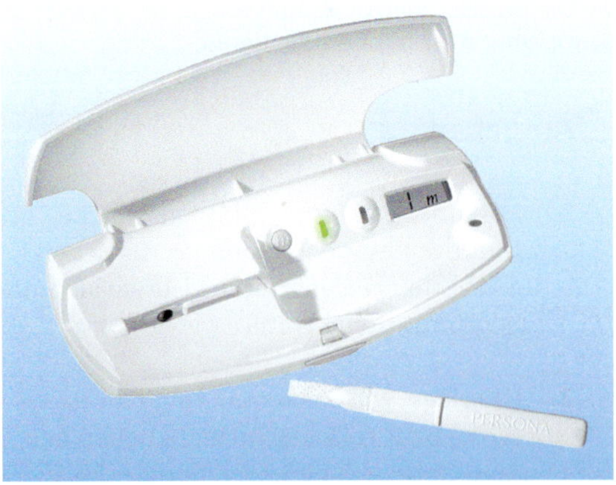

1 Babycomputer gewährleisten eine Sicherheit von P = 2 - 6.

Aufgaben

1. Erkundige dich über weitere, nicht aufgeführte Verhütungsmittel.

2. Eine statistische Umfrage in Deutschland hat ergeben, dass Jugendliche zwischen 14 und 19 Jahren beim Geschlechtsverkehr zu 29,2 % Kondome; zu 34,0 % die Pille; zu 0,5 % ein Diaphragma; zu 0,5 % eine Spirale und zu 1,0 % natürliche Methoden zur Verhütung verwenden. Andere Verhütungsmittel wurden nicht verwendet. 32,5 % geben an, keinen Geschlechtsverkehr zu haben und 17,1 % haben an der Beantwortung nicht teilgenommen.
   a) Berechne den Anteil Jugendlicher, die sich beim Geschlechtsverkehr gar nicht schützen. Was stellst du fest?
   b) Erstelle aus den Angaben zu den verschiedenen Verhütungsmitteln ein Balkendiagramm.
   c) Vergleiche die Angaben zu den Verhütungsmitteln mit deinen Überlegungen aus Aufgabe 1, Seite 225.

Mosaik

Sexueller Missbrauch und Prostitution

Unter **sexuellem Missbrauch** versteht man sexuelle Handlungen gegen den Willen der Betroffenen, an/mit Minderjährigen oder Abhängigen durch Verführung, Drohung, Zwang.

Ganz besonders schlimm ist der sexuelle Missbrauch von Kindern. Er bedeutet, dass Mädchen oder Jungen zu sexuellen Handlungen verführt oder gezwungen werden, z.B. zum Anschauen oder Berühren der Geschlechtsorgane oder zum gewaltsamen Geschlechtsverkehr mit Verletzung oder sogar anschließender Tötung. Sexueller Missbrauch wird deshalb unter schwere Strafe gestellt.

Die Täter sind in solchen Fällen zumeist Personen, die ihre Opfer im Auto mitnehmen oder durch Geld, Geschenke, Süßigkeiten und Versprechungen an einsame Orte locken. Es sind nicht immer Fremde, die Kinder missbrauchen, oft sind es Bekannte, Verwandte oder sogar Familienangehörige (Vater, Stiefvater, Bruder). Die strafbaren sexuellen Handlungen finden in solchen Fällen oft wiederholt über längere Zeit statt. Sie werden erst später aufgedeckt, weil die betroffenen Kinder durch Belohnungen oder Druck zum Schweigen gezwungen werden oder sich schämen, offen darüber zu sprechen.

Nicht jede Zärtlichkeit zwischen Erwachsenen und Kindern/Jugendlichen ist gleich sexueller Missbrauch. Daher: keine Panik, aber im Zweifels- oder Wiederholungsfall nicht schweigen, sondern offen *Rat und Hilfe* bei Vertrauenspersonen oder in Beratungsstellen suchen (z.B. bei PRO FAMILIA Gesellschaft für Familienplanung und Sexualberatung).

Der Begriff **Prostitution** ist vom Lateinischen *prostituere* abgeleitet und bedeutet „sich öffentlich hinstellen". Als Prostitution werden alle sexuellen Handlungen gegen Entgelt bezeichnet. Es gibt eine Reihe von Umschreibungen für Prostitution, z.B. „ältestes Gewerbe der Welt" oder „horizontales Gewerbe".

Prostitution findet in verschiedenen Varianten statt, u.a. als

- Straßenprostitution („Straßenstrich"):
  Die Prostituierten stehen an bestimmten, offiziell dafür vorgesehenen Straßenrändern und bieten sich potenziellen Kunden an.
- Wohnwagenprostitution:
  Die Prostituierten warten in Wohnwagen, die auf einsamen Parkplätzen oder Feldwegmündungen stehen, auf Kunden.
- Prostitution in Bordellen:
  Es gibt spezielle Häuser, in denen der Freier eine Prostituierte auswählen kann.

Das Gewerbe ist schon uralt und hat seine Wurzeln im Geschlechtstrieb von Männern. Viele Männer sind bereit, Geld für Sex auszugeben, Prostituierte decken diesen Markt ab. Deshalb konnte sich dieses Gewerbe entwickeln.
Aber Prostitution ist nicht immer freiwillig. So werden Frauen oftmals durch Gewalt in persönliche und finanzielle Abhängigkeit gebracht und dann zur Prostitution gezwungen. Ein anderer Grund für Prostitution ist u.a. auch, sich Geld für Drogen zu beschaffen.

Eine schlimme Form der Prostitution ist die Kinderprostitution. Nach Schätzungen von UNICEF werden weltweit etwa drei bis vier Millionen Kinder im Rahmen von Kinderprostitution kommerziell sexuell ausgebeutet.
Die Ursachen für Kinderprostitution liegen u.a. in der Armut in der dritten Welt. Laut UNICEF sterben jährlich sechs Millionen Kinder auf dieser Welt an Mangelernährung. Deshalb sieht man die Kinderprostitution in armen Ländern eher als notwendiges Übel an. Es ist schwer, in diesen Ländern Kinderprostitution zu bekämpfen, da es keine Alternativen für die Bevölkerung gibt.
Kinderprostitution findet man auch in Deutschland. Die bekannt gewordenen Fälle finden jedoch in der Regel im familiären Umkreis statt.

Sexuell übertragbare Krankheiten

Wer Geschlechtsverkehr mit Partnern hat, die man nicht so gut kennt, und sich dabei nicht schützt, kann sich mit verschiedenen Krankheitserregern infizieren. Das geschieht häufiger, als man vermutet. In Deutschland gibt es jährlich über 1 Million Fälle, darunter viele Jugendliche!
Verdächtige Anzeichen für Geschlechtskrankheiten sind u. a.: Auffällige Rötungen und Hautjucken in der Intimregion, Schmerzen im Unterleib und beim Wasserlassen, verstärkter Ausfluss aus Harnröhre oder Scheide.
Bei solchen Anzeichen muss jeder Mann und jede Frau den Partner informieren und zur genaueren Diagnose der Krankheit einen Facharzt aufsuchen.

Syphilis (Lues)

Diese durch spiralförmige Bakterien (Spirochäten) verursachte Geschlechtskrankheit verläuft in mehreren Phasen.
In Phase 1 bilden sich etwa 3 Wochen nach Ansteckung knotige Geschwüre an den Geschlechtsteilen oder auch an Lippen, Zunge und After. Sie sind hochgradig ansteckend.
In Phase 2 breiten sich die Erreger über die Blutbahn im ganzen Körper aus. Anzeichen dafür sind: Anschwellen von Lymphknoten, Hautausschlag, Schmerzen und Fieber.
Unbehandelt setzt nach Jahren Spätphase 3 mit schweren Schäden an Knochen, Herz und Nervensystem ein.

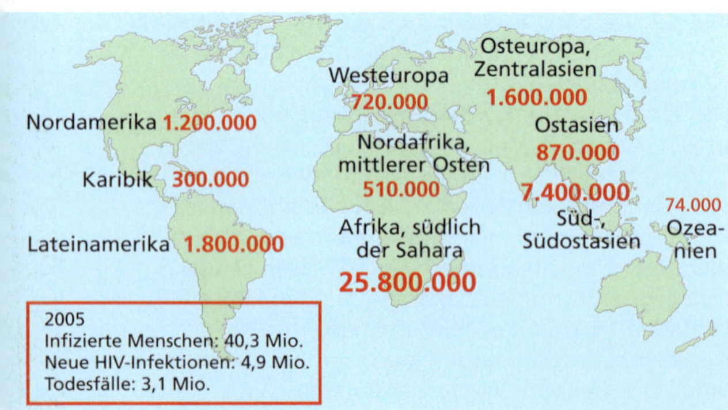

1 Verbreitung von HIV-Infektionen (November 2005)

Tripper (Gonorrhö)

Die Erreger sind Kugelbakterien (Gonokokken), die beim Geschlechtsverkehr übertragen werden. Sie rufen in den Schleimhäuten der Harn- und Geschlechtsorgane von Mann und Frau Entzündungen hervor. Erste Anzeichen nach 3 - 5 Tagen sind Juckreiz, Brennen beim Wasserlassen und Ausfluss, zunächst wässrig, dann schleimig und eitrig. Tripper muss im Frühstadium mit Antibiotika behandelt werden, um die Schädigung anderer Organe und Unfruchtbarkeit zu vermeiden.

Hepatitis

Hepatitis ist eine Erkrankung, die durch Viren hervorgerufen wird. Dabei wird vor allem die Leber geschädigt. Das kann zur Beeinträchtigung dieses Organs führen.
Es gibt verschiedene Formen der Hepatitis, die auch einen unterschiedlichen Verlauf haben und teilweise zu schweren Komplikationen führen können. Die Übertragung erfolgt entweder über die Nahrung oder durch den Austausch von Körperflüssigkeiten wie Sperma und Blut.

Aids

Aids (Abkürzung für *„acquired immune deficiency syndrome“*, auf deutsch „durch Ansteckung erworbene Immunschwäche“) ist die jüngste und gefährlichste sexuell übertragbare Krankheit.

Der Aids-Erreger ist das Human-Immundefekt-Virus (**HIV**). Seit seiner Entdeckung Anfang der 80er-Jahre haben sich weltweit 50 Mio. Menschen mit HIV infiziert. 25 Mio. sind bereits an Aids gestorben, zwei Drittel davon allein in Afrika.

In Deutschland gab es bisher 50 000 HIV-Infektionen und 26 000 Aidstodesfälle. 70 % der Aids-Infektionen wurden durch ungeschützten Geschlechtsverkehr übertragen. Die Benutzung eines Kondoms schützt. Laut einer Umfrage benutzen aber nur 4% der Befragten Kondome als Schutz vor Geschlechtskrankheiten.

gewusst · gekonnt

1. Ergänze dein Glossar mit folgenden Begriffen: Sexualität, Empfängnisregelung, Verhütungsmethoden, Kondom, Antibabypille, Geschlechtsverkehr, Befruchtung, Aids, Geschlechtskrankheiten.

Glossar

Aids:
Antibabypille:
Befruchtung:
Empfängnisregelung:

2. Welche Voraussetzungen sollten deiner Meinung nach erfüllt sein, bevor ein junges Paar zum ersten Mal miteinander schläft?

3. a) Welche Methoden und Mittel gibt es zur Empfängnisverhütung?
   b) Welche Mittel sind für junge Partner am besten geeignet? Begründe.
   c) Wer ist für die Verhütungsmaßnahmen „verantwortlich“?

4. Diskutiert Möglichkeiten, sich vor sexuell übertragbaren Krankheiten zu schützen.

5. Werte die Grafik auf der Seite 228 aus. Informiere dich über traditionelle Einstellungen und Vorstellungen im Zusammenhang mit der Sexualität in den verschiedenen Regionen der Erde.

6. Diskutiert über Meinungen und Fragen zur Darstellung von Sex in den Medien und deren Auswirkungen.

7. Wie können Kinder und Jugendliche Gefahrensituationen für sexuellen Missbrauch und für Gewalttaten vermeiden? Wie können sie zur Aufklärung solcher Vorfälle beitragen? Übt in der Klasse entsprechende Verhaltensweisen beim Rollenspiel.

8. Erläutere die empfängnisverhütende Wirkung der „Pille“ und die Grundprinzipien ihrer Einnahme.
   Stelle dabei einen Zusammenhang mit dem Menstruationszyklus der Frau her.

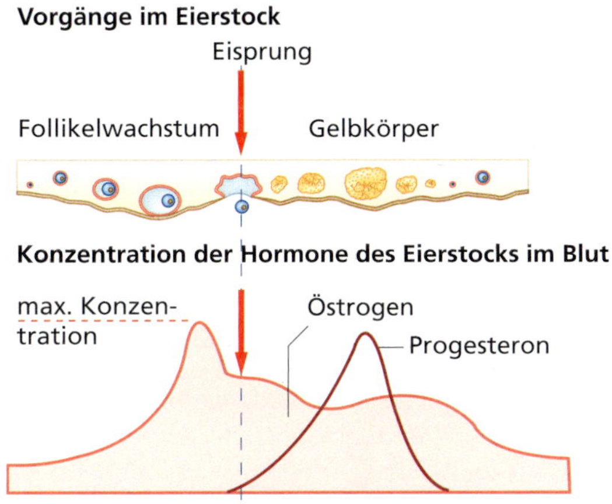

9. Gibt es typisch männliche oder weibliche Formen des sexuellen Verhaltens? Äußere dich dazu.

10. Ethische, gesellschaftliche und medizinische Aspekte der menschlichen Sexualität lassen viel Spielraum für Diskussionen. Wählt in der Klasse ein Thema aus und sammelt Informationen dazu, z. B. Geschlechterrolle von Mann und Frau, homosexuelle Ehe, Kinderwunsch und Reproduktionsmedizin. Organisiert Projektveranstaltungen, holt euch interessante Gäste dazu und diskutiert das Pro und Kontra.

11. Was versteht man unter „Homosexualität“? Informiere dich, auch im Internet, über gesetzliche Regelungen.

12. Erkläre, was mit „Transsexualität“ gemeint ist.

13. Die rote Schleife ist seit einigen Jahren das Symbol im Kampf gegen Aids. Bereite mithilfe des Internets einen kleinen Vortrag über die Geschichte der Aidsschleife vor.

Sexualität

ist ein Wesensmerkmal und Grundbedürfnis des Menschen. Das Interesse an engeren Kontakten und intimen Zärtlichkeiten wächst mit Beginn der Pubertät.

Partnerschaft

Das Gefühl der inneren Verbundenheit, für den anderen da zu sein und sich zu vertrauen ist die Voraussetzung für die Entstehung einer Partnerschaft.

Homosexualität

Homosexuelle (Schwule, Lesben) fühlen sich zu Partnern des gleichen Geschlechts hingezogen. Sie sind weder krank noch pervers und werden deshalb heute nicht mehr diskriminiert, sondern heterosexuellen Paaren rechtlich weitgehend gleichgestellt.

Geschlechtskrankheiten

Bei ungeschütztem Geschlechtsverkehr kann es zur Übertragung von Erregern (Bakterien, Pilzen, Viren, Einzellern) kommen. Diese können verschiedene Infektionen wie Aids hervorrufen.

Geschlechtsverkehr und Befruchtung

Ungeschützter Geschlechtsverkehr kann zur Verschmelzung von Eizelle und Samenzelle (Befruchtung) und damit zur Empfängnis (Zeugung) führen. Das ist der Beginn einer Schwangerschaft.

Empfängnisregelung

bedeutet, dass Frau und Mann selbst bestimmen, zu welchem Zeitpunkt sie ein Kind bekommen möchten.

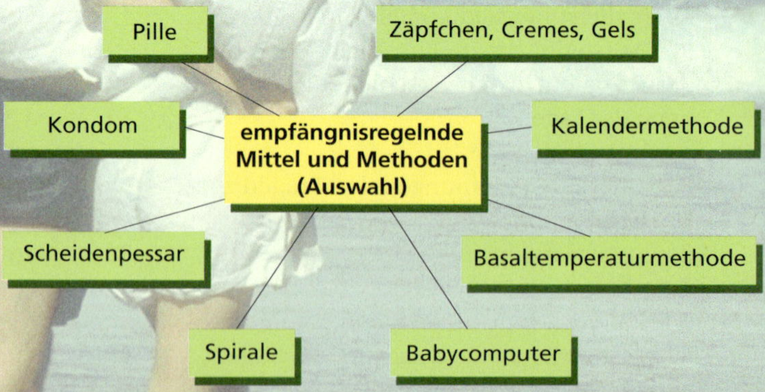

Verhütungsmethoden

Es gibt chemische, hormonale, mechanische und natürliche Verhütungsmöglichkeiten, die je nach entsprechender Lebenssituation sinnvoll gewählt werden können. Kondome und die Pille sind für junge Paare am geeignetsten.

Anhang

Kartierungsvorlage

Symbole:

- Nadelbaum
- Laubbaum
- Busch
- Blumen, Farne
- Gräser, Grasfläche
- Moose

Wir bestimmen Pflanzen und Tiere

Mit den folgenden Bestimmungsschlüsseln kannst du die wissenschaftliche Bestimmungsmethode erlernen. Du kannst damit allerdings nur die im Schlüsel berücksichtigten Arten bestimmen. Vor allem bei den Insekten und den Landschnecken ist dies nur eine kleine Auswahl. Ein Bestimmungsversuch mit einer Art, die nicht im Schlüssel berücksichtigt ist, führt zu keinem eindeutigen Ergebnis.

Wir bestimmen Waldbäume	
1	• Nadelblätter
1*	• Laubbläter. 2
2	• Blätter ungeteilt. 3
2*	• Blätter in Teilblättchen aufgeteilt
3	• Blätter gelappt
3*	• Blätter nicht gelappt

Nadelbäume	
1	• Nadeln zu Paaren angeordnet **Waldkiefer**
1*	• Nadeln einzeln oder in Büscheln am Zweig sitzend 2
2	• Nadeln hellgrün, weich (im Winter kahl) **Lärche**
2*	• Nadeln einzelnd sitzend, dunkelgrün 3
3	• Nadeln grün am Zweig herablaufend **Eibe**
3*	• Nadeln nicht am Zweig herablaufend 4
4	• Nadelgrund grünes Scheibchen **Tanne** (einheimisch: Weiß-Tanne)
4*	• Nadelgrund braunes Stielchen **Fichte** (einheimisch: Rot-Fichte)

1

2

3

4

4

4 *

4 *

Bäume mit zusammengesetzten Laubblättern	
1	• Teilblättchen von einem Punkt ausgehend (gefingert) **Rosskastanie**
1*	• Teilblättchen nicht von einem Punkt ausgehend (gefiedert) 2
2	• Teilblättchen vorne abgerundet, glattrandig **Robinie**
2*	• Teilblättchen vorne spitz, Rand gesägt 3
3	• Blattstiel grün, kahl, Blätter gegenständig **Esche**
3*	• Blattstiel rötlich überlaufen, behaart, Blätter wechselständig **Eberesche** (Vogelbeere)

1

2

3*

3

Bäume mit gelappten oder gebuchteten Blättern	
1	• Blattunterseite weiß-filzig **Silber-Pappel**
1*	• Blattunterseite nicht weiß-filzig 2
2	• Mehrere Hauptadern von einem Punkt ausgehend 3
2*	• eine Hauptader mit Seitenadern. 6
3	• 3 Hauptadern von einem Punkt ausgehend **Platane**
3*	• 5 Hauptadern von einem Punkt ausgehend 4
4	• Lappen vorne abgerundet **Feld-Ahorn**
4*	• Lappen zugespitzt 5
5	• Lappen mit ausgezogenen Spitzen **Spitz-Ahorn**
5*	• Lappen ohne ausgezogene Spitzen **Berg-Ahorn**
6	• Lappen vorne abgerundet **Stiel-Eiche** und **Traubeneiche**
6*	• Lappen mit ausgezogenen Spitzen **Rot-Eiche**

1

1

3

4

5

5*

6

6

6*

Laubbäume mit ungeteilten, nicht gelappten Blättern

1	• Blätter mehr als dreimal so lang wie breit 2
1*	• Blätter weniger als dreimal so lang wie breit 3
2	• Blattrand gesägt mit Stachelspitzen (über 15 cm lang) **Esskastanie, Maronenbaum**
2*	• Blattrand glatt oder gekerbt, keine Stachelspitzen **Weidenarten (Korbweide)**
3	• Blätter elliptisch oder eiförmig 4
3*	• Blätter herzförmig, dreieckig oder rautenförmig 8
4	• Blätter am oberen Ende abgerundet oder sogar mit einer leichten Delle **Schwarz-Erle**
4*	• Blätter mehr oder weniger deutlich zugespitzt 5
5	• Blattspreite am Stiel in verschiedenen Höhen angewachsen, sehr rau; manchmal 3 Spitzen **Ulme**
5*	• Blattspreite am Stiel beidseitig in gleicher Höhe angewachsen (± symmetrisch). 6

2

2*

4

5

6	• Blattrand glatt oder etwas gewellt **Rot-Buche**	
6*	• Blattrand gekerbt, gesägt oder gezähnt.	7
7	• Seitenadern parallel, stark eingesenkt **Hainbuche**	
7*	• Seitenadern bilden ein dichtes Netz, Unterseite filzig-behaart **Sal-Weide**	
8	• Blattgrund herzförmig **Linde**	
8*	• Blattgrund nicht herzförmig	9
9	• Blattstiel rund, Blatt rautenförmig, Äste hängend und sehr dünn **Hänge-Birke**	
9*	• Blattstiel zusammengedrückt **Pappel** (z. B. Zitter-Pappel)	

6

7

7*

8

9*

9

Wir bestimmen einige Landgehäuseschnecken	
1	• Gehäuse bis 5 cm breit gelbbraun fein gestreift **Weinbergschnecke**
1*	• Gehäuse deutlich kleiner 2
2	• Gehäuse kugelig oder spindelförmig und spitz 6
2*	• Gehäuse scheibenförmig oder flach kegelförmig 3
3	• Gehäuse mit Nabel 4
3*	• Gehäuse ohne Nabel 5
4	• Schale etwas durchsichtig, grau oder gelblich **Buschschnecke**
4*	• Schale sehr flach kegelig, weißlich mit dunkelbraunen Spiralbändern **Heideschnecken** (Familie mit 5 Gattungen)

1

2

2

2*

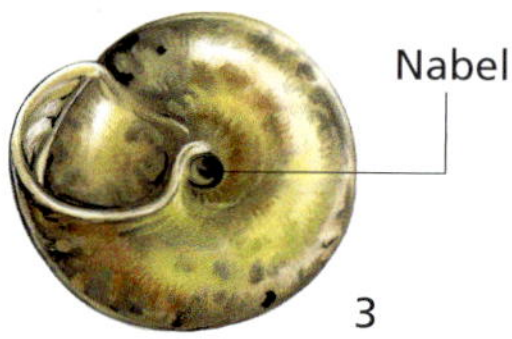

3

3*

4

4

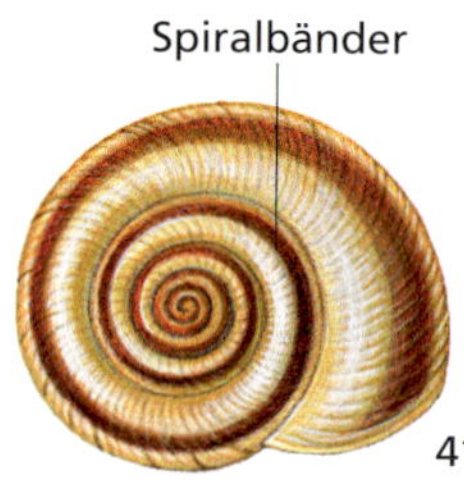

4*

4*
Weiße Heideschnecke

5	• Schale einfarbig rötlich oder gelblich oder mit Spriralstreifung, Mundsaum dunkel **Hain-Schnirkelschnecke**	
5*	• Färbung wie 5, aber Mundsaum hell **Garten-Schnirkelschnecke**	
6	• Gehäuse scheiben- oder diskusförmig	7
6*	• Gehäuse lang und mehr oder weniger spitz	8
7	• Gehäuse scheibenförmig, Mündung dreibuchtig, 11–15 mm breites Gehäuse **Riemenschnecke**	
7*	• Gehäuse flach oder ganz schwach gewölbt, Nabel nimmt 1/3 des 5,5–7 mm breiten Gehäuses ein **Diskusschnecke**	
8	• Gehäuse spitz eiförmig, durchsichtig gelblich (bernsteinfarben) **Bernsteinschnecken** (Familie mit 3 Gattungen)	
8*	• Gehäuse spindelförmig, undurchsichtig, Mündung mit Zähnen **Schließmundschnecken** (Familie mit 5 Gattungen)	

5

5*

5

5*

7

7*

7

7*

8

8*

Wir bestimmen Insektengruppen	
1	• Flügel häutig und durchsichtig 2
1*	• Flügel mindestens teilweise undurchsichtig 3
2	• Flügel flach über dem Körper zusammengelegt 8
2*	Flügel anders angeordnet **verschiedene hier nicht erfasste Gruppen, z. B. Libellen**
3	• Flügel häutig, von oft bunten Schuppen bedeckt **Schmetterlinge**
3*	• Flügel hornartig oder lederig fest . . . 4
4	• Flügel flach oder gewölbt dem Körper anliegend. 5
4*	• Flügel dachförmig über dem Körper stehend 7
5	• Mit Hinterleibsanhängen **Ohrwürmer und Schaben**
5*	• ohne Hinterleibsanhänge 6
6	• Deckflügel einheitlich, Mundwerkzeuge zangenförmig **Käfer**
6*	• Deckflügel im hinteren Teil häutig, Stechrüssel **Wanzen**
7	• Fühler sehr kurz, Sprungbeine nicht sichtbar **Zikaden**
7*	• Fühler länger, Hinterbeine lange Sprungbeine **Heuschrecken**
8	• 2 Flügelpaare **Hautflügler**
8*	• nur vorderes Flügelpaar entwickelt, statt Hinterflügeln kleine Schwingkölbchen **Zweiflügler**

3

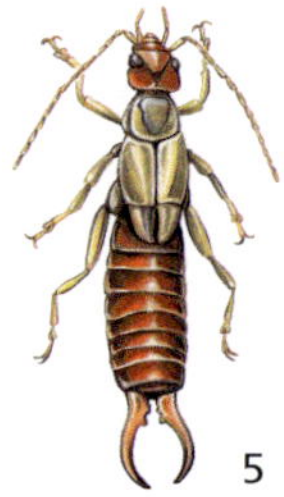
5

6

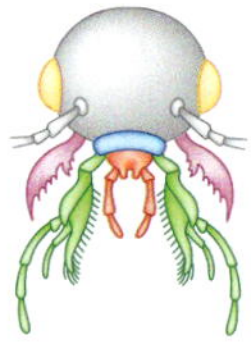
6

6*

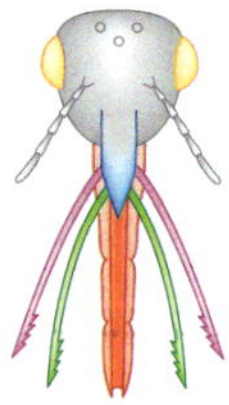
6*

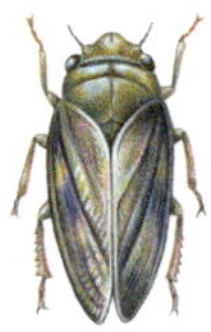
7

7*

8*

8

Wir bestimmen einige Marienkäfer

1	• Flügeldecken schwarz, rot oder orange 2
1*	• Flügeldecken gelb 3
2	• Flügeldecken zusammen mit 2 schwarzen oder roten Punkten **Zweipunkt-Marienkäfer**
2*	• Flügeldecken mit mehr als 2 schwarzen Punkten 4
3	• Flügeldecken zusammen mit 22 runden Pünktchen **Zweiundzwanzigpunkt-Marienkäfer**
3*	• Flügeldecken mit unregelmäßig-eckigen schwarzen Flecken **Schwarzgefleckter Marienkäfer**
4	• Flügeldecken zusammen mit 7 schwarzen Punkten **Siebenpunkt-Marienkäfer**
4*	• Flügeldecken mit gelbweißlich umrandeten schwarzen Punkten **Augen-Marienkäfer**

2

2*

3

3*

4

4*

Wir bestimmen einige Froschlurche	
1	• Haut glatt und feucht (warzenlos), sehr lange Hinterbeine, gute Springer **Frösche**
1*	• Haut warzig, relativ kurze Hinterbeine, keine guten Springer 2
2	• Bauch kräftig gefärbt, Haut feucht glänzend **Unken**
2*	• Bauch weißlich bis grau Haut fast trocken **Kröten**

1

2

2

2*

2*

Wir bestimmen einige Frösche	
1	• grasgrün, Rücken ohne Musterung, Zehen mit deutlich verdickten Spitzen (Saugnäpfe) **Laubfrosch**
1*	• Rücken gemustert, Zehen vorne spitz zulaufend. 2
2	• Rücken, mehr oder weniger grün **Grünfrösche** (Wasserfrosch, Teichfrosch, Seefrosch)
2*	• Rücken hell bis dunkelbraun (während der Laichzeit teilweise bläulich, Braunfrösche) 3
3	• Bauch weißlich mit grauen oder bräunlichen Flecken **Grasfrosch** Maul stumpf
3*	• Bauch gelblich-weiß ohne Flecken **Moorfrosch** Maul spitz (Männchen während der Laichzeit bläulich)

1

2

2

3

3

3*

3*

Wir bestimmen einige Meisen

1	• Kopf mit spitzer, schwarz-weiß gesprenkelter Haube **Haubenmeise** **geschützt**
1*	• Kopf ohne Federhaube 2
2	• Rücken grau oder graubraun 3
2*	• Rücken grünlich 4
3	• mit glänzend-schwarzer Kopfplatte, schwarzer Kehlfleck klein **Sumpfmeise**
3*	• mit mattschwarzer Kopfplatte, schwarzer Kehlfleck groß **Weidenmeise**
4	• Kopfplatte blau, Flügel und Schwanz mit Blau, Unterseite gelb **Blaumeise** **geschützt**
4*	• Kopfplatte schwarz 5
5	• Unterseite gelb mit schwarzem Längsstreif **Kohlmeise**
5*	• Unterseite hellgelb ohne schwarzen Längsstreif **Tannenmeise**

1

3

3*

4

5

5*

Register

A
Abhängigkeit 189, 190, 191, 192
- körperliche 190
- seelische 190
abiotische Faktoren 45, 46, 48, 49, 50, 53, 54
After 139
Agglutination 172
Aids 225, 228
Alkohol 192, 193
Amphibien 179
Amsel 122
Angina pectoris 180
Anpassung
- angeborene 120
- durch Lernen 120
Antibabypille 224
Antigene 172
Antikörper 172
Artenvielfalt 94
Arterien 173, 174, 178
Atemfrequenz 151
Atemstillstand 153
Atemvolumen 151
Atmung 150, 152
- äußere 153
- innere 156
- Untersuchungen 151
Atmungsorgane 152, 163
- Bau und Funktion 152
- Erkrankungen 158, 163
- Hygiene 158
- Schutz 158
Außenparasiten 68
Außenskelett 111
autotroph 28

B
Babycomputer 226
Bakterien 32, 33, 35, 36, 38
- Bau 34
- Entdeckung 33
- Formenvielfalt 34
- Fortpflanzung 35
- Vermehrung 35
- Vorkommen 33
Bakterienkolonien 34, 36
Bakterienzelle 34, 38
Ballaststoffe 135
Ballonkatheter 181
Balz 62, 63
Bandwürmer 103
Bauchatmung 153
Bauchspeicheldrüse 139
Baumschicht 42
Baustoffe 129, 144
Befruchtung 223, 230
Begattung 63
Beobachtung 124
- von Amseln 122
- wirbelloser Tiere 123
- Ergebnisse darstellen 86, 87
Beschneidung 211
Bestimmen 70, 233
Bestimmungsschlüssel 70
Bewegung 109, 146
Beziehungen, innerartliche 62
Bioindikatoren 67
Biokatalysatoren 141
biologisches Gleichgewicht 69
Biomasse 83, 84
Biosphärenreservat 86, 94
Biotop 41, 45, 71
Biozönose 41, 45, 61, 71
Bisexualität 222
Blut 169, 183
- Bestandteile 171, 183
- Funktionen 170
Blutdruck 177
Blüte 79
Blütenpflanzen
- Stoffwechselprozesse 80
- Überblick 79
Blutgefäße 173, 174, 175, 183
Blutgerinnung 173
Blutgruppen 172
Blutkapillaren 156
Blutkreislauf 169, 178, 183
- Wirbeltiere 179
Blutplasma 170
Blutübertragung 172
Blutzellen 170, 171, 173
Bodenart
- Ermitteln 59
Bodenazidität 54
Bodenschicht 42
BOWMAN-Kapsel 184, 185
Brandverletzung 166
Brennwert 144
Bronchien 152
Bronchitis 158
Brustatmung 153
Brutfürsorge 62, 64, 111
Brutpflege 62, 63, 119
Bypassoperation 181

C
Chlorophyll 80
Chloroplasten 20, 80
Coitus interruptus 226
Coming-out 221, 222
Computer 86

D
Darmparasiten 103
Darmzotten 143
Dauerpräparate 14
Destruenten 77, 82, 98
Dialyse 185
Diastole 176, 181
Dickdarm 139
Diffusion 156
Drogen 189, 202, 207
- Illegale 194
- legale 191
- Wirkung im Körper 189
Drogenkonsum
- Hilfe 196, 197
- Ursachen 196
- Vorbeugung 196
Drosselschmiede 121
Druckverband 173
Dünndarm 139

E
Ecstasy 195
Eierstöcke 212
Eileiter 212
Eingeweidesack 101
Eisprung 212, 214
Eiweiß 129, 132, 140
Eizelle 212, 223
- befruchtete 223
Ejakulation 222
Embryo 223
Empfängnis 223
Empfängnisregelung 220, 224, 230
Energie 83, 92, 144, 145, 146
Energiebedarf 146
Energiefluss 83, 84, 98
Energiegehalt 146
Energielieferant 128, 129, 144
Energieumsatz 146
Energieumwandlung 145, 146
Entwicklung
- zeitliche, im Walld 44, 52
Entzugserscheinungen 190
Enzym-Substrat-Komplex 141
Enzyme 140, 141, 142
Epidermis 164
Erektion 210, 222, 223
Ergänzungsstoffe 127, 133, 135, 149
Erkältungskrankheiten 158
Ernährung 126, 136, 149

Erste Hilfe 153
- bei Verletzungen der Blutgefäße 173
Erzeuger 76
Ess-Störungen 138
Exhibitionismus 222
Experiment 130
Expertenmethode 9

F
Faktoren
- abiotische 45, 57, 74, 85
- biotische 61, 74, 85
Familienplanung 224
Fast Food 137
Fauna-Flora-Habitate 95
FCKW 92, 93
Fette 129, 131, 140
Feuchtlufttiere 49, 105
Feuchtpräparate 14
Fische 179
Flechten 66, 67
- Flechtenbesatz ermitteln 59
Flimmerhärchen 152
Flusskrebs 111
Follikel 212
Fotosynthese 80, 81
Freundschaften 208
Frischpräparate 14,15
Froschlurch 242

G
Gallenblase 139
Gasaustausch 156, 163
Gebärmutter 212
Gehäuseschnecke 101
Geschlechtshormone 206
- männliche 206
- weibliche 206
Geschlechtskrankheiten 220, 225, 228, 230
Geschlechtsmerkmale 205
- primären 205
- sekundäre 205
Geschlechtsorgane
- Hygiene der männlichen 211
- Hygiene der weiblichen 213
- männliche 210
- weibliche 212
Geschlechtsreife 205, 206
Geschlechtsverkehr 223, 225, 230
Gestagene 206, 214
Gestaltwandel 205
gesunde Ernährung 136
gleichwarme Tiere 53, 55
Gliederfüßer 108, 111
Grille 119, 123
Großschutzgebiete 94

H
Haare 164
Habituation 121
Hämoglobin 156
Harnleiter 184
Haut 164, 165, 166
Hautatmer 105
Hautmuskelschlauch 104, 105
Hautschmuck 166
Häutung 111
HENLE-Schleife 185
Hepatitis 228
Heroin 194
Herz 176, 183
- Arbeitsweise 176, 177
Herz-Kreislauf-Erkrankungen 183
Herz-Kreislaufsystem 180
- Hilfe 181
- Erkrankungen 180, 191
Herzfrequenz 177
Herzkatheter 181
Herzkranzgefäße 180
Herzschläge 177
Herzschrittmacher 177
Heterosexualität 222
heterotroph 28, 82
Hirnanhangdrüse 214
HIV 228
Hoden 210
Homosexualität 221, 222, 230
Hormone 214
Hormonspiralen 224
Hornschicht 164
Hypophyse 214
Hypothalamus-Hypophysen-System 215
Hypothese 124

I
Indikatorpflanzen 56
Innenparasiten 68
Insektengruppen 240
Intersexualität 222

K
Kahlschlag 44
Kalender-Methode 226
Kapillaren 174, 178
Kartierungsvorlage 232
Klimax 44
Kohlenhydrate 128
Kohlenstoffdioxid 155, 156, 161
- Nachweis 155
Kohlenstoffmonooxid 161
Kokon 105
kompartimentiert 20
Kondome 225
Konkurrenz 65
- innerartliche 65
- zwischenartliche 65
Konsumenten 76, 82, 84, 98
Körperkreislauf 178
körperliche Belastung 151
Krautschicht 42, 46, 50, 52
Krebstiere 111
Kreuzspinne 110
Kriechtiere 49

L
Larvenstadien 111
Laubwald 43
Lebensräume 39, 99
- Zerstörung 90, 93, 94
Leber 139
Lederhaut 164
Lernen
- durch Einsicht 121
- durch Nachahmung 120
- durch Versuch und Irrtum 121
- Prägungs-Lernen 121
lesbisch 221, 222
Licht
- abiotischer Faktor für Pflanzen 46
- abiotischer Faktor für Tiere 48
Lichtblatt 47
Lichtintensität 47
- Messen 57
Lichtmikroskop 10, 17
Liebespfeile 101
Luftfeuchtigkeit
- Ermitteln 58
Luftröhre 152

Luftröhrenentzündung 158
Lufttemperatur
- Messen 58
Lunge 152, 157
- Erkrankungen 158
Lungenbläschen 152, 156, 163
Lungenentzündung 158
Lungenkreislauf 178
Lurche 49

M
Magen 139
Magersucht 138
Marihuana 194
Masochismus 222
Mastdarm 139
Masturbation 210, 222
Maximum 55
Mengenelemente 134
Menstruationszyklus 212, 213, 214, 217, 224
- Regulation 215
mikroskopieren 11
mikroskopische Zeichnung anfertigen 22
Mikropräparate 14, 17
Mikroskop 8
Mikroskopie der Geschichte 12
mikroskopieren 11, 23
Mineralstoffe 134, 135
Minimum 55
Mitochondrien 20, 24, 80
Modell 41, 140, 154, 172
Moospflanzen 51
Morphium 194
Mund-zu-Mund-Beatmung 153
Mundhöhle 139
Muscheln 100
Mutterzelle 28
- pflanzliche 28
- tierliche 28
Mykorrhiza 66

N
Nährstoffe 127, 128, 129, 149
Nahrung 127, 133, 144
- Bestandteile 127, 149
Nahrungsaufnahme 109
Nahrungsbeziehungen 75, 76, 84
Nahrungskette 76, 81
Nahrungsmittel 131, 132, 133, 146
Nahrungsmittelkreis 136
Nahrungsnetz 76
Nahrungspyramide 83, 84
Naturpark 95
Naturschutzgebiete 95
Nesthocker 63
Nichtraucherschutz 160
Niere 184, 185
Nierenerkrankungen 185
Nikotin 160, 191

O
Oberflächenvergrößerung 157
Oberhaut 164
ökologische Potenz 55
ökologisches Gleichgewicht 85
Ökosystem 40, 41, 42, 44, 45, 71, 74, 76, 82, 83, 84, 93, 98
- Belastung 91
- relative Stabilität 85
Onanie 222
Optimum 55
Organisationsebene 26
Orgasmus 222, 223
Östrogene 206, 214, 215
Ovulation 214
Ozonschicht 93

P
Paarung 63
Pädophilie 222
Parasiten 68, 103
Partnerschaft 220, 230
Passivraucher 160
Pearl-Index 224
Percing 166
Petting 222
Pflanzenzelle 20, 23, 28
pH-Wert 54
- Untersuchen 60
Pigmentzelle 164
Pille 224
Plasmawachstum 29
Pollution 210, 222
Pornographie 222
Poster anfertigen 168
- Präsentieren 89
PRIESTLEY, JOSEPH 81
Primärharn 185
Primärkonsumenten 76, 98
Prinzip
- der Oberflächenvergrößerung 157
- Schlüssel-Schloss-Prinzip 141
Produzenten 76, 82, 98
Progesteron 206, 214
Prostitution 222, 227
proximate Fragestellung 124
Pubertät 204, 205, 207, 217
Puls 174

R
Raspelzunge 101
Räuber-Beute-Beziehungen 69
Rauchen 160
Reduzenten 77
Regenwurm 104, 105, 106, 123
- Durchmischung des Bodens 107
- Lichtempfindlichkeit 107
- ökologische Bedeutung 106
- Reaktionen auf Umwelteinflüsse 107
Regulation 215
Reize
- akustische 62
- optische 62
Reptilien 179
Resorption 143
Ringelwurm 104

S
Sadist 222
Safer Sex 222
Sauerstoff 156
Säugetiere 49, 179
Saurer Regen 92
Schadstoffe 94
Schattenpflanzen 46, 47
Schleimstrukturmethode 226
Schlüssel-Schloss-Prinzip 141, 172
Schweißdrüse 164, 165
Schwule 221, 222
Segmentierung 104
Sekundärharn 185
Sekundärkonsumenten 76, 98
Selbstbefriedigung 222
Sex in den Medien 219
Sexualhormone 206, 215
- männliche 206
- weibliche 206
Sexualität 203, 218, 219, 222, 223, 230
sexuelle Orientierung 218
sexueller Missbrauch 227
Sodomie 222
Sonnenpflanzen 47
Sonnenschutzmittel 167
Speicheldrüsen 139
Speiseröhre 139
Spermien 210, 211
Spinnentiere 110
Spiralen 224
Sporen 36
Sprossachse 79
Spurenelemente 134
Stärke 131, 140
Stoff- und Energiewechsel 186
Stoffkreislauf 75, 82, 98
Stoffumwandlung 143, 145
Störche 86, 89
Strauchschicht 42, 50
Strickleiternervensystem 104, 106
Subcutis 164
Sucht 189, 192, 196, 200, 202
Sukzessionen 44
Symbiose 66, 67
Syphilis 228
Systole 176, 181

T
Talgdrüse 164
Tampons 213
Teerstoffteilchen 160

Teil-Lebensräume 42, 85
Teil-Ökosysteme 41
Temperatur 52
– Einfluss auf Pflanzen 52
– Einfluss auf Tiere 53
Temperatur-Methode 226
Tertiärkonsumenten 76
Testosteron 206
Texte lesen 78
Tierstaat 64
Tiersystematik 102
Tierzelle 24, 28
– Untersuchen 24
Tochterzellen 28
Toleranzbereich 55
Traditionen 120
Transgender 220, 222
Transidentität 220, 222
Transsexualität 220, 222
Transvestit 222
Traubenzucker 132, 140
Treibhauseffekt 92
Tripper 228
Trockenlufttiere 49
Trockenpräparate 14
Tuberkulose 158

U

Übergewicht 128, 129
ultimate Fragestellung 124
Umwelt
– Eingriffe des Menschen 90
– Schutz 94
Umweltfaktoren 45
Unterhaut 164
UV-Strahlung 93, 167

V

Vakuole 20
Vene 175, 178
Venenklappen 175
Verbraucher 76
Verbrennung 166
Verdauung 126, 139, 140, 141, 142, 149
Verdunstungskälte 165
Vergleichen 117
– Naturgegenstände bzw. Vorgänge 116
Verhalten 121, 123, 124
Verhaltensbiologie 118
Verhaltensweisen 118
– artspezifisch angeboren 120
Verhütungsmethoden 230
Verhütungsmittel 224, 225
– chemische 225
– hormonale 224
– mechanische 225
– natürliche Methoden 226
Vermehrungsrate 35
Vitamine 133, 135
Vögel 48, 49, 118, 122, 179
Vogeluhr 48
Vortrag 89
Voyeur 222

W

Wald 40, 42, 44, 45, 61, 74, 98
– Altersstruktur 43
– jahreszeitliche Struktur 43
– Schichtung 42
Wärme-Isolation
– ermitteln 113
Waschmittel
– Wirkung auf die Oberflächenspannung des Wassers 91
Wasser 135, 149
– abiotischer Faktor für Pflanzen 50
– abiotischer Faktor für Tiere 49
Wasserspeicherung 51
Wechselbeziehungen 41, 66, 69
– innerartliche 62
– zwischenartliche 62
wechselwarme Tiere 53, 55
Wechselwirkungen 71
Weichtiere 100
Weinbergschnecke 101
Winterruhe 53
Winterschlaf 53
wirbellose Tiere 123
Wirbeltiere
– Merkmale 112, 114
Wirt 68
Wirtswechsel 68
Wundverschluss 173
Würmer 102, 103
Wurzeln 79

Z

Zeigerarten 55, 56
Zellatmung 80, 144, 156
Zelle 7, 18, 28, 32, 34, 186
– Bau 20
– eucaryotische 31, 34
– Formenvielfalt 19
– Lebensvorgänge 28
– pflanzliche 20, 31
– prokaryotische 32, 34
– tierliche 24, 31
Zellkern 20, 24
Zellmembran 20, 24, 34
Zellplasma 20, 24, 34
Zellstreckungswachstum 29
Zellteilung 28
Zellteilungswachstum 29
Zellwand 20, 34
Zersetzer 77
Zwitter 101, 105
Zwölffingerdarm 139
Zygote 223

Gefahrstoffsymbole

T
giftig
giftige Stoffe (T, T+)
krebserzeugende Stoffe (T, Xn)

Erhebliche Gesundheitsschäden durch Einatmen, Verschlucken oder Aufnahme durch die Haut. Keine Schülerexperimente.

Xn
gesundheitsschädlich
gesundheitsschädliche Stoffe (Xn, Xi)

Gesundheitsschäden durch Einatmen, Verschlucken oder Aufnahme durch die Haut.

Xi
reizend
reizende Stoffe (Xn, Xi)

Reizwirkung auf die Haut, die Atmungsorgane und die Augen.

E
explosionsgefährlich
explosionsgefährliche Stoffe

Explosion unter bestimmten Bedingungen möglich. Keine Schülerexperimente.

C
ätzend
ätzende Stoffe

Hautgewebe und Geräte werden nach Kontakt zerstört.

F
entzündlich
leicht- u. hochentzündliche Stoffe (F bzw F+)

Entzünden sich selbst, an heißen Gegenständen mit Wasser entstehen leichtentzündliche Gase.

O
brandfördernd
brandfördernde Stoffe

Andere brennbare Stoffe werden entzündet, ausgebrochene Brände gefördert.

N
umweltgefährlich
umweltgefährliche Stoffe

Sind sehr giftig, giftig oder schädlich für Wasserorganismen, Pflanzen, Tiere und Bodenorganismen; schädliche Wirkung auf die Umwelt.

Bildquellenverzeichnis

Abbott GmbH & Co.KG/ Altana Pharma: 33/1; AEG Hausgeräte GmbH: 32/3, 209/1; Akg-Images, Berlin: 8/2, 13/2; Tierbildarchiv Angermayer, Holzkirchen: 48/3, 63/1b, 2a, 2b, 64/1, 2, 67/4, 105/1, 118/1; Archiv der Archenhold-Sternwarte Berlin: 12/3; argus FOTOARCHIV, Hamburg: 197/1; Arttoday: 190/1, 204/2; BackArts GmbH: 126/3c, 133/2b, 182/1, 188/2, 197/2; BASF AG, Ludwigshafen: 190/2; Berliner Wasserbetriebe: 37/2; A. Biedermann, Berlin: 140/1; Bibliographisches Institut & F. A. Brockhaus, Mannheim: 12/2, 13/1, 168/1; Bildagentur Waldhäusl/ Afripix: 25/1; BilderBox Bildagentur GmbH: 196/2; Blickwinkel/ M. Hoefer: 120/1; Blickwinkel/ A. Liedmann: 120/2; blickwinkel / I. Van Haan: 120/3; K. Blümel, Forst: 208/4; Dr. S. Brezmann, Hamburg: 52/1b, 56/4; Condomi AG, Köln: 225/1, 229; Corel Photos Inc.: 7/1, 43/1d, 48/1, 2, 55/2a, 108/2, 119/1, 2a-d, 126/3g, 133/2c, 135/2, 150/1, 193/1; Christoph Dose, Dresden: 124/1; Süddeutscher Verlag Bilderdienst, München: 52/1a; Deutsches Rotes Kreuz, Generalsekretariat, Berlin: 153/2; Dr. Tilo Geisel, Paulinenaue: 43/1b,c; DUDEN PAETEC GmbH: 12/4, 17/1, 25/3, 32/1, 3, 75/2, 86/1, 102/1, 148/2, 183/1 Floramedia: 117/1 Getty Images: 137/2; Getty Images/ Miguel Salmeron: 135/1, 186/1; J. Golldack Lehrstuhl für Bodenschutz und Rekultivierung: 66/1, 2; Hessen Touristik Service e.V., Wiesbaden: 201/2; F. Horn, Rostock: 43/1a, 46/1, 51/1, 54/2, 64/1; Naturfotografie Frank Hecker: 70/1;.IMA, Hannover: 194/1; Wolfgang Klaeber: 53/1; 2005 kunterbunt-Heidi Velten: 187/1; G. Liesenberg, Berlin: 41/3, 100/1, 101/1, 147/4, 200/3, 208/1, 220/1; Landesumweltamt Brandenburg: 94/2 ; B. Mahler, Berlin: 91/1; H. Mahler, Berlin: 57/1, 58/1, 2, 126/3b, 128/2, 131/2, 3a, 3b, 132/3, 133/2a, 134/1, 142/1 - 4, 144/3, 146/1, 151/1, 188/1, 198/2, 213/1, 218/3, 224/1; mauritius images/age fotostock: 160/1, 198/1, 223/1, 230; mauritius images/ Botanica: 102/2a mauritius images/ Dolphin Productions: 230/1; mauritius images/ Alexander Kupka: 166/1; medicalpicture/ medicalart: 176/1; mauritius images / Nonstock: 200/1; mauritius images/ Oxford Scientific: 102/2b, 203/1; mauritius images/ Phototake: 18/2, 33/2, 163/2, 169/1; mauritius images/ Stock Image: 207/1; mauritius images/ SuperStock: 167/1; mauritius images/ The Copyright Group: 200/5, 219/1; mauritius images/ Peter Widmann: 208/3; Metabowerke GmbH, Nürtingen: 209/2; L. Meyer, Potsdam: 8/3, 150/2, 200/6; H. Möller, Rödental: 75/1; Natura 2000/S. Kerscher: 204/1; Naturfotografie Frank Hecker: 54/1, 3, 56/2, 68/1, 99/1, 91/2, 93/1, 100/3; Z. Neuls, Berlin: 211/3; OKAPIA/Peter Arnold: 51/2; Okapia: 23/1, 24/2 195/1a; picture-alliance / dpa: 104/1, 181/1, 208/2; picture-alliance / dpa/dpaweb: 158/1; picture-alliance / KPA: 230/2; picture-alliance /OKAPIA: 17/4, 25/2, 53/2, 65/1, 110/2; picture-alliance/Picture Press/Wartenberg, Frank P.: 217/6; picture-alliance / ZB: 13/4; Persona: 226/1; Photo Disc Inc.: 18/3, 40/3, 55/2b, 90/1, 100, 121/1, 126/3e, 130/1, 144/1, 148/1, 149/1, 150/3, 151/2, 161/1, 188/3, 191/2, 218/1; PHOTO DISC ROYALTY FREE: 35/2, 126/3d; PHYWE SYSTEME GmbH & Co. KG, Göttingen: 8/4, 10/1, 17/2, 60/1, 60/2; plainpicture/Langer, M.: 39/1; Plesse, W. / Rux, D. - Biographien bedeutender Biologen (Volk und Wissen Volkseigener Verlag, Berlin 1977): 8/1; Prof. Dr. W. Probst, Flensburg: 21/1 - 5, 22/1; Ch. Ruppin, Berlin: 40/2, 126/2, 3a; M. Scharffenberg, Birkenstein: 125/1; W. Schuchardt, Göttingen: 118/2;f H.-C. Schuppe, Zentrum für Dermatologie, Gießen: 25/4, 211/1a; Senatsverwaltung für Stadtentwicklung Berlin 2006; Referat I E Landschaftsplanung -Naturschutz-: 95/1 SFA, Lausanne: 194/1b, 195/1b; Siemens AG / München: 144/2, 196/1; Silvestris: 49/1; Silvestris GmbH, Kastl: 56/1, 169/3; StockFood/Arras, Klaus: 127/1; H. Theuerkauf, Gotha: 17/3, 18/1, 23/2b, 28, 32/2, 36/1, 50/1, 51/3, 4, 73/1, 2, 100/2, 107/3, 111/2; Techniker Krankenkasse, Hamburg: 165/2, 200/4; Tordjmann, Cohen u.a. „Mann und Frau", Bd. 3 (Hachette Jeunesse Verlag, Paris): 218/2 ullstein – ddp: 221/2; Dr. M. Unger, Königs Wusterhausen: 131/1; Universität Ulm, Abteilung Anatomie und Zellbiologie: 170/1; B. Weidemann, Berlin: 13/3; WGV: 12/1; Dr. G. Wiedenmann, Berlin: 121/3; Prof. Dr. Volkmar Wirth, Murr: 67/1, 3; B. Wöhlbrandt, Schönlage: 200/2; K. Wothe, Naturfotos und -filme, München: 63/1a; Prof. Dr. Erwin Zabel, Güstrow: 25/5, 56/3, 6, 194/2a,2b, 49/2, 101/3

Baupläne der Tiere

Hohltiere

Nesseltiere
z. B. Süßwasserpolyp

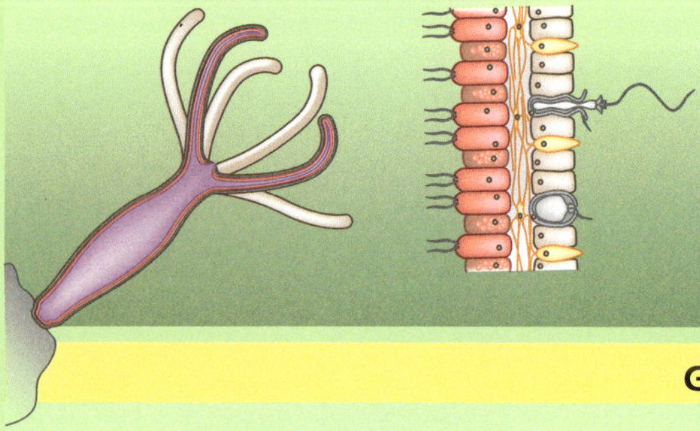

Ringelwürmer

Wenigborster
z. B. Gemeiner Regenwurm

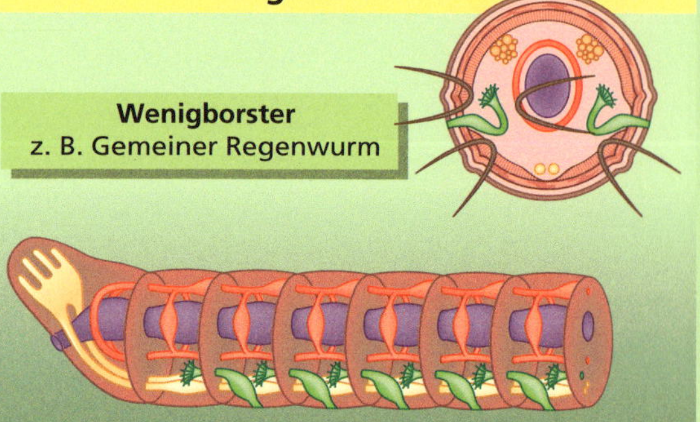

Gliederfüßer

Spinnentiere
z. B. Kreuzspinne

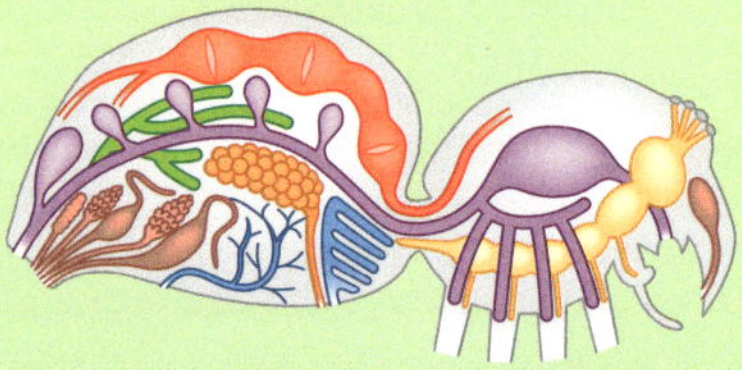

Krebstiere
z. B. Flusskrebs

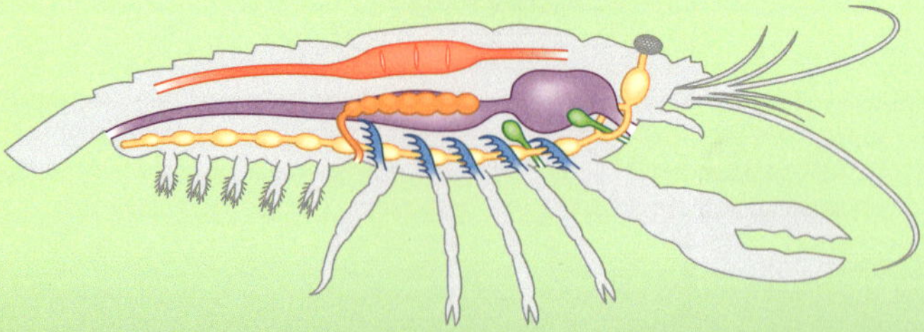

Insekten
z. B. Stubenfliege

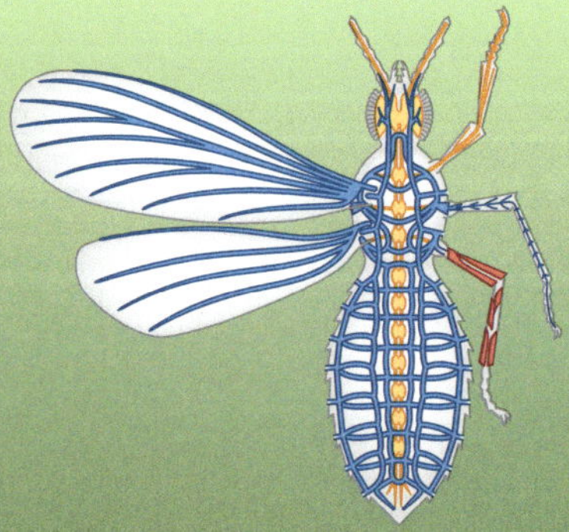

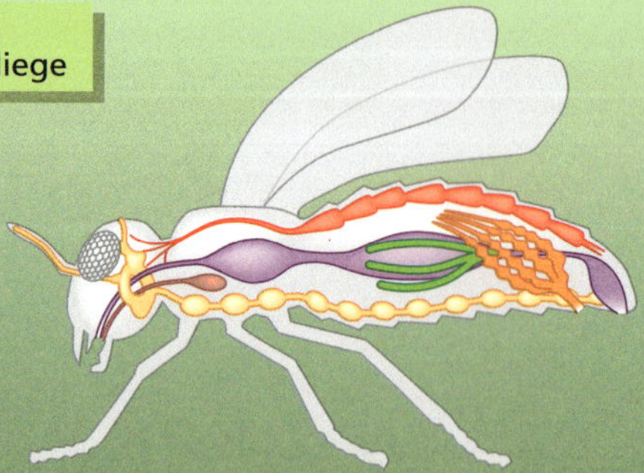

Weichtiere

Schnecken
z. B. Weinberg-
schnecke

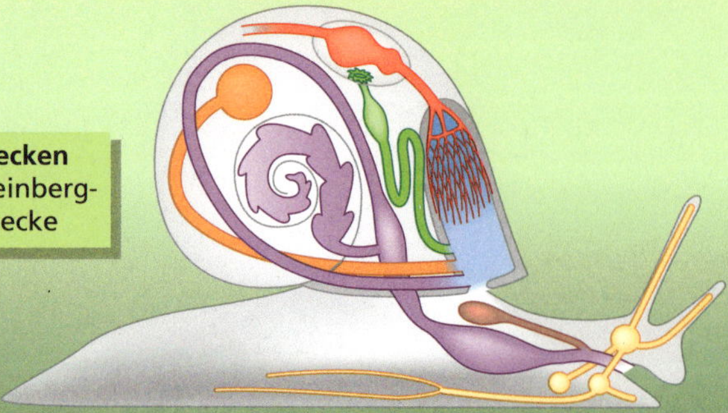

Muscheln
z. B. Miesmuschel

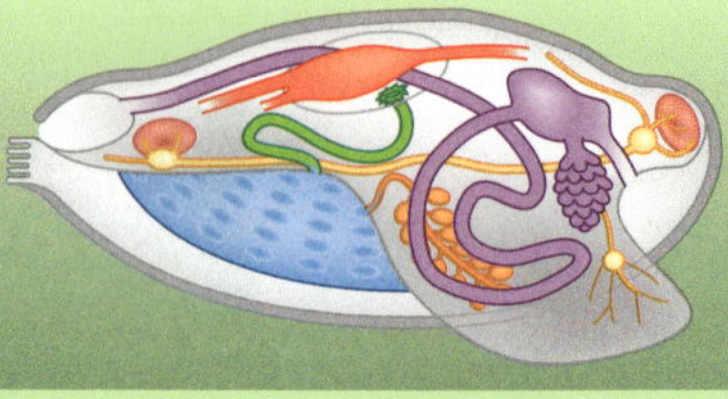